# 精通
# C 程式設計 第四版

## Programming in C, 4th Edition

**C程式語言的完整介紹**

# 目錄

## Chapter 5　選擇 65

## Chapter 6　陣列 95

## Chapter 7　函式 119

## Chapter 13　資料型態的擴展　319

## Chapter 14　撰寫更大的程式　331

## Chapter 15　C 語言的輸入與輸出　345

# 前言

C 程式語言是在 20 世紀 70 年代早期，由 Dennis Ritchie 於 AT＆T 貝爾實驗室所開創的。直到 20 世紀 70 年末，此程式語言才開始廣泛的普及。這是因為在那個時候之前，C 編譯器不能在貝爾實驗室以外做商業使用。最初，C 的人氣增長也受到了 Unix 作業系統普及的影響。這個作業系統，也是在貝爾實驗室開發的，以 C 作為其 "標準" 程式語言。事實上，超過 90％的作業系統是用 C 語言編寫的！

IBM PC 的成功很快地使 MS-DOS 成為 C 語言最受歡迎的環境。隨著 C 在不同作業系統中越來越流行，越來越多的供應商響應了從眾效應，開始銷售自己的 C 編譯器。在大多數情況下，他們的 C 語言版本是基於第一本 C 程式設計的書 ─ The C Programming Language ─ 由 Brian Kernighan 和 Dennis Ritchie 所撰寫的，請參閱附錄。

在 1980 年代初期，人們認為需要對 C 語言的定義進行標準化。美國國家標準學會（ANSI）是處理這種事情的組織，所以在 1983 年成立了一個 ANSI C 委員會（稱為 X3J11）來標準化 C。1989 年，委員會批准此項任務，1990 年，公佈了第一個官方 ANSI 的 C 語言標準定義。

因為 C 使用於世界各地，國際標準組織（ISO）很快就參與了。他們採用了一個標準，被稱為 ISO/IEC 9899:1990。從那時起，對 C 語言進行了額外的修改。最近的標準於 2011 年被採用，此稱為 ANSI C11 或 ISO/IEC 9899:2011。它是本書所採用的版本語言。

C 是一種 "高階語言"，但它提供了使用者能夠觸及硬體與處理電腦底層的的能力。儘管 C 是通用結構化程式語言，但它最初的設計是系統程式的應用，因此提供使用者大量的強大與彈性的功能。

這本書的目的是教您如何使用 C 語言編寫程式。它假設您沒有接觸過於程式設計，並為新手和有經驗的程式設計師而設計的。如果您有程式設計經驗，您會發現 C 有一個獨特的方式來處理事情，有異於您所使用的其它程式語言。

C 語言的每個特性都會在本書中介紹。當呈現每個新特性時，通常會提供小小的完整程式範例來說明。這實現了寫這本書時所使用的哲學概念：以範例教學（To teach by example）。 正如一張圖勝過千言萬語，所以程式範例是最佳的學習方法。如果您使用支援 C 程式語言的電腦，強烈建議您下載並執行本書中所介紹的每一個程式，並將您在系統上所執行的結果與內文中顯示的結果進行比較。利用這樣的做法，您不僅可以學習語言及其語法，還可熟悉編寫、編譯和執行 C 程式的過程。

您會發現本書中程式所強調的可讀性。這是因為我堅信程式應該要寫得很容易讓撰寫者或其他人閱讀。根據經驗和常識，發現這樣的程式可以更容易撰寫、除錯和修改。此外，開發可讀性的程式是真正遵守結構化原則的自然結果。

由於這本書是以要做為教本來編寫的，所以每個章節涵蓋的內容是基於之前提出的教材。因此，有順序的閱讀，將會獲得最大的利益，所以請您打消以 "跳章節" 的方式來閱讀。您還應該練習每章末所列出的習題，之後再繼續下一個章節。

第 1 章 "一些基本概念" 涵蓋了關於高階程式語言和編譯程式的一些基本術語，以確保您理解本書的其餘部分所使用的術語。從第 2 章 "編譯與執行第一個程式" 開始，您將慢慢了解 C 語言。到第 15 章 "C 語言的輸入與輸出"，所有 C 語言的基本特性大概都已介紹過。第 15 章更深入地介紹了 C 語言的 I/O 運作。第 16 章 "其它論題及進階功能" 涵蓋更進階或深奧的語言特性。

第 17 章 "除錯程式" 展示如何使用 C 前置處理器幫助除錯程式。還會為您介紹交談式的除錯。我們選擇目前流行的除錯器 gdb 來說明這種除錯技術。

在過去十年中，程式設計的風潮已經朝向物件導向程式設計（Object-Oriented Programming, OOP）的概念。C 不是 OOP 語言；然而，基於 C 的其它幾種程式語言是 OOP 語言。第 18 章 "物件導向程式設計" 簡略地介紹 OOP 及其一些術語。它還簡要概述了基於 C 的三種 OOP 語言，其分別為 C++、C＃和 Objective-C。

附錄 A "C 語言摘要" 提供了 C 語言的完整摘要，以供使用者參考。

附錄 B："C 標準函式庫" 提供了許多標準函式庫程式的摘要，您將可在支援 C 的所有系統上找到它們。

附錄 C："使用 gcc 編譯程式" 摘錄使用 GNU 的 C 編譯器 — gcc，來編譯程式時的許多常用選項。

在附錄 D："常見的程式設計錯誤"，您將找到一系列常見的程式錯誤。

最後，附錄 E："其它有用資源" 提供了一系列的資源，您可以查閱有關 C 語言更多的資訊和進一步的研究。

本書沒有預設實作 C 語言時的特定電腦系統或作業系統。內文只簡要地提到，如何使用受歡迎的 GNU C 編譯器 — gcc，來編譯和執行程式。

# 1

# 一些基本概念

本章將先介紹在學習如何使用 C 語言程式之前，必須要了解的一些基本術語。同時也提供在高階語言的程式設計的一般概述，以及編譯程式的過程。

## 程式設計

電腦是一部非常笨拙的機器，因為它們只做被告知要做的事項。大多數電腦系統在原始的層級上執行它們的運作。例如，大多數電腦知道如何將一個數字加 1，或如何測試一個數字是否等於 0。這些基本運算的複雜度通常沒有那麼大。電腦系統的基本運作形成所謂的電腦指令集（instruction set）。

為了使用電腦來解決問題，您必須以電腦所能了解的指令，來表達問題的解決方案。電腦程式（program）只是解決特定問題所需的指令的集合。用於解決問題的方法被稱為演算法（algorithm）。例如，如果你想開發一個程式來測試一個數字是奇數還是偶數，解決問題的指令集就成為程式。用於測試數字是偶數還是奇數的方法是演算法。通常，為了開發一個程式來解決一個特定的問題，你首先用演算法表達問題的解決方案，之後開發一個實現該演算法的程式。因此，用於求解偶數/奇數問題的演算法可以表示如下：首先，將數字除以 2。如果除法的餘數為 0，則該數字為偶數；否則，其為奇數。利用手中的演算法，便可以隨後撰寫在特定電腦系統上實現此演算法所需的指令。這些指令將以特定電腦語言的敘述中表示，例如 Java、C++、Objective-C 或 C。

## 高階語言

一開始開發電腦時，它們可以被編寫的唯一方式是，根據直接對應於特定機器指令和電腦記憶體中的位置的二進制數字。下一個軟體技術的進步發生在組合語言

（assembly language）的開發中，這使得程式設計師能夠更高階地與機器一起工作。作為取代以指定二進制數字序列執行特定任務，組合語言允許程式設計師使用符號名稱來執行各種操作並引用特定的記憶體位置。被稱為組譯器（assembler）的特殊程式，將組合語言程式從符號格式轉換成電腦系統的特定機器指令。

由於在每個組合語言指令和特定的機器指令之間，仍然存在一對一的對應關係，所以組合語言被認為是低階語言。程式設計師必須學習特定電腦系統的指令集以用組合語言編寫程式，並且所得到的程式是沒有可攜性的（portable）；也就是說，程式不會在不被重寫的情況下，在不同的處理器類型上運作。這是因為不同的處理器類型具有不同的指令集，並且因為組合語言程式是根據這些指令集來編寫的，所以它們是依賴於機器的。

然而，所謂的高階語言，FORTRAN（FORmula TRANslation）語言是第一個。在FORTRAN 中開發程式的程式設計師，不再需要關注特定電腦的體系結構，在FORTRAN 中執行的操作是更複雜、更高階的，遠遠相差特定機器的指令集。一個FORTRAN 指令或敘述可執行許多不同的機器指令，這與在組合語言敘述和機器指令之間發生的一一對應不同。

高階語言的語法的標準化，意味著程式可以用與機器無關的語言編寫。也就是說，只需要很少的更改或不必更改，程式可以在支援該語言的任何機器上運行。

為了支援高階語言，必須開發一個特殊的電腦程式，將在高階語言中開發的程式的敘述，翻譯成電腦可以理解的形式 — 換句話說，轉換成電腦指令。這樣的程式被稱為編譯器（compiler）。

# 作業系統

在繼續講編譯器之前，需要了解一個稱為作業系統（operating system）的電腦程式所扮演的角色。

作業系統是控制電腦系統整個運作的程式。在電腦系統上執行的所有輸入和輸出（即 I/O）運作都經由作業系統進行引導。作業系統還必須管理電腦系統的資源，並且必須處理程式的執行。

當今最流行的作業系統之一是由 Bell 實驗室開發的 Unix 作業系統。Unix 是一個相當獨特的作業系統，因為它可以在許多不同類型的電腦系統上並且在不同的 "風格" 下找到，例如 Linux 或 Mac OS X。歷史上，作業系統通常僅與一種類型的電腦系統相關聯。但是因為 Unix 主要是用 C 語言編寫的，並且對電腦的架構做了很少的假設，所以它已經可以成功地移植到許多不同的電腦系統中，並且花費相對少的代價。

Microsoft Windows 是流行作業系統的另一個範例。該系統主要在 Intel（或 Intel 相容）處理器上運行。

最近較佳的是開發在行動裝置（如智慧型手機和平板電腦）上運行的作業系統。蘋果的 iOS 和谷歌的 Android 作業系統是兩個最受歡迎的例子。

# 編譯器

編譯器是一個軟體程式，原則上與您在本書中看到的沒有什麼不同，雖然它肯定來得復雜得多。編譯器分析以特定電腦語言開發的程式，並將其轉換為適合在特定電腦系統上執行的形式。

圖 1.1 顯示了進入、編譯和執行以 C 程式語言開發的電腦程式，所涉及的步驟和從命令列輸入的典型 Unix 指令。

要編譯的程式首先被輸入到電腦系統上的檔案中。電腦安裝具有用於命名檔案的各種協定，但一般來說，名稱的選擇取決於您。C 程式通常可以指定任何名稱，前提是最後兩個字元是 ".c"（這不是一個要求，因為它是一個協定）。因此，名稱 prog1.c 是系統上 C 程式的有效檔案名稱。

文字編輯器通常用於將 C 程式輸入到檔案中。例如，vim 是在 Unix 系統上使用的流行文字編輯器。輸入到檔案中的程式稱為原始程式（source program），因為它表示用 C 語言表示的程式的原始形式。將原始程式輸入到檔案中之後，隨後就可以編譯它了。

編譯過程通過在系統上輸入特殊指令來啟動。輸入此命令時，還必須指定包含原始程式的檔案的名稱。例如，在 Unix 下，啟動程式編譯的指令為 cc。如果您使用流行的 GNU C 編譯器，您使用的指令是 gcc。輸入以下指令：

```
gcc prog1.c
```

將啟動與 prog1.c 中包含的原始程式的編譯過程。

在編譯過程的第一步，編譯器檢查原始程式中包含的每個程式敘述，並檢查它以確保它符合語言[1]的語法和語義。如果編譯器在此階段發現任何錯誤，它將報告給使用

---

[1]　從技術上講，C編譯器通常會做一個程式的預備，用以尋找特殊的狀態。這個預處理階段在第12章 " 前置處理器" 中將有詳細描述。

者，編譯過程就會在那裡結束。然後必須在原始程式中（使用編輯器）更正錯誤，並且必須再重新啟動編譯過程。在編譯階段的報告的典型錯誤，可能是因為是不平衡括號（語法錯誤）的運算式，或者因為使用了未被 "定義"（語義錯誤）的變數。

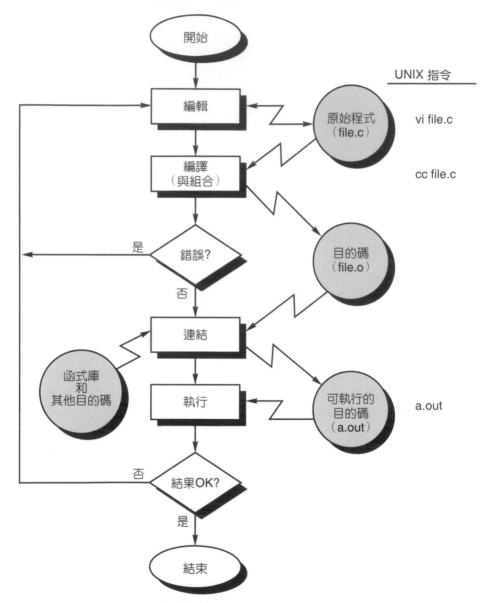

圖 1.1 從命令列進入、編譯和執行 C 程式的一般流程

當所有的語法錯誤和語義錯誤都從程式中加以更正時，編譯器隨後繼續採取程式的每個敘述，並將其翻譯成 "低階" 的形式。在大多數系統上，這意味著每個敘述，將由編譯器轉換為相對的敘述或組合語言的敘述以完成某項任務。

在程式被翻譯成相對的組合語言程式之後，編譯過程的下一步是，將組合語言敘述翻譯成實際的機器指令。這個步驟可能涉及或不涉及組譯器的單獨程式的執行。在大多數系統上，組譯器的自動執行作為編譯過程的一部分。

組譯器接受每個組合語言敘述，並將其轉換為稱為目的碼的二進制格式，然後將其寫入系統上的另一個檔案。此檔案通常與 Unix 下的原始檔具有相同的名稱，最後一個字母為 "o"（object）而不是 "c"。在 Windows 下，通常以 "obj" 取代檔名中的 "c"。

在程式被翻譯成目的碼之後，它就可以被連結（linked）。每當 cc 或 gcc 指令在 Unix 下發出時，此過程再次自動執行。連結階段的目的是使程式成為在電腦上執行的最終形式。如果程式使用先前由編譯器處理的其它程式，則在該階段將程式連結在一起。在這個階段，還進行搜索所使用的系統函式庫（library）的程式，並與目的碼一起連結。

編譯和連結程式的整個過程通常被稱為構建（building）。

最終的連結檔案是可執行的目的碼（executable object）格式，儲存在系統上的另一個檔案中，準備運行或執行（executed）。在 Unix 下，預設情況下，此檔案稱為 a.out。在 Windows 下，可執行檔通常與原始檔具有相同的名稱，副檔名 c 替換為副檔名 exe。

要執行程式，您所要做的就是輸入可執行目的檔的名稱。所以，下面指令：

```
a.out
```

將名為 a.out 的程式載入（loading）到電腦的記憶體中，並啟動其執行。

當執行程式時，依次順序執行程式的每個敘述。如果程式要求來自使用者的資料，稱為輸入（input），此時程式將暫停其執行以便輸入。又或者，程式等待如滑鼠被點擊之類的事件（event）發生。程式的結果此稱為輸出（output）。將結果顯示在視窗或稱控制台（console）。又或者，輸出可能直接寫入系統上的檔案。

如果一切順利（並且可能不是第一次執行程式），程式執行其預期的功能。如果程式沒有產生所需的結果，則必須返回並重新分析程式的邏輯。這被稱為除錯階段（debugging phase），在此階段嘗試從程式中刪除所有已知的問題或錯誤（bugs）。為此，很可能需要對原始程式進行更改。在這種情況下，必須重複編譯、連結和執行程式的整個過程，直到獲得所期望的結果。

## 整合開發環境

前面概述了開發 C 程式時所涉及的各個步驟，展示了為每個步驟輸入的基本指令。編輯、編譯、執行和除錯程式的這個過程，通常由被稱為整合開發環境（integrated Development Environment，IDE）的單一的整合應用程式來管理。IDE 是一個基於 Windows 的程式，它允許您輕鬆管理大型軟體程式，在 Windows 中編輯檔案，以及編譯、連結、執行和除錯程式。

在 Mac OS X 上，Xcode 是由 Apple 支援的 IDE，被許多程式設計師使用。在 Windows 下，Microsoft Visual Studio 是流行 IDE 的一個很好的例子。所有 IDE 應用程式，大大簡化了程式開發中涉及的整個過程，因此值得您學習如何使用它。大多數 IDE 也支援除了 C 之外的幾種不同的程式語言的程式開發，例如 Objective-C、Java、C＃和 C++。

有關 IDE 的更多訊息，請參閱附錄 E "資源"。

## 直譯器

在離開編譯過程的討論之前，請注意，還有另一種方法用於分析和執行以高階語言開發的程式。使用這種方法，程式不會被編譯，而是被直譯（intepreted）。直譯器（intepreter）同時分析和執行程式的敘述。這種方法更容易除錯程式。另一方面，直譯語言通常比它們的編譯副本慢，因為程式敘述在它們的執行之前不會被轉換成低階形式。

BASIC 和 JavaScript 是兩種通常被直譯而不是被編譯的程式語言。其它例子包括 Unix 系統的 shell 和 Python。一些供應商還提供 C 程式語言的直譯器。

# 2

# 編譯與執行第一個程式

本章將為您介紹 C 語言，讓您可以看到 C 程式的概況。還有什麼更好的方式比看用 C 撰寫的實際程式，來獲得此語言的正面評價呢？

這一章很簡短，但是您會驚訝地發現，可以在一個簡短的章節中討論多少主題，包括：

- 編寫第一個程式
- 修改它以改變其輸出
- 理解 main() 函式
- 使用 printf() 函式輸出訊息
- 使用註解提高程式的可讀性

首先，選擇一個相當簡單的例子，在您視窗中顯示 "Programming is fun" 的程式。範例程式 2.1 呈現了一個完成此項工作的 C 程式。

**範例程式 2.1　撰寫您的第一個程式**

```
#include <stdio.h>

int main (void)
{
    printf ("Programming is fun.\n");

    return 0;
}
```

在 C 程式語言中，小寫字母和大寫字母是不同的。此外，在 C 中，從一行的哪個位置開始輸入是無關緊要 — 亦即您可以在該行的任何位置開始輸入敘述。這成為在開發更容易閱讀的程式之優勢。程式設計師經常使用 Tab 鍵作內縮的方便方法。

# 編譯程式

回到第一個 C 程式，首先需要將它輸入到一個檔案。任何文字編輯器都可以用來達成此目的。Unix 用戶經常使用如 vi 或 emacs 編輯器。

C 編譯器會識別以 "." 和 "c" 兩個字元結尾的檔名作為 C 程式。因此，假設將範例程式 2.1 輸入一個名為 prog1.c 的檔案。接下來，您需要編譯程式。

使用 GNU C 編譯器，只需要在終端機上發出 gcc 指令，後跟檔案名稱，就這麼簡單：

```
$ gcc prog1.c
$
```

如果您使用標準的 Unix C 編譯器，其指令是 cc 而不是 gcc。在這裡所輸入的文字是粗體的。如果從命令列編譯您的 C 程式，美元符號是命令提示符。實際命令提示符有可能是美元符號之外的一些字元。

如果在程式中有任何錯誤，編譯器將在輸入 gcc 指令後列出它們，通常會標識程式中有錯誤的行號。反之，出現另一個命令提示符，如前面的範例所示，表示在您的程式中沒有找到錯誤。

當編譯器編譯和連結程式時，它會建立程式的可執行版本。使用 GNU 或標準 C 編譯器，預設情況下，此程式為名 a.out。在 Windows 下，它通常名為 a.exe。

# 執行您的程式

現在可以在命令列上輸入其名稱來執行可執行檔：[1]

```
$ a.out
Programming is fun.
$
```

您還可以在編譯程式時，為可執行檔指定不同的名稱。這是利用 -o（即字母 O）選項完成的，後面跟著可執行檔的名稱。例如：

```
$ gcc prog1.c -o prog1
```

---

[1] 若得到這樣的錯誤：a.out: No such file or directory，這可能意味著當前目錄不在您的PATH。您可以將其添加到PATH或在命令提示符後面輸入以下指令：./a.out。

將編譯程式 prog1.c，把可執行檔放在檔案 prog1 中，然後指定其名稱來執行：

```
$ prog1
Programming is fun.
$
```

# 了解第一個程式

仔細看看您的第一個程式。程式的第一行:

```
#include <stdio.h>
```

應被載入於您寫的每個程式的開頭。它告訴編譯器關在稍後的程式中使用 printf()輸出函式的訊息。第 12 章 "前置處理器" 詳細討論這一行的作用。

下面程式行：

```
int main (void)
```

通知系統該程式的名稱是 main()，並回傳一個整數值，縮寫為 "int"。main() 是一個特殊的名稱，表示程式開始執行的位置。緊隨 main() 之後的一組括號，指定 main() 是函式（function）的名稱。在括號中的關鍵字 void 表示函式 main() 不使用參數（也就是說，它沒有參數）。這些概念在第 7 章 "函式" 有詳細的解釋。

> **注意**
>
> 如果您使用 IDE，可能會發現它為您生成一個模板 main()。在這種情況下，可能發現 main() 的第一行看起來像是這樣：
>
> int main（int argc，char * argv []）
>
> 這不會影響程式的運作，所以請忽略現在的差異。

現在您已經確認將 main() 加到系統，準備指定這個程式要執行什麼。這是利用將程式的所有程式敘述，封裝在一對大括號內來完成的。包含在大括號之間的所有程式敘述，都被系統作為 main() 程式的一部分。在範例程式 2.1 中，只有兩個這樣的敘述。第一個敘述指定要呼叫名為 printf() 的函式。傳遞給 printf() 函式的參數是字串：

```
"Programming is fun.\n"
```

printf() 函式是 C 函式庫中的一個函式，它簡單地在螢幕上印出或顯示其參數（或多個參數，稍後將會看到）。字串中的最後兩個字元，即反斜線（\）和字母 n，統稱為換行（newline）字元。換行字元告訴系統其字面上的意思 — 換句話說，到一個新的行。換行字元之後，要印出的任何字元，將顯示於下一行。事實上，換行字元在概念上類似於打字機上的返回鍵。（記得那些嗎？）

C 中的所有程式敘述必須以分號（;）結束。這是緊跟在 printf() 呼叫的右括號後出現分號的原因。

main() 中的最後一個敘述：

```
 return 0;
```

表示完成 main() 的執行，並回傳狀態值 0 到系統。您可以在這裡使用任何整數。零是按照慣例使用，表示程式成功完成，即沒有遇到任何錯誤。不同的數字可用於指示發生的不同類型的錯誤條件（例如未找到檔案）。這個退出狀態可以通過其它程式（例如 Unix shell）來測試，以查看程式是否成功執行。

現在您已經完成了第一個程式的分析，您可以修改它來顯示 "And programming in C is even more fun." 這可以簡單地添加另一個 printf() 函式呼叫，如範例程式 2.2 所示。記住每個 C 程式敘述必須以分號結束。

**範例程式 2.2**

```c
#include <stdio.h>

int main (void)
{
    printf ("Programming is fun.\n");
    printf ("And programming in C is even more fun.\n");

    return 0;
}
```

如果鍵入範例程式 2.2，接著編譯並執行它，您可以期望在程式的輸出視窗（有時稱為 "控制台"）中輸出以下的結果：

**範例程式 2.2 輸出結果**

```
Programming is fun.
And programming in C is even more fun.
```

從下一個範例程式中可以看出，沒有必要對每一行輸出單獨呼叫 printf() 函式。研究範例程式 2.3 中呈現的程式，並在檢查輸出之前，嘗試預測其結果。（請不要作弊！）

範例程式 2.3　顯示數行輸出

```
#include <stdio.h>

int main (void)
{
    printf ("Testing...\n..1\n...2\n....3\n");

    return 0;
}
```

範例程式 2.3　輸出結果

```
Testing...
..1
...2
....3
```

# 顯示變數的值

printf() 函式是本書中最常用的函式。因為它提供了一種簡單又方便顯示程式結果的方法。不僅可以顯示簡單的訊息，而且還可以顯示變數（variable）的值及計算的結果。實際上，範例程式 2.4 使用 printf() 函式來顯示把兩個數字（即 50 和 25）相加的結果。

範例程式 2.4　顯示變數

```
#include <stdio.h>

int main (void)
{
    int sum;

    sum = 50 + 25;
    printf ("The sum of 50 and 25 is %i\n", sum);

    return 0;
}
```

範例程式 2.4　輸出結果

```
The sum of 50 and 25 is 75
```

在範例程式 2.4 中，第一個 C 程式敘述將變數 sum 宣告為整數型態。C 要求在程式中使用所有程式變數之前進行宣告。變數的宣告指定了 C 編譯器如何使用特定的變數。編譯器需要此訊息來生成正確的指令，以將值儲存和讀取到變數。宣告為型態

int 的變數只能用於儲存整數值；即不帶小數位的值。整數值的一些範例如 3、5、-20 和 0。具有小數位的數字，例如 3.14、2.45 和 27.0，被稱為浮點數。

整數變數 sum 用於儲存兩個整數 50 和 25 相加的結果。在該變數的宣告之後，有意地留下一個空白行，以便從程式敘述中可視覺化分離程式的變數宣告；這是嚴格的風格問題。有時，在程式中添加空白行可以幫助使程式提高其可讀性。

下面程式敘述：

```
sum = 50 + 25;
```

就像大多數其它程式語言一樣：將數字 50 加到（如加號所示）數字 25，並將結果儲存於變數 sum 中（由等號 — 指定運算子 — 表示）。

範例程式 2.4 中的 printf() 函式呼叫，有兩個參數括在括號中。這些參數以逗號分隔。printf() 函式的第一個參數永遠是要顯示的字串。但是，隨著字串的顯示，通常也可能希望顯示某些程式變數的值。在這種情況下，您希望變數 sum 的值顯示在下列字串後：

```
The sum of 50 and 25 is
```

第一個參數內的百分比字元，是由 printf() 函式所識別的特殊字元。緊跟在百分號後面的字元，指定要在該處顯示值的型態。在前面的範例程式中，字母 i 被 printf() 函式認定為要顯示整數值。[2]

每當 printf() 函式在字串中找到%i 字元時，它會自動向 printf() 函式顯示下一個參數的值。由於 sum 是 printf() 的下一個參數，所以它的值在顯示字串 "The sum of 50 and 25 is " 之後自動顯示。

現在請試著預測範例程式 2.5 的輸出。

---

[2] 請注意，printf 還允許您指定%d格式字元來顯示整數。本書在剩下的章節中會一直使用%i。

範例程式 2.5　顯示數個值

```c
#include <stdio.h>

int main (void)
{
    int  value1, value2, sum;

    value1 = 50;
    value2 = 25;
    sum = value1 + value2;
    printf ("The sum of %i and %i is %i\n", value1, value2, sum);

    return 0;
}
```

範例程式 2.5　輸出結果

```
The sum of 50 and 25 is 75
```

第一個程式敘述宣告了三個變數，名為 value1、value2 和 sum，全部為 int 型態。該宣告也可以使用三個單獨的宣告，如下所示：

```c
int value1;
int value2;
int sum;
```

在宣告三個變數後，程式將值 50 指定給變數 value1，接著將 25 指定給 value2。然後計算這兩個變數的和，並將結果指定給變數 sum。

對 printf() 函式的呼叫中包含四個參數。第一個參數統稱為格式字串，它向系統描述其它參數的顯示方式。value1 的值將緊跟在 "The sum of " 字串的顯示之後顯示。類似地，value2 和 sum 的值將在適當之處印出，即格式字元串中後兩次出現 %i 字元的地方。

# 註解

本章最後的程式（範例程式 2.6）介紹了註解（comment）的概念。在程式中使用註解敘述來說明程式，以增加其可讀性。正如您將從下面的範例程式看到的，註解用來告訴閱讀程式的人 — 程式設計師或者負責維護程式的其他人 — 程式設計師在撰寫一個特定的程式，或者特定的一系列敘述的時要注意什麼。

範例程式 2.6　在程式中使用註解

```c
/* This program adds two integer values
   and displays the results            */

#include <stdio.h>

int main (void)
{
    // Declare variables
    int  value1, value2, sum;

    // Assign values and calculate their sum
    value1 = 50;
    value2 = 25;
    sum = value1 + value2;

    // Display the result
    printf ("The sum of %i and %i is %i\n", value1, value2, sum);

    return 0;
}
```

範例程式 2.6　輸出結果

```
The sum of 50 and 25 is 75
```

有兩種方法可以將註解插入到 C 程式中。註解可以由兩個字元 / 和 * 初始。這標記著註解的開始。這類型的註解必須有終止之處。要結束註解，使用字元 * 和 /，不帶任何嵌入空格。開始 /* 和結束 */ 之間的所有字元，都被視為註解敘述的一部分，並被 C 編譯器忽略。當註解跨越程式中的幾行時，通常使用此註解形式。在程式中加入註解的第二種方法，是使用兩個連續的斜線字元 //。任何跟隨在這些斜線後面的字元，直到行尾，都將被編譯器忽略。

在範例程式 2.6 中，使用了四個獨立的註解說明。該程式的其它部分與範例程式 2.5 相同。顯然，這是一個太勉強的範例，因為只有程式開始的第一個註解是有用的。（是的，可以在程式中插入這麼多的註解，但程式的可讀性實際上是退化的，而不是改善的！·）

在程式中不應過分使用註解敘述。很多時候，一個程式設計師回到一個程式，他或許在六個月前才編寫過，但他會很沮喪，因為他已記不住某特定的函式或某特定敘述的目的。在程式中的特定點加入簡單的註解敘述，往後可以節省很多的時間，否則會浪費要重新思考函式或敘述串列邏輯的時間。

在編寫程式時，加入註解敘述到程式中是一種好習慣。有些更好的理由要您這樣做，首先，當特定的程式邏輯在您的心中仍然清晰時，比程式完成後重新思考其邏輯更容易記錄程式的功能與用意。其次，將註解插入到程式中就像遊戲的前期階段，在除錯階段，當程式邏輯錯誤被隔離和除錯時，您可以獲得註解的好處。註解不僅可以幫助您閱讀程式，而且還可以幫助找到邏輯錯誤的來源。最後，我還沒發現到真正喜歡撰寫程式文件的程式設計師。事實上，在您完成除錯程式後，您可能不會喜歡回到程式插入註解。在開發程式時插入註解，會使這個乏味的任務較容易完成。

在 C 語言中開發程式的這個入門章節到此結束。現在，您應該對在 C 語言中編寫程式所涉及的內容有了良好的感覺，您應該能夠自己開發一個小小的程式。在下一章中，將開始學習這種奇妙強大和靈活的程式語言一些更複雜的特性。但首先，試著實作下面的習題，以確保您理解本章提出的概念。

# 習題

1.　輸入並執行本章介紹的六個程式。將每個程式產生的輸出結果與本書中每一個程式的輸出結果進行比較。

2.　請撰寫一程式顯示下列文字：

1.　In C, lowercase letters are significant.

2.　main() is where program execution begins.

3.　Opening and closing braces enclose program statements in a routine.

4.　All program statements must be terminated by a semicolon.

3.　您期望從以下程式得到什麼輸出結果？

```
#include <stdio.h>

int main (void)
{
    printf ("Testing...");
    printf ("....1");
    printf ("...2");
    printf ("..3");
    printf ("\n");

    return 0;
}
```

4.  請撰寫一程式，以 87 減掉 15，並以適當的訊息顯示結果。

5.  請找出以下程式中的語法錯誤。接著輸入並執行更正後的程式，以確保您已正確更正所有的錯誤。

```c
#include <stdio.h>

int main (Void)
(
        INT   sum;
        /* COMPUTE RESULT
        sum = 25 + 37 - 19
        /* DISPLAY RESULTS //
        printf ("The answer is %i\n" sum);
        return 0;
}
```

6.  您期望從以下程式得到什麼輸出結果？

```c
#include <stdio.h>

int main (void)
{
        int answer, result;

        answer = 100;
        result = answer - 10;
        printf ("The result is %i\n", result + 5);

        return 0;
}
```

# 3

# 變數、資料型態以及 算術運算式

撰寫程式真正的能力是資料的處理。為了確實利用這種能力，需要更加了解不同的資料型態，以及如何宣告與命名變數。C 有豐富的數學運算子，可以用它來處理資料。在本章將涵蓋：

- 資料型態 int、float、double、char 和 _Bool
- 修飾資料型態 short、long 和 long long
- 命名變數的規則
- 基本數學運算子和算術運算式
- 型態轉換

## 認識資料型態和常數

您已經知道 C 的基本資料型態 int。是否還記得，一個宣告為 int 型態的變數只能用於儲存整數值，也就是說，不儲存有小數點的值。

C 程式語言提供了四種其它基本資料型態，分別為 float、double、char，以及 _Bool。宣告為 float 型態的變數, 可用於儲存浮點數（包含小數點的值）。double 型態與 float 型態相同，差別在於它大約有兩倍的精確度。char 資料型態可用於儲存單一字元，例如字母 "a"、數字字元 "6" 或分號（';'）（稍後將更詳細地說明）。最後，_Bool 資料型態僅用於儲存值 0 或 1。此型態的變數用於表示開/關、是/否，或真/假的情況。不是這個就是那個的選擇，通常也稱為二進制選擇。

在 C 中，任何數字、單一字元或字串皆稱為常數。例如，數字 58 表示整數常數。字串 "Programming in C is fun. \n" 則為常數字串。完全由常數組成的運算式稱為常數運算式。

所以，下面運算式：

```
128 + 7 - 17
```

是個常數運算式，因為運算式的每一項都是常數值。但是如果 i 被宣告為一個整數變數，以下運算式：

```
128 + 7 - i
```

將不是常數運算式，因為它的值會根據 i 的值而改變。如果 i 為 10，則運算式等於 125，但如果 i 為 200，則運算式等於 -65。

## 整數型態 int

在 C 中，整數常數由一個或多個數字的序列組成。序列前面的減號表示該值為負值。158、-10 和 0 都是有效的整數常數。在數字之間不允許嵌入空白，大於 999 的值不能使用逗號表示。（因此，12,000 不是有效的整數常數，必須寫為 12000）。

C 中的兩種特殊格式，使整數常數可以用十進制（基數 10）以外的基數表示。如果整數值的第一個數字是 0，則該整數以八進制表示法表示，即基數 8。因此，在這種情況下，其餘數字必須是有效的 8 進制數字，即為 0-7。因此，為了在 C 中表示在基數 8 中的 50，得使用符號 050，其等於十進制中的 40。同樣的，八進制常數 0177 表示十進制 127（$1 \times 64 + 7 \times 8 + 7$）。可以使用 printf() 敘述的格式字串中的格式字元 %o，在終端機顯示八進制整數值。在這種情況下，其值以八進制顯示，但沒有前置 0。格式字元 %#o 會使得在八進制的值之前，顯示前置 0。

如果整數常數前面有 0 和字母 x（小寫或大寫），則該值將以十六進制（基數 16）表示。緊跟在字母 x 之後的是十六進制的數字，可由數字 0-9 和字母 a-f（或 A-F）組成。那些字母分別表示 10-15。因此，要將十六進制 FFEF0D 指定給名為 rgbColor 的整數變數，可使用以下敘述：

```
rgbColor = 0xFFEF0D;
```

格式字元 %x 顯示十六進制格式的值，不帶前置 0x，對於十六進制數字使用小寫字母 a-f。要顯示帶有前置 0x 的值，請使用格式字元 %#x，如下所示：

```
printf ("Color is %#x\n", rgbColor);
```

大寫 x，如%x 或%#X，可用於顯示前置 x 和後跟使用大寫字母的十六進制數值。

## 儲存大小和範圍

每個值（無論是字元，整數還是浮點數）都具有與其相關的範圍。此範圍與指定儲存某特定型態的資料儲存量有關。一般來說，該數目在語言中沒有定義。它通常取決於您所使用的電腦，因此，被稱為與實作平台相依（implementation or machine dependent）。例如，整數在您的電腦上可能佔用 32 位元，也可能佔用 64 位元。您不應該編寫任何假設資料型態大小的程式。但是，可以確保為每個基本資料型態所預留最小的儲存空間。例如，它確保整數值會儲存於至少 32 位元的記憶體，這是在許多電腦上的 "字組"（word）的大小。

## 浮點數型態 float

被宣告為 float 型態的變數，可用於儲存包含小數位的值。浮點數常數通過小數點的存在來區分。您可以省略小數點前的數字或小數點後的數字，但不能同時省略兩者。3.、125.8 和 -.0001 都是有效的浮點數常數。要在終端機顯示浮點數，可使用 printf 轉換字元 %f。

浮點數常數也可以用科學符號（scientific notation）表示。1.7e4 是以該表示法表示的浮點數，表示 $1.7 \times 10^4$。字母 e 之前的值被稱為尾數（mantissa），而接下來的值被稱為指數。該指數可以在可有可無的正號或負號之前，表示乘以尾數的 10 的次方。因此，在常數 2.25e-3 中，2.25 是尾數，-3 是指數。該常數表示值為 $2.25 \times 10^{-3}$ 或 0.00225。順便提及，將尾數與指數分離的字母 e 可以是小寫或大寫。

要以科學符號顯示值，應在 printf() 格式字串中使用格式字元 %e。printf() 格式字元 %g 可讓 printf() 決定是以正常浮點表示法，還是以科學符號顯示浮點數。這個決定是基於指數的值：如果它小於 -4 或大於 5，則使用 %e（科學記數法）格式；否則，使用 %f 格式。

使用 %g 格式字元顯示浮點數能夠產生最美觀的輸出。

十六進制浮點數常數由前置 0x 或 0X，後跟一個或多個十進制或十六進制數字，再跟一個 p 或 P，和一個可有可無的有符號二進制指數所組成。例如，0x0.3p10 表示值 $3/16 \times 2^{10} = 192$。

## 擴展精確度型態 double

double 型態與 float 型態非常相似，但只要 float 變數提供的範圍不足，就會使用 double 型態。被宣告為 double 型態的變數，可以儲存大約兩倍於 float 型態變數的有效數字。大多數電腦使用 64 位元表示 double 值。

除非另有說明，否則所有浮點數常數，都將被 C 編譯器視為 double 值。要明確地表達 float 常數，請追加 f 或 F 到數字的末尾，如下所示：

```
12.5f
```

要顯示 double 值，可使用格式字元 %f、%e 或 %g，與顯示浮點數的格式字元相同。

## 單字元型態 char

char 變數用於儲存單一字元。將字元包在一對單引號內稱為字元常數。所以 'a'、';' 和 '0' 都是有效的字元常數。第一個常數表示字母 a，第二個是分號，第三個是字元 0，它與數字 0 不同。不要混淆字元常數（用單引號括起來的單一字元）與字串，字串是將任意數目的字元以雙引號括起來的 。

字元常數 '\n'，稱之為換行字元，它是一個有效的字元常數，即使它似乎與前面提及的規則相矛盾。這是因為反斜線字元在 C 系統中是一個特殊的字元，實際上並不算作字元。換句話說，C 編譯器將字元 '\n' 視為單一字元，即使它實際上由兩個字元組成。還有其它包含反斜線字元的特殊字元。有關特殊字元的完整列表，請參閱附錄 A "C 語言摘要"。

可在 printf() 呼叫中使用格式字元 %c，以便顯示 char 變數的值。

## 布林資料型態_Bool

_Bool 變數在 C 語言中定義為僅足以儲存 0 和 1。所使用精確的記憶體大小未指定。_Bool 變數用於需要指示布林條件的程式中。例如，此型態的變數可用於指示，是否已從檔案讀取所有數據。

按照慣例，0 表示假值，1 表示真值。當向 _Bool 變數賦值時，值 0 在變數中儲存為 0，而任何非零值儲存為 1。

為了方便在程式中使用 _Bool 變數，標頭檔 <stdbool.h> 定義了 bool、 true 和 false。這方面的例子展示於在第 5 章 "選擇" 的範例程式 5.10A 中。

---

[1] 附錄A討論一些方法，經由特殊的轉義序列、通用字元和寬字元，來儲存擴展字元集的字元。

範例程式 3.1 使用了一些 C 的基本資料型態。

範例程式 3.1　使用基本資料型態

```
#include <stdio.h>

int main (void)
{
    int       integerVar = 100;
    float     floatingVar = 331.79;
    double    doubleVar = 8.44e+11;
    char      charVar = 'W';

    _Bool     boolVar = 0;

    printf ("integerVar = %i\n", integerVar);
    printf ("floatingVar = %f\n", floatingVar);
    printf ("doubleVar = %e\n", doubleVar);
    printf ("doubleVar = %g\n", doubleVar);
    printf ("charVar = %c\n", charVar);

    printf ("boolVar = %i\n", boolVar);

    return 0;
}
```

範例程式 3.1　輸出結果

```
integerVar = 100
floatingVar = 331.790009
doubleVar = 8.440000e+11
doubleVar = 8.44e+11
charVar = W
boolVar = 0;
```

範例程式 3.1 的第一個敘述，宣告變數 integerVar 為一個整數變數，並指定它的初始值為 100，等同於使用了以下兩個敘述：

```
 int  integerVar;
 integerVar = 100;
```

請注意，在程式輸出的第 2 行中，指定給 floatingVar 的 331.79，實際上顯示為 331.790009。事實上所顯示的實際值，將取決於您所使用的電腦系統。這種誤差的原因，在於數字於電腦內部所表示的特定方式。在處理計算器上的數字時，您可能也遇到了同樣的誤差問題。如果您在計算器上將 1 除以 3，會可能得到 .33333333，也可能有額外的 3 在末尾。3 是計算器的近似三分之一的表示。理論上，應該有無限的 3。但計算器只能容納這麼多位數，因為機器固有的不準確性。相同態型的誤差問題應用於此：某些浮點數不能在電腦記憶體中精確表示。

當顯示 float 或 double 變數的值時，可以選擇三種不同的格式。%f 字元以標準方式顯示值。除非另有說明，printf() 總是顯示 float 或 double 值到小數點後六位。您將在本章後面看到如何選擇要顯示的小數位數。

%e 字元以科學符號中顯示 float 或 double 變數的值。同樣的，系統自動顯示六個小數位。

使用 %g 字元，printf() 選擇 %f 和 %e 之間，並自動從顯示中刪除任何尾隨的 0。如果小數點後面沒有數字，它也不會顯示。

在倒數第二的 printf() 敘述中，%c 字元用於顯示在宣告變數時，指定字元 'W' 給 charVar 。請記住，雖然字串（如 printf() 的第一個參數）被包在一對雙引號中，但是字元常數永遠必須被包在一對單引號中。

最後一個 printf() 顯示一個 _Bool 變數，使用整數格式字元 %i 顯示其值。

## 型態修飾詞：long、long long、short、unsigned 和 signed

如果修飾詞 long 直接放在 int 宣告之前，則所宣告的變數在一些電腦系統上是擴展範圍的整數變數。以下是 long int 宣告例子：

```
long int factorial;
```

這宣告變數 factorial 是一個 long 整數變數。與 float 和 double 一樣，long 變數的精確度取決於您的電腦系統。在許多系統上，int 和 long int 具有相同的範圍，並可以儲存高達 32 位元（$2^{31} - 1 = 2,147,483,647$）的整數值。

long int 型態的常數值的形成，可在整數常數的末尾附加字母 L（大寫或小寫）。數字和 L 之間不允許有空白。所以，以下宣告：

```
long int numberOfPoints = 131071100L;
```

將變數 numberOfPoints 宣告為 long int 型態，初始值為 131,071,100。

要使用 printf() 顯示 long int 的值，整數格式字元 i、o 和 x 之前附加修飾詞 l。這意味著格式字元 %li 可以十進制格式顯示 long int 的值，字元 %lo 可以八進制格式顯示其值，字元 %lx 可以十六進制格式顯示其值。

還有一個 long long 整數資料型態，所以以下敘述：

```
long long int maxAllowedStorage;
```

將所表示的變數宣告為所指定的擴展精確度，其確保至少 64 位元。此時在 printf 字串中使用兩個 l 來顯示 long long 整數，並不再是單一字母 l，例如 "%lli"。

long 修飾詞也允許使用於 double 宣告的前面，如下：

```
long double US_deficit_2004;
```

long double 常數的寫法為浮點數常數緊跟字母 l 或 L，例如：

```
1.234e+7L
```

要顯示 long double 變數，使用 L 修飾詞。因此，%Lf 在浮點數表示法中顯示 long double 值，%Le 以科學符號顯示相同的值，%Lg 告訴 printf() 在 %Lf 和 %Le 之間作選擇。

修飾詞 short，當放置在 int 宣告前面時，它告訴 C 編譯器，要宣告的變數用於儲存相當小的整數值。使用 short 變數的動機，主要是節省記憶體空間，這在需要大量記憶體和可用記憶體有限的情況下，可能是一個問題。

在一些平台上，一個 short int 佔用的儲存空間，是一般 int 變數的一半。在任何情況下，可確保指定給 short int 的空間不會小於 16 位元。

沒有辦法在 C 中明確地表示一個 short int 型態的常數。要顯示一個 short int 變數，請將字母 h 放在一般整數轉換字元前面：%hi、%ho 或 %hx。或者，您也可以使用任何整數轉換字元來顯示 short int，因為它們在作為參數傳遞給 printf() 函式時會被轉換為整數。

當整數變數只用於儲存正數時，可以在 int 變數前面使用 unsigned 修飾詞，如以下宣告：

```
unsigned int counter;
```

此敘述向編譯器宣告變數 counter 僅包含正值。將整數變數的使用限制為正整數的全部記憶體，整數變數的精確度範圍得以擴展。

unsigned int 常數的形成是在常數之後放置字母 u（或 U），如下所示：

```
0x00ffU
```

在撰寫整數常數時，可以結合字母 u（或 U）和 l（或 L），如下所示：

```
20000UL
```

告訴編譯器將常數 20000 視為 unsigned long。

若沒有任何字母 u、U、l 或 L，在後面的整數常數太大，無法適應正常大小的 int 時，編譯器會將其視為 unsigned int。若它不適合 unsigned int（過小），編譯器便將其視為 long int。若它還是不適合 long int，編譯器便使它成為一個 unsigned long int。若這仍不適合，編譯器將其視為 long long int，若再不適合，則將其視為 unsigned long long int。

當將變數宣告為 long long int、long int、short int 或 unsigned int 時，可以省略關鍵字 int。因此，unsigned 變數 counter 可以被宣告如下：

```
unsigned counter;
```

您也可以將 char 變數宣告為 unsigned。

signed 修飾詞可以用於明確地告訴編譯器，某特定變數是有符號的數值。它的使用主要在 char 宣告的前面， 到第 13 章 "更多的資料型態" 再進一步的討論此主題。

若這些修飾詞的討論，對現在的您來講看起來有點深奧，請不用擔心。在本書後面的部分，會用實際的範例程式進行說明許多不同的型態。第 13 章詳細介紹了資料型態和其轉換。

表 3.1 總結了基本資料型態和修飾詞。

表 3.1　基本資料型態

| 型態 | 常數範例 | printf 格式字元 |
|---|---|---|
| char | 'a', '\n' | %c |
| _Bool | 0, 1 | %i, %u |
| short int | — | %hi, %hx, %ho |
| unsigned short int | — | %hu, %hx, %ho |
| int | 12, -97, 0xFFE0, 0177 | %i, %x, %o |
| unsigned int | 12u, 100U, 0XFFu | %u, %x, %o |
| long int | 12L, -2001, 0xffffL | %li, %lx, %lo |
| unsigned long int | 12UL, 100ul, 0xffeeUL | %lu, %lx, %lo |
| long long int | 0xe5e5e5e5LL, 500ll | %lli, %llx, &llo |

| 型態 | 常數範例 | printf 格式字元 |
|---|---|---|
| unsigned long long int | 12ull, 0xffeeULL | %llu, %llx, %llo |
| float | 12.34f, 3.1e-5f, 0x1.5p10,0x1P-1 | %f, %e, %g, %a |
| double | 12.34, 3.1e-5, 0x.1p3 | %f, %e, %g, %a |
| long double | 12.341, 3.1e-5l | %Lf, $Le, %Lg |

# 使用變數

早期的電腦程式設計師的艱鉅任務是，不得不以機器的二進制語言編寫程式。這意味著電腦指令在輸入機器之前，必須由程式設計師手動以二進制數字編碼。此外，程式設計師必須利用特定的數字或記憶體地址，明確地分配和引用電腦記憶體中的儲存位置。

今天的程式語言允許您更集中精力去解決手邊上的問題，而不用擔心機器碼或記憶體位置。它們使您能夠儲存程式的計算結果到指定符號名稱，通稱為變數名稱（variable names）。變數名稱可選擇有意義的方式，以反映儲存在該變數值之型態。

在第 2 章 "編譯和執行第一個程式" 中，使用了幾個變數來儲存整數值。例如，您使用範例程式 2.4 中的變數 sum 來儲存兩個整數 50 和 25 的和。

C 語言允許除了整數之外的資料型態，也可儲存於變數中，前提是在程式使用該變數之前，要進行適當的宣告。變數可用於儲存浮點數、字元、甚至指向電腦記憶體中的位置的指標（pointer）。

給變數命名的規則很簡單：必須以字母或底線（_）開頭，後面可以是字母（大寫或小寫），底線或數字 0-9 的任意組合。以下是一串列有效變數名稱的例子。

```
sum
pieceFlag
i
J5x7
Number_of_moves
_sysflag
```

另一方面，根據前面所述的規則，以下變數名稱是無效的：

| | |
|---|---|
| sum$value | $不是有效字元 |
| piece flag | 不允許嵌入空白 |
| 3Spencer | 變數名稱不能以數字開頭 |
| int | int 是保留字 |

int 不能用作變數名稱,因為它對 C 編譯器有特殊的使用意義。此使用稱為保留名稱或保留字。一般來說,對 C 編譯器有特殊意義的任何名稱,都不能用作變數名稱。附錄 A 提供了這些保留名稱的完整列表。

記住,大寫和小寫字母在 C 中是不同的。因此,變數名稱 sum、Sum 和 SUM 各為不同的變數。

變數名稱的長度可以隨意,然而只有前 63 個字元可能較顯著,在某些特殊情況下(如附錄 A 所述),只有前 31 個字元較為顯著。通常使用太長的變數名是不實際的,只單純地您需要做額外的輸入。例如,雖然以下這行是有效的:

```
theAmountOfMoneyWeMadeThisYear = theAmountOfMoneyLeftAttheEndOfTheYear -
        theAmountOfMoneyAtTheStartOfTheYear;
```

但這一行:

```
moneyMadeThisYear = moneyAtEnd - moneyAtStart;
```

以更少的空間表達了幾乎一樣的訊息。

當決定變數名稱時,請記住一個建議:不要懶惰。請選擇代表變數的預期用途的名稱。原因很明顯。與註解一樣,有意義的變數名稱可以明顯地提高程式的可讀性,並在除錯和撰寫文件階段獲得好處。事實上,撰寫文件任務可能會大大減少,因為在程式本身就已解釋了。

# 算術運算式

在 C 中,實際上與所有的程式語言一樣,加號(+)用於兩個值相加、減號(-)用於兩個值相減、星號(*)用於兩個值相乘、斜線(/)用於兩個值相除。這些運算子稱為二元算術運算子(binary arithmetic operator),因為它們對兩個值或兩項作運算。

您已經了解如何在 C 中執行如加法的簡單運算。範例程式 3.2 進一步展示減法、乘法和除法的運算。在程式中執行的最後兩個運算式,引入了一個運算子具有比另一個運算子更高的執行順序(或優先權)的概念。事實上,C 中的每個運算子都有相關的執行順序。此執行順序用於決定,如何評估有多個運算子的運算式:具有較高執行順序的運算子先作計算。包含相同執行順序的運算子的運算式,會由左到右或從右到左作計算,這完全取決於運算子。此稱為運算子連結性(associative)的特性。附錄 A 提供了運算子執行順序及其連結規則的完整列表。

**範例程式 3.2　使用算術運算子**

```c
// Illustrate the use of various arithmetic operators

#include <stdio.h>

int main (void)
{
    int a = 100;
    int b = 2;
    int c = 25;
    int d = 4;
    int result;

    result = a - b;        // subtraction
    printf ("a - b = %i\n", result);

    result = b * c;        // multiplication
    printf ("b * c = %i\n", result);

    result = a / c;        // division
    printf ("a / c = %i\n", result);

    result = a + b * c;    // precedence
    printf ("a + b * c = %i\n", result);

    printf ("a * b + c * d = %i\n", a * b + c * d);

    return 0;
}
```

**範例程式 3.2　輸出結果**

```
a - b = 98
b * c = 50
a / c = 4
a + b * c = 150
a * b + c * d = 300
```

在宣告整數變數 a、b、c、d 和 result 之後，程式將 a 減去 b 的結果指定給 result，接著呼叫 printf() 顯示其值。

下一條敘述：

```c
result = b * c;
```

將 b 的值乘以 c 的值，並將結果儲存在 result 中。之後，使用您所熟悉的 printf() 來顯示乘法的結果。

下一個程式敘述引入除法運算子：斜線（/）。100 除以 25 獲得的結果 4，利用 a 除以 c 之後的 printf() 敘述顯示。

在某些電腦系統上，嘗試將數字除以 0 會導致程式異常終止²。即使程式沒有異常終止，這種除法所獲得的結果也是無意義的。

在第 5 章中，您將看到如何在執行除法運算之前，檢查除數是否為 0。如果確定除數為，則可以採取適當的動作，且可避免除法運算。

下面運算式：

```
a + b * c
```

不產生 2550 (102 * 25) 的結果；相對地，由相應的 printf() 敘述顯示的結果為 150。這是因為 C 與大多數其它程式語言一樣，具有用於評估運算式中多個運算或多項的順序的規則。運算式的求值通常從左到右進行。然而，乘法和除法運算優先於加法和減法運算。因此，以下運算式：

```
a + b * c
```

被 C 程式語言視為：

```
a + (b * c)
```

（這是應用代數的基本規則對這個運算式求值。）

如果要更改運算式中評估各項的順序，可以使用括號。事實上，前面列出的運算式是一個完全有效的 C 運算式。因此，下面敘述：

```
result = a + (b * c);
```

可以替換到範例程式 3.2 中，以獲得相同的結果。但是，如果是以下運算式：

```
result = (a + b) * c;
```

指定給 result 的值將為 2550，因為在乘以 c (25) 之前，a (100) 會先與 b (2) 相加。小括號也可以是巢狀的，在這種情況下，運算式的求值從最內層的括號向外進行。只要您要確定所有左括號皆有相對應的右括號。

---

² 這發生於使用Windows下的gcc編譯器。在Unix系統上，程式可能不會異常終止，並且可能將0作為整數除以0的結果，將 "Infinity" 作為浮點數除以0的結果。

從範例程式 3.2 的最後一敘述可以看出，將運算式作為參數傳遞給 printf() 是完全有效的，而不必先求運算式的值並指定給變數。以下運算式：

```
a * b + c * d
```

根據前面所述的規則進行求值：

```
(a * b) + (c * d)
```

也就是：

```
(100 * 2) + (25 * 4)
```

結果 300 被傳遞給 printf() 函式。

## 整數運算和一元負號運算子

範例程式 3.3 加強了您剛剛學到的東西，並引入了整數運算的概念。

**範例程式 3.3** 算術運算子的另一個例子

```c
// More arithmetic expressions

#include <stdio.h>

int main (void)
{
    int    a = 25;
    int    b = 2;

    float c = 25.0;
    float d = 2.0;

    printf ("6 + a / 5 * b = %i\n", 6 + a / 5 * b);
    printf ("a / b * b = %i\n", a / b * b);
    printf ("c / d * d = %f\n", c / d * d);
    printf ("-a = %i\n", -a);

    return 0;
}
```

**範例程式 3.3** 輸出結果

```
6 + a / 5 * b = 16
a / b * b = 24
c / d * d = 25.000000
-a = -25
```

在前四個敘述，int 與 a、b、c 和 d 的宣告之間插入額外的空白，以對齊每個變數的宣告。這有助於程式的可讀性。您也許已經注意到，到目前為止提出的每個程式中，在每個運算子周圍都放置了一個空白。這也不是必需的，僅僅出於美學的原因。一般來說，您可以在允許單一空白的任何位置添加額外的空白。如果得到的程式更容易閱讀，幾個額外的空白是有價值的。

範例程式 3.3 第一個 printf() 的運算式強化了運算子執行順序的概念。該運算式的求值如下進行：

1.  由於除法具有比加法更高的執行順序，首先將 a (25) 除以 5。這給出中間結果 5。

2.  由於乘法也具有比加法更高的執行順序，所以中間結果 5，接下來乘以 2（b 的值），給出新的中間結果 10。

3.  最後，相加 6 和 10，得到最終結果為 16。

第二個 printf() 敘述引入了一個新的陷阱。您會期望將 a 除以 b，然後乘以 b，並回傳 a 的值，其已經設置為 25。但是似乎不是這樣，輸出結果顯示 24。它看起來像電腦在途中丟失了什麼。事實是，該運算式使用整數運算來求值的。

如果您回顧一下變數 a 和 b 的宣告，會看到它們都被宣告為 int 型態。每當在運算式中求值的兩項為兩個整數時，C 系統會使用整數運算執行該運算。在這種情況下，數字的所有小數部分都會忽略。因此，當 a 的值除以 b 的值（25 除以 2）時，您將得到中間結果 12，而不是您可能預期的 12.5。將該中間結果乘以 2 給出最終結果 24，從而解釋 "丟失" 數字。不要忘記，如果相除兩個整數，總是得到一個整數結果。此外，請記住，不進行四捨五入，小數位將被直接刪除，因此整數除法的結果為 12.01、12.5 或 12.99，將以相同的值 12 結束。

從範例程式 3.3 中倒數第二個 printf() 敘述可以看出，如果使用浮點數，而不是整數執行相同的操作，則可以獲得預期的結果。

使用 float 變數或 int 變數的決定，應基於變數的預期用途。如果不需要任何小數位，請使用整數變數，所得到的程式效率會更好，亦即它在許多電腦上會執行得較快。另一方面，如果您需要小數位的精確度，選擇很明確，您唯一必須回答的問題是使用 float、double 或 long double。這個問題的答案取決於處理的數字所期望的準確度，以及它們的大小。

在最後一個 printf() 敘述中，變數 a 的值通過使用一元符號運算子而成為負的。一元運算子是對單一值進行運算的運算子，與對兩個值進行運算的二元運算子相反。

減號實際上具有雙重角色：作為二元運算子，用於相減兩個值；作為一元運算子，用於改變值的符號。

一元符號運算子的執行順序高於所有其它算術運算子，除了一元正號運算子（＋），它具有相同的執行順序。所以下面運算式：

```
c = -a * b;
```

將 -a 乘以 b。再次，在附錄 A 中，您將找到一個總結各種運算子及其執行順序的列表。

## 模數運算子

令人驚訝的運算子，一個您可能沒有遇到的運算子 ─ 模數運算子，由百分號（%）表示。利用範例程式 3.4 來認識此運算子的工作原理。

範例程式 3.4　展示模數運算子

```c
// The modulus operator

#include <stdio.h>

int main (void)
{
    int a = 25, b = 5, c = 10, d = 7;

    printf("a = %i, b = %i, c = %i, and d = %i\n", a, b, c, d);
    printf ("a %% b = %i\n", a % b);
    printf ("a %% c = %i\n", a % c);
    printf ("a %% d = %i\n", a % d);
    printf ("a / d * d + a %% d = %i\n",
                a / d * d + a % d);

    return 0;
}
```

範例程式 3.4　輸出結果

```
a = 25, b = 5, c = 10, and d = 7
a % b = 0
a % c = 5
a % d = 4
a / d * d + a % d = 25
```

main() 中的第一個敘述定義和初始化變數 a、b、c 和 d。

在印出使用模數運算子的一系列敘述之前，第一個 printf() 敘述印出程式中使用的四個變數的值作為提醒。這不是至關重要的，但它是一個很好的提醒，幫助別人跟隨您的程式。對於剩餘的 printf() 敘述，如您所知，printf() 使用緊跟在百分號後面的字元，來確定如何印出下一個參數。但是，如果後跟另一個百分號，則 printf() 函式將此視為您真正打算顯示的百分號，並在程式輸出的適當位置顯示一個百分號。

如果您得出的結論是模數運算子%的功能是第一個值除以第二個值的餘數，那是正確的。在第一個範例中，25 除以 5 之後的餘數是 0，並顯示 0。如果 25 除以 10，則得到餘數 5，這由輸出的第二行驗證。25 除以 7 給出餘數 4，如第三行輸出所示。

範例程式 3.4 的最後一行輸出需要一點解釋。首先，您會注意到程式敘述寫在兩行。這在 C 中是完全有效的。事實上，程式敘述可以在可使用空白的任何點繼續到下一行。（在處理字串時會出現這種情況的例外 — 將在第 9 章 "字串" 中討論此主題。）有時，可能不僅希望把一個程式敘述寫到下一行，甚至是必要的。範例程式 3.4 中 printf()呼叫的縮排直觀地顯示它是前面的程式敘述的延續。

請注意在最後的敘述中求值的運算式。您得記得 C 中兩個整數值之間的任何運算都是用整數運算。因此，由兩個整數值的除法產生的任何餘數都會被丟棄。如運算式 a / d 所示，將 25 除以 7 得到中間結果 3。將該值乘以 d 的值（7），產生中間結果 21。最後，將 a 除以 d 的餘數（如運算式 a%d 所示）導致最終結果為 25。這個值與變數 a 的值並不是巧合的。一般來說，下面運算式：

```
a / b * b + a % b
```

將總是等於 a 的值，當然假設 a 和 b 都是整數值。事實上，模數運算子%被定義為僅供整數值使用。

就執行順序而言，模數運算子具有與乘法和除法運算子相同的執行順序。當然，這意味著，一個如以下的運算式：

```
table + value % TABLE_SIZE
```

將被評估為

```
table + (value % TABLE_SIZE)
```

## 整數和浮點數轉換

要有效地開發 C 程式，必須理解 C 中浮點數和整數值的內隱轉換的規則。範例程式 3.5 演示了數值資料型態之間的一些簡單轉換。您要注意的是，一些編譯器可能會發出提醒訊息，提醒您正在執行轉換。

**範例程式 3.5 整數和浮點數轉換**

```c
// Basic conversions in C

#include <stdio.h>

int main (void)
{
    float   f1 = 123.125, f2;
    int     i1, i2 = -150;
    char    c = 'a';

    i1 = f1;                    // floating to integer conversion
    printf ("%f assigned to an int produces %i\n", f1, i1);

    f1 = i2;                    // integer to floating conversion
    printf ("%i assigned to a float produces %f\n", i2, f1);

    f1 = i2 / 100;             // integer divided by integer
    printf ("%i divided by 100 produces %f\n", i2, f1);

    f2 = i2 / 100.0;           // integer divided by a float
    printf ("%i divided by 100.0 produces %f\n", i2, f2);

    f2 = (float) i2 / 100;     // type cast operator
    printf ("(float) %i divided by 100 produces %f\n", i2, f2);

    return 0;
}
```

**範例程式 3.5 輸出結果**

```
123.125000 assigned to an int produces 123
-150 assigned to a float produces -150.000000
-150 divided by 100 produces -1.000000
-150 divided by 100.0 produces -1.500000
(float) -150 divided by 100 produces -1.500000
```

每當浮點數指定給 C 中的整數變數時，數字的小數部分將被截斷。因此，在前面的範例程式當 f1 的值指定給 i1 時，數字 123.125 被截斷，這意味著只有其整數部分（123）被儲存在 i1 中。程式輸出的第一行驗證了這種情況。

將整數變數指定給浮點數變數不會導致數值的任何變化；該值僅被系統轉換並儲存在浮點數變數中。程式輸出的第二行驗證 i2（-150）的值是否正確轉換並儲存在 float 變數 f1 中。

程式輸出的下兩行說明在形成算術運算式時必須記住的兩點。第一個與整數運算有關，這在本章中已經討論過了。每當運算式中的兩個運算元為整數時（這也適用於 short、unsigned、long 和 long long 等整數），運算是在整數運算規則下進行的。因此，即使將結果指定給浮點數變數（如在程式中所做的那樣），也會捨棄由除法運算產生的任何小數部分。所以，當整數變數 i2 除以整數常數 100 時，系統執行整數除法。將-150 除以 100 的結果（即 -1）是儲存在 float 變數 f1 中的值。

在前一串列中執行的下一個除法涉及整數變數和浮點數常數。如果任一值是浮點數變數或常數，則 C 中的兩個值之間的任何運算都將作為浮點數運算執行。因此，當 i2 的值除以 100.0 時，系統將除法視為浮點數除法，並產生指定給浮點數變數 f1 的結果 -1.5。

## 型態轉換運算子

範例程式 3.5 的最後一個除法運算

```
f2 = (float) i2 / 100; // type cast operator
```

介紹了型態轉換運算子。型態轉換運算子具有將變數 i2 的值轉換為型態 float 的作用，用於運算式的求值。這個運算子永遠不會影響變數 i2 的值；它是一個一元運算子，其行為像其它一元運算子。由於運算式 -a 對 a 的值沒有永久效果，所以運算式 (float) a 也不會。

型態轉換運算子的執行順序高於除一元負號和一元正號之外的所有算術運算子。當然，如果需要，您可以總是在運算式中使用括號，強制以任何所需的順序評估運算式。

作為使用型態轉換運算子的另一個範例，下面運算式：

```
(int) 29.55 + (int) 21.99
```

在 C 中評估為：

```
29 + 21
```

因為截斷浮點數是浮點數轉換為整數的效果是之一。下面運算式：

```
(float) 6 / (float) 4
```

產生結果 1.5，如下面的運算式：

```
(float) 6/4
```

# 結合指定的運算：指定運算子

C 語言允許使用以下通用格式結合指定運算子和算術運算子：op=

在此格式中，op 是任何算術運算子，包括 +、-、*、/ 和 %。另外，op 可以是用於移位和遮罩任何位元的運算子，之後會討論到。

請注意這個敘述：

```
count += 10;
```

所謂的 "加等於" 運算子 += 的效果是，將運算子右側的運算式添加到運算子左側的運算式，並將結果存回到左側的變數中。所以，前面的敘述等同於這個敘述：

```
count = count + 10;
```

以下運算式：

```
counter -= 5
```

使用 "減等於" 指定運算子從 counter 的值中減去 5，並相當於這個運算式：

```
counter = counter - 5
```

其它相似的運算式，如：

```
a /= b + c
```

將 a 除以等號右邊出現的值，或者說由 a 除以 b 和 c 的和，並將結果儲存在 a 中。首先執行相加是因為加法運算子，具有比指定運算子更高的執行順序。實際上，除逗號運算子之外的所有運算子，都具有比指定運算子更高的執行順序。所有指定運算子都具有相同的執行順序。

在這種情況下，此運算式與以下運算式相同：

```
a = a / (b + c)
```

使用指定運算子的動機有三個。首先，程式敘述變得更容易寫，因為在運算子的左側出現的沒有重複在其右側。第二，運算式更容易閱讀。第三，使用這些運算子可以使得程式執行更快，因為編譯器有時可以生成較少的代碼來評估運算式。

# _Complex 和_Imaginary 型態

在離開本章之前，值得注意以下 C 語言的其它兩種型態，_Complex 和_Imaginary，用於處理複數和虛數。

自 C99 起，對_Complex 和_Imaginary 型態的支援已經成為 ANSI C 標準的一部分，儘管 C11 使它成為可選項。您的編譯器是否支援這些型態，最好方法是檢閱附錄 A 中資料型態的摘要。

# 習題

1. 輸入並執行本章所舉的五個程式。比較由每個程式產生的輸出和內文中每個範例程式之後呈現的輸出結果。

2. 以下哪個是無效的變數名稱？為什麼？

   ```
   Int            char      6_05
   Calloc         Xx        alpha_beta_routine
   floating       _1312     z
   ReInitialize   _         A$
   ```

3. 以下哪些是無效常數？為什麼？

   ```
   123.456      0x10.5      0X0G1
   0001         0xFFFF      123L
   0Xab05       0L          -597.25
   123.5e2      .0001       +12
   98.6F        98.7U       17777s
   0996         -12E-12     07777
   1234uL       1.2Fe-7     15,000
   1.234L       197u        100U
   0XABCDEFL    0xabcu      +123
   ```

4. 請撰寫一程式，使用以下公式將華氏度（F）27° 轉換為攝氏度（C）：

   ```
   C = (F - 32) / 1.8
   ```

5. 您期望從以下程式輸出什麼？

   ```c
   #include <stdio.h>

   int main (void)
   {
       char c, d;

       c = 'd';
       d = c;
       printf ("d = %c\n", d);
   ```

```
        return 0;
}
```

6. 請撰寫一程式，求此多項式的值：

   $3x^3 - 5x^2 + 6$
   for x = 2.55.

7. 請撰寫一程式，計算以下運算式並顯示結果（請以指數格式顯示結果）：

   $(3.31 \times 10^{-8} \times 2.01 \times 10^{-7}) / (7.16 \times 10^{-6} + 2.01 \times 10^{-8})$

8. 為了將整數 i 四捨五入到另整數 j 的下一個最大的倍數，可以使用以下公式：

   Next_multiple = i + j - i % j

   例如，為了將 256 天四捨五入到可以一周均勻劃分的下一個最大天數，可以將 i = 256 和 j = 7 的值，代入前面的公式中，如下所示：

   ```
   Next_multiple   = 256 + 7 - 256 % 7
                   = 256 + 7 - 4
                   = 259
   ```

9. 請撰寫一程式，找到以下 i 和 j 的下一個最大的倍數：

   | i | j |
   |---|---|
   | 365 | 7 |
   | 12,258 | 23 |
   | 996 | 4 |

# 4

# 設計迴圈

電腦其中一個強大的能力是能夠執行重複計算。當您需要重複使用相同的程式碼，C 程式有幾個專門設計來處理這些情況的結構。本章將幫助您了解這些工具，包括：

- for 敘述
- while 敘述
- do 敘述
- break 敘述
- continue 敘述

## 三角形數字

如果要以 15 個點排出三角形的形狀，所得到的排列可能看起來像這樣：

三角形的第一列有一個點，第二列有兩個點，依此類推。一般來說，形成有 n 列三角形的點數是從 1 到 n 的整數和。此和被稱為三角形數字（Triangle number）。如果從 1 開始到第 4 列三角形數字是連續整數 1 到 4 的總和（1 + 2 + 3 + 4），亦即 10。

假設想撰寫一個程式來計算與顯示 8 列的三角形點數。顯然，您很容易地在頭腦中計算這個數字，但為了便於討論，假設您想撰寫一個 C 程式來執行這個任務。如範例程式 4.1 所示。

範例程式 4.1 的做法適用於計算相對較小的三角形數字。但是，如果您想計算有 200 列的三角形數字，將會發生什麼問題呢？修改範例程式 4.1 並明確地將 1 到 200 的所有整數相加是很繁瑣的。幸運的是，有一個更簡單的方法。

**範例程式 4.1 計算 8 列的三角形數字**

```
// Program to calculate the eighth triangular number

#include <stdio.h>

int main ()
{
    int  triangularNumber;

    triangularNumber = 1 + 2 + 3 + 4 + 5 + 6 + 7 + 8;

    printf ("The eighth triangular number is %i\n",  triangularNumber);

    return 0;
}
```

**範例程式 4.1 輸出結果**

```
The eighth triangular number is 36
```

電腦的一個基本特性是重複執行一組敘述的能力。此迴圈功能使您能夠開發具有重複性過程的簡潔程式，否則這些過程可能需要數千、甚至數百萬個程式敘述來執行。C 語言有三種不同的敘述應用於程式迴圈。它們分別為 for 敘述、while 敘述，以及 do 敘述。這些敘述都會在本章詳細描述。

# for 敘述

讓我們直接進入，看看使用 for 敘述的程式。範例程式 4.2 的目的是計算有 200 列的三角形數字。我們來看看 for 敘述是如何運作的。

**範例程式 4.2 計算 200 列的三角形數字**

```
/* Program to calculate the 200th triangular number
   Introduction of the for statement                 */

#include <stdio.h>
```

```
int main (void)
{
    int  n, triangularNumber;

    triangularNumber = 0;

    for ( n = 1;  n <= 200;  n = n + 1 )
        triangularNumber = triangularNumber + n;

    printf ("The 200th triangular number is %i\n", triangularNumber);

    return 0;
}
```

範例程式 4.2　輸出結果

```
The 200th triangular number is 20100
```

範例程式 4.2 需要做一些解釋。用於計算 200 列三角形數字的方法與範例程式 4.1 用於計算 8 列三角形數字的方法完全相同 ─ 將 1 加到 200 的整數。for 敘述提供了一個機制，使您能避免必需明確地寫出從 1 加到 200 的整數。在某種意義上，此敘述用來產生這些數字。

for 敘述的一般格式如下：

```
 for ( init_expression; loop_condition; loop_expression )
        program statement (or statements)
```

在括號內的三個運算式用來設定迴圈的環境，分別是 init_expression、loop_condition，以及 loop_expression。緊接著的是迴圈主體的敘述。此迴圈敘述執行的次數是由 for 敘述中的參數所指定。

for 敘述的第一個元件標記為 init_expression，用於在迴圈開始之前設定初始值。在範例程式 4.2 中，for 敘述的這一部分用於將 n 的初始值設定為 1。由此可見，設定值是運算式的有效形式。

for 敘述的第二個元件是，迴圈繼續運作所必需的一個或多個條件。換句話說，只要滿足該條件，迴圈就會繼續。請參閱範例程式 4.2，注意 for 敘述的 loop_condition 由以下關係運算式指定：

```
 n <= 200
```

該運算式表示 "n 小於等於 200 "。"小於等於" 運算子（小於符號 < 後面緊跟等號 =）只是 C 語言提供的幾個關係運算子之一。這些運算子用於測試條件。若滿足該條件，測試的結果將是 "yes" 或 TRUE，若條件不滿足，則為 "no" 或 FALSE。

# 關係運算子

表 4.1 列出 C 中可使用的關係運算子。

表 4.1 關係運算子

| 運算子 | 意義 | 範例 |
|---|---|---|
| == | 等於 | count == 10 |
| != | 不等於 | flag != DONE |
| < | 小於 | a < b |
| <= | 小於等於 | low <= high |
| > | 大於 | pointer > endOfList |
| >= | 大於等於 | j >= 0 |

關係運算子的執行順序低於所有算術運算子。例如，以下運算式：

```
a < b + c
```

正如您所期望的，它被視為：

```
a < (b + c)
```

如果 a 的值小於 b + c 的值，則為真（TRUE），否則為假（FALSE）。

要特別注意 "等於" 運算子 ==，不要與指定運算子 = 混淆。運算式：

```
a == 2
```

測試 a 的值是否等於 2，而運算式：

```
a = 2
```

是將值 2 指定給變數 a。

選擇使用哪一個關係運算子，顯然地取決於特定的測試，在某些情況下則取決於您的偏好。例如在範例程式 4.2 中，關係運算式：

```
n <= 200
```

可以等同地表示為：

```
n < 201
```

作為 for 迴圈主體的程式敘述：

```
triangularNumber = triangularNumber + n;
```

只要關係運算式的測試結果為 TRUE 就會一直重複執行，在此範例只要 n 的值小於或等於 200。該敘述會將 triangularNumber 的值加到 n，並將結果存回 triangularNumber。

當 loop_condition 不再滿足條件時，程式將繼續執行緊跟在 for 迴圈之後的敘述。在此範例當迴圈結束後，將會繼續執行 printf 敘述。

for 敘述的最後一個元件是一個運算式，每次執行迴圈主體之後都會對其進行求值。在範例程式 4.2 中，此 loop_expression 將 n 的值遞增 1。因此，每次 n 的值在被加到 triangularNumber 的值之後遞增 1，n 值的範圍從 1 到 201。

值得注意的是，n 達到的最後一個值，即 201，不被加入到三角形數字的值中，因為一旦迴圈條件不再滿足，也就是一旦 n 等於 201，迴圈就會終止。

總結執行 for 敘述如下：

1. 首先評估初始運算式。此運算式一般設定一個變數，將在迴圈內使用它，這數通常被稱為索引變數。常用初始值是 0 或 1。
2. 評估迴圈條件。如果條件不滿足（運算式為 FALSE），則迴圈立即終止。否則，將繼續執行迴圈的內容。
3. 執行構成迴圈主體的敘述。
4. 評估迴圈運算式。此運算式用於更改索引變數的值，一般對其變數遞增或遞減。
5. 返回步驟 2。

記住，迴圈條件在進入迴圈時會立即被評估，亦即在執行迴圈的主體敘述之前。此外，切記不要在迴圈結束處的右小括號後面加上分號（這將立即結束迴圈）。

由於範例程式 4.2 實際上產生前 200 個三角形數字。產生一個圖表列出這些數字可能是不錯的想法。但是，為了節省空間，我們假設只想印出前 10 個三角形數字的圖表。範例程式 4.3 執行了這個任務！

範例程式 4.3 產生三角形數字的圖表

```c
// Program to generate a table of triangular numbers

#include <stdio.h>

int main (void)
{
    int   n, triangularNumber;

    printf ("TABLE OF TRIANGULAR NUMBERS\n\n");
    printf (" n    Sum from 1 to n\n");
    printf ("---   ---------------\n");

    triangularNumber = 0;

    for ( n = 1;  n <= 10;  ++n ) {
        triangularNumber +=  n;
        printf (" %i           %i\n", n, triangularNumber);
    }

    return 0;
}
```

範例程式 4.3 輸出結果

```
TABLE OF TRIANGULAR NUMBERS

 n    Sum from 1 to n
---   ---------------
 1           1
 2           3
 3           6
 4           10
 5           15
 6           21
 7           28
 8           36
 9           45
 10           55
```

在程式中加入一些額外的 printf() 敘述，以提供更意義的輸出是一個好習慣。在範
例程式 4.3 中，前三個 printf() 敘述的目的只是提供一個標題，並標記輸出的列。請
注意，第一個 printf() 敘述包含兩個換行字元。正如您所期望的，這不僅前進到下
一行，而且還在顯示中插入額外的空白行。

在顯示適當的標題之後，程式繼續計算前 10 個三角形數字。變數 n 用於計算 "從 1 加到 n"，而變數 triangularNumber 用於儲存三角形數字 n 的值。

將變數 n 的值設定為 1，開始執行 for 敘述。請記住緊跟在 for 敘述之後的敘述構成程式迴圈的主體。但是，如果您想重複執行的不只是單一敘述，而是一組敘述，該如何處理呢？這通常會將這組敘述括在一對大括號內來實現。系統將該組敘述或稱敘述區塊視為單個實體。一般來說，在 C 程式中允許單個敘述的任何位置，都可以使用敘述區塊（block）。記住要將該區塊括在一對大括號中。

因此，在範例程式 4.3 中，將 n 加到 triangularNumber 的值中的運算式，和緊接著的 printf() 敘述，構成了程式的迴圈主體。要特別注意敘述縮排的方式。這將幫助您很容易看出哪些敘述形成 for 迴圈的一部分。還要注意的是，不同的程式設計師使用不同的編排風格，有些人喜歡以這種方式撰寫迴圈：

```
for ( n = 1;  n <= 10;  ++n )
{
    triangularNumber += n;
    printf (" %i          %i\n", n, triangularNumber);
}
```

這裡的左大括號放在 for 後的下一行。這是個人風格問題，對程式沒有影響。

下一個三角形數字，簡單地將 n 的值添加到前一個三角形數字來計算。這次，使用 "加等於" 運算子，這在第 3 章 "變數、資料型態以及算術運算式" 中介紹過。回想一下運算式：

```
triangularNumber += n;
```

相等於運算式：

```
triangularNumber = triangularNumber + n;
```

第一次 for 迴圈，由於 "上一個" 三角形數字是 0，所以當 n 等於 1 時，triangularNumber 新的值等於 n 的值，即 1。然後顯示 n 和 triangularNumber 的值，在格式字串中插入適當數量的空格，以確保兩個變數的值置於適當的列標題下。

因為已經執行迴圈的主體，接下來評估迴圈運算式。然而，在 for 敘述中的運算式顯得有點奇怪。看起來像犯了一個印刷上的錯誤，您會想插入以下運算式：

```
n = n + 1
```

而不是這有趣的運算式：

```
++n
```

運算式 ++n 實際上是有效的 C 運算式。它是 C 程式語言新的運算子 ── 遞增運算子（increment operator）。雙加號（即遞增運算子）的功能是將 1 加到其運算元。因為遞增 1 是程式中的常用的操作，所以專門為此而創建了一個特殊的運算子。因此，運算式 ++n 等同於運算式 n = n + 1。雖然看起來 n = n + 1 更容易讀，但您很快就會熟悉這個運算子的功能，甚至會欣賞其簡潔。

當然，沒有程式語言只提供遞增 1 的遞增運算子，而沒有相應的遞減 1 的運算子。該運算子稱為遞減運算子（decrement operator），由雙減號表示。所以，C 中的運算式：

```
bean_counter = bean_counter - 1
```

可以使用遞減運算子來表示同樣的運作：

```
--bean_counter
```

一些程式設計師喜歡把 ++ 或 -- 放在變數名稱之後，就如 n++ 或者 bean_counter-- 。這是 for 敘述的範例中所提及過的個人偏好的問題。然而，正如您將在第 10 章 "指標" 中學到的，當用於更複雜的運算式時，運算子被放置於前或後的特性將會發揮作用。

## 對齊輸出

您可能在範例程式 4.3 的輸出中，注意到一個有點亂的事項，第 10 個三角形數字沒有跟之前的三角形數字對齊。這是因為數字 10 佔用兩個位置，而先前的 n，1 至 9 的值僅佔用一個位置。因此，55 會往外一個額外位置顯示。如果您使用以下 printf() 敘述，替換範例程式 4.3 中的相應敘述，則可以修正這缺點。

```
printf ("%2i          %i\n", n, triangularNumber);
```

為了驗證是否成功，下面是修改後的程式輸出（參閱範例程式 4.3A）。

**範例程式 4.3A 輸出結果**

```
TABLE OF TRIANGULAR NUMBERS

n              Sum from 1 to n
---            ---------------
1                    1
2                    3
```

```
 3                    6
 4                   10
 5                   15
 6                   21
 7                   28
 8                   36
 9                   45
10                   55
```

對 printf() 敘述所做的主要更改是添加欄位寬度規格。字符 %2i 告訴 printf() 函式，不僅要顯示整數值，而且還希望以兩個欄位顯示該整數。少於兩個欄位（即整數 0 到 9）的任何整數，將會以前置空白顯示。這被稱為靠右對齊（right justification）。

因此，利用欄位寬度規格 %2i，將可以確保至少有兩個欄位用於顯示 n 的值，所以就可以確保 triangularNumber 的值可以對齊。

如果要顯示的值需要的欄位，比欄位寬度所指定來得多時，則 printf() 將忽略欄位寬度規格，並使用與顯示該值所需的欄位數。

欄位寬度規格也可用於顯示整數以外的值。您將很快的在後面章節的範例中看到。

# 程式輸入

範例程式 4.2 計算有 200 列的三角形數字，而不是更多。如果要計算有 50 列或 100 列的三角形數字，則必須更改程式，使 for 迴圈執行正確的次數。還必須更改 printf() 敘述以顯示正確的訊息。

有一個較簡單的解決方案，就是以某種方式讓程式詢問使用者想要計算有幾列的三角形數字，之後，便可以計算所需的三角形數字。這樣的解決方案可以利用 C 語言中的 scanf() 的函式來實現。scanf() 函式非常類似於 printf 函式。printf() 函式是顯示值於螢幕，而 scanf() 函式則從鍵盤輸入值。範例程式 4.4 詢問使用者要計算有幾列的三角形數字，並進行計算，最後顯示結果。

範例程式 4.4  要求使用者輸入

```
#include <stdio.h>

int main (void)
{
```

```
    int   n, number, triangularNumber;

    printf ("What triangular number do you want? ");
    scanf   ("%i", &number);

    triangularNumber = 0;

    for ( n = 1;  n <= number;  ++n )
         triangularNumber += n;

    printf ("Triangular number %i is %i\n", number, triangularNumber);

    return 0;
}
```

在範例程式 4.4 的輸出中，使用者輸入的數字（100）以粗體顯示，用以區別於程式顯示的輸出。

**範例程式** 4.4 **輸出結果**

```
What triangular number do you want? 100
Triangular number 100 is 5050
```

根據輸出，使用者輸入了數字 100。程式之後計算 100 列的三角形數字，並顯示 5050 的結果。如果使用者想要計算 10 或 30 列的三角形數字，則可以輸入這些數字。

範例程式 4.4 中的第一個 printf() 敘述，用於提示使用者輸入數字。理所當然地，提示使用者要輸入什麼是很好的習慣。印出訊息後，呼叫 scanf() 函式。scanf() 的第一個參數是格式字串，並且非常類似於 printf() 使用的格式字串。scanf() 的格式字串，不是告訴系統要顯示什麼型態的值，而是要輸入什麼型態的值。和 printf() 一樣，%i 字符用於指定整數值。

scanf() 函式的第二個參數，指定儲存使用者輸入值的位址。在這種情況下，變數 number 之前的 & 符號是必需的。不用擔心它的功能。第 10 章將會詳細討論這個符號，它實際上是一個運算子。記住，要在 scanf() 函式呼叫中在變數名稱的前面加上 & 符號。如果忘記了，它將會產生不可預測的結果，並可能導致您的程式異常終止。

鑑於前面的討論，現在可以看到範例程式 4.4 的 scanf() 指定要讀取整數值，並儲存在變數 number 中。此值表示使用者想要計算的三角形數字。

在輸入這個數字之後（且鍵盤上的 "Return " 或 "Enter " 鍵被按下，指示該數字的輸入完成），程式接著計算所請求的三角形數字。這是以與範例程式 4.2 相同的方式完成 — 唯一的區別是，不是使用 200 作為限制，而是使用 number。

> **注意**
>
> 使用數字鍵盤上的 Enter 鍵，有可能不會將您輸入的數字發送到程式，此時請您使用鍵盤上的 Return 鍵。

計算所需的三角形數字後，顯示結果，即完成程式的執行。

## 巢狀迴圈

範例程式 4.4 給使用者提供了靈活性，讓程式計算任何所需的三角形數字。然而，如果只要計算一系列的五個三角形數字，則可以簡單地執行程式五次，每次輸入要計算的三角形數字。

另一種實現這個目標的方法，也是一個更有趣的方法，學習 C 語言就是為了解決這種狀況。此問題最好是在程式中插入一個迴圈，簡單地重複整個系列的計算 5 次。您現在知道，for 敘述可以用來設定這樣的迴圈。範例程式 4.5 及其輸出說明了這種技術。

**範例程式 4.5　使用巢狀迴圈**

```c
#include <stdio.h>

int main (void)
{
    int  n, number, triangularNumber, counter;

    for ( counter = 1;  counter <= 5;  ++counter ) {
        printf ("What triangular number do you want? ");
        scanf  ("%i", &number);

        triangularNumber = 0;

        for ( n = 1;  n <= number;  ++n )
            triangularNumber += n;

        printf ("Triangular number %i is %i\n\n", number, triangularNumber);
    }

    return 0;
}
```

範例程式 4.5 輸出結果

```
What triangular number do you want? 12
Triangular number 12 is 78

What triangular number do you want? 25
Triangular number 25 is 325

What triangular number do you want? 50
Triangular number 50 is 1275

What triangular number do you want? 75
Triangular number 75 is 2850

What triangular number do you want? 83
Triangular number 83 is 3486
```

該程式包含兩個層次的 for 敘述。最外層的 for 敘述：

```
for (counter = 1; counter <= 5; ++counter)
```

指定程式迴圈要執行五次。因為 counter 的值被初始為 1，並且每次遞增 1，直到它不再小於或等於 5（換句話說，直到它達到 6）。

與以前的範例程式不同，變數 counter 沒有在程式中的任何其它地方使用。它的功能只是作為 for 敘述中的迴圈計數器。然而，因為它是一個變數，它必須在程式中被宣告。

程式迴圈實際上包含所有其它的程式敘述，如大括號所示。如果將其概念化如下，您可能更容易理解此程式的運作方式：

```
5 次
{
    從使用者獲取數字。

    計算所要求的三角形數字。

    顯示結果。
}
```

前面所要求計算三角形數字的迴圈部分，實際上包含將變數 triangularNumber 的值設定為 0，加上計算三角形數字的 for 迴圈組成。因此，您看到有一個 for 敘述被包含在另一個 for 敘述中。這在 C 中是完全有效的，並且巢狀可以進一步繼續到任何期望的層次。

在處理更複雜的程式結構（如巢狀 for 敘述）時，適當地使用縮排變得更加重要。您可以輕鬆確定每個 for 敘述中包含哪些敘述。如果沒有適當的格式化，（要看看程式的可性讀如何，請參閱本章的程式設計練習題 5。）

# for 迴圈的變化

在形成 for 迴圈時允許一些句法變化。在撰寫 for 迴圈時，您可能會發現在迴圈開始之前，有多個需要初始化的變數，或每次經由迴圈想要評估的運算式不止一個。

## 多個運算式

您可以在 for 迴圈的任何欄位中包含多個運算式，前提是必須以逗號分隔這些運算式。例如，以下的 for 敘述：

```
for ( i = 0, j = 0;  i < 10;  ++i )
    ...
```

在迴圈開始之前，i 的值被設定為 0，j 的值也被設定為 0。兩個運算式 i = 0 和 j = 0 利用逗號將彼此分隔，並且兩個運算式都被認為是迴圈 init_expression 欄位的一部分。另一個範例，如以下 for 的迴圈：

```
for  ( i = 0, j = 100;  i < 10;  ++i, j = j - 10 )
    ...
```

設定兩個索引變數 i 和 j；在迴圈開始之前，i 被初始化為 0，j 被初始化為 100。每次執行迴圈主體之後，i 的值增加 1，而 j 的值減少 10。

## 省略欄位

正如在 for 敘述的特定欄位中，包含多個運算式的需要，可能也有從敘述中省略一個或多個欄位的需要。這可以利用省略所需的欄位，並以分號標記其位置來達成。在 for 敘述中省略欄位最常見的應用，發生於不需要評估初始運算式時。在這種情況下，init_expression 欄位可以簡單地為 "空白"，只要保留分號即可，如下敘述所示：

```
for  (  ;  j != 100;  ++j )
    ...
```

若在輸入迴圈之前，j 已經被設定為某個初始值，則可以使用此敘述。

looping_condition 欄位被省略的 for 迴圈，有效地建立了一個無窮迴圈；亦即永遠執行的迴圈。使用這樣的迴圈，必須要有一些可退出迴圈的方法（例如執行 return、break 或 goto 等敘述，本書其它地方將討論到它們）。

## 宣告變數

您還可以在 for 迴圈中，將變數宣告做為初始運算式的一部分。這是使用您在過去定義變數的方式達成的。例如，以下 for 迴圈可用於設定具有定義和初始整數變數 counter 為 1：

```
for ( int counter = 1; counter <= 5; ++counter )
```

變數 counter 只在 for 迴圈內有效，不能被迴圈外部使用。另一個範例，下面的 for 迴圈：

```
for ( int n = 1, triangularNumber = 0; n <= 200; ++n )
    triangularNumber += n;
```

定義兩個整數變數 n 和 triangularNumber，並加以設定它們的值。

---

# while 敘述

while 敘述進一步擴展了 C 語言的迴圈能力。其語法如以下結構：

```
while ( expression )
    program statement (or statements)
```

評估括號內指定的 expression。如果 cxpression 求值的結果為 TRUE，則執行緊接著的 program statement。執行此敘述（或括在大括號中的敘述）之後，將再次評估 expression。如果評估結果為 TRUE，則再次執行 program statement。此過程將持續，一直到 expression 最終被評估為 FALSE，迴圈才終止。然後程式繼續執行 program statement 之後的敘述。

作為其使用的範例，範例程式 4.6 設定了一個 while 迴圈，其僅計數 1 到 5。

範例程式 4.6　介紹 while 敘述

```
// Program to introduce the while statement

#include <stdio.h>

int main (void)
{
```

```
    int   count = 1;

    while ( count <= 5 ) {
         printf ("%i\n", count);
         ++count;
    }

    return 0;
}
```

範例程式 4.6　輸出結果

```
1
2
3
4
5
```

程式一開始將 count 的值設定為 1。然後執行 while 迴圈。由於 count 的值小於等於 5，所以緊接著的敘述被執行。大括號用於定義 printf() 敘述和遞增 count 為 while 迴圈主體的敘述。從程式的輸出，您可以很容易地觀察到此迴圈正好執行 5 次，即直到 count 的值達到 6。

您可能已經從這個程式中意識到，使用 for 敘述可以容易地完成相同的任務。事實上，for 敘述可翻譯成等同的 while 敘述，反之亦然。例如，一般 for 敘述：

```
for ( init_expression;  loop_condition;  loop_expression )
     program statement (or statements)
```

可以等同地以 while 敘述的形式表示

```
init_expression;
while ( loop_condition ) {
     program statement (or statements)
     loop_expression;
}
```

在熟悉 while 敘述的使用之後，您將獲得更好的感覺，更有邏輯地知道在什麼時候該使用 while 敘述、在什麼時候該使用 for 敘述。

通常，for 敘述主要用於執行預定次數的迴圈。此外，如果初始運算式、迴圈運算式和迴圈條件都涉及相同的變數，則 for 敘述可能是正確的選擇。

下一個程式提供了另一個使用 while 敘述的範例。程式計算兩個整數值的最大公因數。兩個整數的最大公因數（greatest common divisor, gcd）是整除兩個整數的最大整數。例如，10 和 15 的 gcd 為 5，因為 5 是整除 10 和 15 的最大整數。

以下有一個程序（或演算法）可以求出兩個任意整數的 gcd。該演算法基於最初由 Euclid 在公元前 300 年左右發明的程序，表述如下：

**問題**： 找到兩個非負整數 u 和 v 的最大公因數。

**步驟 1**：如果 v 等於 0，則結束且 gcd 等於 u。

**步驟 2**：計算 temp = u % v，u = v，v = temp，並回到步驟 1。

不要關心前面演算法運作的細節 — 只需要採用它即可。應更多地關注開發程式以求出最大公因數，而不應分析演算法的原理。

在已經用演算法表示求出最大公因數的解決方案之後，開發電腦程式可簡單得多了。根據演算法的步驟，只要 v 的值不等於 0，步驟 2 就會一直重複執行。這自然地引領了在 C 中使用 while 敘述實現此演算法的想法。

範例程式 4.7 找出使用者輸入兩個非負整數值的 gcd。

**範例程式 4.7 找出最大公因數**

```
/* Program to find the greatest common divisor
        of two nonnegative integer values          */

#include <stdio.h>

int main (void)
{
    int u, v, temp;

    printf ("Please type in two nonnegative integers.\n");
    scanf ("%i%i", &u, &v);


    while ( v != 0 ) {
        temp = u % v;
        u = v;
        v = temp;
    }

    printf ("Their greatest common divisor is %i\n", u);

    return 0;
}
```

**範例程式 4.7  輸出結果**

```
Please type in two nonnegative integers.
150 35
Their greatest common divisor is 5
```

**範例程式 4.7  輸出結果（第二次執行）**

```
Please type in two nonnegative integers.
1026 405
Their greatest common divisor is 27
```

scanf() 敘述中的兩個 %i 字符，表示要從鍵盤輸入兩個整數值。輸入的第一個值儲存在整數變數 u 中，而第二個值儲存在變數 v 中。當實際從鍵盤輸入值時，它們可以利用一個或多個空白鍵或返回鍵作分隔。

從鍵盤輸入值並儲存於變數 u 和 v 之後，程式進入 while 迴圈以計算它們的最大公因數。在退出 while 迴圈之後，v 的值（表示 v 值和原始 u 值的 gcd）加上適當的訊息一起顯示。

範例程式 4.8 說明了 while 敘述的另一種使用，該範例的任務是反轉您輸入的整數。例如，如果使用者輸入數字 1234，程式將反轉此數字並顯示結果 4321。

要撰寫這樣的程式，首先必須想出一個達成此項任務的演算法。通常從分析問題的解決方法中發展出演算法。要反轉數字，解決方法可以簡單為 "從右到左依次讀取數字"。您可以開發一個程式來 "連續讀取" 數字的位數，從最右邊的位數開始依次隔離或 "提取" 數字的每個位數。提取的位數隨後可以顯示為反轉後數字的下一個位數。

您可以利用整數除以 10 後的餘數，做為提取最右邊的位數。例如，1234 % 10 結果為 4，它是 1234 最右邊的位數，也是倒數的第一個位數。（記住，% 運算子給予一個整數除以另一個整數的餘數。）先將數字除以 10，再作同樣的動作，便可得到數字的下一個位數，這關係到整數除法的運作方式。因此，1234 / 10 給出 123 的結果，123 % 10 為 3，這是倒數的下一個位數。

持續此過程，直到提取最後一位數。在一般情況下，當最後一個整數除以 10 的結果為 0 時，表示已提取數字的最後一位數。

範例程式 4.8 反轉數字

```c
// Program to reverse the digits of a number

#include <stdio.h>

int main (void)
{
    int   number, right_digit;

    printf ("Enter your number.\n");
    scanf ("%i", &number);

    while ( number != 0 ) {
        right_digit = number % 10;
        printf ("%i", right_digit);
        number = number / 10;
    }

    printf ("\n");

    return 0;
}
```

範例程式 4.8 輸出結果

```
Enter your number.
13579
97531
```

每個位數由程式提取後顯示出來。請注意，在 while 迴圈中的 printf() 敘述內沒有包含換行字元。這迫使每個連續的位數顯示在同一行上。在程式結尾處的最後一個 printf() 只包含一個換行字元，使游標前進到下一行的開始處。

# do 敘述

在本章討論過的兩個迴圈敘述，都是在迴圈執行之前對條件進行測試。因此，如果條件不滿足，將不會執行迴圈的主體。當開發程式時，有時候需要在迴圈主體後，而不是開始時進行測試。C 提供了一種特殊的結構來處理這種情況。此迴圈敘述稱為 do 敘述。其語法如下：

```
do
     program statement (or statements)
while ( loop_expression );
```

執行 do 敘述的過程如下：先執行 program statement。接下來，測試括號內的 loop_expression。如果 loop_expression 的計算結果為 TRUE，則迴圈繼續並再次執行 program statement。只要 loop_expression 的值為 TRUE，program statement 就會一直重複被執行。當運算式的測試結果為 FALSE 時，迴圈將會終止，並執行程式的下一行敘述。

do 敘述只是 while 敘述的轉置，迴圈條件放在迴圈尾端而不是開頭。

記住，與 for 和 while 迴圈不同，do 敘述確保迴圈主體至少執行一次。

在範例程式 4.8 使用 while 敘述來反轉數字。回到那個程式，並嘗試若輸入的數字是 0，而不是 13579 將會發生什麼事。這種狀況下 while 迴圈將永遠不會執行，並只會在輸示中以一個空白行結束（從第二個 printf() 敘述顯示換行字元的結果）。如果使用 do 敘述，而不是 while 敘述，則可以確保程式迴圈至少執行一次，從而保證在所有情況下至少顯示一個數字。有關修訂的程式請參閱範例程式 4.9。

**範例程式 4.9　實作一反轉數字的程式**

```c
// Program to reverse the digits of a number

#include <stdio.h>

int main ()
{
    int  number, right_digit;

    printf ("Enter your number.\n");
    scanf ("%i", &number);

    do {
        right_digit = number % 10;
        printf ("%i", right_digit);
        number = number / 10;
    }
    while ( number != 0 );

    printf ("\n");

    return 0;
}
```

範例程式 4.9 輸出結果

```
Enter your number.
13579
97531
```

範例程式 4.9 輸出結果（第二次執行）

```
Enter your number.
0
0
```

從程式的輸出可以看出，當輸入 0 時，程式正確顯示數字 0。

# break 敘述

有時在執行迴圈時，希望在某個條件發生時立即離開迴圈（例如，檢測到錯誤條件，或者過早到達資料尾端）。break 敘述可用於此目的。執行 break 敘述會導致程式立即從正在執行的迴圈退出，無論是 for、while 或是 do 迴圈。迴圈中的後續敘述將會被跳過，並終止迴圈的執行。繼續執行迴圈之後的敘述。

若從一組巢狀迴圈中執行 break，則僅終止其中執行 break 的最內層迴圈。

break 敘述的格式只是關鍵字 break，後跟分號，如下所示：

```
break;
```

# continue 敘述

continue 敘述與 break 敘述類似，但它不會導致迴圈終止。反之，如其名稱所暗示的，該敘述導致執行它的迴圈繼續執行。在執行 continue 敘述時，迴圈中出現在 continue 之後的敘述都會自動跳過。另一方面迴圈繼續正常執行。

continue 敘述最常用於根據一些條件，繞過迴圈中的一組敘述，另一方面繼續執行迴圈。continue 敘述的格式很簡單，如下所示：

```
continue;
```

不建議使用 break 或 continue 敘述，除非您非常熟悉撰寫程式迴圈與可從容地退出。這些敘述太容易被濫用，可能導致難以理解的程式。

現在，您已經熟悉 C 語言提供的所有基本迴圈結構，並準備了解另一語言的敘述，使您能夠在程式執行期間做出決策。這些做決策的能力在第 5 章 "選擇" 中將詳細描述。首先，嘗試實作下面的習題以確保您理解如何使用 C 中的迴圈。

# 習題

1.　輸入並執行本章介紹的九個範例程式。比較每個程式產生的結果與在內文中所呈現的結果。

2.　請撰寫一程式以產生和顯示 n 和 $n^2$ 的列表，n 的範圍從 1 到 10。請務必印出適當的列標題。

3.　您也可以利用以下的公式，對任何整數值 n 產生三角形數字：

    `triangularNumber = n (n + 1) / 2`

    例如，將 10 代入前述公式中的 n 值，產生第 10 個三角形數字 55。請利用上述公式撰寫一程式，產生三角形數字的列表。讓程式產生 5 到 50 之間的每五個的三角形數字（即 5, 10, 15, ..., 50）。

4.　整數 n 的階乘（n!）是連續整數 1 到 n 的乘積。例如，5 階乘的計算為：

    `5! = 5 x 4 x 3 x 2 x 1 = 120`

    請撰寫一程式產生並顯示前 10 個階乘的列表。

5.　以下是有效的 C 程式，但沒有太多注意它的格式。正如您看到的，程式的可讀性不高。使用本章提供的程式作為樣本，重新格式化此程式，使其易於閱讀。然後將程式輸入電腦並加以執行。

```
#include <stdio.h>
int main(void){
int n,two_to_the_n;
printf("TABLE OF POWERS OF TWO\n\n");
printf(" n     2 to the n\n");
printf("---    ---------------\n");
two_to_the_n=1;
for(n=0;n<=10;++n){
printf("%2i        %i\n",n,two_to_the_n); two_to_the_n*=2;}
return 0;}
```

6. 置放於欄位寬度規格前面的負號,使該欄位以靠左對齊方式顯示。將以下 printf() 敘述替換為範例程式 4.3 中的對應敘述,執行程式,並比較兩個程式的輸出結果。

```
printf ("%-2i          %i\n", n, triangularNumber);
```

7. printf() 敘述中欄位寬度之前的小數點有特殊用途。嘗試輸入並執行以下程式來確定其用途。每次執行時請輸入不同的值進行實驗。

```c
#include <stdio.h>

int main (void)
{
    int  dollars, cents, count;

    for ( count = 1;  count <= 10;  ++count ) {
        printf ("Enter dollars: ");
        scanf ("%i", &dollars);
        printf ("Enter cents: ");
        scanf ("%i", &cents);
        printf ("$%i.%.2i\n\n", dollars, cents);
    }
    return 0;
}
```

8. 範例程式 4.5 只允許使用者輸入五個不同的數字。請修改此程式,讓使用者可以輸入要計算的三角形數字的個數。

9. 請重新撰寫範例程式 4.2 到 4.5,以等同的 while 敘述替換所有 for 敘述。之後執行每個程式以驗證這兩個版本是否相同。

10. 如果在範例程式 4.8 輸入負數時,將會發生什麼事呢?請試試看。

11. 請撰寫一計算整數位數和的程式。例如,數字 2155 的位數的總和是 2 + 1 + 5 + 5,即 13。程式應接受使用者輸入任意的整數。

# 5

# 選擇

在第 4 章 "設計迴圈"，已了解到電腦的一個基本特性是它能夠重複執行一系列指令。
而另一個基本特性是它有選擇能力。您已經知道如何在執行各種迴圈敘述中，使用
選擇來決定何時終止程式迴圈。沒有此能力，程式將永遠無法 "走出" 迴圈，它會一
直重複執行相同的敘述（這就是為什麼這樣的迴圈被稱為無窮迴圈）。

C 程式語言提供了幾個選擇結構，本章涵蓋了這些結構：

- if 敘述
- switch 敘述
- 條件運算子

## if 敘述

C 程式語言提供一般的選擇能力，那就是 if 敘述。此敘述的格式如下：

```
if  ( expression )
      program statement
```

想像一下，將 "If it is not raining, then I will go swimming" 撰寫成 C 語言。若使用
上述格式的 if 敘述，則在 C 中可能 "撰寫" 如下：

```
if ( it is not raining )
      I will go swimming
```

if 敘述基於指定的條件執行一個敘述（或以大括號括起來的多個敘述）。如果沒有下雨，我會去游泳。同樣，在以下的敘述中：

```
if ( count > COUNT_LIMIT )
    printf ("Count limit exceeded\n");
```

當 count 的值大於 COUNT_LIMIT 的值時才會執行 printf() 敘述；否則，將被忽略。

實際的範例程式有助於釐清這一點。假設撰寫一程式，它接受輸入的整數，然後顯示該整數的絕對值。計算整數絕對值的直接方法是，若它小於 0，則取其負數。在前面句子中所說的 "如果它小於 0" 表示必須由程式作出選擇。這個選擇可能會受到使用 if 敘述的影響，如範例程式 5.1 所示。

**範例程式 5.1 計算整數絕對值**

```c
// Program to calculate the absolute value of an integer

#include <stdio.h>

int main (void)
{
    int   number;

    printf ("Type in your number: ");
    scanf ("%i", &number);

    if ( number < 0 )
        number = -number;

    printf ("The absolute value is %i\n", number);

    return 0;
}
```

**範例程式 5.1 輸出結果**

```
Type in your number: -100
The absolute value is 100
```

**範例程式 5.1 輸出結果（第二次執行）**

```
Type in your number: 2000
The absolute value is 2000
```

程式執行兩次，用以驗證其功能。當然，可能需要多次執行程式以獲得更高的信賴度，讓您知道它確實正常無誤，但至少您已經檢查了程式選擇的可能結果。

向使用者顯示訊息以及所輸入的整數值儲存在 number 中後，程式進行測試 number 的值，以查看它是否小於 0。如果是，則執行取其負數值的敘述。如果 number 的值不小於 0，則自動跳過此敘述。（若它已經為正，則不需取其負值）。然後程式顯示數字的絕對值，並結束執行。

參閱範例程式 5.2，它使用 if 敘述。假設您要計算平均值的成績列表。除了計算平均值之外，還需要計數成績不及格的數量。為了這個問題，假設小於 65 的成績被認為是不及格的成績。

計算成績不及格的個數，必須判斷成績是否符合不及格。再一次，需要 if 敘述支援。

範例程式 5.2 計算成績的平均值及不及格的數量

```
/* Program to calculate the average of a set of grades and count
   the number of failing test grades        */

#include <stdio.h>

int main (void)
{
    int       numberOfGrades, i, grade;
    int       gradeTotal = 0;
    int       failureCount = 0;
    float     average;

    printf ("How many grades will you be entering? ");
    scanf ("%i", &numberOfGrades);

    for ( i = 1;  i <= numberOfGrades;  ++i ) {
        printf ("Enter grade #%i: ", i);
        scanf ("%i", &grade);

        gradeTotal = gradeTotal + grade;

        if ( grade < 65 )
            ++failureCount;
```

```
    }

    average = (float) gradeTotal / numberOfGrades;

    printf ("\nGrade average = %.2f\n", average);
    printf ("Number of failures = %i\n", failureCount);

    return 0;
}
```

範例程式 5.2　輸出結果

```
How many grades will you be entering? 7
Enter grade #1: 93
Enter grade #2: 63
Enter grade #3: 87
Enter grade #4: 65
Enter grade #5: 62
Enter grade #6: 88
Enter grade #7: 76

Grade average = 76.29
Number of failures = 2
```

變數 gradeTotal，用於儲存成績的累積總數，被初始為 0。不及格的數目儲存在變數 failureCount 中，該變數的值也被初始為 0。變數 average 被宣告為 float 型態，因為一組整數的平均值不一定是整數。

程式要求使用者輸入成績的個數，並儲存在變數 numberOfGrades 中。接著設定對每個成績執行的迴圈。迴圈的第一部分提示使用者輸入成績。所輸入的值儲存在名為 grade 的變數中。

然後將 grade 的值加到 gradeTotal 中，進行測試以查看它是否為不及格的成績。如果是，則將 failureCount 的值增加 1。之後，對列表的下一個成績重複整個迴圈。

當所有成績都輸入並加總後，程式計算平均分數。可使用下一個敘述來達成其目的：

```
average = gradeTotal / numberOfGrades
```

這會有小小的麻煩，如果使用前面的敘述，除法結果的小數部分將會遺失。這是因為除法運算的分子和分母若都是整數，則將執行整數除法。

此問題有兩種不同的解決方案。一是將 numberOfGrades 或 gradeTotal 宣告為 float 型態。這確保在不遺失小數位的情況下執行除法。此方法的唯一問題是變數 numberOfGrades 和 gradeTotal 僅用於儲存整數值。宣告任何一個是 float 型態只會模糊它們在程式中的使用，一般來說這不是一個很俐落的解決方案。

為了計算，程式使用的另一個解決方案是將其中一個變數的值轉換為浮點數。為了運算式的求值，型態轉換運算子（float）用於將變數 gradeTotal 的值轉換為 float 型態。由於在執行除法之前，gradeTotal 的值先被轉換為浮點數，所以除法被視為浮點數除以整數。由於其中一個運算元現在是浮點數，所以除法運算是以浮點數運算執行的。這意味著您會獲得想要的平均值的小數位。

在計算平均值之後，將會以小數點後兩位數顯示之。如果小數點後跟隨一個數字直接放置在 printf() 格式字串中的格式字元 f（或 e）之前（統稱為精確度修飾詞），相對應的值將顯示其指定的小數位數，並加以四捨五入。因此，在範例程式 5.2 中，精確度修飾詞 .2，使平均值顯示小數點後兩位數。

程式顯示成績不及格的個數後，將結束程式執行。

注意，如果使用者輸入 0 作為要記錄的測試成績的個數，程式將產生一些奇怪的結果，如 NaN（Not A Number，非數字）或其它；它會因系統而異，具體取決於您的電腦如何處理除以 0。您可能會想知道為什麼有人，若沒有輸入測試成績仍要執行程式來記錄測試成績，但這是您可以添加到程式的錯誤檢查。

## if-else 結構

如果有人問您某數字是偶數還是奇數，最有可能會利用檢查數字的最後一位數來確定。如果此位數為 0、2、4、6 或 8，則很容易就能判定數字是偶數。否則，判定該數字是奇數。

電腦判定數字是偶數或奇數更有效率的方式，不是檢查數字的最後位數是否為 0、2、4、6 或 8，而是判定數字可否被 2 整除。如果可以，則該數字為偶數；否則為奇數。

您已經看到如何使用模數運算子 % 來計算一個整數除以另一個整數的餘數。這使得它成為用於判定整數是否可被 2 整除的運算子。如果除以 2 之後的餘數為 0，則為偶數；否則為奇數。

看看範例程式 5.3 — 此程式判定使用者所輸入的整數是偶數還是奇數，並顯示適當的訊息。

範例程式 5.3 判定偶數或奇數

```c
//  Program to determine if a number is even or odd

#include <stdio.h>

int main (void)
{
    int   number_to_test, remainder;

    printf ("Enter your number to be tested.: ");
    scanf ("%i", &number_to_test);

    remainder = number_to_test % 2;

    if ( remainder == 0 )
        printf ("The number is even.\n");

    if ( remainder != 0 )
        printf ("The number is odd.\n");

    return 0;
}
```

範例程式 5.3 輸出結果

```
Enter your number to be tested: 2455
The number is odd.
```

在輸入數字後,計算除以 2 後的餘數。第一個 if 敘述測試這個餘數的值,看它是否等於 0。如果是,則顯示訊息 "The number is even"。

範例程式 5.3 輸出結果(第二次執行)

```
Enter your number to be tested: 1210
The number is even.
```

第二個 if 敘述測試餘數以查看它是否不等於 0,如果是,則顯示一則訊息,表示該數字是奇數。

事實上,每當第一個 if 敘述成功時,第二個 if 敘述必定失敗,反之亦然。回想一下本節開頭的偶數/奇數的討論,如果數字可以被 2 整除,則為偶數;否則為奇數。

在編寫程式時,"否則(else)" 的概念經常是需要的,幾乎所有高階程式語言都會提供此特殊結構以處理這種情況。在 C 中,這被稱為 if-else 結構,通用格式如下:

```
if  ( expression )
    program statement 1
```

```
else
     program statement 2
```

if-else 實際上只是 if 敘述的擴展而已。如果 expression 的結果為 TRUE，則執行緊接著的 program statement 1；否則，執行 program statement 2。在任一情況下，執行 program statement 1 或 program statement 2，並不會兩者都執行。

您可以將 if-else 敘述應用到範例程式 5.3 中，使用單個 if-else 敘述替換兩個 if 敘述。使用這個新的程式結構，實際上有助於降低程式的複雜性，並提高其可讀性，如範例程式 5.4 所示。

**範例程式 5.4　判定偶數或奇數的修訂版**

```c
// Program to determine if a number is even or odd (Ver. 2)

#include <stdio.h>

int main ()
{
    int  number_to_test, remainder;

    printf ("Enter your number to be tested: ");
    scanf ("%i", &number_to_test);

    remainder = number_to_test % 2;

    if ( remainder == 0 )
        printf ("The number is even.\n");
    else
        printf ("The number is odd.\n");

    return 0;
}
```

**範例程式 5.4　輸出結果**

```
Enter your number to be tested: 1234
The number is even.
```

範例程式 5.4 輸出結果（第二次執行）

```
Enter your number to be tested: 6551
The number is odd.
```

記住，雙等號（==）是等式測試，單等號（=）是指定運算子。如果忘記了這一點，無意中在 if 敘述中使用了指定運算子，它可能會導致很多頭痛的問題。

## 複合關係測試

本章中所使用的 if 敘述，在兩個數字之間設定簡單的關係測試。在範例程式 5.1 中，將 number 的值與 0 進行比較，而在範例程式 5.2 中，將 grade 的值與 65 進行比較。有時，建立更複雜的測試是必要的。例如，假設在範例程式 5.2 中，您不想計算成績不及格的個數，而想計算成績介於 70 和 79 之間（含）的個數。在這種情況下，不僅想將 grade 的值針對一個值作比較，而是針對兩個值 70 和 79，以判斷它是否落在指定範圍內。

C 語言提供了執行這類型的複合關係測試所需的機制。複合關係測試只是由邏輯 AND 或邏輯 OR 運算子，連接一個或多個簡單的關係測試。這些運算子由 && 和 || 表示（兩個垂直線符號）。例如，以下 C 敘述：

```
if  ( grade >= 70  &&  grade <= 79 )
     ++grades_70_to_79;
```

僅當 grade 的值大於等於 70 且小於等於 79 時，才會增加 grades_70_to_79 的值。以類似的方式，下面敘述：

```
if  ( index < 0  ||  index > 99 )
     printf ("Error - index out of range\n");
```

如果 index 小於 0 或大於 99，則執行 printf() 敘述。

複合運算子可於 C 中形成極其複雜的運算式。C 語言為程式設計師提供了形成運算式的極大靈活性。這種靈活性卻經常被濫用。簡單的運算式總會較易閱讀和除錯。

當形成複合關係運算式時，可以使用括號來幫助運算式的可讀性，並避免因為運算子在運算式中的執行序的錯誤假設而陷入麻煩。還可以使用空格來幫助運算式的可讀性。我們在 && 和 || 周圍放置一個額外的空白，將這些運算子與運算式分開。

為了在實際範例中說明複合關係測試的使用，現撰寫測試一個年份是否為閏年的程式。閏年是可以整除 4 的年份。您可能不沒想到，可以被 100 整除的年份不是閏年，除非它也可以被 400 整除。

嘗試想想如何設定這樣的條件測試。首先，您可以計算年份除以 4、100 和 400 後的餘數，並將這些值分別指定給適當名稱的變數，如 rem_4、rem_100 和 rem_400。結束，繼續進行測試這些餘數，以判定是否滿足閏年的條件。

如果要改寫上面的閏年定義，您可以說閏年是可以被 4 整除、同時不被 100 整除，或者可以被 400 整除的年份。停頓一會兒思考這最後的句子，並自己驗證一下，它等同於前面所述的定義。現在您已經在這些術語中重新定義了我們的定義，把此項任務轉換成敘述，成為如下：

```
if ( (rem_4 == 0  &&  rem_100 != 0) ||  rem_400 == 0 )
    printf ("It's a leap year.\n");
```

這些子運算式周圍的括號：

```
rem_4 == 0  &&  rem_100 != 0
```

不是必要的，因為這是運算式將被評估的順序。

在此測試之前加入幾個敘述來宣告變數，並讓使用者輸入年份，最終得到某年是否為閏年的程式，如範例程式 5.5 所示。

**範例程式 5.5 判斷一年是否為閏年**

```c
//  Program to determine if a year is a leap year

#include <stdio.h>

int main (void)
{
    int  year, rem_4, rem_100, rem_400;

    printf ("Enter the year to be tested: ");
    scanf ("%i", &year);

    rem_4 = year % 4;
    rem_100 = year % 100;
    rem_400 = year % 400;

    if ( (rem_4 == 0  &&  rem_100 != 0)  ||  rem_400 == 0 )
        printf ("It's a leap year.\n");
    else
        printf ("Nope, it's not a leap year.\n");

    return 0;
}
```

範例程式 5.5 輸出結果

```
Enter the year to be tested: 1955
Nope, it's not a leap year.
```

範例程式 5.5 輸出結果（第二次執行）

```
Enter the year to be tested: 2000
It's a leap year.
```

範例程式 5.5 輸出結果（第三次執行）

```
Enter the year to be tested: 1800
Nope, it's not a leap year.
```

前面的例子顯示了一個不是閏年的年份（1955 年），因為它不能被 4 整除，2000 是一個閏年，因為它可以被 400 整除，而 1800 不是閏年，因為它可以被 100 整除，但不被 400 整除。要完成測試，您還應該嘗試一個可以被 4 整除但不被 100 整除的年份。這是留給您的一個練習。

如前所述，C 在形成運算式方面提供了極大的靈活性。例如，在前面的範例程式中，您不必計算中間結果 rem_4、rem_100 和 rem_400 — 您可以直接在 if 敘述內執行計算，如下所示：

```
if ( ( year % 4 == 0  &&  year % 100 != 0 )  || year % 400 == 0 )
```

使用空白來隔開各運算子，會使上面的運算式易讀。如果您忽略添加空白和刪除不必要的括號，您會得到如下的運算式：

```
if(year%4==0&&year%100!=0)||year%400==0)
```

這個運算式是完全有效的，並且其執行的結果與之前顯示的運算式相同（無論您相信與否）。顯然，這些額外的空白有助於理解複雜的運算式。

## 巢狀 if 敘述

在 if 敘述的一般格式中，請記住，如果括號內的運算式的計算結果為 TRUE，則執行緊接著的敘述。此敘述為另一個 if 敘述是完全合法的，如下面的敘述：

```
if ( gameIsOver == 0 )
    if ( playerToMove == YOU )
        printf ("Your Move\n");
```

如果 gameIsOver 的值為 0，則執行之後的敘述 — 另一個 if 敘述。此 if 敘述將
playerToMove 的值與 YOU 的值進行比較。如果兩個值相等，則在顯示訊息"Your
Move"。因此，只有當 gameIsOver 等於 0 並且 playerToMove 等於 YOU 時，才執
行 printf 敘述。事實上，這個敘述可以使用複合關係同等地表達如下：

```
if ( gameIsOver == 0  &&  playerToMove == YOU )
    printf ("Your Move\n");
```

"巢狀" if 敘述一個更實際的例子是，如果您添加一個 else 子句到前面的例子，如下：

```
if ( gameIsOver == 0 )
    if ( playerToMove == YOU )
        printf ("Your Move\n");
    else
        printf ("My Move\n");
```

該敘述的執行如前所述進行。然而，如果 gameIsOver 等於 0，而且 playerToMove
的值不等於 YOU，將執行 else 子句。這將顯示訊息 "My Move"。如果 gameIsOver
不等於 0，則跳過隨後的整個 if 敘述，包括其關聯的 else 子句。

注意，else 子句與測試 playerToMove 的值的 if 敘述是相關聯的，而不是與測試
gameIsOver 的值的 if 敘述相關聯。其規則是，else 子句永遠與不包含 else 的最後一
個 if 敘述相關聯。

您可以更進一步探討，在前面的範例中最外面的 if 敘述添加一個 else 子句。如果
gameIsOver 的值不為 0，則執行此 else 子句。

```
if ( gameIsOver == 0 )
    if ( playerToMove == YOU )
        printf ("Your Move\n");
    else
        printf ("My Move\n");
else
    printf ("The game is over\n");
```

適當的使用縮排有助於您理解複雜敘述的邏輯。

當然，即使您使用縮排來表示您認為敘述將被 C 語言讀取的順序，並不總是與編譯
器實際讀取敘述的順序一致。例如，從前面的範例中刪除第一個 else 子句：

```
if ( gameIsOver == 0 )
    if ( playerToMove == YOU )
        printf ("Your Move\n");
else
    printf ("The game is over\n");
```

這不會使得該敘述由其格式決定其讀取順序。反之,其被譯為:

```
if ( gameIsOver == 0 )
    if ( playerToMove == YOU )
        printf ("Your Move\n");
    else
        printf ("The game is over\n");
```

因為 else 子句與最後一個無 else 的 if 相關聯。最內層的 if 不具有 else,而外層 if 也不具有 else 的情況下,可以使用大括號強制執行不同的關聯。大括號具有 "關閉" if 敘述的效果。從而,

```
if ( gameIsOver == 0 ) {
    if ( playerToMove == YOU )
        printf ("Your Move\n");
}
else
    printf ("The game is over\n");
```

可達到期望的效果,如果 gameIsOver 的值不為 0,則顯示訊息 "The game is over"。

## else if 結構

您已經看到了當您對兩個可能的條件進行測試時,else 敘述是如何發揮作用的 ─ 數字要嘛是偶數,要嘛是奇數;一個年份要嘛是閏年,要嘛不是。然而,您要設計的程式選擇並不總是只有黑和白。來看一下這樣的一個程式,如果使用者輸入的數字小於 0,則顯示 -1;如果輸入的數字等於 0,則顯示 0;如果數字大於 0,則顯示 1。(這實際上是一個通常稱為符號功能的實作。)顯然,在這種情況下必須進行三個測試 ─ 以確定所輸入的數字為負、0 或正。簡單的 if-else 結構是行不通的。當然,在這種情況下,可以使用三個單獨的 if 敘述,但這個解決方案並不總是可行的 ─ 尤其是如果所做的測試不是相互排斥的。

您可以對 else 子句添加 if 敘述來處理剛才描述的情況。因為在一個 else 之後的敘述可以是任何有效的 C 敘述,在此它是另一個 if,似乎是有邏輯的。因此,在一般情況下,您可以寫成:

```
if ( expression 1 )
    program statement 1
else
    if ( expression 2 )
        program statement 2
    else
        program statement 3
```

這有效地將 if 敘述從兩個值的邏輯選擇，擴展到三個值的邏輯選擇。您可以繼續以剛才所描述的方式，將 if 敘述添加到 else 子句中，有效地將選擇擴展到 n 個值的邏輯選擇。

上述的結構使用率非常頻繁，通常稱為 elsc if 結構，其格式不同於之前所示的格式：

```
if ( expression 1 )
    program statement 1
else if ( expression 2 )
    program statement 2
else
    program statement 3
```

此處的格式化提高了敘述的可讀性，並且更清楚地表明正在進行三向選擇。

範例程式 5.6 實作前面討論的符號功能，並說明了 else if 結構的使用。

範例程式 5.6　實作符號功能

```
// Program to implement the sign function

#include <stdio.h>

int main (void)
{
    int   number, sign;

    printf ("Please type in a number: ");
    scanf ("%i", &number);

    if ( number < 0 )
        sign = -1;
    else if ( number == 0 )
        sign = 0;
    else            // Must be positive
        sign = 1;

    printf ("Sign = %i\n", sign);

    return 0;
}
```

範例程式 5.6　輸出結果

```
Please type in a number: 1121
Sign = 1
```

範例程式 5.6 輸出結果（第二次執行）

```
Please type in a number: -158
Sign = -1
```

範例程式 5.6 輸出結果（第三次執行）

```
Please type in a number: 0
Sign = 0
```

如果輸入的數字小於 0，則為 sign 指定 -1；如果數字等於 0，則為 sign 指定 0；否則，數字必須大於 0，因此 sign 被指定為 1。

範例程式 5.7 分析輸入的字元，並將其分為字母字元（a-z 或 A-Z），數字（0-9）或特殊字元（其它）。要讀取字元，需在 scanf() 使用格式字元 %c。

範例程式 5.7 分析輸入字元的類別

```c
// Program to categorize a single character that is entered at the terminal

#include <stdio.h>

int main (void)
{
    char  c;

    printf ("Enter a single character:\n");
    scanf ("%c", &c);

    if ( (c >= 'a'  &&  c <= 'z') || (c >= 'A'  &&  c <= 'Z') )
        printf ("It's an alphabetic character.\n");
    else if  ( c >= '0'  &&  c <= '9' )
        printf ("It's a digit.\n");
    else
        printf ("It's a special character.\n");

    return 0;
}
```

範例程式 5.7 輸出結果

```
Enter a single character:
&
It's a special character.
```

**範例程式 5.7　輸出結果（第二次執行）**

```
Enter a single character:
8
It's a digit.
```

**範例程式 5.7　輸出結果（第三次執行）**

```
Enter a single character:
B
It's an alphabetic character.
```

讀取字元後進行的第一個測試，判斷 char 變數 c 是否為字母字元。利用測試字元是小寫字母、或是大寫字母來完成的，如以下運算式所示：

　( c >= 'a'　&&　c <= 'z' )

如果 c 在字元 'a' 到 'z' 的範圍內，則為 TRUE；也就是說，c 是小寫字母。大寫的測試是以下運算式：

　( c >= 'A'　&&　c <= 'Z' )

如果 c 在字元 'A' 到 'Z' 的範圍內，則為 TRUE；也就是說，c 是大寫字母。這些測試適用於以 ASCII 格式儲存字元的所有電腦系統[1]。

如果變數 c 是字母字元，則第一個 if 測試成功，並顯示訊息 It.s an alphabetic character.。如果測試失敗，則執行 else if 子句。此子句判斷字元是否為數字。注意，該測試將字元 c 與字元 '0' 和 '9' 進行比較，而不是整數 0 和 9。這是因為讀入的是字元，且字元 '0' 到 '9' 跟數字 0-9 不相同。事實上，在使用前面提到的 ASCII 格式的電腦系統上，字元 '0' 實際上在內部表示為數字 48，字元 '1' 為數字 49，等等。

如果 c 是數字字元，則顯示 It's a digit.。若 c 不是字母，也不是數字，則執行最後的 else 子句，並顯示 "It's a special character"，然後結束程式的執行。

注意，即使在這裡使用 scanf() 只讀取單一字元，在輸入字元之後，仍必須按下 Enter（或 Return）鍵將輸入發送到程式。一般來說，無論何時讀取資料，直到按下 Enter 鍵之前，程式都不會讀到輸入的任何資料。

---

[1]　較好的方式是使用標準函式庫中的 islower() 和 isupper() 函式，並避免內部表示法的問題。要實作含有這些函式之程式時，需載入 <ctype.h> 標頭檔。 然而，在此提及此問題僅作為說明而已。

對於下一個範例，假設您要撰寫一程式，允許使用者輸入遵守下面格式的運算式：

```
number   operator   number
```

此程式對運算式求值，並顯示結果，準確度為小數點後兩位數。您要識別的是加法、減法、乘法和除法等一般運算子。範例程式 5.8 使用一個較大的 if 敘述和許多 else if 子句來判斷要執行哪種運算。

**範例程式 5.8  判斷要執行哪種運算**

```c
/* Program to evaluate simple expressions of the form
            number  operator  number            */

#include <stdio.h>

int main (void)
{
    float   value1, value2;
    char    operator;

    printf ("Type in your expression.\n");
    scanf ("%f %c %f", &value1, &operator, &value2);

    if ( operator == '+' )
        printf ("%.2f\n", value1 + value2);
    else if ( operator == '-' )
        printf ("%.2f\n", value1 - value2);
    else if ( operator == '*' )
        printf ("%.2f\n", value1 * value2);
    else if ( operator == '/' )
        printf ("%.2f\n", value1 / value2);

    return 0;
}
```

**範例程式 5.8  輸出結果**

```
Type in your expression.
123.5 + 59.3
182.80
```

**範例程式 5.8  輸出結果（第二次執行）**

```
Type in your expression.
198.7 / 26
7.64
```

範例程式 5.8　輸出結果（第三次執行）

```
Type in your expression.
89.3 * 2.5
223.25
```

scanf() 將三個值讀入變數 value1、operator 和 value2。格式字元 %f 可用於讀取浮點數，也可用於輸出浮點數。此處用於讀入變數 value1 的值，該值是運算式的第一個運算元。

接下來，要讀入運算子。由於運算子是字元（'+'、'-'、'*' 或 '/'），而不是數字，所以將其讀入於字元變數 operator。格式字元 %c 告訴系統讀取下一個字元。格式字串中的空白，表示在輸入上允許任意個數的空白。這使您能夠在輸入這些值時使用空白，將運算元與運算子隔開。如果指定格式字串 " %f%c%f "，則在輸入第一個數字之後，和輸入運算子之前不允許有空白。這是因為當 scanf() 函式讀取帶有格式字元 %c 的字元時，所輸入的下一個字元（即使它是一個空白）也是欲讀取的字元。但通常 scanf() 函式在以整數或浮點數讀取時，總會忽略前置空白。因此，格式字串 " %f %c%f " 在前面的程式中也同樣有效。

在輸入第二個運算元，並儲存在變數 value2 之後，程式針對四個允許的運算子測試 operator 的值。進行正確匹配時，執行其相應的 printf() 敘述並顯示計算結果。

上一程式還有一些問題待解決。雖然前面的程式確實完成了任務，但該程式並沒有真正的完成，因為它沒考慮到使用者可能犯的錯誤。例如，如果使用者錯誤輸入 '?' 為運算子，該程式僅單純地 "進入" if 敘述，並沒有訊息出現在訊息告訴使用者所輸入的運算式是不正確的。

另一個被忽略的情況是，當使用者輸入除法運算，有可能輸入 0 作為除數。您知道，不應該嘗試在 C 中將數字除以 0。程式應該要檢查這種情況。

試圖預測程式可能失敗或產生不預期的結果，並採取預防措施來解決這些狀況，是產生良好、高信賴度程式的必要部分。對程式執行足夠的測試，經常會發現沒考慮到某些情況的程式部分。這必須成為一個自律的問題，程式設計總是說 "如果……，將會發生什麼事"，並加一些必要的敘述來處理此狀況。

範例程式 5.8A 是範例程式 5.8 的修訂版，考慮了除以 0 和輸入無效的運算子。

範例程式 5.8A 判斷要執行哪種運算的修訂版

```c
/* Program to evaluate simple expressions of the form
                value   operator   value                */

#include <stdio.h>

int main (void)
{
    float   value1, value2;
    char    operator;

    printf ("Type in your expression.\n");
    scanf ("%f %c %f", &value1, &operator, &value2);

    if ( operator == '+' )
        printf ("%.2f\n", value1 + value2);
    else if ( operator == '-' )
        printf ("%.2f\n", value1 - value2);
    else if ( operator == '*' )
        printf ("%.2f\n", value1 * value2);
    else if ( operator == '/' )
        if ( value2 == 0 )
            printf ("Division by zero.\n");
        else
            printf ("%.2f\n", value1 / value2);
    else
        printf ("Unknown operator.\n");

    return 0;
}
```

範例程式 5.8A 輸出結果

```
Type in your expression.
123.5 + 59.3
182.80
```

範例程式 5.8A 輸出結果（第二次執行）

```
Type in your expression.
198.7 / 0
Division by zero.
```

範例程式 5.8A 輸出結果（第三次執行）

```
Type in your expression.
125 $ 28
Unknown operator.
```

當輸入的運算子是斜線時，其表示除法，將進行另一測試以判斷 value2 是否為 0。如果是，則顯示適當的訊息。否則，將執行除法運算，並顯示結果。在這種情況下，請注意巢狀的 if 敘述和其對應的 else 子句。

程式結尾處的 else 子句捕獲任何 "例外狀況"。因此，測試的四個字元中的任何一個無法匹配的運算子，都會執行此 else 子句，從而顯示 "Unknown operator. "。

# switch 敘述

在最後的範例程式中碰到的 if-else 敘述鏈的型態（某特定變數的值連續地與不同的值進行比較）。在開發程式時十分常用，在 C 語言中存在特殊的敘述，用於執行此項功能。該敘述的名稱為 switch 敘述，其一般格式為：

```
switch ( expression )
{
    case value1:
                program statement
                program statement
                    ...
                break;
    case value2:
                program statement
                program statement
                    ...
                break;
        ...
    case valuen:
                program statement
                program statement
                    ...
                break;
    default:
                program statement
                program statement
                    ...
                break;
}
```

包含於括號內的運算式連續地與 value1、value2、...、valuen 進行比較,這些值必須是常數或常數運算式。如果發現其值等於 expression 值的 case,則執行跟隨該 case 的敘述。注意,當其包括多個這樣的敘述時,它們不必被括在大括號中。

break 敘述表示處理 case 的結束,並終止 switch 敘述的執行。記住在每個 case 的結尾都要加上 break 敘述。若忘記這樣做,則程式會繼續執行下一個 case。

如果 expression 的值不匹配任何的 case 值,則執行稱為 default 的預設情況。這等同於上一個範例最後的 else 敘述。事實上,switch 敘述的一般形式可以等同地表示為如下的 if 敘述:

```
if  ( expression == value1 )
{
    program statement
    program statement
        ...
}
else if ( expression == value2 )
{
    program statement
    program statement
        ...
}
    ...
else if ( expression == valuen )
{
    program statement
    program statement
        ...
}
else
{
    program statement
    program statement
        ...
}
```

如此,可將範例程式 5.8A 所表示的 if 敘述,轉成等同的 switch 敘述,如範例程式 5.9 所示。

範例程式 5.9　判斷要執行哪種運算（版本 2 ）

```c
/* Program to evaluate simple expressions of the form
            value   operator    value                */

#include <stdio.h>

int main (void)
{
    float   value1, value2;
    char    operator;

    printf ("Type in your expression.\n");
    scanf ("%f %c %f", &value1, &operator, &value2);

    switch (operator)
    {
        case '+':
            printf ("%.2f\n", value1 + value2);
            break;
        case '-':
            printf ("%.2f\n", value1 - value2);
            break;
        case '*':
            printf ("%.2f\n", value1 * value2);
            break;
        case '/':
            if ( value2 == 0 )
                printf ("Division by zero.\n");
            else
                printf ("%.2f\n", value1 / value2);
            break;
        default:
            printf ("Unknown operator.\n");
            break;
    }

    return 0;
}
```

範例程式 5.9　輸出結果

```
Type in your expression.
178.99 - 326.8
-147.81
```

在讀入運算式之後，將 operator 的值連續地與每種 case 所指定的值進行比較。當有匹配時，該 case 內的敘述將被執行。接著 break 敘述結束 switch 敘述的執行。如果沒有匹配的 operator 的值，則會在 default，顯示 Unknown operator.。

在前面的程式中，default 情況下的 break 敘述，實際上是不必要的，因為在 switch 中此情況之後再也沒有任何敘述。但在每個 case 結束時，加上 break 是一個良好的程式設計習慣。

在撰寫 switch 敘述時，請記住，不可以有相同的兩個值。但是，您可以將多個 case 與一組特定的敘述相聯。這可在要執行的共用敘述之前列出多個 case 值（在值的前面放置關鍵字 case 和每個 case 的值之後放置冒號）來完成。例如，以下 switch 敘述，如果 operator 等於星號或小寫字母 x，則執行將 value1 乘以 value2 的 printf 敘述。

```
switch  (operator)
{
            ...
    case '*':
    case 'x':
            printf ("%.2f\n", value1 * value2);
            break;
            ...
}
```

# 布林變數

許多新的程式設計師很快會發現需要撰寫一個程式來產生質數表。為了幫您回憶一下，若一正整數 p 不被除了 1 和本身之外的任何其它整數整除，則它為質數。第一個質數整數定義為 2。下一個質數為 3，因為它不被除了 1 和 3 之外的任何整數整除，4 不是質數，因為它可以被 2 整除。

有幾種可以用來產生質數表的方法。例如，產生小於 50 的所有質數，產生這樣的一個表，最直接（且最簡單）的演算法是測試每個整數 p，對於從 2 到 p-1 的所有整數的可除性。如果在這過程中的整數可被 p 整除，則 p 不是質數；否則，它就是一個質數。範例程式 5.10 說明了產生質數表的程式。

範例程式 5.10　產生質數表

```
//  Program to generate a table of prime numbers

#include <stdio.h>
int main (void)
```

```
{
    int    p, d;
    _Bool  isPrime;

    for ( p = 2;  p <= 50;  ++p ) {
        isPrime = 1;

        for ( d = 2;  d < p;  ++d )
            if ( p % d  ==  0 )
                isPrime = 0;

            if ( isPrime != 0 )
                printf ("%i  ", p);
    }


    printf ("\n");
    return 0;
}
```

範例程式 5.10  輸出結果

```
2   3   5   7   11   13   17   19   23   29   31   37   41   43   47
```

範例程式 5.10 中有幾個值得注意的地方。最外層的 for 敘述設置一個從整數 2 到 50 的迴圈。迴圈變數 p 表示當前正在測試的值，以查看它是否為質數。迴圈中的第一個敘述，將 1 指定給變數 isPrime。此變數的使用很快就會變得明顯。

設置第二個迴圈將 p 除以從 2 到 p-1 的整數。在迴圈內部，進行測試以查看 p 除以 d 的餘數是否為 0。如果是，則 p 不會是質數，因為它可以整除除了 1 和本身之外的整數。為了表示 p 不再是質數，變數 isPrime 的值被設置為 0。

當最內層迴圈執行完，將測試 isPrime 的值。如果其值不等於 0，代表找不到整除 p 的整數；因此，p 必定是質數，並顯示其值。

您可能已經注意到，變數 isPrime 僅取值 0 或 1，再沒有其它值。這就是您宣告它是一個 _Bool 變數的原因。只要 p 仍符合質數標準，它的值仍為 1。但一旦找到一個可以整除 p 的數字，其值即被設為 0，以指示 p 不再滿足作為質數的標準。通常，以這種方式使用的變數被稱為旗幟（flag）。旗幟通常僅假定為兩個值中的其中一個。此外，通常在程式中至少測試一次旗幟的值，以查看它是 "on"（TRUE）或是 "off"（FALSE），並基於測試的結果採取一些特定動作。

在 C 中，旗幟為 TRUE 或 FALSE 的概念被轉換為值 1 和 0。因此，在範例程式 5.10 中，當迴圈中將 isPrime 的值設定為 1 時，有效地將其設為 TRUE，以指示 p " 是質數"。如果在內迴圈的執行過程中，發現 isPrime 的值被設為 FALSE，表示 p 不再是 "質數"。

通常使用 1 表示 TRUE 或 "on " 狀態，0 用於表示 FALSE 或 "off " 狀態，這不是巧合。該表示對應於電腦內部單一個 bit 的概念。當 bit 為 "on " 時，其值為 1；當它 "off " 時，其值為 0。但是在 C 中，有一個更有說服力的論據支持這些邏輯值。它與 C 語言處理 TRUE 和 FALSE 概念的方式有關。

回憶一下本章的開頭，如果 if 敘述中指定的條件 "得到滿足"，則將執行緊接著的敘述。但是 "得到滿足" 是什麼意思呢？在 C 語言中，得到滿足意味著非 0 的意思。所以下面敘述：

```
if ( 100 )
    printf ("This will always be printed.\n");
```

會執行 printf() 敘述，因為 if 敘述中的條件（在這種情況下，值 100）是非 0，所以得到滿足。

在本章的每個程式中，使用 "非 0 意味著得到滿足" 和 "0 意味著不滿足" 的概念。這是因為每當在 C 中評估關係運算式時，如果運算式被滿足，則指定為 1，如果運算式不滿足，則指定為 0。所以以下敘述：

```
if ( number < 0 )
    number = -number;
```

實際進行如下：

1. 評估關係運算式 number < 0。如果條件滿足，即 number 小於 0，運算式的值為 1；否則為 0。

2. if 敘述測試運算式求值的結果。若結果非 0，則執行緊接著的敘述；否則，將跳過該敘述。

前面的討論也適用於 for、while 和 do 敘述中的條件測試。如下面敘述中的複合關係運算式判斷：

```
while ( char != 'e'  &&  count != 80 )
```

也如前所述進行。如果兩個指定條件都有效，則結果為 1；但如果任一條件無效，則結果為 0。接著檢視評估的結果。如果結果為 0，while 迴圈將終止；否則繼續。

返回範例程式 5.10 和旗幟的概念，在 C 中測試一個標誌的值是否為 TRUE 的運算式如下所示：

```
if ( isPrime )
```

比以下同等的運算式來得簡潔：

```
if ( isPrime != 0 )
```

要測試旗幟的值是否為 FALSE，也可以使用邏輯否定運算子！。在這運算式中：

```
if ( ! isPrime )
```

邏輯否定運算子用於測試 isPrime 的值是否為 FALSE（解釋為 "如果不是 isPrime"）。一般來說，如下的運算式：

```
! expression
```

否定 expression 的邏輯值。因此，如果 expression 為 0，邏輯否定運算子會產生 1。如果 expression 的計算結果為非 0，則否定運算子會產生 0。

邏輯否定運算子可以容易地 "反轉" 旗幟的值，例如在以下運算式中：

```
myMove = ! myMove;
```

正如您所期望的，此運算子具有與一元符號運算子相同的執行序，這意味著它具有比所有二進制算術運算子和所有關係運算子更高的執行序。所以要測試變數 x 的值是否不小於變數 y 的值，如下：

```
! ( x < y )
```

需要使用括號來確保運算式的正確評估。當然，您可以同等地表達前面的運算式如下：

```
x >= y
```

在第 3 章 "變數、資料型態以及算術運算式" 中，當運作於布林值時，可以使用程式語言所定義的一些特殊值。它們是型態 bool、值為 true 和 false。若要使用它們，則需要在程式中載入標頭檔<stdbool.h>。範例程式 5.10A 重寫範例程式 5.10，它利用了這種資料型態和值。

**範例程式 5.10A 產生質數表的修正程式**

```
//   Program to generate a table of prime numbers

#include <stdio.h>
#include <stdbool.h>

int main (void)
{
    int    p, d;
```

```
    bool  isPrime;

    for ( p = 2;  p <= 50;  ++p ) {
        isPrime = true;

        for ( d = 2;  d < p;  ++d )
            if ( p % d  ==  0 )
                isPrime = false;

            if ( isPrime != false )
                printf ("%i  ", p);
    }


    printf ("\n");
    return 0;
}
```

範例程式 5.10A  輸出結果

| 2  3  5  7  11  13  17  19  23  29  31  37  41  43  47 |
| --- |

如您所見，在程式中載入<stdbool.h>，可以將變數宣告為 bool 型態，而不是 _Bool。前者比後者更容易閱讀和輸入，且類似 C 語言的其它基本資料型態（如 int、float 和 char）的風格。

# 條件運算子

也許 C 語言中最不尋常的運算子是一個稱為條件運算子(conditional operator)。與 C 中的所有其它運算子（一元運算子或二元運算子）不同，條件運算子是三元運算子(ternary operator)；也就是說，它需要三個運算元。用於表示此運算子的兩個符號是問號（？）和冒號（:）。第一個運算元放在？之前，第二個放在？和:之間，第三個放在:之後。

條件運算子的一般格式是

```
 condition  ?  expression1  :  expression2
```

其中 condition 是一個運算式，通常是一個關係運算式，在條件運算子中會先計算的。如果 condition 求值結果為 TRUE（即非 0），將執行 expression1，且其結果將成為運算的結果。如果 condition 求值結果為 FALSE（即 0），則執行 expression2，其結果將成為運算結果。

條件運算子最常用於根據一些條件，將兩個值中的其中一個指定給變數。例如，假設您有一個整數變數 x 和另一個整數變數 s。如果 x 小於 0，將 -1 指定給 s，否則，將 $x^2$ 的值指定給 s，可寫成以下敘述：

```
s = ( x < 0 ) ? -1 : x * x;
```

當執行上面的敘述時，首先測試條件 x < 0。通常會放置一對小括號在條件運算式周圍，以幫助敘述的可讀性。這一般不是必要的，因為條件運算子的執行順序非常低，實際上比其它運算子來得低，除了指定運算子和逗號運算子之外。

如果 x 的值小於 0，馬上評估 ? 後面的運算式。此運算式單純只是常數整數 -1，如果 x 小於 0，則該整數將被指定給變數 s。

如果 x 的值不小於 0，馬上評估 : 後面的的運算式並指定給 s。因此，如果 x 大於等於 0，則 x * x（即 $x^2$）的值將被指定給 s。

作為使用條件運算子的另一個範例，以下敘述為變數 maxValue 指定 a 和 b 之間的最大值：

```
maxValue = ( a > b ) ? a : b;
```

如果在 : 之後（"else " 部分）所使用的運算式由另一個條件運算子組成，您可以達到 "else if " 子句的效果。例如，範例程式 5.6 中實作的符號功能可以使用兩個條件運算子寫在一行中，如下所示：

```
sign = ( number < 0 ) ? -1 : (( number == 0 ) ? 0 : 1);
```

若 number 小於 0，則為 sign 被指定為 -1；否則，若 number 等於 0，則被指定為 0；否則它被指定為 1。上面運算式 "else" 部分周圍的括號實際上是不必要的。因為條件運算子是從右到左相關聯，意味著此運算子在單個運算式中的多次使用，如下：

```
e1 ? e2 : e3 ? e4 : e5
```

從右到左組起來，因此，被評估為：

```
e1 ? e2 : ( e3 ? e4 : e5 )
```

不一定要在指定的右側使用條件運算子——它能夠在可以使用運算式的任何情況下使用。這意味著您可以使用如下所示的 printf 敘述，顯示變數 number 的符號，而無需先指定值給變數：

```
printf ("Sign = %i\n", ( number < 0 ) ?  -1 : ( number == 0 ) ? 0 : 1);
```

當在 C 中撰寫前置處理器的巨集時，條件運算子是非常方便的。第 12 章 "前置處理器" 中將詳細介紹這一點。

關於選擇的討論到此結束。在第 6 章 "陣列" 中,將見識到更複雜的資料型態。陣列是一個強大的概念,它會出現在您開發的許多 C 程式中。在繼續之前,請先完成以下習題,以測試您對本章所涵蓋的內容的理解。

# 習題

1. 輸入並執行本章所介紹的 12 個程式。將每個程式的輸出結果與內文中每個程式的輸出結果進行比較。嘗試輸入內文所使用以外的值來測試每個程式。

2. 請撰寫一程式,要求使用者在輸入兩個整數。測試這兩個數字以確定第一個數字可否被第二個數字整除,並顯示適當的訊息。

3. 請撰寫一程式,接受使用者輸入的兩個整數。以小數點後三位數的準確度顯示第一個整數除以第二個整數的結果。記得讓程式檢查除以 0 的狀況。

4. 請撰寫一程式,"顯示" 簡單的計算器。程式允許使用者輸入如下格式的運算式:

```
number    operator
```

程式要識別以下運算子:

```
+    -    *    /    S    E
```

S 運算子告訴程式將 "累加器" 設定為輸入的數字。E 運算子告訴程式結束執行。對累加器的內容執行算術運算,其中輸入的數字用作第二個運算元。下面是一個 "執行範例",顯示程式如何作運算:

```
Begin Calculations
10 S            Set Accumulator to 10
= 10.000000    Contents of Accumulator
2 /            Divide by 2
= 5.000000     Contents of Accumulator
55 -           Subtract 55
-50.000000
100.25 S       Set Accumulator to 100.25
= 100.250000
4 *            Multiply by 4
= 401.000000
0 E            End of program
= 401.000000
End of Calculations.
```

請確保程式檢查除以 0 和未知運算子的狀況。

5. 您已開發了範例程式 4.9 以反轉輸入的整數之位數。但是，如果輸入負數，此程式將無法正常運作。請找出在這種情況下會發生什麼狀況，然後修改程式，以便正確地處理負數。例如，如果輸入數字 -8645，則程式的輸出應為 5468-。

6. 請撰寫一輸入整數的程式，提取並以英文顯示整數的每個位數。所以，如果使用者輸入 932，程式應顯示：

```
nine three two
```

若使用者只輸入一個 0，請顯示 "zero"（注意：這題是較難的題目！）

7. 範例程式 5.10 有幾個低效率的地方。一是在於檢查偶數。因為很明顯，任何大於 2 的偶數不可能是質數，程式可以為可能的質數和可能的除數簡單地跳過所有偶數。內層的 for 迴圈也是低效率的，因為 p 的值總是除以 d──從 2 到 p - 1 的所有值。在 for 迴圈的條件中添加對 isPrime 的值的測試，可以避免這種低效率。以這種方式，只要沒有發現可整除的除數和 d 的值小於 p，則可以繼續 for 迴圈的執行。修改範例程式 5.10 以包含這兩個更改。然後執行程式以驗證其運算。（注意：在第 6 章中，您會發現更有效地產生質數的方法。）

# 6

# 陣列

C 語言提供了一種功能，使您能夠定義一組稱為陣列（array）的有序資料項目。本章將介紹如何定義和使用陣列。在後面的章節，將了解更多有關陣列的訊息，用以說明它們與函式、結構、字串，以及指標結合使用的效果。但在了解這些主題之前，需要先了解陣列的基礎知識，包括：

- 建立簡單陣列
- 初始陣列
- 字元陣列的使用
- 使用 const 關鍵字
- 實作多維陣列
- 建立可變長度陣列

假設您有一組要讀入電腦的成績，並假設要對這些成績執行一些運算，例如從小到大排序、計算平均值或找出中位數。在範例程式 5.2 中，輸入每個人的成績，並將成績加總，之後計算該組成績的平均值。但是，若想要將成績從小到大排序，則需要做更進一步的事情。如果要對一組成績進行排序的話，您很快就會意識到，在輸入所有成績之前，是無法執行此動作的。因此，使用前面所描述的技術，讀取每一個成績，並將其儲存到一個唯一的變數，可能會有如下一系列的敘述：

```
printf ("Enter grade 1\n");
scanf ("%i", &grade1);
printf ("Enter grade 2\n");
scanf ("%i", &grade2);
    . . .
```

輸入成績後，您可以對它們進行排序。這可以設置一系列 if 敘述來比較每個值以判斷最低成績、下一個最低成績、直到得出最高成績。如果您坐下來嘗試撰寫一程式執行這個任務，很快就會意識，對於合理大小的一串列成績（合理的大小大約為

10），寫出來的程式已經相當大和複雜。然而，以陣列來實作這個實例將不會有任何損失。

# 定義陣列

您可以定義一個名為 grades 的變數，它不代表一個成績，而是整組成績。接著可以經由稱為索引（index）或註標（subscript）的數字來引用這組成績的每個元素。而在數學中，註標變數 $x_i$ 指的是集合中的第 i 個 x 元素，在 C 中，等同意義的表示法如下：

```
x[i]
```

所以，以下運算式：

```
grades[5]
```

是指稱為 grades 陣列中註標為 5 的元素。陣列的元素從 0 開始計算，所以：

```
grades[0]
```

實際上是指陣列的第一個元素。（因為這個原因，將它認為參考註標為 0 的元素會比較簡單，而不是第 1 個元素。）

陣列的個別元素可以使用於，變數使用的任何地方。例如，以下敘述將一個陣列值指定給另一個變數：

```
g = grades[50];
```

此敘述將 grades[50]的值指定給 g。更常見的，如果 i 被宣告為一個整數變數，下面敘述：

```
g = grades[i];
```

將 grades 陣列註標為 i 的元素值指定給 g。因此，如果在執行前面的敘述時 i 等於 7，則將 grades[7]的值指定給 g。

只需在等號左側指定陣列元素，就可以將值儲存在陣列的元素中。以下敘述：

```
grades[100] = 95;
```

將 95 儲存在 grades 陣列註標為 100 的元素中。敘述：

```
grades[i] = g;
```

將 g 的值儲存在 grades[i] 中。

利用單一陣列表示一群相關資料項目的功能，使您能夠開發簡潔有效率的程式。例如，經由改變陣列的註標，可以輕鬆地拜訪陣列中所有的元素。所以，以下 for 迴圈：

```
for ( i = 0;  i < 100;  ++i )
    sum += grades[i];
```

拜訪陣列 grades 的前 100 個元素（元素 0 到 99），並將每個成績的值加到 sum 中。當 for 迴圈完成時，變數 sum 包含了 grades 陣列的前 100 個值的總和（假設在進入迴圈之前，sum 被設置為 0）。

當使用陣列時，請記住陣列的第一個元素的註標是 0，最後一個元素的註標是陣列的元素總數減 1。

除了整數常數，也可以在括號內使用整數運算式，來引用陣列的特定元素。如果 low 和 high 都被定義為整數變數，以下敘述：

```
next_value = sorted_data[(low + high) / 2];
```

經由計算運算式（low + high）/ 2，指定註標到變數 next_value。如果 low 等於 1 且 high 等於 9，則將 sorted_data [5] 的值指定給 next_value。另外，如果 low 等於 1 且 high 等於 10，也會引用 sorted_data[5] 的值，因為 11 除以 2 的整數除法會得到結果 5。

與變數一樣，陣列也必須在使用之前宣告。陣列的宣告涉及宣告包含於陣列中元素的型態，例如 int、float 或 char，以及儲存在陣列的最大元素個數。（C 編譯器需要後者的訊息，為陣列保留適當的儲存空間。）

例如，以下宣告：

```
int  grades[100];
```

將 grades 宣告為含有 100 個整數的陣列。利用從 0 到 99 的註標對此陣列進行引用。但請小心使用有效的註標，因為 C 不會對陣列範圍以外執行任何檢查。因此，如先前所說的，引用陣列 grades 註標為 150 的元素不一定會引發錯誤，但是很可能導致不可預測的程式結果。

要宣告一個名為 average 的陣列，包含 200 個浮點數，可使用以下宣告：

```
float  averages[200];
```

此宣告會保留足夠的記憶體空間，以包含 200 個浮點數。同樣，下面宣告：

```
int   values[10];
```

為一個稱為 values 的陣列保留足夠的空間，該陣列最多可容納 10 個整數。從圖 6.1 您可以對保留的儲存空間有更佳的認知。

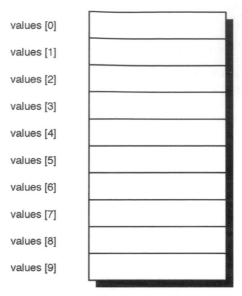

values [0]

values [1]

values [2]

values [3]

values [4]

values [5]

values [6]

values [7]

values [8]

values [9]

圖 6.1 記憶體中的 values 陣列。

宣告為 int、float 或 char 型態的陣列的元素，能以與普通變數相同的方式作運算。 您可以為它們指定值、顯示它們的值、對它們作累加、對它們作減法，等等。因此， 如果以下敘述出現在程式中，則陣列 values 將包含如圖 6.2 所示的數字。

```
int   values[10];

values[0] = 197;
values[2] = -100;
values[5] = 350;
values[3] = values[0] + values[5];
values[9] = values[5] / 10;
--values[2];
```

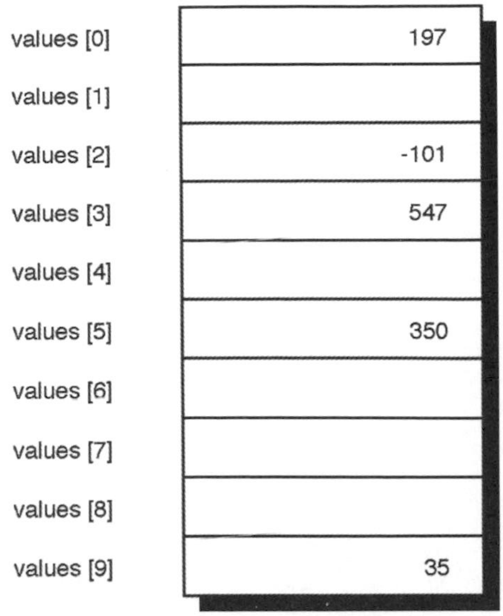

| | |
|---|---|
| values [0] | 197 |
| values [1] | |
| values [2] | -101 |
| values [3] | 547 |
| values [4] | |
| values [5] | 350 |
| values [6] | |
| values [7] | |
| values [8] | |
| values [9] | 35 |

圖 6.2  values 陣列和其數個初始值

第一個指定敘述將 197 儲存在 values[0] 。以類似的方式，第二和第三個指定敘述分別將 -100 和 350 儲存於 values[2] 和 values[5] 中。下一敘述將 values[0] 的內容（其為 197）加 values[5] 的內容（其為 350），並將結果 547 儲存在 values[3] 。接下來的敘述，將 values[5] 中包含的值 350 除以 10，結果儲存在 values[9] 中。最後一個敘述遞減 values[2] 的內容，從 -100 變成 -101。

前面的程式說明列入了範例程式 6.1。利用 for 迴圈將陣列的每個元素的值依次顯示在終端。

**範例程式 6.1  使用陣列**

```
#include <stdio.h>

int main (void)
{
    int  values[10];
    int  index;

    values[0] = 197;
    values[2] = -100;
    values[5] = 350;
    values[3] = values[0] + values[5];
    values[9] =
```

```
    values[5] / 10;
    --values[2];

    for ( index = 0;  index < 10;  ++index )
        printf ("values[%i] = %i\n", index, values[index]);

    return 0;
}
```

範例程式 6.1 輸出結果

```
values[0] = 197
values[1] = -2
values[2] = -101
values[3] = 547
values[4] = 4200224
values[5] = 350
values[6] = 4200326
values[7] = 4200224
values[8] = 8600872
values[9] = 35
```

變數索引值從 0 到 9，因為陣列的最後一個註標永遠比元素總量少一單位（註標從 0 開始）。由於您未為陣列註標為 1、4 和 6 至 8 等五個元素指定值 — 所以這些顯示的值是無意義的。您可能會看到不同於此處所顯示的值。因此，不應該對未初始化的變數或陣列元素的值進行假設。

## 使用陣列元素作為計數器

現在考慮一個稍微更實際的例子。假設您利用電話調查，了解人們對某電視節目的感受，並讓每位受訪者對節目進行 1 到 10 分的評分。在訪問 5000 人之後，您累積了 5,000 個數字的列表。現在，想要分析結果。您要蒐集的第一項資料是顯示評價分佈表。換句話說，您想知道有多少人給節目評價了 1，多少人給節目評價了 2……等等，最大的評價是 10。

雖然不是一件不可能的事，但是利用每個回應，並手動計算每個評價分級的回應量，是會有點乏味的。此外，如果您有一個回應，其答案超過十多種方式（考慮到回應者年齡的分類），此方法將更不合理。所以，您想開發一程式來計算每種評價的數目。第一步可能設置 10 個不同的計數器，名為 rating_1 到 rating_10，然後在每次輸入其評價，遞增其相對應的計數器。但是，再次，如果您處理一個超過 10 種選擇的問題，這種方法可能會有點乏味。因此，使用陣列能夠實作更清潔的解決方案，即使是這種情況。

您可以設置一個名為 ratingCounters 的計數器陣列，接著在輸入每個回應時，遞增其對應的計數器。為了節省本書的空間，範例程式 6.2 假設您只處理 20 個回應。此外，先獲得程式在一個較小的測試範圍內的正常運作，再繼續測試完整的資料，因為在測試量少的情況下，才容易隔離和除錯程式中發現的問題。

範例程式 6.2　示範計數器陣列

```
#include <stdio.h>

int main (void)
{
    int  ratingCounters[11], i, response;

    for ( i = 1;  i <= 10;  ++i )
        ratingCounters[i] = 0;

    printf ("Enter your responses\n");

    for ( i = 1;  i <= 20;  ++i ) {
        scanf ("%i", &response);

        if ( response < 1 || response > 10 )
            printf ("Bad response: %i\n", response);
        else
            ++ratingCounters[response];
    }

    printf ("\n\nRating   Number of Responses\n");
    printf ("------ -------------------\n");

    for ( i = 1;  i <= 10;  ++i )
        printf ("%4i%14i\n", i, ratingCounters[i]);

    return 0;
}
```

範例程式 6.2　輸出結果

```
Enter your response
6
5
```

```
8
3
9
6
5
7
15
Bad response: 15
5
5
1
7
4
10
5
5
6
8
9


Rating    Number of Responses
------    --------------------
1                  1
2                  0
3                  1
4                  1
5                  6
6                  3
7                  2
8                  2
9                  2
10                 1
```

陣列 ratingCounters 被定義為包含 11 個元素。您可能會問， "調查只有 10 個可能的答覆，為什麼陣列被定義為包含 11 個元素，而不是 10 個？" 答案在於每個評價分級中，對回應進行計數的策略。因為每個回應是從 1 到 10 的數字，所以程式簡單地利用遞增相對應的陣列元素，來處理每一個回應（先檢查以確定使用者輸入 1 和 10 之間的有效回應）。例如，如果輸入評價分級 5，則 ratingCounters [5] 的值遞增 1。利用這種技術，給電視節目評價 5 的回應者總數包含在 ratingCounters [5] 中。

使用 11 個元素的原因，現在應該已弄清楚了。因為最高的評價分級是 10，您必須設置一含有 11 個元素的陣列，才能索引 ratingCounters [10]，記住，由於註標從 0 開始，陣列的元素總數比最大的註標多 1。由於評價沒有 0，所以不使用 ratingCounters[0]。事實上，在初始化和顯示陣列內容的 for 迴圈中，變數 i 是從 1 開始，因此忽略了 ratingCounters[0] 的初始化和顯示。

您可以開發使用包含 10 個元素的陣列的程式。接著,每當使用者輸入回應時,您可以改為遞增 ratingCounters[response - 1]。這樣,ratingCounters[0] 將是該節目評價為 1 的受訪者總數,ratingCounters[1]　將是該節目評價 2 的受訪者總數,依此類推。這是一個完美的方法。不使用它的唯一原因在於,ratingCounters[n] 儲存評價分級 n 的回應數,是一個稍微更直接的方法。

# 產生斐波那契數列(Fibonacci Numbers)

探討一下範例程式 6.3,其產生前 15 個斐波那契數列(Fibonacci Numbers),請嘗試預測其輸出。輸出結果中每個數字之間存在什麼關係?

範例程式 6.3　產生斐波那契數列

```
// Program to generate the first 15 Fibonacci numbers
#include <stdio.h>

int main (void)
{
    int  Fibonacci[15], i;

    Fibonacci[0] = 0;    // by definition
    Fibonacci[1] = 1;    // ditto

    for ( i = 2;  i < 15;  ++i )
        Fibonacci[i] = Fibonacci[i-2] + Fibonacci[i-1];

    for ( i = 0;  i < 15;  ++i )
        printf ("%i\n", Fibonacci[i]);

    return 0;
}
```

範例程式 6.3　輸出結果

```
0
1
1
2
3
```

```
5
8
13
21
34
55
89
144
233
377
```

前兩個斐波那契數為 $F_0$ 和 $F_1$，分別被定義為 0 和 1。此後，每次連續的斐波那契數 $F_i$ 被定義為兩個前面的斐波納契數 $F_{i-2}$ 和 $F_{i-1}$ 的和。因此，利用將 $F_0$ 和 $F_1$ 的值相加來計算 $F_2$。在前面的程式中，這直接對應於利用 Fibonacci[0] 和 Fibonacci[1] 相加來計算 Fibonacci[2]。該計算在 for 迴圈內執行，其計算 $F_2$ 到 $F_{14}$（即 Fibonacci[2] 到 Fibonacci[14]）的值。

斐波納契數字實際上在數學領域和電腦演算法的研究中具有許多應用。斐波納契數列的歷史源於 "兔子問題"：如果您從一對兔子開始，並假設每對兔子每個月生產一對新的兔子，每隻剛出生的一對兔子都可以在它們的第二個月的結束生產後代，而兔子永遠不死，一年後，您會有多少對兔子？這個問題的答案在於，在第 n 個月末，總共有 $F_{n+2}$ 隻兔子。因此，根據範例程式 6.3 的結果，在第十二個月末，您將總共有 377 對兔子。

## 使用陣列產生質數

現在回顧您在第 5 章 "選擇" 中開發的質數程式，看看如何使用陣列來幫助您開發一個更有效率的程式。在範例程式 5.10A 中，用於判斷數字是否為質數的標準，是將所有質數候選除以 2 到其本身 -1 的連續整數。在第 5 章習題 7，您注意到此方法有兩項很沒有效率，但可以很容易克服。即使有了這些變化，但所使用的方法仍然效率不高。在處理最多 50 個質數時，雖然這樣的效率問題可能並不重要，但是當您要產生一個高達 100,000 個質數的質數表，這些問題是顯得很重要了。

改進質數產生的方法涉及如下概念：如果數字不能被任何其它質數整除，則該數字是質數。此源於非質數整數可以表示為質數因子的倍數。（例如，20 具有質數因子 2、2 和 5。）您可以利用此技巧開發更有效的質數程式。程式可以利用判斷所給定的整數是否可以被任何其它先前產生的質數整除，來判斷它是否為質數。到目前為止，"先前產生的" 一話應該在您的頭腦中觸發一個必須使用陣列的想法。您可以使用陣列儲存每個產生出來的質數。

進一步優化產生質數的程式，可以容易地證明任何非質數整數 n，必須是小於或等於 n 的平方根的整數之因數。這意味著只需要讓該數字，除以所有質數，直到此數字的平方根為止，就可以測試它是否為質數。

範例程式 6.4 將呈現先前的討論，用以產生 50 之前的所有質數。

**範例程式 6.4 產生質數修訂版 2**

```
#include <stdio.h>
#include <stdbool.h>

// Modified program to generate prime numbers

int main (void)
{
    int  p, i, primes[50], primeIndex = 2;
    bool isPrime;

    primes[0] = 2;
    primes[1] = 3;

    for ( p = 5;  p <= 50;  p = p + 2 ) {
        isPrime = true;

        for ( i = 1;  isPrime  && p / primes[i] >= primes[i]; ++i )
            if ( p % primes[i] == 0 )
                isPrime = false;

        if ( isPrime == true ) {
            primes[primeIndex] = p;
            ++primeIndex;
        }
    }

    for ( i = 0;  i < primeIndex;  ++i )
        printf ("%i  ", primes[i]);

    printf ("\n");

    return 0;
}
```

**範例程式 6.4 輸出結果**

```
2  3  5  7  11  13  17  19  23  29  31  37  41  43  47
```

此一運算式：

```
p / primes[i] >= primes[i]
```

用於最內部的 for 迴圈，作為測試以確保 primes[i] 的值不超過 p 的平方根。此測試來自前面的討論。（您可能要複習一下數學）。

範例程式 6.4 一開始將 2 和 3 作為前兩個質數，並儲存在陣列 primes 中。此陣列定義為包含 50 個元素，即使您不需要這麼多的空間儲存質數。變數 primeIndex 初始化為 2，它是 primes 陣列中的下一個空的位置。接著設置一個 for 迴圈以執行從 5 到 50 的奇數整數。在布林變數 isPrime 被設為 true 之後，進入另一個 for 迴圈。該迴圈連續地將 p 的值，除以儲存在陣列 primes 中的所有先前產生的質數。索引變數 i 從 1 開始，因為不需要利用 primes[0]（其為 2）進行除法測試任何的 p。這是對的，因為我們的程式不考慮偶數作為可能的質數。在迴圈內，進行測試以查看 p 的值是否可被 primes[i] 整除，如果是，則 isPrime 被設置為 false。只要 isPrime 的值為 true 並且 primes[i] 的值不超過 p 的平方根，for 迴圈就繼續執行。

退出 for 迴圈後，測試 isPrime 旗幟以判斷是否將 p 的值，儲存為 primes 陣列的下一個質數。

在測試過所有 p 值之後，程式顯示儲存在 primes 陣列內的所以質數。索引變數 i 的值從 0 到 primeIndex - 1，因為 primeIndex 永遠指向 primes 陣列下一個空的位置。

## 初始陣列

正如您可以在宣告變數時為其指定初始值，所以也可以為陣列的元素指定初始值。這只是簡單地從第一個元素開始列出陣列的初始值。串列中的值用逗號分隔，用一對大括號把整個串列括起來。

以下敘述：

```
int  counters[5] = { 0, 0, 0, 0, 0 };
```

宣告一個名為 counters 的陣列，包含五個整數，並將這些值初始化為 0。以下敘述：

```
int  integers[5] = { 0, 1, 2, 3, 4 };
```

將 integers[0] 設為 0、將 integers[1] 設為 1、將 integers[2] 設為 2，依此類推。

以類似的方式初始字元陣列；從而，下面的敘述：

```
char   letters[5] = { 'a', 'b', 'c', 'd', 'e' };
```

定義字元陣列 letters，並將五個元素初始為字元'a'、'b'、'c'、'd' 和 'e'。

不需要完全初始整個陣列。如果指定較少的初始值，則只初始相等數量的元素。陣列中的其餘值會被設為 0。所以以下宣告：

```
float   sample_data[500] = { 100.0, 300.0, 500.5 };
```

將 sample_data 的前三個值初始為 100.0、300.0 和 500.5，並將其餘的 497 個元素設為 0。

若用一對括號括住元素的註標，則可以使用任何順序來初始特定的陣列元素。例如：

```
float sample_data[500] = { [2] = 500.5, [1] = 300.0, [0] = 100.0 };
```

將 sample_data 陣列初始為如前述相同的值。以下敘述：

```
int   x = 1233;
int   a[10] =   { [9] = x + 1, [2] = 3, [1] = 2, [0] = 1 };
```

定義一個 10 個元素的陣列，並將最後一個元素初始為 x + 1 的值（即 1234），前三個元素分別為 1、2 和 3。

不幸的是，C 不提供任何快速初始陣列元素的方式。也就是說，沒有辦法指定重複次數，因此如果希望將 sample_data 的 500 個值全部初始為 1，則必須明確地寫出 500 個。在這種情況下，最好使用適當的 for 迴圈來初始陣列。

範例程式 6.5 呈現了兩種初始陣列的技巧。

**範例程式 6.5 初始陣列**

```
#include <stdio.h>

int main (void)
{
   int   array_values[10] = { 0, 1, 4, 9, 16 };
   int   i;

   for ( i = 5;  i < 10;  ++i )
    array_values[i] = i * i;

   for ( i = 0;  i < 10;  ++i )
```

```
    printf ("array_values[%i] = %i\n", i, array_values[i]);

    return 0;
}
```

**範例程式 6.5 輸出結果**

```
array_values[0] = 0
array_values[1] = 1
array_values[2] = 4
array_values[3] = 9
array_values[4] = 16
array_values[5] = 25
array_values[6] = 36
array_values[7] = 49
array_values[8] = 64
array_values[9] = 81
```

在陣列 array_values 的宣告中，將陣列的前五個元素初始為元素註標的平方（例如，註標 3 的元素被設為 $3^2$，即 9）。第一個 for 迴圈顯示如何在迴圈內執行相同的初始化。該迴圈將元素 5 至 9 設定為元素註標的平方。第二個 for 迴圈只是瀏覽全部 10 個元素，以顯示它們的值。

# 字元陣列

範例程式 6.6 簡單地說明如何使用字元陣列。然而，有一點是值得討論的。您能點出嗎？

**範例程式 6.6 使用字元陣列**

```c
#include <stdio.h>

int main (void)
{
    char  word[] = { 'H', 'e', 'l', 'l', 'o', '!' };
    int   i;

    for ( i = 0;  i < 6;  ++i )
        printf ("%c", word[i]);

    printf ("\n");


    return 0;
}
```

範例程式 6.6　輸出結果

```
Hello!
```

在前面的程式中值得注意的一點是字元陣列 word 的宣告。沒有提及陣列中元素的數量。C 語言允許您在不指定元素數量的情況下定義陣列。若這樣做，則是基於初始元素的數量而自動分配陣列的大小。由於範例程式 6.6 在陣列 word 中列出了六個初始值，在 C 語言隱含地將陣列定義為六個元素的大小。

只要在定義陣列的地方，初始陣列每一個元素，這種方法就可以正常運作。如果不是這種情況，則必須明確地指定陣列的大小。

在初始化列表中使用索引值的情況下：

```
 float sample_data[] = { [0] = 1.0, [49] = 100.0, [99] = 200.0 };
```

所指定的最大索引值決定陣列的大小。在這種情況下，sample_data 被設為包含 100 個元素，乃是基於指定的最大索引值 99。

## 使用陣列轉換基數

下一個程式進一步說明整數和字元陣列的使用。任務是開發一個程式，將一個正整數從基數 10 表示法轉換為另一個基數表示法，最大的基數是 16。輸入要轉換的數字與想要轉換的基數。之後，程式將輸入數字轉換為以某一基數為底的數字，並顯示結果。

開發此程式的第一步是設計一種演算法，以便將某一數字從基數 10 轉換為另一基數的數字。產生所轉換的數字之演算法，可非正式地表示如下：所轉換的數字可利用該數字和基數的模數獲得。接著將該數字除以基數，丟棄餘數，並重複該過程直到數字變成 0。

上述產生從最右邊位數開始的轉換數字之位數。在下面的範例中觀察它是如何作運算的。假設您想將數字 10 轉換為基數 2。表 6.1 顯示為達到結果應遵循的步驟。

表 6.1　將一整數從基數 10 轉換為基數 2

| Number | Number Modulo 2 | Number / 2 |
|--------|-----------------|------------|
| 10 | 0 | 5 |
| 5 | 1 | 2 |
| 2 | 0 | 1 |
| 1 | 1 | 0 |

因此，將 10 轉換為基數 2 的結果是 1010，對 "Number Modulo 2" 從下往上讀取。

要撰寫執行前面的轉換過程的程式，必須先考慮幾件事情。首先，演算法以相反的順序產生轉換的數字並不是很好。當然不能期望使用者從右到左或從下往上讀取結果。因此，您必須修正此問題。當產生數字時並不能簡單地把它顯示出來，您可以讓程式把每個數字都儲存在陣列內。當完成轉換數字後，您可以按正確的順序顯示陣列的內容。

第二，要為程式指定基數處理轉換數字，最大的基數為 16。這意味著轉換後的數字若在 10 到 15 之間，則必須以相對應的字母 A 到 F 表示。這是字元陣列派上用場的地方。

請仔細閱讀範例程式 6.7，以了解如何處理這兩個問題。該程式引入了型態限定字元 const，它用於程式中不能被改變值的變數。

**範例程式 6.7 轉換一整數為另一基數**

```
// Program to convert a positive integer to another base

#include <stdio.h>

int main (void)
{
    const char baseDigits[16] = {
            '0', '1', '2', '3', '4', '5', '6', '7',
            '8', '9', 'A', 'B', 'C', 'D', 'E', 'F' };
    int     convertedNumber[64];
    long int numberToConvert;
    int     nextDigit, base, index = 0;

    // get the number and the base

    printf ("Number to be converted? ");
    scanf ("%ld", &numberToConvert);
    printf ("Base? ");
    scanf ("%i", &base);

    // convert to the indicated base

    do {
        convertedNumber[index] = numberToConvert % base;
        ++index;
        numberToConvert = numberToConvert / base;
```

```
        }
        while  ( numberToConvert != 0 );


        // display the results in reverse order

        printf ("Converted number = ");

        for (--index;  index >= 0;  --index ) {
            nextDigit = convertedNumber[index];
            printf ("%c", baseDigits[nextDigit]);
        }

        printf ("\n");
        return 0;
}
```

範例程式 6.7　輸出結果

```
Number to be converted? 10
Base? 2
Converted number = 1010
```

範例程式 6.7　輸出結果（第二次執行）

```
Number to be converted? 128362
Base? 16
Converted number = 1F56A
```

# 限定字元 const

編譯器允許您將 const 限定字元使用於，不想被程式更改值的變數。也就是說，您
可以告訴編譯器，指定的變數在整個程式的執行過程中只有一個常數值。如果嘗試
在初始化之後為 const 變數指定值，或嘗試將它增加或減少，則編譯器可能會發出
錯誤訊息，儘管不需要這樣做。C 語言 const 屬性的動機之一是，它允許編譯器將
您的 const 變數放在唯讀記憶體。（通常，程式的指令也放在唯讀記憶體。）

作為 const 屬性的一個例子：

```
 const  double  pi = 3.141592654;
```

宣告 const 變數 pi。它告訴編譯器此變數不能被程式修改。如果您隨後在程式中寫
了這樣的一行：

```
 pi = pi / 2;
```

gcc 編譯器會給您類似這樣的錯誤訊息：

```
foo.c:16: error: assignment of read-only variable 'pi'
```

回到範例程式 6.7，字元陣列 baseDigits 設為包含轉換後的 16 個可能的數字。其宣告為一個 const 陣列，因為它的內容在初始後就不能被改變。注意，這個做法也有助於程式的可讀性。

陣列 convertedNumber 被定義為包含最多 64 個數字，其為保存在所有機器上，將最大的 long 整數轉換為最小基數（基數 2）的結果。變數 numberToConvert 定義為 long int 型態，以便可以轉換相當大的數字。最後，變數 base（包含所需的轉換基數）和 index（為 convertedNumber 陣列的索引）都定義為 int 型態。

在使用者輸入要轉換的數字的值和基數 — 注意 scanf() 讀取 long 整數型態的值採用的是 %ld 格式字元 — 之後，程式進入 do 迴圈以執行轉換。選擇 do 是為了在 convertedNumber 陣列中至少會出現一個數字，即使使用者輸入要轉換的數字是 0。

在迴圈內，計算 numberToConvert 和基數的模數，以得出下一個數字。該數字儲存在 convertedNumber 陣列內，陣列中的索引增加 1。將 numberToConvert 除以基數後，檢查 do 迴圈的條件。如果 numberToConvert 的值為 0，則迴圈終止；否則，重複該迴圈以獲得要轉換數字的下一位數。

當 do 迴圈完成時，變數 index 的值是轉換後數字的數目。由於此變數在 do 迴圈內多增加了一次，所以它的值在 for 迴圈中一開始被減 1。這個 for 迴圈的目的是在顯示轉換後的數字。for 迴圈以相反順序利用 convertNumber 陣列，以正確的順序顯示數字。

來自 convertedNumber 陣列的每個數字，依序指定給變數 nextDigit。要使用字母 A 到 F 來表示數字 10 到 15，使用 nextDigit 的值作為索引，在 baseDigits 陣列內查找。對於數字 0 到 9，baseDigits 陣列中的相應位置是字元 '0' 到 '9'（它們與整數 0 到 9 不同）。陣列的位置 10 到 15 是字元 'A' 到 'F'。因此，如果 nextDigit 的值為 10，則顯示在 baseDigits[10] 中的字元，即'A'。如果 nextDigit 的值為 8，則顯示 baseDigits[8] 中的字元 '8'。

當 index 的值小於 0 時，for 迴圈結束。此時，程式顯示換行字元，並終止程式執行。

順帶一提，您可能有興趣知道，可以容易避免將 convertedNumber[index] 的值指定給 nextDigit 的中間步驟，您可以在 printf() 呼叫中，直接指定此運算式當做 baseDigits 陣列的註標。換句話說，運算式：

```
baseDigits[ convertedNumber[index] ]
```

於 printf() 函式中，獲得與上述相同的結果。當然，此運算式比程式所使用的兩個運算式較模糊不清楚。

應該指出的是，前面的程式有點馬虎。沒有進行檢查以確保 base 的值在 2 和 16 之間。如果使用者輸入 0 為基數的值，do 迴圈內的除法將除以 0。您不應該允許這種情況發生。此外，如果使用者輸入 1 作為基數的值，程式將進入無窮迴圈，因為 numberToConvert 的值永遠不會達到 0。如果使用者輸入的基數大於 16，程式稍後可能會超過 baseDigits 陣列的大小。以上這些都是您必須要避免，因為 C 系統不會為我們檢查這些條件。

在第 7 章 "函式" 中，將重新撰寫此程式並解決這些問題。但現在，我們來看一個有趣擴展陣列之觀念。

## 多維陣列

到目前為止，您看到的陣列都是線性陣列，也就是說，它們都使用一維。C 語言允許定義任何維度的陣列。在本節中，您將看到二維陣列。

出現二維陣列最自然的應用之一就是矩陣。觀察表 6.2 中所示的 4×5 矩陣。

表 6.2　4×5 矩陣

| 10 | 5 | -3 | 17 | 82 |
|----|----|----|----|----|
| 9 | 0 | 0 | 8 | -7 |
| 32 | 20 | 1 | 0 | 14 |
| 0 | 0 | 8 | 7 | 6 |

在數學中，通常使用雙註標來引用矩陣的元素。因此，如果呼叫前面的矩陣 $M$，則符號 $M_{i,j}$ 指第 i 列第 j 行中的元素，其中 i 的範圍從 1 到 4，j 的範圍從 1 到 5。符號 $M_{3,2}$ 是指 20，為矩陣的第 3 列、第 2 行。以類似的方式，$M_{4,5}$ 指第 4 列、第 5 行中的元素：6。

在 C 中，在引用二維陣列的元素時，可以使用類似的符號。然而，由於 C 是從 0 開始編號，所以矩陣的第一列實際上是列 0，以及矩陣的第一行是行 0。然後，前面的矩陣具有如表 6.3 所示的列和行。

表 6.3 C 中的 4x5 矩陣

| 行 (j)<br>列 (i) | 0 | 1 | 2 | 3 | 4 |
|---|---|---|---|---|---|
| 0 | 10 | 5 | -3 | 17 | 82 |
| 1 | 9 | 0 | 0 | 8 | -7 |
| 2 | 32 | 20 | 1 | 0 | 14 |
| 3 | 0 | 0 | 8 | 7 | 6 |

在數學中使用的是符號 $M_{i,j}$，在 C 中，等同意義的符號為：

```
M[i][j]
```

記住，第一個索引值指的是列，而第二個索引號值的是行。所以以下敘述：

```
sum = M[0][2] + M[2][4];
```

將包含在列 0、行 2 中的值（即 -3）和包含於列 2、行 4 的值（即 14）相加，並將結果 11 指定給變數 sum。二維陣列的宣告方式與一維陣列相同；從而：

```
int  M[4][5];
```

宣告陣列 M 為由 4 列和 5 行組成的二維陣列，共 20 個元素。陣列中的每個位置都被定義為一個整數值。

二維陣列可以類似一維的方式作初始化。列出初始的元素時，值是以列為主的。大括號分隔這一列與下一列的初始。因此，要以表 6.3 所列出的元素來定義和 陣列 M，可使用如下敘述：

```
int  M[4][5] = {
                 { 10,  5, -3, 17, 82 },
                 {  9,  0,  0,  8, -7 },
                 { 32, 20,  1,  0, 14 },
                 {  0,  0,  8,  7,  6 }
               };
```

特別留意上面敘述的語法。請注意，在每個大括號結束後需要逗號，但最後一行除外。內部的大括號實際上是可有可無的。如果未提供，則初始化以列進行。因此，前面的宣告也可以寫成如下：

```
int   M[4][5] = { 10, 5, -3, 17, 82, 9, 0, 0, 8, -7, 32,
                  20, 1, 0, 14, 0, 0, 8, 7, 6 };
```

與一維陣列一樣，不需要初始整個陣列。如下的一個敘述：

```
int   M[4][5] = {
                  { 10,  5, -3 },
                  {  9,  0,  0 },
                  { 32, 20,  1 },
                  {  0,  0,  8 }
              };
```

僅將矩陣每列的前三個元素初始為所指定的值。其餘的值皆被設定為 0。注意，在這種情況下，需要內部大括號才能正確的初始化。如果沒有它們，則前兩列和第三列的前兩個元素將被初始化。（您自己驗證一下這種情況。）

也可以與一維陣列相似的方式，在初始列表中使用註標指定。所以，以下宣告：

```
int matrix[4][3] = { [0][0] = 1, [1][1] = 5, [2][2] = 9 };
```

將 matrix 三個指明的元素初始為指定的值。未指定的元素在預設情況下被設定為 0。

## 可變長度陣列[1]

本節討論一個使您能夠在程式中使用陣列，而不必給它們指定一個固定大小的功能。

在本章的範例中，您已經了解如何宣告一特定大小為陣列的長度。C 語言允許您宣告可變大小的陣列。例如，範例程式 6.3 僅計算前 15 個斐波納契數字。但如果您想計算 100 個或甚至 500 個斐波納契數字時該怎麼辦？或者，如果您想讓使用者指定要產生的斐波納契數字的個數時，該怎麼辦？來研究範例程式 6.8 將會看到解決此問題的方法。

---

[1]　ANSI C11 標準支援可變長度陣列。請檢查您的編譯器文件，看看是否有支援此特性。

範例程式 6.8  使用可變長度陣列產生斐波納契數字

```c
// Generate Fibonacci numbers using variable length arrays

#include <stdio.h>

int main (void)
{
    int i, numFibs;

    printf ("How many Fibonacci numbers do you want (between 1 and 75)? ");
    scanf ("%i", &numFibs);

    if (numFibs < 1 || numFibs > 75) {
        printf ("Bad number, sorry!\n");
        return 1;
    }

    unsigned long long int   Fibonacci[numFibs];

    Fibonacci[0] = 0;          // by definition
    Fibonacci[1] = 1;          // ditto

    for ( i = 2;  i < numFibs;  ++i )
        Fibonacci[i] = Fibonacci[i-2] + Fibonacci[i-1];

    for ( i = 0;  i < numFibs;  ++i )
        printf ("%llu  ", Fibonacci[i]);

    printf ("\n");

    return 0;
}
```

範例程式 6.8  輸出結果

```
How many Fibonacci numbers do you want (between 1 and 75)? 50
0   1   1   2   3   5   8   13   21   34   55   89   144   233   377   610   987   1597   2584
4181   6765   10946   17711   28657   46368   75025   121393   196418   317811   514229
832040   1346269   2178309   3524578   5702887   9227465   14930352   24157817
39088169   63245986   102334155   165580141   267914296   433494437   701408733
1134903170   1836311903   2971215073   4807526976   7778742049
```

範例程式 6.8 有幾點值得討論。首先，宣告變數 i 和 numFibs。後者用於儲存使用者想要產生的斐波納契數字個數。注意，讓程式檢查輸入值的範圍是個良好的程式設計習慣。如果值超出範圍（即小於 1 或大於 75），程式將顯示一訊息並回傳 1。在該處執行 return 敘述會導致程式立即終止，不執行之後的敘述。如第 2 章 "編譯與執行第一個程式" 中所述，回傳非零值表示程式以錯誤條件結束，如有需要，該事實可以由另一個程式測試。

在使用者輸入個數後，您看到下一敘述：

```
unsigned long long int    Fibonacci[numFibs];
```

Fibonacci 宣告為含有 numFibs 個元素的陣列。這稱為可變長度陣列（variable length array），因為陣列的大小由變數而不是常數運算式指定。此外，如前所述，變數可以宣告在程式中的任何地方，只要在變數首次使用之前宣告即可。所以，雖然此宣告似乎不合適，但它完全合法的。然而，通常不認為這是好的程式設計風格，主要是因為按照慣例，變數宣告通常會集中在一起，以便閱讀程式的人可以在同一個地方，看到所有變數和它們的型態。

由於斐波納契數字很快變大，所以陣列宣告為包含可以指定的最大正整數值，即 unsigned long long int。您可能需要確定可以儲存在您電腦上的 unsigned long long int 變數的最大斐波那契數字，這當做您的練習題。

程式的其餘部分是不言而喻的：計算所請求的斐波納契數字個數，然後顯示給使用者，完成程式的執行。

動態記憶體分配（dynamic memory allocation）的技術常用於在程式執行時為陣列分配空間。這涉及使用 C 標準函式庫中如 malloc() 和 calloc() 之類的函式。第 16 章 "其它議題及進階功能" 將詳細討論了此主題。

您已經看到了陣列是多強大的結構，幾乎所有程式語言都是有效的。第 7 章將會呈現多維陣列的使用的範例程式，該章將會詳細討論 C 語言中的一個很重要的概念 ─ 函式（function）。然而，在進入該章之前，請先練習以下的習題。

---

## 習題

1. 輸入並執行本章中的八個程式。比較每個程式所產生的輸出結果和內文所呈現的輸出結果。

2. 修改範例程式 6.1，使陣列 values 的元素初始為 0。使用 for 迴圈進行初始化。

3. 範例程式 6.2 只允許輸入 20 個回應。修改該程式，以便可以輸入任意個數的回應。因此，使用者不必去數串列中的回應數量，設置程式讓使用者輸入 999 以指示已輸入最後一個回應。（提示：如果您想退出迴圈，可以在這裡使用 break 敘述。）

4. 請撰寫一程式，計算一陣列有 10 個浮點數的平均值。

5. 試問以下程式的輸出結果為何？

```
#include <stdio.h>

int main (void)
{
    int numbers[10] = { 1, 0, 0, 0, 0, 0, 0, 0, 0, 0 };
    int  i, j;

    for ( j = 0;  j < 10;  ++j )
        for ( i = 0;  i < j;  ++i )
            numbers[j]  +=  numbers[i];

    for ( j = 0;  j < 10;  ++j )
        printf ("%i ", numbers[j]);

    printf ("\n");

    return 0;
}
```

6. 您不需要使用陣列來產生斐波納契數字，只要簡單地使用三個變數：兩個儲存前兩個斐波納契數字，一個儲存目前的。重寫範例程式 6.3，不使用陣列。由於不使用陣列，所以需要在產生時顯示每個斐波納契數。

7. 質數也可以使用名為埃拉托斯特尼篩法（Sieve of Eratosthencs）的演算法產生。此處給予此演算法的過程。請撰寫一實作此演算法的程式。讓程式找到 n = 150 之前的所有質數。對於此演算法與內文中計算質數的演算法相比，您有什麼看法？

**埃拉托斯特尼篩法**

**顯示 1 到 n 之間的所有質數**

**步驟 1**：定義一整數陣列 P。將所有元素 $P_i$ 設定為 0，$2 \leq i \leq n$。

**步驟 2**：將 i 設定為 2。

**步驟 3**：如果 i > n，則演算法終止。

**步驟 4**：如果 $P_i$ 為 0，則 i 是質數。

**步驟 5**：對於所有 j 的正整數值，使得 i x j ≤ n，將 $P_{i \times j}$ 設定為 1。

**步驟 6**：將 i 加 1，並回到步驟 3。

8. 請找出您的編譯器是否有支援可變長度陣列。如果有，請撰寫一小程式來測試該功能。

# 7

# 函式

在 C 程式語言中，所有良好的程式背後都有同樣的基本元素 — 函式（function）。到目前為止，您看到的每個程式中都有使用函式。printf() 和 scanf() 是函式的範例。事實上，每個程式都使用了一個名為 main() 的函式。您可能想知道,"函式有什麼重要？" 當懂得將程式設計任務分解成多個函式時，程式碼將更容易撰寫、讀取、理解、除錯、修改和維護。顯然，任何能夠完成這些事情的都值得鼓舞。因此，這是一個涵蓋重要資訊的章節，其包括：

* 瞭解函式的基礎知識。
* 闡述區域、全域、自動和靜態變數。
* 使用函式處理一維和多維陣列。
* 從函式回傳資料。
* 使用函式執行自上而下程式設計。
* 從其它函式中呼叫函式，以及遞迴函式。

## 定義函式

首先，您必須了解什麼是函式，接著認知函式如何最有效地用於程式的開發。回到您撰寫的第一個程式（範例程式 2.1），顯示 "Programming is fun."：

```c
#include <stdio.h>

int main (void)
{
    printf ("Programming is fun.\n");

    return 0;
}
```

這裡有一個名為 printMessage() 的函式，做同樣的事情：

```
void printMessage (void)
{
    printf ("Programming is fun.\n");
}
```

printMessage() 和範例程式 2.1 的 main() 函式之間的差異，在於第一行和最後一行。函式定義的第一行告訴編譯器有關函式的四件事情（從左到右）：

1. 誰可以呼叫它（在第 14 章："撰寫更大的程式" 將討論到）

2. 它的回傳值型態

3. 它的名稱

4. 它接收的參數

printMessage() 函式定義的第一行，告訴編譯器該函式不回傳任何值（第一次使用的 void 關鍵字），其名稱為 printMessage，並且沒有參數（第二次使用的 void 關鍵字）。您很快就會了解有關 void 關鍵字的更多詳細訊息。

顯然地，選擇有意義的函式名稱，與選擇有意義的變數名稱一樣重要，名稱的選擇會大大影響程式的可讀性。

回顧範例程式 2.1 的討論，main() 是 C 系統中一個特別的識別名稱，它表示程式開始執行處。程式必須要有一個 main()。我們可以在前面的程式碼中加一個 main() 函式，以得到一個完整的程式，如範例程式 7.1 所示。

**範例程式 7.1 用 C 語言撰寫函式**

```
#include <stdio.h>

void printMessage (void)
{
    printf ("Programming is fun.\n");
}

int main (void)
{
    printMessage ();

    return 0;
}
```

範例程式 7.1 輸出結果

```
Programming is fun.
```

範例程式 7.1 包含兩個函式：printMessage() 和 main()。程式執行永遠從 main() 開始。在該函式中有一敘述：

```
printMessage ();
```

指明執行 printMessage() 函式。左大括號用於告訴編譯器 printMessage() 是一個函式，沒有參數要傳遞到此函式（這與程式中函式的定義一致）。當執行函式呼叫時，程式的執行將直接移轉到指定的函式。在 printMessage() 函式中，執行 printf() 敘述以顯示訊息 "Programming is fun." 。訊息顯示後，printMessage() 函式結束（如右大括號所示），程式回到 main() 程式，繼續執行 printMessage() 函式的下一敘述。

注意，您可以在 printMessage() 結尾處插入 return 敘述，如下所示：

```
return;
```

由於 printMessage() 不回傳值，所以沒有為 return 指定值。此敘述可有可無，因為到達函式的結尾而不執行 return，在不回傳值的情況下離開函式具有同樣的效果。換句話說，無論有無使用 return 敘述，從 printMessage() 退出的行為是相同的。

如前所述，呼叫函式的想法並不是新的。printf() 和 scanf() 都是函式。這裡的主要區別是，這些函式您不必撰寫，因為它們是 C 標準函式庫的一部分。當呼叫 printf() 函式顯示訊息或程式的結果時，程式的執行將轉到 printf() 函式，由該函式執行所需的任務，然後返回程式。在每種情況下，程式執行都會回到函式呼叫的下一個敘述。

現在試著預測範例程式 7.2 的輸出結果。

範例程式 7.2 呼叫函式

```c
#include <stdio.h>

void printMessage (void)
{
    printf ("Programming is fun.\n");
}
```

```
int main (void)
{
    printMessage ();
    printMessage ();

    return 0;
}
```

範例程式 7.2 輸出結果

```
Programming is fun.
Programming is fun.
```

程式從 main() 開始執行，它包含兩個 printMessage() 函式的呼叫。當執行函式的第一次呼叫時，程式的控制權直接交給 printMessage() 函式，該函式顯示訊息 "Programming is fun."，然後返回 main() 函式。返回後，再度遇到對 printMessage() 函式的另一次呼叫，這使得第二次執行相同的函式。從 printMessage() 函式返回傳後，程式終止執行 。

printMessage() 函式的最後一個例子，嘗試預測一下範例程式 7.3 的輸出結果。

範例程式 7.3 另一個呼叫函式的例子

```
#include <stdio.h>

void printMessage (void)
{
    printf ("Programming is fun.\n");
}

int main (void)
{
    int  i;

    for ( i = 1;  i <= 5;  ++i )
        printMessage ();

    return 0;
}
```

範例程式 7.3 輸出結果

```
Programming is fun.
Programming is fun.
Programming is fun.
Programming is fun.
Programming is fun.
```

## 參數和區域變數

當呼叫 printf() 函式時，會提供一個或多個值，第一個值是格式字串，其餘值是要顯示的程式結果。這些值，稱為引數（arugument），它大大增加了函式的可用性和彈性。與 printMessage() 函式不同，printMessage() 函式在每次呼叫時顯示相同的訊息，而 printf() 函式則顯示您想要的結果。

您可以定義一個接受參數的函式。在第 4 章 "設計迴圈" 中，開發了一系列用於計算三角形數字的程式。在此，定義一個函式來產生三角形數字，名為 calculateTriangularNumber()。指定要計算的三角形數字，作為函式的參數。接著，函式計算所需要的數字，並顯示其結果。範例程式 7.4 顯示了完成此任務的函式和一個測試它的 main() 函式。

範例程式 7.4　計算三角形數字

```
// Function to calculate the nth triangular number

#include <stdio.h>

void calculateTriangularNumber (int n)
{
    int  i, triangularNumber = 0;

    for ( i = 1;  i <= n;  ++i )
        triangularNumber += i;

    printf ("Triangular number %i is %i\n", n, triangularNumber);
}

int main (void)
{
    calculateTriangularNumber (10);
    calculateTriangularNumber (20);
    calculateTriangularNumber (50);

    return 0;
}
```

範例程式 7.4　輸出結果

```
Triangular number 10 is 55
Triangular number 20 is 210
Triangular number 50 is 1275
```

## 函式原型宣告

函式 calculateTriangularNumber() 需要一點解釋。函式的第一行：

```
void calculateTriangularNumber (int n)
```

稱 為 函 式 原 型 宣 告 (function prototype declaration)。它 告 訴 編 譯 器 calculateTriangularNumber() 是一個不回傳值的函式（關鍵字 void），它接受一個名為 n 的參數、型態為 int。取參數名稱，此處稱為形式參數名稱(formal parameter name )以及函式本身的名稱，請遵守第 3 章 "變數、資料型態以及算術運算式" 中所概述的命名規則。為了顯而易見，您應該選擇有意義的名稱。

在定義形式參數名稱之後，它可以在在函式主體的任何位置參考此參數。

函式的定義從左大括號開始。為了要計算第 n 個三角形數字，必須設置一個變數來儲存計算後的三角形數字之值。除此之外，還需要一個變數作為迴圈索引。為這些目的定義變數 triangularNumber 和 i，並宣告為 int 型態。這些變數的定義和初始的方式，與前面程式中 main 函式所定義和初始變數的方式相同。

## 自動區域變數

在函式內定義的變數稱為自動區域 (automatic local) 變數，因為每次呼叫函式時都會自動建立它們，而且它們的值僅在該函式內有效。區域變數的值只能由定義變數的函式存取，其值不能被其它任何函式所存取。如果變數的初始值是在函式內指定，則每次呼叫該函式時，都將該初始值指定給該變數。

當在函式內定義區域變數時，C 為了更精準，於定義時在變數的前面使用關鍵字 auto。以下為其範例：

```
auto int  i, triangularNumber = 0;
```

於函式中定義的任何變數，C 編譯器預設為自動區域變數，所以很少使用關鍵字 auto，因此在本書中將不使用它。

回到範例程式，定義區域變數後，該函式計算三角形數字並顯示結果。右大括號表示函式的結束。

在 main() 函式中，10 作為第一次呼叫 calculateTriangularNumber() 所傳遞的參數。接著，程式執行直接轉移到函式，10 變為函式內的形式參數 n 的值。然後，該函式計算第 10 個三角形數字的值並顯示結果。

下一次呼叫 calculateTriangularNumber() 時，傳遞參數 20。在如前所述的類似過程中，該值變為函式內 n 的值。然後函式計算第 20 個三角形數字的值，並顯示結果。

以函式重新撰寫最大公因數程式（範例程式 4.7），做為採用多個參數的函式之範例。函式的兩個參數是您想要計算其最大公因數（gcd）的兩個數字。請參閱範例程式 7.5。

**範例程式 7.5 修改程式以求最大公因數**

```c
/* Function to find the greatest common divisor
       of two nonnegative integer values             */

#include <stdio.h>

void gcd (int u, int v)
{
    int   temp;

    printf ("The gcd of %i and %i is ", u, v);

    while ( v != 0 ) {
        temp = u % v;
        u = v;
        v = temp;
    }

    printf ("%i\n", u);
}


int main (void)
{
    gcd (150, 35);
    gcd (1026, 405);
    gcd (83, 240);

    return 0;
}
```

**範例程式 7.5 輸出結果**

```
The gcd of 150 and 35 is 5
The gcd of 1026 and 405 is 27
The gcd of 83 and 240 is 1
```

函式 gcd() 定義為接收兩個整數參數。函式利用形式參數名稱 u 和 v 來引用這些參數。在宣告變數 temp 為 int 型態之後，程式將顯示參數 u 和 v 的值，以及相關的訊息。之後，該函式計算並顯示兩個整數的最大公因數。

您可能想知道為什麼在函式 gcd 裡面有兩個 printf() 敘述。在進入 while 迴圈之前，必須顯示 u 和 v 的值，因為它們的值將在迴圈內被更改。如果等到迴圈結束，u 和 v 的值不再等於傳遞給函式的原始值。這個問題的另一個解決方案是在進入 while 迴圈之前，將 u 和 v 的值指定給兩個變數。然後可以在 while 迴圈完成後使用 printf() 敘述，將這兩個變數的值與 u 的值（最大公因數）一起顯示。

# 回傳函式的結果

範例程式 7.4 和 7.5 中的函式執行一些簡單的計算，並顯示計算結果。但是，您可能不總是希望顯示計算結果。C 語言提供了一個方便的機制，函式的結果可以回傳給呼叫它的函式。這對您來說並不陌生，因為在以前的所有程式都有使用它從 main 回傳。這個結構的一般語法很簡單：

```
return expression;
```

此敘述表示函式將 expression 的值回傳給呼叫它的函式。對於程式的設計風格而言，一些程式設計師會在 expression 周圍放置括號，括號的使用是可有可無的。

適當的 return 敘述是不夠的。當進行函式宣告時，還必須宣告函式回傳值的型態。此宣告位於函式名稱之前。本書中前面的範例都定義了函式 main() 回傳一個整數值，這就是為什麼關鍵字 int 直接放在函式名稱之前。另一方面，這樣開頭的函式宣告：

```
float   kmh_to_mph (float   km_speed)
```

定義函式 kmh_to_mph，它接收一個名為 km_speed 的參數，其型態為 float，並回傳浮點數。類似地，

```
int   gcd (int   u, int   v)
```

定義函式 gcd，它接收兩個整數參數 u 和 v，並回傳整數值。事實上，您可以修改範例程式 7.5，使最大公因數不會由函式 gcd 顯示，而是回傳給 main() 函式，如範例程式 7.6 所示。

範例程式 7.6  求最大公因數並回傳結果

```
/* Function to find the greatest common divisor of two
    nonnegative integer values and to return the result     */

#include <stdio.h>

int  gcd (int u, int v)
{
    int  temp;

    while ( v != 0 ) {
        temp = u % v;
        u = v;
        v = temp;
    }

    return u;
}

int main (void)
{
    int  result;

    result = gcd (150, 35);
    printf ("The gcd of 150 and 35 is %i\n", result);

    result = gcd (1026, 405);
    printf ("The gcd of 1026 and 405 is %i\n", result);

    printf ("The gcd of 83 and 240 is %i\n", gcd (83, 240));

    return 0;
}
```

範例程式 7.6  輸出結果

```
The gcd of 150 and 35 is 5
The gcd of 1026 and 405 is 27
The gcd of 83 and 240 is 1
```

最大公因數的值由 gcd() 函式計算後，執行以下敘述：

```
 return u;
```

將最大公因數 u 的值回傳給呼叫它的函式。

您可能想知道回傳給呼叫函式的值可以用做什麼。從 main() 函式中可以看出，在前兩種情況下，回傳的值儲存在變數 result 中。更確切地說，此敘述：

```
result = gcd (150, 35);
```

以參數 150 和 35 呼叫函式 gcd()，並將其回傳值儲存於變數 result。

函式回傳的結果不一定要指定給變數，如您所看到的 main() 函式中的最後一個敘述。在這種情況下，呼叫：

```
gcd (83, 240)
```

回傳的結果直接傳遞給 printf() 函式，並顯示它的值。

C 函式只能以剛剛描述的方式回傳單一個值。與其它語言不同，C 不區分子函式（程序）和函式。在 C 中，只有函式，它可以選擇回傳值與否。如果函式的回傳型態的宣告被省略，C 編譯器將假設函式會回傳一個 int — 如果它有回傳一個值的話。一些 C 程式設計師利用了函式預設的情況回傳一個 int，而省略了回傳型態宣告。這是不好的程式設計習慣，應該避免。當函式有回傳值，請確認在函式的標頭所宣告的回傳值之型態。以這種方式，可以從函式標頭中識別函式的名稱、參數的個數和型態、以及有無回傳值和回傳值的型態。

如前所述，在函式宣告之前的關鍵字 void，明確地告訴編譯器該函式不回傳值。隨後在運算式中呼叫該函式，如同有回傳值一樣，將會導致編譯器發出錯誤訊息。例如，由於範例程式 7.4 的 calculateTriangularNumber() 函式沒有回傳值，所以在定義函式時，在其名稱之前放置了關鍵字 void。隨後若嘗試如同有回傳值般地使用此函式，如下：

```
number = calculateTriangularNumber (20);
```

將會導致編譯器錯誤。

在某種意義上，資料型態 void 實際上定義了不存在資料型態。因此，宣告為 void 型態的函式是沒有值的，所以不能使用於有值的運算式中。

在第 5 章 "選擇" 中，您撰寫了一個程式來計算和顯示數字的絕對值。現在，請撰寫一函式，接收參數並求其絕對值，然後回傳結果。撰寫此函式不像範例程式 5.1 那樣使用整數值，而是以浮點數作為參數，並回傳 float 型態的結果，如範例程式 7.7 所示。

範例程式 7.7 計算絕對值

```
// Function to calculate the absolute value

#include <stdio.h>

float   absoluteValue (float x)
{
    if ( x < 0 )
      x = -x;

    return x;
}

int main (void)
{
    float   f1 = -15.5, f2 = 20.0, f3 = -5.0;
    int     i1 = -716;
    float   result;

    result = absoluteValue (f1);
    printf ("result = %.2f\n", result);
    printf ("f1 = %.2f\n", f1);

    result = absoluteValue (f2) + absoluteValue (f3);
    printf ("result = %.2f\n", result);

    result = absoluteValue ( (float) i1 );
    printf ("result = %.2f\n", result);

    result = absoluteValue (i1);
    printf ("result = %.2f\n", result);

    printf ("%.2f\n", absoluteValue (-6.0) / 4 );

    return 0;
}
```

範例程式 7.7 輸出結果

```
result = 15.50
f1 = -15.50
result = 25.00
result = 716.00
result = 716.00
1.50
```

absoluteValue() 函式相對簡單。名為 x 的形式參數針對 0 進行測試。如果它小於 0，則取其負值作為絕對值。接著以 return 敘述將結果回傳給呼叫函式。

您應該注意關於測試 absoluteValue() 函式的 main() 函式的一些有趣的地方。在第一次呼叫函式中，傳遞變數 f1 的值，其被初始為 -15.5。在 absoluteValue() 函式中，此值被指定給變數 x。由於 if 測試的結果為 TRUE，所以執行取 x 的負值之敘述，從而將 x 的值設為 15.5。在下一條敘述中，將 x 的值回傳給 main() 函式，並指定給變數 result，顯示結果。

當在 absoluteValue() 函式內更改 x 的值時，並不會影響變數 f1 的值。當 f1 傳遞給 absoluteValue() 函式時，它的值被系統自動複製到形式參數 x 中。因此，任何對函式內部 x 值的更改，只會影響 x 的值，而不影響 f1 的值。以第二個 printf() 呼叫來驗證，它顯示 f1 未被更改的值。請務必了解 absoluteValue() 函式不可能直接改變傳給它的任何參數的值，如 f1 — 它只能改變它們的副本，如 x。

接下來對 absoluteValue() 函式的兩次呼叫，其說明函式回傳的結果，如何在算術運算式中使用。f2 的絕對值與 f3 的絕對值相加，並將其和指定給變數 result。

第四次呼叫 absoluteValue() 函式介紹了一個概念，即傳遞給函式的參數型態，應該與在函式中宣告的參數型態一致。由於函式 absoluteValue() 期望一個浮點數作為其參數，所以整數變數 i1 在呼叫函式之前被轉換為 float 型態。如果省略轉換步驟，編譯器會自動為您轉換，因為它知道 absoluteValue() 函式期待一個浮點數參數。（此利用第五次呼叫 absoluteValue() 函式來驗證。）然而，如果您自行進行轉換，而不依靠系統幫您做，那會變得更清楚。

最後一次呼叫 absoluteValue() 函式說明了算術運算式的求值規則，也適用於函式回傳的值。由於 absoluteValue() 函式回傳值被宣告為 float 型態，所以編譯器將除法運算視為浮點數除以整數。回想一下，如果運算式的一個運算元是 float 型態，則使用浮點運算執行運算。根據該規則，-6.0 的絕對值除以 4 產生結果為 1.5。

現在已經定義了一個計算數字絕對值的函式，可於將來需要執行此計算的任何程式中使用它。事實上，下一個程式（範例程式 7.8）也是類似的一個範例。

## 函式呼叫另一個函式……

大多數手機上都有計算器的應用程式，通常要找到一個數字的平方根並沒有什麼大不了。但是幾年前，學生被要求手動計算，求出某一數字平方根的近似值。有一著名求數字平方根的近似方法，稱之為牛頓-拉夫森迭代技術（Newton-Raphson Iteration Technique），其最容易由電腦來實作。在範例程式 7.8 中，有一個平方根的函式，使用此技術來獲得數字平方根的近似值。

Newton-Raphson 方法描述如下。首先在數字的平方根選擇一個 "猜測"。該猜測越接近實際平方根，越能減少為了得到平方根，而必須執行計算的次數。然而，假設您不是很擅長猜測，因此，總是在開始時猜測為 1。

要計算的平方根的數字除以初始猜測值，將其結果加到猜測值。然後將該中間結果除以 2。該除法的結果成為另一次重複使用公式的新猜測值。也就是說，您要計算的平方根的數字除以這個新的猜測值，再加到這個新的猜測值中，然後除以 2。這個結果再成為新的猜測值，並執行另一次迭代。

因為您不想永遠繼續這個迭代過程，所以需要知道什麼時候要停止的方法。因為重複計算公式得到的連續猜測值，會越來越接近平方根的真實值，所以可以設置一個限制，用來決定何時終止。猜測的平方根和數字本身可以與這個限制 — 通常稱為 epsilon（$\varepsilon$）— 進行比較。如果差值小於 $\varepsilon$，則表示已經獲得您所期望的平方根精確度了，此時終止迭代過程。

該過程可用以下演算法來表示。

**計算 x 的平方根的 Newton-Raphson 方法：**

　**步驟 1.** 將 guess 的值設為 1。

　**步驟 2.** 如果| $guess^2$ - x | < $\varepsilon$，進行步驟 4。

　**步驟 3.** 將 guess 的值設定為（x / guess + guess）/ 2，並回到步驟 2。

　步驟 4. guess 是平方根的近似值。

有必要在步驟 2 中測試 $guess^2$ 和 x 相對於 $\varepsilon$ 的絕對差異，因為 guess 的值可以從另一側趨近 x 的平方根。

現在有了找出平方根演算法，開發計算平方根的函式，再次成為一個相對直截了當的任務。對於以下函式中的 $\varepsilon$ 值，任意選擇了 .00001。請參閱範例程式 7.8。

**範例程式 7.8 計算數字的平方根**

```
// Function to calculate the absolute value of a number

#include <stdio.h>
```

```
float   absoluteValue (float x)
{
    if ( x < 0 )
        x = -x;
    return (x);-
}



// Function to compute the square root of a number

float   squareRoot (float x)
{
    const float  epsilon = .00001;
    float        guess   = 1.0;

    while  ( absoluteValue (guess * guess - x) >= epsilon )
        guess = ( x / guess + guess ) / 2.0;

    return guess;
}



int main (void)
{
    printf ("squareRoot (2.0) = %f\n", squareRoot (2.0));
    printf ("squareRoot (144.0) = %f\n", squareRoot (144.0));
    printf ("squareRoot (17.5) = %f\n", squareRoot (17.5));

    return 0;
}
```

範例程式 7.8 輸出結果

```
squareRoot (2.0) = 1.414216
squareRoot (144.0) = 12.000000
squareRoot (17.5) = 4.183300
```

在您的電腦系統上執行此程式所顯示的實際值,可能會有一些誤差。

前面的程式需要詳細剖析。首先定義 absoluteValue() 函式。這與範例程式 7.7 中使用的函式相同。

接下來是 squareRoot() 函式。此函式接收一個名為 x 的參數,並回傳型態為 float 的值。在函式的內容中,定義了名為 epsilon 和 guess 的兩個區域變數。epsilon 的值用於決定迭代何時結束,此處設為 .00001。您可以將 epsilon 改為更小的值。

epsilon 的值越小，結果就會越精準，但越小的值就需要更多的時間來計算結果。數字平方根的 guess 值最初設置為 1.0。這些初始值在每次呼叫函式時都會指定給這兩個變數。

在宣告區域變數之後，設置一個 while 迴圈來執行迭代計算。只要 guess$^2$ 和 x 之間的絕對差大於或等於 epsilon，緊跟在 while 條件之後的敘述就會重複執行。下面敘述：

```
guess * guess - x
```

將被計算並將結果結果傳遞給 absoluteValue 函式。接著將 absoluteValue 函式回傳的結果與 epsilon 的值進行比較。如果該值大於或等於 epsilon，則表示還沒有獲得平方根的期望精確度。在這種情況下，執行迴圈的另一次迭代，來計算下一個 guess 值。

最後，guess 的值接近平方根的真實值，while 迴圈終止。此時，guess 的值回傳到呼叫程式。在 main() 函式中，此回傳值被傳遞給 printf() 函式，並顯示其值。

您可能已經注意到 absoluteValue() 函式和 squareRoot() 函式都有名為 x 的形式參數。然而，C 編譯器不會混淆，並保持這兩個值不同。

事實上，一個函式總是有自己的一組形式參數。因此，在 absoluteValue() 函式內使用的形式參數 x，與在 squareRoot() 函式內使用的形式參數 x 是不同的。

區域變數也是如此。您可以在所需的函式中宣告具有相同名稱的區域變數。C 編譯器不會混淆這些變數的使用，因為區域變數只能在定義它的函式內被存取。另一種說法是，區域變數的範圍（scope）是在它被定義的函式中。（您將在第 10 章 "指標" 中所發現，C 確實提供了一種從函式外部間接存取區域變數的機制。）

基於這個討論，您可以理解，當 guess$^2$ - x 的值傳遞給 absoluteValue() 函式，並指定給形式參數 x 時，此指定動作對 squareRoot() 函式內的 x 值絕對沒有影響。

## 宣告回傳型態和參數型態

如前所述，C 編譯器假設函式回傳 int 型態的值作為預設情況。更具體地說，當對函式進行呼叫時，編譯器假設該函式回傳一個型態為 int 的值，除非發生了下列情況之一：

1. 函式在遇到呼叫函式之前已在程式中定義。

2. 函式在遇到呼叫函式之前已經宣告回傳值。

在範例程式 7.8，編譯器從 squareRoot() 函式中呼叫 absoluteValue() 函式之前已經定義了它。因此，當遇到此呼叫時，編譯器知道 absoluteValue() 函式將回傳型態為 float 的值。如果在 squareRoot() 函式之後才定義 absoluteValue() 函式，則在遇到對 absoluteValue() 函式的呼叫時，編譯器將假設此函式回傳一個整數值。大多數 C 編譯器會捕獲此錯誤，並產生適當的診斷訊息。

為了能夠在 squareRoot() 函式之後定義 absoluteValue() 函式（即使在另一個檔案中 — 請參閱第 14 章），您必須在呼叫函式之前，宣告由 absoluteValue() 函式回傳的結果型態。宣告可以在 squareRoot() 函式本身內部，也可以在任何函式之外。在後一種情況下，宣告通常在程式的開始處進行。

函式宣告不僅用於宣告函式的回傳型態，而且還告訴編譯器函式有多少參數以及它們的型態。

要將 absoluteValue() 宣告為一回傳 float 型態的值，並且接受一個 float 型態參數的函式，需使用以下宣告：

```
float   absoluteValue (float);
```

如您所見，您只需要在括號中指定參數的型態，而不用指定參數的名稱。如果需要，可以在型態後面指定一個 "虛擬" 的名稱：

```
float   absoluteValue (float   x);
```

此名稱不必與函式定義中使用的名稱相同，因為編譯器會忽略它。

一種撰寫函式宣告萬無一失的方法是，簡單地使用文字編輯器從函式的實際定義複製第一行。記住在末尾放置一個分號。

如果函式不帶參數，請在括號中放置關鍵字 void。如果函式不回傳，也可以宣告為 void，如下所示：

```
void   calculateTriangularNumber (int   n);
```

如果函式採用可變數量的參數（例如 printf() 和 scanf() 函式），必須通知編譯器。以下宣告：

```
int printf (char *format, ...);
```

告訴編譯器 printf() 接受一個字元指標作為它的第一個參數（後面還有更多），後面跟隨任何數量的附加參數（...的使用目的）。函式 printf() 和 scanf() 宣告於 stdio.h 特殊的檔案。這就是為什麼您在每個程式的開始處都有以下這一行敘述：

```
#include <stdio.h>
```

沒有這行，編譯器假定 printf() 和 scanf() 是取固定數量的參數，這可能導致產生不正確的程式碼。

編譯器在呼叫函式時自動將參數轉換為適當的型態，但前提是放置了函式的定義，或在呼叫之前宣告了函式及其參數型態。

這裡有一些關於函式的提醒和建議：

1. 記住，預設情況下，編譯器假設函式回傳一個 int。

2. 當定義一個回傳 int 的函式時，將其定義為 int。

3. 當定義不回傳值的函式時，將其定義為 void。

4. 只有事先定義或宣告函式，編譯器才會自動轉換您的參數，以符合函式期望的型態。

5. 為了安全起見，請宣告程式中的所有函式，即使它們在被呼叫之前已經被定義好。（有可能之後決定將它們移動到檔案中的其它位置，甚至移到另一個檔案。）

## 檢查函式參數

負數的平方根使您離開了實數的領域，並進入了虛數的領域。那麼，如果您傳遞一個負數到您的 squareRoot 函式會發生什麼狀況呢？事實是，牛頓-拉夫森的計算過程中永遠不會收斂；也就是說，guess 的值不會每次迭代，而越來越接近平方根的正確值。因此，用於終止 while 迴圈的準則將永遠不會被滿足，程式將進入無窮迴圈。程式的執行必須輸入一些指令，或按特殊快捷鍵組合來終止異常（例如 Ctrl + C）。

顯然應該修改程式來解決這種情況。您可以給呼叫函式一點負擔，強制它永遠不要傳遞負的參數到 squareRoot() 函式。雖然此方法似乎是合理的，但它還是有它的缺點。最終，您會開發一個使用 squareRoot() 函式的程式，但卻忘了在呼叫函式之前檢查參數。如果一個負數被傳遞給函式，程式將進入無窮迴圈，如上所述，必須中止。

一個更聰明和更安全的解決方案，是在 squareRoot() 函式本身進行檢查參數的值。以這種方式，該函式是 "保護" 任何使用它的程式。一個合理的方法是，在函式函式內部檢查參數 x 的值，若參數為負，則顯示訊息（可有可無）。該函式可以立即回傳而不執行計算。作為給呼叫函式的指示，squareRoot() 函式沒有按預期作運算，函式應回傳一個代表沒有完成工作的回傳值。[1]

以下是一個修改過的 squareRoot() 函式，它測試其參數的值，還包括了上一節中所述的 absoluteValue() 函式的原型宣告。

```
/* Function to compute the square root of a number.
   If a negative argument is passed, then a message
   is displayed and -1.0 is returned.                */

float   squareRoot (float x)
{
    const   float   epsilon = .00001;
    float   guess   = 1.0;
    float   absoluteValue (float   x);

    if ( x < 0 )
    {
        printf ("Negative argument to squareRoot.\n");
        return -1.0;
    }

    while  ( absoluteValue (guess * guess - x) >= epsilon )
           guess = ( x / guess + guess ) / 2.0;

    return guess;
}
```

如果傳遞了一個負的參數給上一函式，則將顯示一相對應的訊息，並回傳 -1.0 到呼叫函式的地方。如果參數不是負數，則如前所述進行平方根的計算。

從修改後的 squareRoot() 函式可以看到（正如您在第 6 章 "陣列" 的最後一個範例中看到的），在函式中可以有多個 return 敘述。每當執行 return 時，程式的控制權立即回到呼叫函式；在函式 return 後面的任何程式敘述都不會執行。這個現象也使 return 敘述非常適合不回傳值的函式使用。在這種情況下，如本章前面所述，return 敘述採用更簡單的形式：

```
return;
```

---

[1]  C標準函式庫中的平方根函式 sqrt()，如果提供了負參數，則回傳定義域錯誤。回傳的實際值是與運作的平台有關。在某些系統上，如果您嘗試顯示這樣的值，它將顯示為 nan，這意味著不是一個數字。

因為不回傳任何值。顯然，若函式要回傳值，則此形式不能用於從函式回傳。

## 自上而下程式設計

函式呼叫函式的概念，形成了產生良好和結構化程式的基礎。在範例程式 7.8 的 main() 函式中，呼叫 squareRoot() 函式多次。所有與實際計算平方根有關的細節皆含在 squareRoot() 函式中，而不在 main() 中。因此，只要指定函式的參數和回傳的值，就可以在撰寫函式本身的指令之前對該函式進行呼叫。

之後，當撰寫 squareRoot() 函式的程式碼時，可以應用這種自上而下的程式設計（top-down programming）技術：您可以撰寫一個對 absoluteValue() 函式的呼叫，而不必關心此函式的運算細節。需要知道的是，開發一個函式以求得一個數字的絕對值。

使程式更容易撰寫的程式設計技術，也使得它們更容易閱讀。因此，範例程式 7.8 的讀者可以在檢查 main() 函式時容易地確定該程式，它僅僅是計算並顯示三個數的平方根而已。您不需要詳細了解平方根如何計算。如果想要更多的理解細節，可以研究與 squareRoot() 函式相關的程式碼。在該函式內，同樣的討論適用於 absoluteValue() 函式。要了解 squareRoot() 函式的運算，並不需要知道如何計算數字的絕對值。這樣的細節存在於 absoluteValue() 函式本身，如果要更詳細的了解其運算細節，則可以研究它。

## 函式與陣列

與普通變數和值一樣，也可以將陣列元素的值，甚至將整個陣列作為參數傳遞給函式。要將陣列元素傳遞給函式（這是您在第 6 章中使用 printf() 函式顯示陣列元素時所做的），陣列元素以一般方式作為函式的參數。所以，為了求 averages[i] 的平方根，並將結果指定給名為 sq_root_result 的變數，可使用以下敘述：

```
sq_root_result = squareRoot (averages[i]);
```

在 squareRoot() 函式本身內，處理作為參數傳遞的陣列元素並沒有什麼特別的。當呼叫函式時，以變數相同的方式，將陣列元素的值複製到相應形式參數的值中。

將整個陣列傳遞給函式是一個全新的概念。傳遞一個陣列到一個函式，在函式的呼叫中僅需要列出陣列的名稱即可，不需要使用任何註標 (subscript)。假設 gradeScores 已被宣告為包含 100 個元素的陣列，以下運算式：

```
minimum (gradeScores)
```

將整個包含 100 個元素的 gradeScores 陣列，傳遞給名為 minimum() 的函式。當然，另一方面，minimum() 函式期望整個陣列作為參數傳遞，必須做出適當的形式參數之宣告。所以 minimum()函式看起來如下：

```
int  minimum (int  values[100])
{
    ...
    return minValue;
}
```

該宣告定義了函式 minimum() 將回傳一個 int 型態的值，並接收包含 100 個整數的陣列作為參數。形式參數陣列 values 參考傳遞給函式的 gradeScores 陣列中之適當元素。基於前面所示的函式呼叫和相對應的函式宣告，values[4] 實際上參考到 gradeScores[4] 的值。

作為您第一個用以說明函式接收陣列作為參數的程式，可以撰寫一個 minimum 函式，找出 10 個整數的陣列中的最小值。此函式與 main() 函式在陣列中設定初始值，如範例程式 7.9 所示。

**範例程式 7.9 找出陣列中的最小值**

```c
// Function to find the minimum value in an array

#include <stdio.h>

int  minimum (int  values[10])
{
    int  minValue, i;

    minValue = values[0];

    for ( i = 1;  i < 10;  ++i )
        if ( values[i] < minValue )
            minValue = values[i];

    return minValue;
}
```

```
int main (void)
{
    int   scores[10], i, minScore;
    int   minimum (int   values[10]);

    printf ("Enter 10 scores\n");

    for ( i = 0;  i < 10;  ++i )
        scanf ("%i", &scores[i]);

    minScore = minimum (scores);
    printf ("\nMinimum score is %i\n", minScore);

    return 0;
}
```

範例程式 7.9 輸出結果

```
Enter 10 scores
69
97
65
87
69
86
78
67
92
90

Minimum score is 65
```

在 main() 中的第一件事是 minimum() 函式的原型宣告（prototype declaration）。這告訴編譯器，minimum() 回傳一個 int，並以含有 10 個整數的陣列作為參數。記住，沒有必要在這裡做此宣告，因為 minimum() 函式是在被 main() 呼叫之前已定義了。然而，為了保證內文其餘部分的正確性，因此宣告所有使用的函式。

在定義陣列 scores 之後，提示使用者輸入 10 個值。scanf() 將每個數字輸入到 scores[i] 中，其中 i 的範圍從 0 到 9。輸入所有的值之後，以陣列 scores 作為參數呼叫 minimum() 函式。

形式參數名稱 values 用於參考函式中陣列的元素。它被宣告為含有 10 個整數的陣列。區域變數 minValue 用於儲存陣列中的最小值，並初始為 values[0]，此為陣列中的第一個元素值。for 迴圈將陣列的其餘元素，依次和 minValue 的值加以比較。

如果 values[i] 的值小於 minValue，代表找到陣列中新的最小值，在這種情況下，minValue 的值被重新指定為這個新的最小值，並繼續掃描該陣列。

當 for 迴圈完成執行時，將 minValue 回傳到呼叫函式，並指定給變數 minScore 與顯示結果。

有了 minimum() 函式，您可以使用它找到含有 10 個整數的陣列之最小值。如果有五個不同含有 10 個整數的陣列，可以簡單地獨立呼叫五次 minimum() 函式，即可找到每個陣列的最小值。此外，您也可以很容易地定義其它函式，來執行特定的任務，例如找出最大值、中位數（median）和平均值，…等等。

利用定義執行任務的小型獨立函式，可以基於這些函式完成更複雜的任務，並將其用於其它相關的程式設計應用。例如，您可以定義一個 statistics() 函式，以一個陣列作為參數，或許它又呼叫 mean() 函式、standardDeviation() 函式等等，累積關於陣列的統計。這種程式設計方法論（methodology）是開發易於撰寫、了解、修改和維護程式的關鍵。

當然，您的 minimum() 函式並不是那麼的通用，因為它只適用於 10 個元素的陣列。但此問題相對地較容易修正。您可以將陣列中的元素個數，作為參數來擴展此函式的多功能性。在函式宣告中，可以忽略形式參數陣列中包含的元素的個數。C 編譯器實際上忽略了宣告的這一部分；所有的編譯器關注的是以陣列，而不是陣列中有多少的元素作為函式的參數。

範例程式 7.10 是範例程式 7.9 的修訂版本，其中 minimum() 函式可找出任意長度的整數陣列中最小值。

**範例程式 7.10 找出陣列中最小值的修訂版**

```
// Function to find the minimum value in an array

#include <stdio.h>

int  minimum (int  values[], int  numberOfElements)
{
    int  minValue, i;

    minValue = values[0];

    for ( i = 1;  i < numberOfElements;  ++i )
        if ( values[i] < minValue )
            minValue = values[i];
```

```
    return minValue;
}

int main (void)
{
    int   array1[5] = { 157, -28, -37, 26, 10 };
    int   array2[7] = { 12, 45, 1, 10, 5, 3, 22 };
    int   minimum (int  values[], int  numberOfElements);

    printf ("array1 minimum: %i\n", minimum (array1, 5));
    printf ("array2 minimum: %i\n", minimum (array2, 7));

    return 0;
}
```

範例程式 7.10　輸出結果

```
array1 minimum: -37
array2 minimum: 1
```

這一次，函式 minimum() 定義為接收兩個參數：第一，欲找出最小值的陣列，第二，陣列中的元素個數。緊跟在函式表頭的 values 後面之左、右中括號，告訴 C 編譯器 values 是一個整數陣列。如前所述，編譯器並不需要知道它有多大。

形式參數 numberOfElements 將常數 10 替換為 for 敘述的上限。因而 for 敘述可拜訪陣列，從 values[1] 到陣列的最後一個元素 values[numberOfElements - 1]。

在 main() 函式中，名為 array1 和 array2 的兩個陣列，分別定義為含有 5 個和 7 個元素。

在第一個 printf() 呼叫具有參數 array1 和 5 的 minimum() 函式。第二個參數指定 array1 中包含的元素個數。minimum() 函式找出陣列中的最小值，回傳結果 -37。第二次呼叫 minimum() 函式時，傳遞 array2 以及該陣列中的元素個數。函式回傳結果 1，並傳遞給 printf() 函式加以顯示。

# 指定運算子

研究範例程式 7.11 並試圖猜測其輸出結果，然後再看程式實際執行的結果。

範例程式 7.11 在函式中更改陣列元素的值

```c
#include <stdio.h>

void  multiplyBy2 (float  array[], int  n)
{
    int  i;

    for ( i = 0;  i < n;  ++i )
        array[i] *= 2;
}

int main (void)
{

    float  floatVals[4] = { 1.2f, -3.7f, 6.2f, 8.55f };
    int     i;
    void    multiplyBy2 (float  array[], int  n);

    multiplyBy2 (floatVals, 4);

    for ( i = 0;  i < 4;  ++i )
        printf ("%.2f    ", floatVals[i]);

    printf ("\n");

    return 0;
}
```

範例程式 7.11 輸出結果

```
2.40    -7.40    12.40    17.10
```

當檢查範例程式 7.11 時，您的注意力應該是以下敘述：

```
 array[i] *= 2;
```

乘等於（times equals）運算子（*=）的功能是，將運算子左側的運算式乘以運算子右側的運算式，並將結果儲存於運算子左側的變數中。因此，上面的運算式等同於以下敘述：

```
 array[i] = array[i] * 2;
```

回到前面程式的重點，您可能已經發現到函式 multiplyBy2() 實際上改變了 floatVals 陣列內的值。這不是與之前學到的，函式不能改變其參數值的矛盾嗎？並不是。

此範例程式指出了處理陣列參數時的一個主要區別：如果函式更改陣列元素的值，傳遞給函式的原始陣列也會被更改。即使函式已完成執行並回到呼叫函式，此更改仍然有效。

陣列的行為與變數或陣列元素（其值不能由函式更改）不同的原因值得解釋一下。如前所述，當呼叫函式時，作為參數傳遞給函式的值被複製到相對應的形式參數中。此說法仍然有效。但是，當處理陣列時，陣列的整個內容不會複製到形式參數陣列中。相反，函式取得陣列在記憶體中位址的訊息。函式對形式參數陣列進行的任何更改，實際上是對傳遞給函式的原始陣列進行的，而不是陣列的副本。因此，當函式回傳時，這些更改仍然有效。

記住，有關更改函式中陣列值的討論，僅適用於作為參數傳遞的整個陣列，而不適用於其值複製到對應形式參數中的單一元素，這不能由函式更改。第 10 章將更詳細地討論這個概念。

## 排序陣列

為了進一步說明函式可以改變作為參數傳遞的陣列值之想法，我們將開發一個函式來排序一個整數陣列。排序的過程一直受到電腦科學家的高度關注，可能是因為排序是一經常被執行的動作。目前已經開發了許多複雜的演算法，以最少的時間和較少的記憶體，對一組資料進行排序。由於本書的目的不是在教這些複雜的演算法，只教您使用一個相當簡單的演算法開發 一個 sort() 函式，對陣列進行從小到大排序。對陣列從小到大排序，意味著重新排列陣列中的值，使得元素的值從最小值逐漸增加到最大值。結束時，最小值位於陣列的第一個位置，而最大值位於陣列的最後位置，其餘值在兩者之間逐漸增加。

如果要從小到大對 n 個元素的陣列進行排序，可以對陣列的每個元素進行連續比較來完成。一開始可以將陣列中的第 1 個元素與第 2 個元素進行比較。如果第 1 個元素的值大於第 2 個元素，則只需 "交換" 陣列中的這兩個值；亦即交換這兩個位置的值。

接下來，將陣列中的第 1 個元素（您現在已經知道它小於第 2 個元素）與陣列中的第 3 個元素進行比較。再次，如果第 1 個值大於第 3 個值，則交換這兩個值。否則，原封不動。現在，您有前 3 個最小的元素放在陣列的第一個位置上了。

假使您為陣列中的其餘元素重複上一個過程 — 將第 1 個元素連續與每個元素進行比較，如果前者大於後者，則交換它們的值 — 最後，陣列的最小值將位於陣列的第一個位置。

現在對陣列的第 2 個元素做同樣的事情，也就是說，與第 3 個元素進行比較，然後與第 4 個元素進行比較，依此類推；並且交換任何不按順序排列的值。當過程結束時，陣列的第二個位置將包含下一個最小值。

現在應該清楚如何執行這些連續的比較和交換來排序陣列。在陣列的倒數第二個元素與最後一個元素進行比較之後，結束該過程，若有需要，則交換它們的值。此時，整個陣列已從小到大排序好了。

以下演算法更簡明的描述前面的排序過程。此演算法假設您正在排序含有 n 個元素的陣列 a。

**簡單的交換排序（exchange sort）演算法：**

**步驟 1.** 設 i 為 0。

**步驟 2.** 設 j 為 i + 1。

**步驟 3.** 如果 a[i] > a[j]，則交換它們的值。

**步驟 4.** 設 j 為 j + 1。若 j < n，回到步驟 3。

**步驟 5.** 設 i 為 i + 1。若 i < n-1，回到步驟 2。

**步驟 6.** a 現在已從小到大排序好。

範例程式 7.12 在一個名為 sort 的函式中實現前面的演算法，它接收兩個參數：要排序的陣列和陣列元素的個數。

**範例程式 7.12 對整數陣列進行由小到大排序**

```
// Program to sort an array of integers into ascending order

#include <stdio.h>

void  sort (int  a[], int  n)
{
    int  i, j, temp;

    for ( i = 0;  i < n - 1;  ++i )
        for ( j = i + 1;  j < n;  ++j )
            if ( a[i] > a[j] ) {
                temp = a[i];
                a[i] = a[j];
                a[j] = temp;
```

```
            }
}

int main (void)
{
    int   i;
    int   array[16] = { 34, -5, 6, 0, 12, 100, 56, 22,
                        44, -3, -9, 12, 17, 22, 6, 11 };
    void sort (int  a[], int  n);

    printf ("The array before the sort:\n");

    for ( i = 0;  i < 16;  ++i )
        printf ("%i ", array[i]);

    sort (array, 16);

    printf ("\n\nThe array after the sort:\n");

    for ( i = 0;  i < 16;  ++i )
        printf ("%i ", array[i]);

    printf ("\n");

    return 0;
}
```

**範例程式 7.12　輸出結果**

```
The array before the sort:
34 -5 6 0 12 100 56 22 44 -3 -9 12 17 22 6 11

The array after the sort:
-9 -5 -3 0 6 6 11 12 12 17 22 22 34 44 56 100
```

sort() 函式以一組巢狀 for 迴圈實作該演算法。最外面的迴圈從陣列的第 1 個元素到倒數第 2 個元素（a[n-2]）。對每個這樣的元素，進入第 2 個 for 迴圈，該迴圈從在外部迴圈目前元素的下一個元素開始，並拜訪到陣列的最後一個元素。

如果元素未依序排好（即 a[i] 大於 a[j]），則交換兩個元素。在進行交換時，變數 temp 用作臨時的儲存空間。

當兩個 for 迴圈都完成時，陣列已從小到大排序了。

在 main() 函式中，array 陣列被定義並初始化為含有 16 個整數。接著，程式顯示陣列的值，並呼叫 sort() 函式，array 和 16（陣列中元素的個數）作為參數傳遞。函式回傳後,程式再次顯示陣列中的值。從輸出中可以看出,函式成功地將陣列從小到大加以排序。

範例程式 7.12 中的 sort() 函式相當簡單。這種簡單化方法必須付出的代價是執行的時間。如果必須對一個非常多值的陣列(例如包含數千個元素的陣列)進行排序,使用您剛實作的 sort() 函式,可能需要相當多的執行時間。若發生這種情況,則必須採取更複雜的演算法。The Art of Computer Programming, Volume 3, Sorting and Searching(Donald E. Knuth, Addison-Wesley)是這些演算法的經典參考來源。[2]

## 多維陣列

多維陣列元素像一般變數,或一維陣列元素一樣可傳遞給函式。以下敘述:

```
squareRoot (matrix[i][j]);
```

呼叫 squareRoot() 函式,以 matrix[i][j] 中的值作為參數傳遞。

整個多維陣列使用和一維陣列相同的方式傳遞給函式:只需列出陣列的名稱即可。例如,如果矩陣 measured_values 被宣告為二維的整數陣列,以下 C 的敘述:

```
scalarMultiply (measured_values, constant);
```

用於將矩陣中的每個元素乘以 constant 值的函式。這意味著,函式本身可以改變 measured_values 陣列中包含的值。對一維陣列這個主題的討論也適用於這裡:在函式內對形式參數陣列的任何元素的指定,將使得傳遞給函式的陣列永久的改變。

將一維陣列宣告為函式的形式參數時,並不需要陣列的實際維度;只需使用一對中括號,來告知 C 編譯器該參數是一個陣列。這在多維陣列的情況下不完全適用。對於二維陣列,可以省略陣列中的列數,但必須宣告包含陣列行數。所以以下宣告:

```
int  array_values[100][50]
```

和

```
int  array_values[][50]
```

---

[2] 在C標準函式庫中還有一個名為 qsort() 的函式,可用於對包含任何資料型態的陣列進行排序。但是,在使用它之前,需要了解函式的指標,這將在第10章討論。

對包含 100 列乘以 50 行的形式參數陣列 array_values 都是有效的宣告；但以下宣告：

```
int  array_values[100][]
```

和

```
int  array_values[][]
```

則是無效的，因為必須指定陣列的行數。

在範例程式 7.13 中，定義一個 scalarMultiply() 函式，它將一個二維整數陣列乘以一個純量整數。此範例假設陣列的大小為 3 × 5。main() 函式呼叫 scalarMultiply() 函式兩次。在每次呼叫之後，傳遞陣列給 displayMatrix() 函式以顯示陣列的內容。注意在 scalarMultiply() 和 displayMatrix() 中使用的巢狀 for 迴圈，以便拜訪二維陣列中的每個元素。

**範例程式 7.13 使用多維陣列和函式**

```c
#include <stdio.h>

int main (void)
{
    void  scalarMultiply (int  matrix[3][5], int  scalar);
    void  displayMatrix (int  matrix[3][5]);
    int   sampleMatrix[3][5] =
        {
            {  7, 16, 55, 13, 12 },
            { 12, 10, 52,  0,  7 },
            { -2,  1,  2,  4,  9 }
        };

    printf ("Original matrix:\n");
    displayMatrix (sampleMatrix);

    scalarMultiply (sampleMatrix, 2);

    printf ("\nMultiplied by 2:\n");
    displayMatrix (sampleMatrix);

    scalarMultiply (sampleMatrix, -1);

    printf ("\nThen multiplied by -1:\n");
    displayMatrix (sampleMatrix);

    return 0;
```

```
}

// Function to multiply a 3 x 5 array by a scalar

void  scalarMultiply (int  matrix[3][5], int  scalar)
{
    int  row, column;

    for ( row = 0;  row < 3;  ++row )
        for ( column = 0;  column < 5;  ++column )
            matrix[row][column]  *=  scalar;
}


void  displayMatrix (int  matrix[3][5])
{
    int  row, column;

    for ( row = 0;  row < 3;  ++row) {
        for ( column = 0;  column < 5;  ++column )
            printf ("%5i", matrix[row][column]);

        printf ("\n");
    }
}
```

範例程式 7.13 輸出結果

```
Original matrix:
    7   16    55   13   12
   12   10    52    0    7
   -2    1     2    4    9

Multiplied by 2:
   14   32   110   26   24
   24   20   104    0   14
   -4    2     4    8   18

Then multiplied by -1:
  -14  -32  -110  -26  -24
  -24  -20  -104    0  -14
    4   -2    -4   -8  -18
```

main() 函式定義矩陣 sampleValues，然後呼叫 displayMatrix() 函式顯示其初始值。在 displayMatrix() 函式中，請注意巢狀的 for 敘述。第一個（最外面的）for 敘述拜訪矩陣中的每一列，因此變數 row 的值從 0 到 2 變化。對於 row 的每個值，執行最內層的 for 敘述。此 for 敘述拜訪特定列的每一行，因此，變數 column 的值的範圍從 0 到 4。

printf() 敘述使用格式字元 %5i 顯示指定列和行中所包含的值，以確保元素在顯示時對齊。在最裡面的迴圈完成執行之後（意味著已經顯示了矩陣的一列），顯示換行字元，使得矩陣的下一列顯示在下一行。

第一次呼叫 scalarMultiply() 函式指定 sampleMatrix 陣列乘以 2。在函式中，設置一組簡單的巢狀 for 迴圈，以便瀏覽陣列中的每個元素。使用指定運算子 *= 將 matrix[row][column] 中的元素乘以 scalar 的值。在函式回傳到 main() 函式之後，再次呼叫 displayMatrix() 函式來顯示 sampleMatrix() 陣列的內容。程式的輸出驗證陣列中的每個元素皆已經乘以 2。

第二次呼叫 scalarMultiply() 函式，將 sampleMatrix 陣列已被修改的元素乘以 -1。最後一次呼叫 displayMatrix() 函式顯示修改過後的陣列，完成程式執行。

## 多維可變長度陣列和函式

您可以利用 C 語言中的可變長度陣列特性，撰寫可變長度的多維陣列的函式。例如，重寫範例程式 7.13，以便 scalarMultiply() 和 displayMatrix() 函式可以接收包含任意的列和行的矩陣，這些可以作為參數傳遞給函式。請參閱範例程式 7.14。

**範例程式 7.14 多維可變長度陣列**

```
#include <stdio.h>

int main (void)
{

    void  scalarMultiply (int nRows, int nCols,
                          int  matrix[nRows][nCols], int  scalar);
    void  displayMatrix (int nRows, int nCols, int  matrix[nRows][nCols]);
    int   sampleMatrix[3][5] =
          {
              {  7, 16, 55, 13, 12 },
              { 12, 10, 52,  0,  7 },
              { -2,  1,  2,  4,  9 }
          };
```

```
    printf ("Original matrix:\n");
    displayMatrix (3, 5, sampleMatrix);

    scalarMultiply (3, 5, sampleMatrix, 2);
    printf ("\nMultiplied by 2:\n");
    displayMatrix (3, 5, sampleMatrix);

    scalarMultiply (3, 5, sampleMatrix, -1);
    printf ("\nThen multiplied by -1:\n");
    displayMatrix (3, 5, sampleMatrix);

    return 0;
}

// Function to multiply a matrix by a scalar

void  scalarMultiply (int nRows, int nCols,
                      int  matrix[nRows][nCols], int  scalar)
{
    int  row, column;

    for ( row = 0;  row < nRows;  ++row )
        for ( column = 0;  column < nCols;  ++column )
            matrix[row][column]  *=  scalar;
}


void  displayMatrix (int nRows, int nCols, int  matrix[nRows][nCols])
{
    int    row, column;

    for ( row = 0;  row < nRows;  ++row) {
        for ( column = 0;  column < nCols;  ++column )
            printf ("%5i", matrix[row][column]);

        printf ("\n");
    }
}
```

範例程式 7.14 輸出結果

```
Original matrix:
    7   16   55   13   12
   12   10   52    0    7
   -2    1    2    4    9
```

```
Multiplied by 2:
    14   32  110   26   24
    24   20  104    0   14
    -4    2    4    8   18

Then multiplied by -1:
   -14  -32 -110  -26  -24
   -24  -20 -104    0  -14
     4   -2   -4   -8  -18
```

scalarMultiply() 的函式宣告如下所示：

```
 void  scalarMultiply (int nRows, int nCols, int matrix[nRows][nCols], int  scalar)
```

matrix 中的列和行分別為 nRows 和 nCols，必須在 matrix 之前列於參數列，以便編譯器在遇到 matrix 宣告之前知道這些參數。如果您嘗試改為這樣：

```
 void  scalarMultiply (int matrix[nRows][nCols], int nRows, int nCols, int  scalar)
```

將會從編譯器得到一個錯誤，因為當它在查看 matrix 的宣告的時候，它並不知道 nRows 和 nCols。

如您所見，範例程式 7.14 中顯示的輸出結果，與範例程式 7.13 中顯示的輸出結果是一致的。現在，您有兩個函式 scalarMultiply() 和 displayMatrix()，可以使用任何大小的矩陣。這是使用可變長度陣列的優點之一。

# 全域變數

現在是將您在本章中學到的許多原則聚集在一起的時候了，並學習一些新的事項。以函式形式重寫範例程式 6.7，將一個正整數轉換為另一個基數（base）的數字。為此，必須將程式劃分為幾個邏輯片段。如果您回頭看那個程式，將會發現 main() 中的三個註釋敘述，很容易就幫您達到了此目的。它們建議程式執行的三個主要功能：從使用者獲取數字和基數，將數字轉換為所要求的基數，並顯示結果。

您可以定義三個函式來執行類似的任務。第一個函式是 getNumberAndBase()。此函式提示使用者輸入要轉換的數字和基數，並讀取這些值。此處需對範例程式 6.7 做些許改進。若使用者輸入小於 2 或大於 16 的基數值，則顯示適當的訊息並將基數的值設為 10。以這種方式，程式重新顯示原始輸入值並結束。（另一種方法可能是讓使用者為基數重新輸入一個新值，這當做習題。）

第二個函式是 convertNumber()。此函式接收使用者輸入的值,並將其轉換為所要求的基數,轉換過程中產生的數字儲存於 convertedNumber 陣列。

最後的函式是 displayConvertedNumber()。此函式接受 convertedNumber 陣列包含的數字,並以正確的順序顯示給使用者。對於要顯示的每個數字,在 baseDigits 陣列內進行查詢,以便顯示數字所對應的字元。

此處定義的三個函式經由全域變數相互通用。如前所述,區域變數的基本屬性之一是,它的值只能被定義變數的函式存取。如您所料,此限制不適用於全域變數。也就是說,全域變數的值可以被程式中的任何函式存取。

全域變數宣告與區域變數宣告的區別在於,前者置放於所有函式之外。這表明它是全域性質,它不屬於任何特定的函式。程式中的任何函式都可以存取全域變數的值,若需要可以改變它的值。

在範例程式 7.15 中,定義了四個全域變數。這些變數都被程式中至少兩個函式所使用。由於 baseDigits 陣列和變數 nextDigit 被函式 displayConvertedNumber() 獨立使用,所以不會定義它們為全域變數。反之,這些變數在 displayConvertedNumber() 函式內被定義為區域變數。

全域變數在程式中首先被定義。由於它們不在任何特定的函式中定義,所以這些變數是全域性的,這意味著它們可以被程式中的任何函式引用。

**範例程式 7.15 轉換一正整數為另一基數的數字**

```
// Program to convert a positive integer to another base

#include <stdio.h>

int       convertedNumber[64];
long int  numberToConvert;
int       base;
int       digit = 0;

void  getNumberAndBase (void)
{
    printf ("Number to be converted? ");
    scanf ("%li", &numberToConvert);

    printf ("Base? ");
    scanf ("%i", &base);
```

```
    if  ( base < 2  || base > 16 ) {
        printf ("Bad base - must be between 2 and 16\n");
        base = 10;
    }
}

void  convertNumber (void)
{
    do {

        convertedNumber[digit] = numberToConvert % base;
        ++digit;
        numberToConvert /= base;
    }
    while  ( numberToConvert != 0 );
}

void  displayConvertedNumber (void)
{
    const char  baseDigits[16] =
            { '0', '1', '2', '3', '4', '5', '6', '7',
              '8', '9', 'A', 'B', 'C', 'D', 'E', 'F' };
    int    nextDigit;

    printf ("Converted number = ");

    for (--digit;  digit >= 0; --digit ) {
        nextDigit = convertedNumber[digit];
        printf ("%c", baseDigits[nextDigit]);
    }

    printf ("\n");
}

int main (void)
{
    void  getNumberAndBase (void), convertNumber (void),
          displayConvertedNumber (void);

    getNumberAndBase ();
    convertNumber ();
    displayConvertedNumber ();

    return 0;
}
```

範例程式 7.15 輸出結果

```
Number to be converted? 100
Base? 8
Converted number = 144
```

範例程式 7.15 輸出結果（第二次執行）

```
Number to be converted? 1983
Base? 0
Bad base - must be between 2 and 16
Converted number = 1983
```

注意，取適當函式名稱將使範例程式 7.15 的運作看起來更清楚。在 main() 函式中直接呼叫函式計有獲取數字和基數、轉換數字、然後顯示轉換後的數字等函式。此程式的可讀性和第 6 章相比有大大的提高，因為將程式結構化為多個獨立函式，這些函式執行小型的任務。注意，您甚至不需要在 main() 函式中使用註釋敘述，來描述程式在做什麼 ，因為函式名稱自己說明了。

全域變數的主要用途是，讓程式中的許多函式存取同一個變數的值。函式可以明確地引用該變數，而不必將變數的值作為參數傳遞給每個單獨的函式。這種方法有一個缺點。由於函式明確地引用了特定的全域變數，該函式的普遍性會有所降低。因此，每次使用該函式時，必須確保全域變數存在（經由確認其名稱）。

例 如 ， 範 例 程 式 7.15 的 convertNumber() 函 式 成 功 地 將 儲 存 在 變 數 numberToConvert 中的數字，轉換為由變數 base 的值指定的基數。此外，必須定義變數 digit 和陣列 convertedNumber。這個函式更有彈性的版本是允許參數傳遞給給函式。

雖然使用全域變數可以減少需要傳遞給函式的參數個數，但是代價是函式的通用性降低，並且在某些情況下降低了程式的可讀性。如果使用全域變數，程式可讀性的問題在於，函式使用的變數無法利用檢查函式的標頭來了解。此外，對函式的呼叫不會對讀者，指示函式需要什麼型態的參數，作為輸入或產生何種輸出。

一些程式設計師對全域變數名稱以前置字母 "g" 作為協定。例如，範例程式 7.15 的變數宣告可能會如下所示：

```
int      gConvertedNumber[64];
long int gNumberToConvert;
int      gBase;
int      gDigit = 0;
```

採用這種協定的原因是，當閱讀程式時，更容易地從區域變數中識別出全域變數。
例如，以下敘述：

```
nextMove = gCurrentMove + 1;
```

意味著 nextMove 是一個區域變數，gCurrentMove 是一個全域變數。這告訴的讀者
這些變數的範圍在哪裡尋可找到他們的宣告。

關於全域變數的最後一件事是，它們具有預設初始值：0。所以，以下全域宣告：

```
int  gData[100];
```

當程式開始執行時，gData 陣列的 100 個元素都被設定為 0。

請記住，雖然全域變數的預設初始值為 0，但區域變數沒有預設的初始值，其必須
明確地初始化。

## 自動和靜態變數

當您在函式中宣告一個區域變數，如在 squareRoot() 函式中宣告變數 guess 和
epsilon：

```
float   squareRoot (float   x)
{
    const float  epsilon = .00001;
    float   guess   =  1.0;
        . . .
}
```

您是在宣告它們為自動區域變數。回想一下，關鍵字 auto 事實上可以放置在這些變
數的宣告前面，但這是可有可無的，因為它是預設情況。在某種意義上，自動變數
在每次呼叫函式時都會被建立起來。在前面的範例中，每當呼叫 squareRoot() 函式，
都會建立區域變數 epsilon 和 guess。一旦 squareRoot() 函式完成，這些區域變數就
會 "消失"。這個過程自動發生，因此名為自動變數。

自動區域變數可以被初始化，如之前對於 epsilon 和 guess 的值所做的那樣。事實上，
任何有效的 C 運算式，都可以被指定為自動變數的初始值。每次呼叫函式時，計算
運算式的值，並將其指定給自動區域變數。由於自動變數在函式完成執行後失效，
該變數的值也隨之一起消失。換句話說，當函式完成執行時，自動變數的值不會存
在於下一次函式呼叫。

如果把 static 放在一個變數宣告的前面，那就是一個全新的概念。C 中的 static 不是
指電荷，而是指不會動事物之標記。這是靜態變數的重要概念 — 它不會在函式被

呼叫和回傳時來來去去。這意味著靜態變數在離開函式時所具有的值，是該變數在下一次呼叫函式時將具有的值。

靜態變數初始化也不同。靜態區域變數在程式執行開頭只初始化一次，而不是每次呼叫該函式時都初始化。此外，為靜態變數指定的初始值必須是簡單的常數或常數運算式。靜態變數的預設初始值為 0，與不具有預設初始值的自動變數不同。

在函式 auto_static() 中，定義如下：

```
void auto_static (void)
{
    static int  staticVar = 100;
            .
            .
            .
}
```

當開始程式執行時，staticVar 的值僅一次被初始為 100。要想在每次執行函式時將其值設為 100，需要明確地指定值，如下：

```
void auto_static (void)
{
    static int  staticVar;

    staticVar = 100;
          .
          .
          .
}
```

當然，重新初始 staticVar 這種做法，違背了使用靜態變數的目的。

範例程式 7.16 應該有助於您更了解自動和靜態變數的概念。

**範例程式 7.16  展示靜態變數和自動變數的差異**

```
// Program to illustrate static and automatic variables

#include <stdio.h>

void  auto_static (void)
{
    int         autoVar = 1;
    static int  staticVar = 1;
```

```
    printf ("automatic = %i, static = %i\n", autoVar, staticVar);

    ++autoVar;
    ++staticVar;
}


int main (void)
{
    int    i;
    void   auto_static (void);

    for ( i = 0;  i < 5;  ++i )
        auto_static ();

    return 0;
}
```

範例程式 7.16 輸出結果

```
automatic = 1, static = 1
automatic = 1, static = 2
automatic = 1, static = 3
automatic = 1, static = 4
automatic = 1, static = 5
```

在 auto_static() 函式內，宣告了兩個區域變數。第一個變數 autoVar 是一個 int 型態的自動變數(automatic variable)，初始值為 1。第二個變數 staticVar 是靜態變數，型態為 int，初始值為 1。函式呼叫 printf() 來顯示這兩個變數的值。此後，變數各自遞增 1，然後完成函式的執行。

main() 函式設置一個迴圈來呼叫 auto_static() 函式 5 次。範例程式 7.16 的輸出指出了這兩種變數型態之間的差異。自動變數的值對於輸出的每行皆顯示為 1。這是因為每次呼叫函式時，其值都被設為 1。另一方面，輸出靜態變數的值從 1 到 5 持續增加。這是因為它的值僅在程式執行開始時等於 1，並且因為它的值從這次函式呼叫保留到下一次。

選擇使用靜態變數或自動變數，取決於變數的預期用途。如果希望變數從這個函式呼叫到下一個函式呼叫能保留其值（例如，計算呼叫次數的函式），請使用靜態變數。另外，若函式要使用的值僅被設置一次，之後都不改變，您可能要宣告變數為 static，因為它不會在每次呼叫函式時重新初始化變數。在處理陣列時，這種效率考慮更加重要。

另一方面，如果區域變數的值必須在每次函式呼叫時都要初始化，則自動變數似乎是明智的選擇。

# 遞迴函式

C 語言支持稱為遞迴（recursive）函式的能力。遞迴函式可以有效地、簡潔地解決問題。它們通常用於連續應用相同的解決方案之問題。例如，對包含多個括號運算式的運算式求值。其它常見的應用包括樹和串列的資料結構之搜尋和排序。

遞迴函式最常見的是使用計算數字階乘（factorial）的範例來說明。回想一下，正整數 n 的階乘，即 n!，是連續整數 1 到 n 的乘積。0 的階乘是特殊情況，等於 1。所以 5! 計算如下：

```
 5!    = 5 x 4 x 3 x 2 x 1
       = 120
```

和 6! 計算如下：

```
 6!    = 6 x 5 x 4 x 3 x 2 x 1
       = 720
```

比較一下 6! 的計算和 5! 的計算，觀察到前者等於後者的 6 倍；也就是 6! = 6 × 5!。在一般情況下，大於 0 的任何正整數 n 的階乘，等於 n 乘以 n-1 的階乘：

```
 n! = n x (n - 1)!
```

n! 的值是根據 (n - 1)! 的運算式，此稱為遞迴定義，因為某一階乘的值乃基於另一個階乘的值。事實上，您可以開發一個函式，根據此遞迴定義計算整數 n 的階乘。請參閱範例程式 7.17 的 factorial 函式。

**範例程式 7.17 以遞迴計算階層**

```c
#include <stdio.h>

int main (void)
{
    unsigned int  j;
    unsigned long int  factorial (unsigned int  n);

    for ( j = 0;  j < 11;  ++j )
        printf ("%2u! = %lu\n", j, factorial (j));
```

```
    return 0;
}

// Recursive function to calculate the factorial of a positive integer

unsigned long int  factorial (unsigned int  n)
{
    unsigned long int  result;

    if  ( n == 0 )
        result = 1;
    else
        result = n * factorial (n - 1);

    return result;
}
```

範例程式 7.17 輸出結果

```
 0! = 1
 1! = 1
 2! = 2
 3! = 6
 4! = 24
 5! = 120
 6! = 720
 7! = 5040
 8! = 40320
 9! = 362880
10! = 3628800
```

factorial() 函式對自身的呼叫使這個函式遞迴。當函式被呼叫以計算階乘 3 時，形式參數 n 的值被設置為 3。由於該值不為零，因此執行下面的程式敘述：

```
 result = n * factorial (n - 1);
```

以其給定的 n 值，被評估為：

```
 result = 3 * factorial (2);
```

此運算式指定要呼叫 factorial() 函式，此時計算階乘 2。因此，乘以 3 的值將被擱置，直到 factorial(2) 被運算完畢。

即使您再次呼叫相同的函式，您應該將它化為一個單獨函式的呼叫。每當在 C 中呼叫任何函式 ─ 遞迴或不遞迴 ─ 函式獲取它自己的一組區域變數和形式參數。因此，當呼叫 factorial() 函式用以計算 3 的階乘時，存在的區域變數 result 和形式參數 n，不同於呼叫該函式用以計算 2 的階乘時的變數 result 和形式參數 n。

當 n 的值等於 2 時，factorial() 函式執行敘述：

```
result = n * factorial (n - 1);
```

其被評估為：

```
result = 2 * factorial (1);
```

再一次，2 乘以 1 階乘留待處理，而 factorial() 函式被呼叫以計算 1 的階乘。

當 n 的值等於 1 時，factorial() 函式執行敘述：

```
result = n * factorial (n - 1);
```

其被評估為：

```
result = 1 * factorial (0);
```

當 factorial() 函式被呼叫來計算 0 階乘時，函式將 result 設為 1 並回傳，從而開始處理所有未決的運算式。所以 factorial(0) 的值（即 1），被回傳到呼叫函式（factorial() 函式），乘以 1，並將結果指定給 result。代表 factorial(1) 的值（即 1），將回傳到呼叫函式（再一次 factorial() 函式），乘以 2，將結果儲存到 result，並回傳 factorial(2) 的值。最後，回傳值 2 乘以 3，並完成了 factorial(3) 的計算。結果 6 作為呼叫 factorial() 函式的最終結果回傳，由 printf() 函式顯示。

總之，在 factorial(3) 的運算中，執行的運算順序如下所示：

```
factorial (3) = 3 * factorial (2)
              = 3 * 2 * factorial (1)
              = 3 * 2 * 1 * factorial (0)
              = 3 * 2 * 1 * 1
              = 6
```

您可以用筆和紙追蹤 factorial() 函式的運算。假設函式最初被呼叫以計算 4 的階乘。列出每次呼叫 factorial() 函式時 n 和 result 的值。

本章的討論包含函式和變數。在 C 程式語言函式在是一個強大的工具。對於小型且定義佳的函式，是構建程式的重要關鍵。在本書的其它章節，函式將被大量的使用。針對這一點，您應該要複習在本章中仍然不清楚的主題。並實作以下習題，這有助於您加深已討論過的主題。

## 習題

1.  輸入並執行本章介紹的 17 個範例程式。比較由每個程式產生的輸出結果和在內文中每個程式所呈現的輸出結果。

2.  請修改範例程式 7.4，使函式回傳 triangularNumber 的值。然後回到範例程式 4.5 並加以更改，使它成為呼叫 calculateTriangularNumber() 函式的新版本。

3.  請修改範例程式 7.8，以便將 epsilon 的值作為參數傳遞給函式。嘗試使用不同的 epsilon 值，來查看它對求平方根的影響。

4.  請修改範例程式 7.8，利用 while 迴圈每次印出 guess 值。注意 guess 值收斂到平方根的速度有多快。給予平方根的數值和初始的猜測值後，計算迴圈的迭代次數？

5.  用於終止範例程式 7.8 的 squareRoot() 函式中的迴圈，不適用於計算非常大或非常小的數值的平方根。與其比較 x 值和 $guess^2$ 值之間的差異，程式應該將兩個值的比率與 1 比較。該比率越接近 1，平方根的近似越準確。請修改範例程式 7.8，使用這個新的終止標準。

6.  請修改範例程式 7.8，使 squareRoot() 函式接收倍準確度的參數，並回傳倍準確的值。一定要更改變數 epsilon 的值，以反映正在使用倍準確度變數的事實。

7.  請撰寫一函式，計算整數的次方。呼叫函式 x_to_the_n() 取得兩個整數參數 x 和 n。讓函式回傳一個 long int，以代表計算 $x^n$ 的結果。

8.  以下方程式：

    $ax^2 + bx + c = 0$

    稱為一元二次方程式。方程式中的 a、b 和 c 代表常數，所以：

    $4x^2 - 17x - 15 = 0$

    表示 a = 4，b = -17 和 c = -15 的一元二次方程式。將 a、b 和 c 的值代入以下兩個公式中來計算滿足某一元二次方程式的 x 的值（方程式的根）：

    $$x = \frac{-b \pm \sqrt{b^2 - 4ac}}{2a}$$

若判別式 $b^2 - 4ac$ 的值小於 0，則方程式的根 $x_1$ 和 $x_2$ 是虛數。

請撰寫一程式來求解一元二次方程式。程式應允許使用者輸入 a、b 和 c 的值。如果判別式小於 0，應該顯示根是虛數的訊息；否則，程式繼續計算和顯示方程式的兩個根。（注意：一定要利用本章中所開發的 squareRoot() 函式。）

9. 兩個正整數 u 和 v 的最小公倍數（lcm）是可以被 u 和 v 整除的最小正整數。因此，15 和 10 的 lcm，寫作 lcm(15, 10)，是 30，因為 30 是 15 和 10 可整除的最小整數。請撰寫一 lcm() 函式，它接收兩個整數參數並回傳它們的 lcm。lcm() 函式應根據以下公式，呼叫範例程式 7.6 的 gcd() 函式計算最小公倍數

```
lcm (u, v) = uv / gcd (u, v)          u, v >= 0
```

10. 請撰寫一 prime() 函式，如果其參數是質數，則回傳 1，否則回傳 0。

11. 請撰寫一名為 arraySum() 的函式，它接收兩個參數：整數陣列和陣列中元素的個數。讓函式回傳陣列中元素的和作為結果。

12. 經由簡單地將 $N_{a,b}$ 的值設定為 $M_{b,a}$ 的值（對於所有 a、b），可以將具有 i 列、j 行的矩陣 M 轉置為具有 j 列和 i 行的矩陣 N。

   a. 請撰寫一 transposeMatrix() 函式，它以 4 × 5 矩陣和 5 × 4 矩陣作為參數。讓函式轉置 4 × 5 矩陣並將結果儲存在 5 × 4 矩陣中。再撰寫一個 main() 來測試該函式。

   b. 使用可變長度陣列，重新撰寫習題 12a 中所開發的 transposeMatrix() 函式，以列數和行數作為參數，轉置指定維度的矩陣。

13. 請修改範例程式 7.12 中的 sort() 函式，使用第三個參數，指示陣列是按從小到大還是從大到小排序。然後修改 sort() 演算法，將陣列按照指定的順序排序。

14. 請重撰寫在最後四題程式設計練習題中的函式，請使用全域變數而不是參數。例如，上一程式設計練習題現在應該對全域定義的陣列進行排序。

15. 請修改範例程式 7.15，以便在輸入無效的基數時，再次請求使用者輸入新的基數值。修改後的程式應該繼續請求基數的值，直到使用者給予有效的數值。

16. 請修改範例程式 7.15，以便使用者可以轉換任意數量的整數。當轉換的數值為 0 時，將終止程式。

# 8

# 結構

第 6 章 "陣列" 將相同型態的元素集中到單一實體的陣列。要引用陣列中的元素，所要做的是，給予陣列的名稱與適當的註標。

C 語言提供另一個將元素集中在一起的工具，其名為結構（structures），此為本章討論的主題。結構是一個強大的概念，您將在許多開發的 C 程式中使用它。

本章將介紹幾個結構的關鍵主題，包括：

* 定義結構
* 將結構傳遞給函式
* 結構陣列
* 陣列結構

## 結構的基本概念

假設您想要在程式中儲存一個日期，如 9/25/15，可能用於某些程式輸出的標題，甚至用於計算。儲存日期的自然方法是，簡單地將月份指定給名為 month 的整數變數，將日指定給整數變數 day，將年指定給整數變數 year。以下敘述：

```
int  month = 9, day = 25, year = 2015;
```

達成此項任務。這是一個完全可以接受的方法。但是，假設您的程式還需要儲存購買日期的特定項目。您可以執行同樣的過程來定義另外三個變數，例如 purchaseMonth、purchaseDay 和 purchaseYear。每當您需要使用購買日期時，這三個變數可以明確地被存取。

使用此方法，您必須追蹤在程式中使用每個日期的三個不同的變數 — 邏輯上相關的變數。如果您能以某種方式，將這三個變數整合在一起將是更好的。這正是 C 中的結構允許您做的。

# 儲存日期的結構

您可以在 C 語言中定義一個名為 date 的結構，它由代表月、日和年的三個元素所組成。這種語法的定義相當直截了當，如下：

```
struct   date
{
    int   month;
    int   day;
    int   year;
};
```

剛才定義的 date 結構包含三個整數成員，分別為月、日和年。在某種意義上，定義了一個新型態 date，因為隨後可以宣告 struct date 型態的變數，如在下一宣告中：

```
struct date   today;
```

還可以將變數 purchaseDate 宣告為相同的型態，如下所示：

```
struct date   purchaseDate;
```

可以簡單地將兩個宣告寫在同一行上，如下：

```
struct date   today, purchaseDate;
```

與 int、float 或 char 型態的變數不同，在處理結構變數時需要一個特殊的語法。為了存取結構的成員，要指定變數名稱，後跟一個句點，接著指定成員名稱。例如，要將 today 變數中的 day 值設為 25，則應這樣寫：

```
today.day = 25;
```

請注意，變數名稱、句點和成員名稱之間不允許有空白。要將 today 的 year 設為 2015，可使用以下運算式：

```
today.year = 2015;
```

最後，要測試 month 的值是否等於 12，可使用以下的敘述：

```
if   ( today.month == 12 )
    nextMonth = 1;
```

嘗試判斷下一敘述的結果：

```
if  ( today.month == 1  &&  today.day == 1 )
    printf ("Happy New Year!!!\n");
```

範例程式 8.1 將前面的討論結合到實際的 C 程式中。

**範例程式 8.1 展示結構**

```c
// Program to illustrate a structure

#include <stdio.h>

int main (void)
{
    struct  date
    {
        int  month;
        int  day;
        int  year;
    };

    struct date  today;

    today.month = 9;
    today.day = 25;
    today.year = 2015;

    printf ("Today's date is %i/%i/%.2i.\n", today.month, today.day,
            today.year % 100);

    return 0;
}
```

**範例程式 8.1 輸出結果**

```
Today's date is 9/25/15.
```

main() 中的第一個敘述定義了一個名為 date 的結構，它由三個整數成員組成，分別為 month、day 和 year。在第二個敘述中，變數 today 宣告為 struct date 型態。 第一個敘述簡單地定義 date 結構，這並不會在電腦內保留儲存空間。 第二個敘述宣告一個 struct date 型態的變數，它會配置記憶體以保留用於儲存變數 today 的三個整數值。請確保您已了解定義結構和宣告結構型態的變數之間的差異。

在 today 被宣告之後，程式為 today 的三個成員指定其值，如圖 8.1 所示。

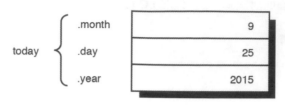

圖 8.1　指定結構變數值

完成指定後，經由適當的 printf() 呼叫來顯示結構中包含的值。計算 today.year 除以 100 的餘數並傳遞給 printf() 函式，以顯示年份 15。請記住，格式字元 %.2i 用於指定要顯示兩位數的整數，並以 0 填補空缺。這確保若年份介於 01 和 09 之間，將正確顯示年份的最後兩位數。

## 在運算式中使用結構

當涉及運算式的計算時，結構成員遵循與 C 語言中一般變數相同的規則。因此，整數結構成員除以另一整數，將以整數除法運算，如：

```
century = today.year / 100 + 1;
```

假設您想撰寫一個程式，輸入今天的日期並顯示明天的日期。乍看之下，這似乎是簡單的工作。您可以要求使用者輸入當天日期，然後利用一系列敘述計算明天的日期，如下：

```
tomorrow.month = today.month;
tomorrow.day   = today.day + 1;
tomorrow.year  = today.year;
```

當然，前面的敘述對於大多數日期都能得到正確結果，但是並沒有正確處理以下兩種情況：

1.　如果今天的日期是一個月的最後一天。

2.　如果今天的日期是一年的最後一天（即今天的日期是 12 月 31 日）。

有一個很容易確定今天的日期是否在月底的方法，就是設置一個整數陣列，對應於每個月的天數。在特定月份的陣列內查詢，找出該月的天數。所以下一敘述：

```c
int  daysPerMonth[12] = { 31, 28, 31, 30, 31, 30, 31, 31, 30, 31, 30, 31 };
```

定義了一個名為 daysPerMonth 的陣列，其中包含 12 個整數元素。對於每個月 i，daysPerMonth[i-1] 包含的值對應於該月份的天數。因此，一年中第四個月的天數可從 daysPerMonth[3] 得到，等於 30。（您可以定義陣列包含 13 個元素，讓 daysPerMonth[i] 對應於第 i 個月的天數。然後可以直接使用月數而不是月數減 1 來存取陣列。在這種情況下使用 12 或 13 個元素完全取決於個人喜好。）

如果已經確定今天的日期為月底，您可以簡單地將月份加 1 並將日期值設為 1 來計算明天的日期。

為了解決前面提到的第二個問題，當該月是 12 月的時候，您必須確定今天的日期是否為月底。如果是，那明天的日期和月份必須設為 1，年份適當地加 1。

範例程式 8.2 要求使用者輸入今天的日期，計算明天的日期，並顯示結果。

**範例程式 8.2 決定明天的日期**

```c
// Program to determine tomorrow's date

#include <stdio.h>

int main (void)
{
    struct   date
    {
        int   month;
        int   day;
        int   year;
    };

    struct date   today, tomorrow;

    const int   daysPerMonth[12] = { 31, 28, 31, 30, 31, 30,
                                     31, 31, 30, 31, 30, 31 };

    printf ("Enter today's date (mm dd yyyy): ");
    scanf ("%i%i%i", &today.month, &today.day, &today.year);
```

```
    if  ( today.day != daysPerMonth[today.month - 1] ) {
        tomorrow.day = today.day + 1;
        tomorrow.month = today.month;
        tomorrow.year = today.year;
    }
    else if ( today.month == 12 ) {     // end of year
        tomorrow.day = 1;
        tomorrow.month = 1;
        tomorrow.year = today.year + 1;
    }
    else {                              // end of month
        tomorrow.day = 1;
        tomorrow.month = today.month + 1;
        tomorrow.year = today.year;
    }

    printf ("Tomorrow's date is %i/%i/%.2i.\n", tomorrow.month,
            tomorrow.day, tomorrow.year % 100);

    return 0;
}
```

範例程式 8.2 輸出結果

```
Enter today's date (mm dd yyyy): 12 17 2013
Tomorrow's date is 12/18/13.
```

範例程式 8.2 輸出結果（第二次執行）

```
Enter today's date (mm dd yyyy): 12 31 2014
Tomorrow's date is 1/1/15.
```

範例程式 8.2 輸出結果（第三次執行）

```
Enter today's date (mm dd yyyy): 2 28 2012
Tomorrow's date is 3/1/12.
```

如果留意程式的輸出，很快就會注意到，似乎有一個錯誤，2012 年 2 月 28 日之後的一天被列為 2012 年 3 月 1 日，而不是 2012 年 2 月 29 日。程式忘了閏年！將在之後解決此問題。首先，需要分析程式及其邏輯。

在定義 date 結構之後，宣告兩個型態為 struct date 的變數，today 和 tomorrow。之後程式要求使用者輸入今天的日期。所輸入的三個整數值分別儲存在 today.month、today.day 和 today.year 中。接下來，經由比較 today.day 與

daysPerMonth[today.month - 1]，進行測試以判斷該日是否為月底。如果不是月底，則明天的日期僅簡單地將日加 1，並設置明天的月和年等於今天的月和年。

如果今天的日期是月底，則進行另一個測試，以判斷是否為年底。如果月份等於 12，意味著今天的日期是 12 月 31 日，明天的日期將設置為下一年的 1 月 1 日。如果月份不等於 12，明天的日期將設置為（同一年）下一個月的第一天。

在計算出明天的日期之後，經由適當的 printf() 呼叫將這些值顯示給使用者，並完成程式的執行。

# 函式和結構

現在回到在上一個程式中發現的問題。程式認為 2 月總是有 28 天，所以當您問 2 月 28 日之後的哪一天時，它總是顯示 3 月 1 日。您需要對閏年的情況做一個特殊的測試。如果年份是閏年，當月份是 2 月，則該月的天數為 29。否則，可以在 daysPerMonth 陣列中正常查詢。

有一個好方法將所需更改併入範例程式 8.2，就是開發一個名為 numberOfDays()的函式，以判斷一個月中的天數。該函式將執行閏年測試和對 daysPerMonth 陣列的查詢。在 main()函式中，需要更改的是 if 敘述，它原本是將 today.day 的值與 daysPerMonth[today.month - 1] 進行比較。現在，您可以將 today.day 的值與 numberOfDays() 函式回傳的值進行比較。

請仔細研究範例程式 8.3，以決定傳遞什麼資料給 numberOfDays() 函式當作參數。

**範例程式 8.3 決定明天日期的修訂版**

```
// Program to determine tomorrow's date

#include <stdio.h>
#include <stdbool.h>

struct  date
{
    int   month;
    int   day;
    int   year;
};

int main (void)
{
    struct date  today, tomorrow;
```

```
    int  numberOfDays (struct date d);

    printf ("Enter today's date (mm dd yyyy): ");
    scanf ("%i%i%i", &today.month, &today.day, &today.year);

    if  ( today.day != numberOfDays (today) ) {
        tomorrow.day = today.day + 1;
        tomorrow.month = today.month;
        tomorrow.year = today.year;
    }
    else if ( today.month == 12 ) {     // end of year
        tomorrow.day = 1;
        tomorrow.month = 1;
        tomorrow.year = today.year + 1;
    }
    else {                              // end of month
        tomorrow.day = 1;
        tomorrow.month = today.month + 1;
        tomorrow.year = today.year;
    }

    printf ("Tomorrow's date is %i/%i/%.2i.\n",tomorrow.month,
                tomorrow.day, tomorrow.year % 100);

    return 0;
}

// Function to find the number of days in a month

int  numberOfDays  (struct date  d)
{
    int    days;
    bool  isLeapYear (struct date  d);
    const int    daysPerMonth[12] =
        { 31, 28, 31, 30, 31, 30, 31, 31, 30, 31, 30, 31 };

    if ( isLeapYear (d) == true &&  d.month == 2 )
        days = 29;
    else
        days = daysPerMonth[d.month - 1];

    return days;
}

// Function to determine if it's a leap year

bool  isLeapYear (struct date  d)
```

```
{
    bool   leapYearFlag;

    if ( (d.year % 4 == 0  &&  d.year % 100 != 0)   ||
              d.year % 400 == 0 )
        leapYearFlag = true;    // It's a leap year
    else
        leapYearFlag = false;   // Not a leap year

    return leapYearFlag;
}
```

**範例程式 8.3 輸出結果**

```
Enter today's date (mm dd yyyy): 2 28 2016
Tomorrow's date is 2/29/16
```

**範例程式 8.3 輸出結果（第二次執行）**

```
Enter today's date (mm dd yyyy): 2 28 2014
Tomorrow's date is 3/1/14.
```

在前面的程式中第一個值得注意的是，date 結構的定義出現在所有函式之前和外面。
這使得整個檔案知道它的定義。定義結構的行為非常像變數 ── 如果在一個特定的
函式中定義結構，只有該函式知道它的存在，此為區域（local）結構定義。如果您
在所有函式之外定義結構，該定義是全域的（global）。全域結構定義允許隨後在
程式中（在函式裡面或外面）定義該結構型態的變數。

在 main() 函式中，原型宣告：

```
 int   numberOfDays (struct date d);
```

通知 C 編譯器 numberOfDays() 函式回傳一個整數值，並接收一個型態為 struct date
的參數。

這裡不是如前面的範例中所做 today.day 的值和 daysPerMonth[today.month - 1] 的值
之比較，而是使用以下敘述：

```
 if  ( today.day != numberOfDays (today) )
```

從函式呼叫中可以看出，指定當前的結構作為參數傳遞。在 numberOfDays() 函式
中，必須進行適當的宣告以告知系統期望結構作為參數：

```
 int  numberOfDays  (struct date  d)
```

171

與普通變數一樣,但與陣列不同,函式對結構變數中包含的值所做的任何更改,都不會影響原始結構。它們僅影響在呼叫函式時所建立的結構副本。

numberOfDays() 函式一開始判斷年份是否為閏年,以及月份是否為二月。前者的判斷是經由呼叫另一個函式,isLeapYear()。您很快就會了解此函式。從以下 if 敘述:

```
if ( isLeapYear (d) == true   &&   d.month == 2 )
```

可以假設如果該年是閏年,isLeapYear() 函式將回傳 true,如果不是閏年,則回傳 false。這符合我們在第 5 章 "選擇" 中對布林變數的討論。回想一下,標頭檔 <stdbool.h> 為您定義了值 bool、true 和 false,這就是為什麼範例程式 8.3 一開始載入此檔案。

關於前面的 if 敘述一個有趣的地方是,函式名稱 isLeapYear() 的選擇。這個名稱使得 if 敘述可讀性高,意味著該函式回傳某種(yes)是/(no)否的答案。

回到程式,如果確定它是閏年的二月,則變數 days 的值被設為 29;否則,通過相應的 daysPerMonth 陣列的索引找出該月份的 days 值。然後,days 的值回傳到 main() 函式,繼續程式的執行,如範例程式 8.2 中所示。

isLeapYear() 函式很簡單 — 它只是以包含在 date 結構中的年份的參數進行測試,如果是閏年,則回傳 true; 如果不是閏年,則回傳 false。

使用結構更好的一個練習,是將判斷明天的日期的整個過程,獨立於一個函式。您可以呼叫新函式 dateUpdate() 並以今天的日期作為其參數。接著函式計算明天的日期,並將新的日期回傳給我們。範例程式 8.4 說明如何在 C 中處理這個問題。

**範例程式** 8.4 決定明天日期(修訂版 2)

```c
// Program to determine tomorrow's date

#include <stdio.h>
#include <stdbool.h>

struct  date
{
    int  month;
    int  day;
    int  year;
};

// Function to calculate tomorrow's date
```

```
struct date  dateUpdate (struct date  today)
{
    struct date  tomorrow;
    int  numberOfDays (struct date  d);

    if ( today.day != numberOfDays (today) ) {
        tomorrow.day = today.day + 1;
        tomorrow.month = today.month;
        tomorrow.year = today.year;
    }
    else if ( today.month == 12 ) {   // end of year
        tomorrow.day = 1;
        tomorrow.month = 1;
        tomorrow.year = today.year + 1;
    }
    else {                            // end of month
        tomorrow.day = 1;
        tomorrow.month = today.month + 1;
        tomorrow.year = today.year;
    }

    return tomorrow;
}

// Function to find the number of days in a month

int  numberOfDays  (struct date  d)
{
    int  days;
    bool isLeapYear (struct date  d);
    const int  daysPerMonth[12] =
       { 31, 28, 31, 30, 31, 30, 31, 31, 30, 31, 30, 31 };

    if ( isLeapYear (d)  &&  d.month == 2 )
        days = 29;
    else
        days = daysPerMonth[d.month - 1];

    return days;
}

// Function to determine if it's a leap year

bool  isLeapYear (struct date  d)
{
    bool  leapYearFlag;
```

```
    if ( (d.year % 4 == 0  &&  d.year % 100 != 0)  ||
                d.year % 400 == 0 )
        leapYearFlag = true;   // It's a leap year
    else
        leapYearFlag = false;  // Not a leap year

    return leapYearFlag;
}

int main (void)
{
    struct date  dateUpdate (struct date  today);
    struct date  thisDay, nextDay;

    printf ("Enter today's date (mm dd yyyy): ");
    scanf ("%i%i%i", &thisDay.month, &thisDay.day,
                &thisDay.year);

    nextDay = dateUpdate (thisDay);

    printf ("Tomorrow's date is %i/%i/%.2i.\n",nextDay.month,
                nextDay.day, nextDay.year % 100);

    return 0;
}
```

**範例程式 8.4 輸出結果**

```
Enter today's date (mm dd yyyy): 2 28 2016
Tomorrow's date is 2/29/16.
```

**範例程式 8.4 輸出結果（第二次執行）**

```
Enter today's date (mm dd yyyy): 2 22 2015
Tomorrow's date is 2/23/15.
```

在 main() 內，敘述：

```
 next_date = dateUpdate (thisDay);
```

說明了將結構傳遞給函式，並回傳一個結構的能力。dateUpdate() 函式具有適當的宣告，以指示函式回傳型態為 struct date 的值。函式內的程式碼與在範例程式 8.3 的 main() 函式中的程式碼相同。函式 numberOfDays() 和 isLeapYear() 也保持不變。

請您確實了解前面程式中函式呼叫的層次結構：main() 函式呼叫 dateUpdate()，它又呼叫 numberOfDays()，它又呼叫函式 isLeapYear()。

## 用於儲存時間的結構

假設您需要在程式中儲存以小時、分鐘和秒代表各種時間的值。由於您已經看到了 date 結構，這可幫助您有邏輯地將日、月和年組起來，似乎您已經可以很自然地使用結構，將小時、分鐘，以及秒組起來。結構定義很簡單，如下：

```
struct time
{
    int    hour;
    int    minutes;
    int    seconds;
};
```

大多數電腦以 24 小時制表示時間，其稱為軍事時間（military time）。這種表示避免了必須使用 a.m 或 p.m 來限定時間的麻煩。小時 0 從午夜 12 點開始，並每次增加 1，直到達到 23 點，即 11:00 p.m。因此，例如 4:30 意味著 4:30 am，而 16:30 代表 4:30 p.m；12:00 代表中午，00:01 代表午夜後 1 分鐘。

幾乎所有的電腦在系統中都有一個永遠運行著的時鐘。此時鐘用於多種目的，例如通知使用者當前時間、導致某些事件發生或在特定時間執行程式、或記錄事件發生的時間。通常都會有一或多個程式與時鐘相關聯。這些程式中也許有的要每秒執行一次，例如，更新儲存在記憶體中某處的當前時間。

假設想模擬前面描述的功能，開發一個每秒更新時間一次的程式。思考了一下，這個問題是非常類似於更新日期的問題。

正如發現第二天有一些特殊的要求，更新時間的過程也是如此。尤其，這些特殊情況必須處理：

1.　如果秒數達到 60，秒數必須重置為 0，分鐘數加 1。

2.　如果分鐘達到 60，分鐘必須重置為 0，小時增加 1。

3.　如果小時達到 24，則小時、分鐘和秒必須重置為 0。

範例程式 8.5 使用一個名為 timeUpdate() 的函式，它以當前時間為參數，並回傳一秒鐘後的時間。

範例程式 8.5 每秒更新時間一次

```c
// Program to update the time by one second

#include <stdio.h>

struct  time
{
    int  hour;
    int  minutes;
    int  seconds;
};

int main (void)
{
    struct time  timeUpdate (struct time  now);
    struct time  currentTime, nextTime;

    printf ("Enter the time (hh:mm:ss): ");
    scanf ("%i:%i:%i", &currentTime.hour,
            &currentTime.minutes, &currentTime.seconds);

    nextTime = timeUpdate (currentTime);

    printf ("Updated time is %.2i:%.2i:%.2i\n", nextTime.hour,
            nextTime.minutes, nextTime.seconds );

    return 0;
}

// Function to update the time by one second

struct time  timeUpdate (struct time  now)
{
    ++now.seconds;

    if ( now.seconds == 60 ) {      // next minute
        now.seconds = 0;
        ++now.minutes;

        if ( now.minutes == 60 ) {  // next hour
            now.minutes = 0;
            ++now.hour;
```

```
                if ( now.hour == 24 ) // midnight
                    now.hour = 0;
            }
        }

        return now;
    }
```

範例程式 8.5 輸出結果

```
Enter the time (hh:mm:ss): 12:23:55
Updated time is 12:23:56
```

範例程式 8.5 輸出結果（第二次執行）

```
Enter the time (hh:mm:ss): 16:12:59
Updated time is 16:13:00
```

範例程式 8.5 輸出結果（第三次執行）

```
Enter the time (hh:mm:ss): 23:59:59
Updated time is 00:00:00
```

main() 函式要求使用者輸入時間。scanf() 函式使用格式字串

```
"%i:%i:%i"
```

讀取資料。在格式字串中指定非格式字元（如 ":"）指示 scanf() 函式期望輸入該字元。因此，範例程式 8.5 中列出的格式字串，指定要輸入三個整數值 — 第一個和第二個之間用冒號分隔、第二個和第三個之間用冒號分隔。在第 15 章 "C 語言的輸入與輸出" 中，您將了解 scanf() 函式回傳一值，此表示以正確格式輸入值的個數。

輸入時間後，程式呼叫 timeUpdate() 函式，以 currentTime 作為參數傳遞。函式回傳的結果指定給 struct time 型態的變數 nextTime，然後使用適當的 printf() 顯示它。

timeUpdate() 函式以 now 的時間 "碰撞" 一秒鐘開始執行。接著進行測試以判斷秒數是否已經達到 60。如果是，則將秒重置為 0，並將分鐘增加 1。然後進行另一測試，以查看分鐘是否已經達到 60，如果是，則分鐘被重置為 0，並將小時增加 1。最後，若滿足兩個前述條件，則進行測試以查看小時是否等於 24；換句話說，正好是午夜。如果是，則將小時重置為 0。函式將包含已更新時間的 now 的值回傳給呼叫的函式。

# 初始化結構

初始一結構類似於初始一陣列,元素被列在一對大括號內,每個元素用逗號分隔。

要將 date 結構變數 today 初始化為 2015 年 7 月 2 日,可以使用以下敘述:

```
struct date  today = { 7, 2, 2015 };
```

以下敘述:

```
struct time  this_time = { 3, 29, 55 };
```

定義 struct time 變數 this_time,並將其值設為 3:29:55 a.m。與其它變數一樣,如果 this_time 是區域結構變數,則每次進入函式時都會被初始化。如果結構變數是靜態的(在它前面放置關鍵字 static),它只在程式執行開始時初始一次。在任何情況下,大括號中列出的初始值必須是常數運算式。

與陣列的初始化一樣,列出的值可能會少於結構中包含的元素。所以以下敘述:

```
struct time  time1 = { 12, 10 };
```

將 time1.hour 設為 12、time1.minutes 設為 10,但不為 time1.seconds 指定初始值。在這種情況下,其預設初始值是未定義的。

您還可以在初始化列表中指定成員名稱。在這種情況下,一般格式是:

```
.member = value
```

此方法使您能夠以任何順序初始成員,或者只初始指定的成員。例如:

```
struct time time1 = { .hour = 12, .minutes = 10 };
```

將 time1 變數設為與前一個範例中表示相同的初始值。以下敘述:

```
struct date today = { .year = 2015 };
```

將 date 結構變數 today 的 year 成員設為 2015。

# 複合文字

您可以使用所謂的複合文字(compound literals)在一個敘述中,為一個結構指定一個或多個值。例如,假設 today 已被宣告為 struct date 變數,如範例程式 8.1 中所示的 today 成員的指定,也可以在單一敘述中完成,如下所示:

```
today = (struct date) { 9, 25, 2015 };
```

注意，此敘述可以出現在程式的任何地方；它不是一個宣告敘述。型態轉換運算子用於告訴編譯器運算式的型態，在這種情況下是 struct date，後面是要指定給結構成員值的列表，按順序。這些值與初始結構變數相同的方式列出。

您還可以使用 .member 表示法來指定值，如下所示：

```
today = (struct date) { .month = 9, .day = 25, .year = 2015 };
```

使用這種方法的優點是參數可以任何順序出現。要是沒有明確指定成員名稱，它們必須按照在結構中定義的順序提供給其成員。

以下範例顯示了利用複合文字重寫範例程式 8.4 中的 dateUpdate() 函式：

```
// Function to calculate tomorrow's date iV using compound literals

struct date  dateUpdate (struct date  today)
{
    struct date  tomorrow;
    int  numberOfDays (struct date  d);

    if ( today.day != numberOfDays (today) )
        tomorrow = (struct date) { today.month, today.day + 1, today.year };
    else if ( today.month == 12 )        // end of year
        tomorrow = (struct date) { 1, 1, today.year + 1 };
    else                                 // end of month
        tomorrow = (struct date) { today.month + 1, 1, today.year };


    return tomorrow;
}
```

要不要在程式中使用複合文字取決於您。在這種情況下，複合文字的使用使得 dateUpdate() 函式更容易閱讀。

複合文字可在允許有效結構運算式的其它地方使用。以下是一個完全有效的，儘管是不切實際的例子：

```
nextDay =  dateUpdate ((struct date) { 5, 11, 2004} );
```

dateUpdate() 函式需要一個型態為 struct date 的參數，這正是複合文字的型態所提供的傳遞給函式的參數。

## 結構陣列

您已經看到結構,有邏輯地將相關元素集中在一起是多麼的好用。例如,對於 time 結構,每次程式使用它時,只需追蹤一個變數,而不是三個變數。所以,在一個程式中處理 10 個不同的時間,您只需要追蹤 10 個不同的變數,而不是 30。

處理 10 個不同時間更好的方法,涉及到 C 程式語言的兩個強大特性:結構和陣列。C 不限制在陣列中只儲存簡單的資料型態;定義結構陣列是合法的。例如:

```
struct time  experiments[10];
```

定義了一個名為 experiments 的陣列,它由 10 個元素組成。陣列裡面的每個元素被定義為 struct time 型態。類似地:

```
struct date  birthdays[15];
```

定義陣列 birthdays 包含 15 個 struct date 型態的元素。引用陣列中的結構元素是很自然的。要將 birthdays 陣列中的第二個生日設為 1986 年 8 月 8 日,可使用以下敘述:

```
birthdays[1].month = 8;
birthdays[1].day   = 8;
birthdays[1].year  = 1986;
```

要將包含在 experiments[4] 中的整個 time 結構,傳遞給一個名為 checkTime() 的函式,指定陣列元素如下:

```
checkTime (experiments[4]);
```

正如所料的,checkTime 函式宣告必須指定一個 struct time 的參數:

```
void checkTime (struct time  t0)
{
    .
    .
    .
}
```

包含結構陣列的初始化,類似於多維陣列的初始化。所以以下敘述:

```
struct time  runTime [5] =
    {  {12, 0, 0},  {12, 30, 0},  {13, 15, 0} };
```

將陣列 runTime 中的前三次設為 12:00:00、12:30:00 和 13:15:00。裡面的大括號是可有可無的,意味著前面的敘述可以等同地表示為:

```
struct time  runTime[5] =
    { 12, 0, 0, 12, 30, 0, 13, 15, 0 };
```

下面的敘述：

```
struct time runTime[5] =
    { [2] = {12, 0, 0} };
```

只將陣列的第三個元素初始為指定的值，而敘述：

```
static struct time runTime[5] = { [1].hour = 12, [1].minutes = 30 };
```

將 runTime 陣列的第二個元素的小時和分鐘分別設定為 12 和 30。

範例程式 8.6 設置一個名為 testTimes 的時間結構陣列。接著程式呼叫範例程式 8.5 的 timeUpdate 函式。

在範例程式 8.6 中，名為 testTimes 的陣列被定義為包含五個不同的時間。此陣列中的元素分別被初始為 11:59:59、12:00:00、1:29:59、23:59:59 和 19:12:27。圖 8.2 可以幫助您了解 testTimes 陣列在電腦記憶體中的實際狀況。經由適當的索引號 0-4 來存取儲存在 testTimes 陣列中的時間結構。再利用句點，成員名稱來存取特定成員（小時、分鐘或秒）。

對於 testTimes 陣列中的每個元素，範例程式 8.6 顯示由該元素代表的時間，呼叫範例程式 8.5 的 timeUpdate() 函式，顯示更新的時間。

**範例程式 8.6 展示結構陣列**

```
//  Program to illustrate arrays of structures

#include <stdio.h>

struct  time
{
    int  hour;
    int  minutes;
    int  seconds;
};

int main (void)
{
    struct time  timeUpdate (struct time  now);
    struct time  testTimes[5] =
        { { 11, 59, 59 }, { 12, 0, 0 }, { 1, 29, 59 },
          { 23, 59, 59 }, { 19, 12, 27 }};
```

```
    int  i;

    for ( i = 0;  i < 5;  ++i )  {
        printf ("Time is %.2i:%.2i:%.2i", testTimes[i].hour,
            testTimes[i].minutes, testTimes[i].seconds);

        testTimes[i] = timeUpdate (testTimes[i]);

        printf (" ...one second later it's %.2i:%.2i:%.2i\n",
            testTimes[i].hour, testTimes[i].minutes, testTimes[i].seconds);
    }

    return 0;
}

struct time  timeUpdate (struct time  now)
{
    ++now.seconds;

    if ( now.seconds == 60 )  {      // next minute
        now.seconds = 0;
        ++now.minutes;

        if ( now.minutes == 60 ) {  // next hour
            now.minutes = 0;
            ++now.hour;

            if ( now.hour == 24 ) // midnight
                now.hour = 0;
        }
    }

    return now;
}
```

範例程式 8.6 輸出結果

```
Time is 11:59:59 ...one second later it's 12:00:00
Time is 12:00:00 ...one second later it's 12:00:01
Time is 01:29:59 ...one second later it's 01:30:00
Time is 23:59:59 ...one second later it's 00:00:00
Time is 19:12:27 ...one second later it's 19:12:28
```

結構陣列在 C 中是一個非常強大和重要的概念。請務必要完全理解它。

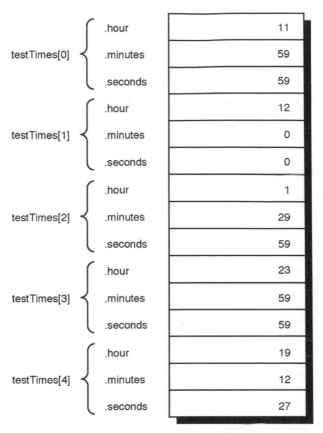

圖 8.2  記憶體中的 testTimes 陣列。

## 結構包含結構

C 提供了極大的彈性來定義結構。例如,您可以定義一個本身包含其它結構作為其一或多個成員的結構,或者可以定義包含陣列的結構。

您已經看到如何將月、日和年,集中到一個名為 date 的結構中,以及如何將小時、分鐘和秒,集中到一個名為 time 的結構中。在某些應用中,可能需要將日期和時間組合在一起。例如,可能需要設置一串列在特定日期和時間發生的事件。

前面討論暗示的是,您想要有一個方便的方法將日期和時間結合在一起。此時可以在 C 中定義一個新的結構(例如,dateAndTime)執行此操作,該結構包含兩個元素作為其成員:日期和時間。

```
struct dateAndTime
{
    struct date    sdate;
    struct time    stime;
};
```

此結構的第一個成員是 struct date 型態，名為 sdate。dateAndTime 結構的第二個成員是 struct time 型態，名為 stime。定義 dateAndTime 結構之前，已經定義了 date 結構和 time 結構。

現在可以定義 struct dateAndTime 型態的變數，如：

```
struct dateAndTime   event;
```

要參考變數 event 的 date 結構，語法是相同的：

```
event.sdate
```

因此，您可以將此日期作為參數來呼叫 dateUpdate() 函式，並將結果回傳到相同的地方，如下：

```
event.sdate = dateUpdate (event.sdate);
```

您可以使用包含在 dateAndTime 結構中的 time 結構執行類似的動作：

```
event.stime = timeUpdate (event.stime);
```

為了引用這些結構中的特定成員，要在後面加上句點和成員名稱：

```
event.sdate.month = 10;
```

此敘述將 event 中的 date 結構的 month 設為 10，另外，以下敘述：

```
++event.stime.seconds;
```

對 time 結構中的 seconds 遞增 1。

變數 event 以下一敘述初始化：

```
struct dateAndTime   event =
        { { 2, 1, 2015 }, { 3, 30, 0 } };
```

將變數 event 中的日期設為 2015 年 2 月 1 日，時間設為 3:30:00。

當然，也可以在初始化中使用成員名稱，如下：

```
struct dateAndTime event =
        { { .month = 2, .day = 1, .year = 2015 },
          { .hour = 3, .minutes = 30, .seconds = 0 }
        };
```

設置一個 dateAndTime 結構陣列，則利用下面的宣告：

```
struct dateAndTime  events[100];
```

陣列 events 被宣告為包含 100 個型態為 struct dateAndTime 的元素。陣列中的第四個 dateAndTime 以一般的方式引用為 events[3]，並且陣列中的第 i 個日期可以傳遞給 dateUpdate()函式，如下所示：

```
events[i].sdate = dateUpdate (events[i].sdate);
```

要將陣列中的第一個時間設為中午，可使用以下列敘述：

```
events[0].stime.hour    = 12;
events[0].stime.minutes = 0;
events[0].stime.seconds = 0;
```

# 結構包含陣列

正如本節的標題所示，可以定義包含陣列作為成員的結構。此形式最常見的應用是在結構中設置字元陣列。例如，假設要定義一個名為 month 的結構，其中成員包含當月天數以及月份名稱的三個字元縮寫。以下定義達成了這項工作：

```
struct   month
{
    int    numberOfDays;
    char   name[3];
};
```

這將設置一個 month 結構，其中包含一個名為 numberOfDays 的整數成員和一個名為 name 的字元成員。成員 name 實際上是一個三個字元的陣列。現在可以正常方式定義 struct month 型態的變數：

```
struct month  aMonth;
```

您可以給 aMonth 適當的欄位設置一月，使用以下的敘述：

```
aMonth.numberOfDays = 31;
aMonth.name[0] = 'J';
aMonth.name[1] = 'a';
aMonth.name[2] = 'n';
```

或者，使用以下敘述將此變數初始化為相同的值：

```
struct month  aMonth = { 31, { 'J', 'a', 'n' } };
```

進一步地，可以在陣列中設置 12 個月的結構以代表一年中的每一個月：

```
struct month  months[12];
```

範例程式 8.7 說明了 months 陣列。它的目的只是簡單地在陣列裡面設置初始值，然後顯示這些值。

圖 8.3 可以容易地知道如何引用 months 陣列的元素。

**範例程式** 8.7 展示結構和陣列

```
// Program to illustrate structures and arrays

#include <stdio.h>

int main (void)
{
    int  i;

    struct  month
    {
        int    numberOfDays;
        char   name[3];
    };

    const struct month  months[12] =
    { { 31, {'J', 'a', 'n'} },  { 28, {'F', 'e', 'b'} },
      { 31, {'M', 'a', 'r'} },  { 30, {'A', 'p', 'r'} },
      { 31, {'M', 'a', 'y'} },  { 30, {'J', 'u', 'n'} },
      { 31, {'J', 'u', 'l'} },  { 31, {'A', 'u', 'g'} },
      { 30, {'S', 'e', 'p'} },  { 31, {'O', 'c', 't'} },
      { 30, {'N', 'o', 'v'} },  { 31, {'D', 'e', 'c'} } };

    printf ("Month    Number of Days\n");
    printf ("-----    --------------\n");

    for ( i = 0;  i < 12;  ++i )
        printf (" %c%c%c           %i\n",
            months[i].name[0], months[i].name[1],
            months[i].name[2], months[i].numberOfDays);

    return 0;
}
```

範例程式 8.7　輸出結果

```
Month    Number of Days
-----    --------------
 Jan          31
 Feb          28
 Mar          31
 Apr          30
 May          31
 Jun          30
 Jul          31
 Aug          31
 Sep          30
 Oct          31
 Nov          30
 Dec          31
```

如圖 8.3 所示，符號：

```
months[0]
```

指 months 陣列第一個位置的整個 month 結構。此運算式的型態為 struct month。 因此，當要將 months[0] 傳遞給一個函式作為參數時，函式中對應的形式參數必須要宣告為 struct month 型態。

接下來的運算式：

```
months[0].numberOfDays
```

指 months[0] 中的 month 結構的 numberOfDays 成員。此運算式的型態為 int。運算式：

```
months[0].name
```

引用 months[0]的 month 結構中名為 name 的三字元陣列。如果將此運算式作為參數傳遞給函式，則相對應的形式參數必須宣告為 char 型態的陣列。

最後，運算式：

```
months[0].name[0]
```

引用 months[0] 中 name 陣列的第一個字元（字元 'J'）。

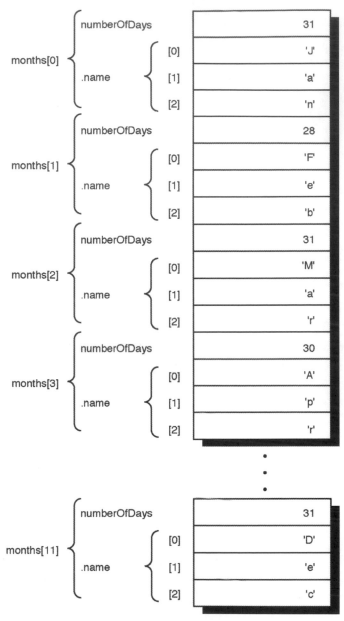

圖 8.3 months 陣列結構

## 結構變體

定義結構有一些彈性。首先，在定義結構的同時，宣告該結構型態的變數是合法的。這可在結構定義結束的分號之前，寫上變數名稱（一個或多個）來完成。例如，敘述：

```
struct   date
{
    int   month;
    int   day;
    int   year;
} todaysDate, purchaseDate;
```

定義結構 date，並宣告變數 todaysDate 和 purchaseDate 為這種型態。您還可以用正常的方式為變數指定初始值。如下敘述：

```
struct   date
{
    int   month;
    int   day;
    int   year;
} todaysDate = { 1, 11, 2005 };
```

為定義結構 date 和初始變數 todaysDate 的值。

如果在定義結構時定義了該結構型態的所有變數，則可以省略結構名稱。以下敘述：

```
struct
{
    int   month;
    int   day;
    int   year;
} dates[100];
```

為定義一個名為 dates 的陣列，由 100 個元素組成。每個元素是包含三個整數成員的結構：月、日和年。由於沒有為結構提供名字，所以隨後要宣告該型態的變數的唯一方法是，要再次明確地定義結構。

已經知道如何使用結構來方便地引用單一標籤下的一組資料。您還在本章中看到如何輕鬆地定義結構陣列，並使用函式處理它們。在下一章，您將會學到如何使用字元陣列，此稱為字串。在繼續下一章之前，請先做以下的習題。

# 習題

1. 輸入並執行本章介紹的七個程式。比較由每個程式產生的輸出結果和內文中每個程式之後呈現的輸出結果。

2. 在某些應用中，特別是在金融領域，通常需要計算兩個日期之間經過的天數。例如，2015 年 7 月 2 日至 2015 年 7 月 16 日之間的天數為 14 天。那麼，2014 年 8 月 8 日至 2015 年 2 月 22 日之間有多少天呢？這個計算需要更多的思考。

   幸運的是，有公式可用來計算兩個日期之間的天數。經由計算兩個日期中每一個 N 的值，然後取其差來獲得，其中 N 的計算如下：

   N = 1461 x f(year, month) / 4 + 153 x g(month) / 5  + day

   當：

   ```
   f(year, month)    =    year - 1       if  month <= 2
                          year           otherwise


   g(month)  =         month + 13     if month <= 2
                       month + 1      otherwise
   ```

   作為應用公式的範例，計算 2004 年 8 月 8 日至 2005 年 2 月 22 日之間的天數，您可以將適當的值代入前面的公式中，計算 $N^1$ 和 $N^2$ 的值，如下所示：

   ```
   N¹   = 1461 x f(2004, 8) / 4  +  153 x g(8) / 5  +  3
        = (1461 x 2004) / 4  +  (153 x 9) / 5  +  3
        = 2,927,844 / 4  +  1,377 / 5  +  3
        = 731,961 + 275 + 3
        = 732,239

   N²   = 1461 x f(2005, 2) / 4  +  153 x g(2) / 5  +  21
        = (1461 x 2004) / 4  +  (153 x 15) / 5  +  21
        = 2,927,844 / 4  +  2295 / 5  +  21
        = 731,961 + 459 + 21
        = 732,441
   ```

   | 經過天數 | $= N^2 - N^1$ |
   |---|---|
   | | $= 732,441 - 732,239$ |
   | | $= 202$ |

   因此，兩個日期之間的天數為 202。上述公式適用於 1900 年 3 月 1 日之後的任何日期（1800 年 3 月 1 日至 1900 年 2 月 28 之間的日期必須為 N 加 1，1700 年 3 月 1 日和 1800 年 2 月 28 日之間的日期必須為 N 加 2）。

   請撰寫一程式，允許使用者輸入兩個日期，然後計算兩個日期之間經過的天數。嘗試將程式邏輯結構化為單獨的函式。例如，應該有一個函式接收 date

結構作為參數，並回傳如前所示的 N 值。可以呼叫此函式兩次，每次為一個日期，然後計算差值以確定經過天數。

3. 請撰寫一 elapsed_time 函式，它以兩個 time 結構作為參數，並回傳一個代表兩個時間之間所經過時間（以小時、分鐘和秒為單位）的 time 結構。對於以下呼叫：

```
elapsed_time (time1, time2)
```

當其中的 time1 代表 3:45:15，而 time2 代表 9:44:03，應回傳代表 5 小時、58 分鐘和 48 秒的 time 結構。小心跨過午夜的時間。

4. 如果採用在習題 2 中計算出來的 N 值減去 621,049，取該結果除以 7 的模數，您將得到一個從 0 到 6 的數字，分別代表星期日到星期六的某一日。例如，2004 年 8 月 8 日的 N 值是先前計算出來的 732,239。732,239 - 621,049 得 111,190，而 111,190 %7 得 2，表示此日期屬於星期二。

請使用上一個習題的函式開發一程式，用以顯示特定日期的星期。請確保程式以英語（例如 "Monday"）顯示星期。

5. 請撰寫一個名為 clockKeeper() 的函式，其參數為本章所定義的 dateAndTime 結構。該函式呼叫 timeUpdate() 函式，若時間到達午夜，clockKeeper() 函式呼叫 dateUpdate 函式更新到第二天。讓函式回傳更新後的 dateAndTime 結構。

6. 將範例程式 8.4 中的 dateUpdate() 函式，替換為使用內文中提供的複合文字修改之函式。執行程式以驗證它是否正常運算。

# 9

# 字串

現在，我們要更詳細地來探究字串。資料的運作是執行程式最重要的功能之一。在各種資料格式中，數字只涵蓋一半而已。您還需要處理單字、字元，以及字母數字的組合。雖然 C 語言沒有像其它語言一樣有字串資料型態，但您已經看到，char 資料型態與陣列的結合可以達成您所需要的。此外，還有函式庫以及可以親自撰寫處理字串資料的函式。本章涵蓋了相關基礎知識，包括：

* 理解字元陣列
* 使用可變長度的字元陣列
* 使用轉義字元
* 在結構中添加字元陣列
* 對字串執行資料操作

## 再訪字串的基礎概念

在第 2 章撰寫第一個 C 程式時，就已經介紹字串了。在以下敘述中：

```
printf ("Programming in C is fun.\n");
```

傳遞給 printf() 函式的參數是字串

```
"Programming in C is fun.\n"
```

雙引號用來界定字串，它可包含字母、數字或特殊字元（雙引號除外）的任何組合。但您很快將會看到，可在字串中包含雙引號。

在介紹 char 資料型態時，宣告為此型態的變數只能包含一個字元。要將單一字元（single character）指定給此類變數，必須以單引號括住該字元。因此，指定敘述：

```
plusSign = '+';
```

乃將字元 '+' 指定給變數 plusSign，假設它已適當地被宣告了。此外，您也學到單引號和雙引號之間的區別，如果 plusSign 被宣告為 char 型態，那麼以下敘述：

```
plusSign = "+";
```

是不正確的。請記住，在 C 中，單引號和雙引號用於建立兩種不同型態的常數。

# 字元陣列

如果您想能夠處理容納多於一個字元的變數[1]，這正是字元陣列發揮作用的地方。

在範例程式 6.6 中，定義一個名為 word 的字元陣列，如下所示：

```
char  word [] = { 'H', 'e', 'l', 'l', 'o', '!' };
```

記住，在沒有指定陣列大小的情況下，C 編譯器會根據初始值的數量，自動計算陣列中元素的個數，此敘述在記憶體中保留六個字元的空間，如圖 9.1 所示。

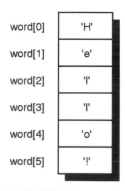

圖 9.1 記憶體中的 word 陣列。

---

[1] 回想一下，型態 wchar_t 可用於表示所謂的寬字元（wide characters），但它是用於處理國際字元集的單一字元。此處的討論是有關儲存多個字元的序列。

要印出 word 陣列的內容，需要遊走陣列中的每個元素，並使用 %c 格式字元來顯示它。

使用這種技術，可以建立一些有用的函式來處理字串。經常對字串執行的操作包括將兩個字串合併在一起（連接）、將一個字串複製到另一個、提取字串的某一部分（子字串）、以及判斷兩個字串是否相等（也就是判斷它們是否包含相同的字元）。先來採取第一個提到的連接之操作，並開發一個函式來執行這個任務。

您可以定義 concat() 函式的呼叫如下：

```
concat (result, str1, n1, str2, n2);
```

其中 str1 和 str2 表示要連接的兩個字元陣列，n1 和 n2 表示各個陣列中的字元數量。這使函式變得有彈性，以便可以連接任意長度的兩個字元陣列。參數 result 代表串聯字元陣列 str1 和 str2 後的目標字元陣列。請參閱範例程式 9.1。

**範例程式 9.1　連接字元陣列**

```
// Function to concatenate two character arrays

#include <stdio.h>

void  concat (char  result[], const char  str1[], int  n1,
                    const char  str2[], int  n2)
{
    int  i, j;

    // copy str1 to result

    for ( i = 0;  i < n1;  ++i )
        result[i] = str1[i];

    // copy str2 to result

    for ( j = 0;  j < n2;  ++j )
        result[n1 + j] = str2[j];
}

int main (void)
{
    void    concat (char  result[], const char  str1[], int  n1,
                        const char  str2[], int  n2);
    const  char    s1[5] = { 'T', 'e', 's', 't', ' ' };
    const  char    s2[6] = { 'w', 'o', 'r', 'k', 's', '.' };
```

```
    char    s3[11];
    int     i;

    concat (s3, s1, 5, s2, 6);

    for ( i = 0;  i < 11;  ++i )
        printf ("%c", s3[i]);

    printf ("\n");

    return 0;
}
```

範例程式 9.1 輸出結果

```
Test works.
```

concat() 函式中的第一個 for 迴圈，將字元從 str1 陣列複製到 result 陣列中。這迴圈執行 n1 次，此為 str1 陣列的字元數量。

第二個 for 迴圈將 str2 複製到 result 陣列中。由於 str1 的長度為 n1 個字元，所以複製到 result 的 result[n1] 之後 ── 緊跟在 str1 最後一個字元所在的位置。在這個 for 迴圈完成後，result 陣列包含 n1+n2 個字元，代表 str2 連接到 str1 的尾端。

在 main() 函式中，定義了兩個 const 字元陣列，s1 和 s2。第一個陣列被初始為字元 'T'、'e'、's'、't' 和 ' '。最後一個字元為空白，是一個有效的字元常數。第二個陣列被初始為字元 'w'、'o'、'r'、'k'、's' 和 '.'。第三個字元陣列 s3 被定義為具有足夠的空間，來容納 s1 連接 s2，即 11。它沒有宣告為 const 陣列，因為它的內容將被改變。

以下函式呼叫：

```
 concat (s3, s1, 5, s2, 6);
```

呼叫 concat() 函式將字元陣列 s1 和 s2 連接到目標陣列 s3。傳遞給函式的參數 5 和 6，分別表示 s1 和 s2 中的字元數量。

在 concat() 函式完成執行並回到 main()之後，設置一個 for 迴圈以顯示函式呼叫的結果。顯示 s3 的 11 個元素，從程式的輸出中可以看出，concat() 函式似乎正常運作。在前面的範例程式中，假設了 concat() 函式的第一個參數 ── result 陣列 ── 包含足夠的空間來保有所產生的連接字元陣列。否則可能在程式執行時產生不可預測的結果。

## 可變長度字串

您可以採用與 concat() 函式類似的方法，來定義其它函式以處理字元陣列。也就是說，您可以開發一組函式，其中每個都有一個或多個字元陣列和它們的字元數量做為參數。不幸的是，在使用這些函式一段時間後，您會發現在程式中追蹤每個字元陣列所包含的字元個數是有點乏味的 ─ 尤其是當您使用陣列儲存不同大小的字串時。您需要的是一種不必擔心已經儲存了多少字元的處理字元陣列的方法。

有一基於在每個字串的結尾放置一個特殊字元的方法。以這種方式，函式可以在遇到該特殊字元之後，確定它已經到達字串的尾端。開發處理這種方式的字串的函式，您可以不需要指定字串中的字元數量。

在 C 語言中，用於表示字串結束的特殊字元稱為空字元（null character），並寫為 '\0'。所以，以下敘述：

```
const char  word [] = { 'H', 'e', 'l', 'l', 'o', '!', '\0' };
```

定義了一個包含七個字元的字元陣列，其中最後一個是空字元。（回憶一下，反斜線字元 [\] 是 C 語言中的特殊字元，不計為單獨的字元；因此，在 C 中 '\0' 表示一個字元。）圖 9.2 描述了 word 陣列。

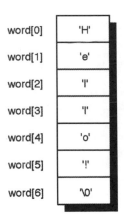

| word[0] | 'H' |
| word[1] | 'e' |
| word[2] | 'l' |
| word[3] | 'l' |
| word[4] | 'o' |
| word[5] | '!' |
| word[6] | '\0' |

圖 9.2　以空字元結尾的 word 陣列

為了說明如何使用這些可變（variable-length）長度字串，請撰寫一個函式來計算字串中的字元數量，如範例程式 9.2 所示。呼叫 stringLength() 函式，並以空字元結尾的陣列作為參數。此函式計算陣列中的字元數量，並將此值回傳給呼叫函式。將陣列的字元數量，定義為碰到空字元（不包含）的字元個數。所以，呼叫函式：

```
stringLength (characterString)
```

如果 characterString 陣列定義如下，應回傳 3：

```
char   characterString[] = { 'c', 'a', 't', '\0' };
```

**範例程式 9.2 計算字串中的字元數量**

```c
// Function to count the number of characters in a string

#include <stdio.h>

int  stringLength (const char  string[])
{
    int  count = 0;

    while ( string[count] != '\0' )
        ++count;

    return count;
}

int main (void)
{
    int    stringLength (const char  string[]);
    const char  word1[] = { 'a', 's', 't', 'e', 'r', '\0' };
    const char  word2[] = { 'a', 't', '\0' };
    const char  word3[] = { 'a', 'w', 'e', '\0' };

    printf ("%i    %i    %i\n", stringLength (word1),
            stringLength (word2), stringLength (word3));

    return 0;
}
```

**範例程式 9.2 輸出結果**

```
5    2    3
```

stringLength() 函式宣告其參數為一個 const 字元陣列，因為它不對陣列進行任何更改，只是計算其大小而已。

在 stringLength() 函式內，定義變數 count 並將其值設為 0。程式進入 while 迴圈，走訪字串陣列，直到 null 字元為止。當函式到達此字元時，表示字串已結束，然後退出 while 迴圈，並回傳 count 的值。此值表示字串中的字元個數，不包括空字元。您可能希望以小的字元陣列追縱此迴圈的運作，以驗證退出迴圈時 count 的值，實際上等於陣列中的字元數量，其不包括空字元。

在 main() 函式中，定義了三個字元陣列，word1、word2 和 word3。printf() 函式顯示對這三個字元陣列呼叫 stringLength() 函式的結果。

## 初始化和顯示字串

現在回到範例程式 9.1 的 concat() 函式，並使用可變長度的字串重新撰寫它。顯然地函式必須改變一些，因為我們不再以兩個陣列的字元個數做為參數傳遞。該函式現在只需要三個參數：要連接的兩個字元陣列和要置放結果的字元陣列。

在深入這個程式之前，應先了解 C 所提供兩個用來處理字串的特性。

第一個特性涉及字元陣列的初始化。C 允許簡單地指定常數字串，而不必列出多個單一字元來初始化字元陣列。所以以下敘述：

```
char  word[] = { "Hello!" };
```

可用於設置具有初始字元 'H'、'e'、'l'、'l'、'o'、'！' 和 '\ 0' 的 word 字元陣列。以這種方式初始字元陣列時，也可以省略括號。所以以下敘述：

```
char word[] =  "Hello!";
```

是完全合法的。兩個敘述都等同於以下敘述：

```
char  word[] = { 'H', 'e', 'l', 'l', 'o', '!', '\0' };
```

如果明確指定陣列大小，請確保為空字元留出足夠的空間。所以，在以下敘述中：

```
char  word[7] = { "Hello!" };
```

編譯器在陣列中有足夠的空間放置結束的空字元。然而，在以下敘述中：

```
char  word[6] = { "Hello!" };
```

編譯器無法在陣列尾端配置一個空字元，因此它不會在那裡放置空字元（它也不會抱怨）。

一般來說，無論它們出現在程式的哪一地方，C 語言的字串常數都會被空字元自動終止。這個事實有助於諸如 printf() 之類的函式，用以判斷何時到達字串的末端。所以，在以下呼叫：

```
printf ("Programming in C is fun.\n");
```

空字元被自動放置在字串的換行字元後面，從而使得 printf() 函式能夠判斷它何時到達格式字串的尾端。

這裡要提到的另一個特徵是涉及字串的顯示。printf() 格式字串中的特殊格式字元 %s 可用於顯示由空字元結尾的字元陣列。因此，如果 word 是一個以 null 結尾的字元陣列，則以下 printf() 呼叫：

```
printf ("%s\n", word);
```

可以用來顯示 word 陣列的全部內容。該 printf() 函式假設當它遇到 %s 格式字元時，其對應的參數是以空字元結尾的字串。

剛剛描述的兩個特性出現於範例程式 9.3 的 main() 函式中，此範例說明了您修改的 concat() 函式。因為不再以每個字串的字元個數做為參數傳遞給函式，所以該函式必須測試何時到達空字元，以判斷到達字串的結尾。此外，當 str1 被複製到 result 陣列，要確保不要把空字元也複製了，因為它將結束 result 陣列。但是需要在複製 str2 後，在 result 陣列中放置一個空字元，以指示新建立的字串的結尾。

### 範例程式 9.3 連結字串

```c
#include <stdio.h>

int main (void)
{
    void   concat (char   result[], const char   str1[], const char   str2[]);
    const char   s1[] = { "Test " };
    const char   s2[] = { "works." };
    char   s3[20];

    concat (s3, s1, s2);

    printf ("%s\n", s3);

    return 0;
}
```

```
// Function to concatenate two character strings

void concat (char  result[], const char  str1[], const char  str2[])
{
    int  i, j;

    // copy str1 to result

    for ( i = 0;  str1[i] != '\0';  ++i )
        result[i] = str1[i];

    // copy str2 to result

    for ( j = 0;  str2[j] != '\0';  ++j )
        result[i + j] = str2[j];

    // Terminate the concatenated string with a null character

    result [i + j] = '\0';
}
```

範例程式 9.3 輸出結果

```
Test works.
```

在 concat() 函式的第一個 for 迴圈中，將 str1 所包含的字元複製到 result 陣列，直到空字元為止。由於 for 迴圈在遇到空字元時會立即終止，所以空字元不會被複製到 result 陣列。

在第二個迴圈中，str2 的字元直接複製到 result 陣列中 str1 最後一個字元的後面。此迴圈利用以下技巧：當第一個 for 迴圈完成執行時，i 的值等於 str1 中的字元個數，但不包含空字元。因此，以下指定敘述：

```
 result[i + j] = str2[j];
```

將字元從 str2 複製到 result 適當的位置。

第二個迴圈完成後，concat() 函式在字串的末尾放置一個空字元。研究一下此函式，以確保您了解 i 和 j 的使用。當處理字串時，許多的程式錯誤都是涉及使用索引值偏離 1 所產生的。

記住，要引用陣列的第一個字元，要使用索引值 0。此外，如果字元陣列 string 包含 n 個字元，不包括空字元，則 string[n-1] 引用字串中的最後一個字元（非空字元），而 string[n] 引用空字元。此外，字串必須定義為至少包含 n + 1 個字元，請記住，空字元佔用陣列中的一個位置。

回到程式，main() 函式定義兩個 char 陣列 s1 和 s2，並使用前面所描述新的初始化技術設定它們的值。陣列 s3 被定義為含有 20 個字元，從而確保為連接的字串保留足夠的空間，並且避免必須精確地計算其大小的麻煩。

然後，使用三個字串 s1、s2 和 s3 作為參數呼叫 concat 函式。在 concat 函式回傳後，使用格式字元 %s 顯示 s3 中包含的結果。雖然 s3 被定義為包含 20 個字元，但 printf() 函式只顯示從陣列的開始到空字元之間的字元。

## 測試兩個字串是否相同

您不能直接使用以下敘述，測試兩個字串看看它們是否相同：

```
if ( string1 == string2 )
    ...
```

因為相等運算子只能應用於簡單的變數型態，如浮點數、整數或字元，而不適用於較複雜的型態，例如結構或陣列。

要判斷兩個字串是否相同，必須逐字明確地比較兩個字串。如果同時到達兩個字串的末尾，並且直到該點的所有字元都相同，則這兩個字串相同；否則，它們不相同。

開發一個可用於比較兩個字串的函式也許是一個好主意，如範例程式 9.4 所示。您可以呼叫 equalsStrings() 函式，並以要比較的兩個字串作為參數傳遞。由於只想判斷兩個字串是否相同，若兩個字串是相同的，則讓函式回傳一個 bool 值 true（或非零），如果不是，則回傳 false（或零）。如此，該函式可以直接在測試敘述中使用，如下：

```
if  ( equalStrings (string1, string2) )
    ...
```

範例程式 9.4  測試字串是否相等

```c
// Function to determine if two strings are equal

#include <stdio.h>
#include <stdbool.h>

bool equalStrings (const char  s1[], const char  s2[])
{
    int  i = 0;
    bool areEqual;

    while ( s1[i] == s2 [i]  &&
                s1[i] != '\0' && s2[i] != '\0' )
```

```
        ++i;

    if ( s1[i] == '\0'  &&  s2[i] == '\0' )
        areEqual = true;
    else
        areEqual = false;

    return areEqual;
}


int main (void)
{
    bool   equalStrings (const char   s1[], const char   s2[]);
    const char   stra[] = "string compare test";
    const char   strb[] = "string";

    printf ("%i\n", equalStrings (stra, strb));
    printf ("%i\n", equalStrings (stra, stra));
    printf ("%i\n", equalStrings (strb, "string"));

    return 0;
}
```

範例程式 9.4 輸出結果

```
0
1
1
```

equalStrings() 函式使用一個 while 迴圈走訪字串 s1 和 s2。當只要兩個字串的字元仍相同（s1[i] == s2[i]），並且只要還沒到達任一個字串的結尾（s1[i] != '\0' && s2[i] != '\0'）則將持續執行迴圈。變數 i，用作兩個陣列的索引值，每次通過 while 迴圈時，遞增 1。

在 while 迴圈之後執行 if 敘述，用以判斷是否同時到達字串 s1 和 s2 的結尾。您可以使用以下敘述：

```
 if ( s1[i] == s2[i] )
     ...
```

實現相同的效果。如果確實在兩個字串的結尾，字串必然是相同的，在這種情況下，areEqual 被設為 true，並回傳給呼叫函式。否則，字串不相同，isEqual 被設為 false 並加以回傳。

在 main() 中，設置兩個字元陣列 stra 和 strb，並指定初始值。第一次呼叫 equalStrings() 函式，將這兩個字元陣列作為參數傳遞。因為這兩個字串不相同，所以函式回傳 false（或 0）。

第二次呼叫 equalStrings() 函式傳遞字串 stra 兩次。該函式回傳 true，表示兩個字串相同，由程式的輸出結果可驗證。

第三次呼叫 equalStrings() 函式略更有趣。從這個例子可以看出，您可以將一個常數字串，傳遞給需要一個字元陣列作為參數的函式。在第 10 章 "指標" 中，將會看到這是如何運作的。equalStrings() 函式用以比較 strb 的字串和 "string" 字串，它回傳 true，表示這兩個字串是相同的。

# 輸入字串

現在您習慣使用 %s 格式字元來顯示字串。但是，從鍵盤讀取一個字串該如何進行？嗯，在您的系統上，有幾個函式用以輸入字串。scanf() 函式使用 %s 格式字元讀取字串，直到第一個空白、tab、或行尾（換行字元）為止。所以，以下敘述：

```
char   string[81];

scanf ("%s", string);
```

讀取輸入的字串並將其儲存在字元陣列 string 中。注意，與先前的 scanf() 不一樣，在讀取字串的情況下，在陣列名稱之前不用放置 & 符號（將於第 10 章解釋原因）。

如果執行前面的 scanf() 呼叫，並輸入以下字串：

```
Gravity
```

scanf() 函式將讀取字串 "Gravity"，並將其儲存在 string 陣列中。如果改為輸入以下字串：

```
iTunes playlist
```

則只有字串 "iTunes" 被儲存於 string 陣列，因為 scanf() 後的空白終止了字串。如果再次呼叫 scanf()，這次字串 "playlist" 將被儲存到 string 陣列，因為 scanf() 函式總是從最近讀取的字元繼續掃描。

scanf() 函式自動以空字元終止所讀取的字串。所以，以下列的字串執行前面的 scanf() 呼叫：

```
abcdefghijklmnopqrstuvwxyz
```

使得將整個小寫字元儲存於 string 陣列的前 26 個位置，string[26] 被自動設為空字元。

如果將 s1、s2 和 s3 定義為適當大小的字元陣列，則執行以下敘述：

```
scanf ("%s%s%s", s1, s2, s3);
```

與以下的文字：

```
mobile app development
```

將把字串 "mobile" 指定給 s1，把 "app" 指定給 s2，並把 "development" 指定給 s3。
如果改為輸入以下文字：

```
tablet computer
```

此時將字串 "tablet" 指定給 s1，"computer" 指定給 s2。因為沒有更多的字元出現在
行上，所以 scanf() 函式還在等待輸入更多的資料。

在範例程式 9.5 中，scanf() 用於讀取三個字串。

**範例程式 9.5 使用 scanf() 讀取字串**

```c
//  Program to illustrate the %s scanf format characters

#include <stdio.h>

int main (void)
{
    char  s1[81], s2[81], s3[81];

    printf ("Enter text:\n");

    scanf ("%s%s%s", s1, s2, s3);

    printf ("\ns1 = %s\ns2 = %s\ns3 = %s\n", s1, s2, s3);
    return 0;
}
```

**範例程式 9.5 輸出結果**

```
Enter text:
smart phone
apps

s1 = smart
s2 = phone
s3 = apps
```

在前面的程式中，呼叫 scanf() 函式讀取三個字串：s1、s2 和 s3。由於第一行文字只包含兩個字串 ─ 其中 scanf() 的字串定義是一個直到空白、tab 或行尾的字元序列 ─ 所以程式等待輸入更多的文字。在這之後，使用 printf() 呼叫來驗證字串 "smart"、"phone" 和 "apps" 被分別儲存於字串陣列 s1、s2 和 s3 內。

如果在前面的程式連續輸入超過 80 個字元都不按空白鍵、Tab 鍵或 Enter（或 Return）鍵的情況下，scanf() 會溢出其中一個字元陣列。這可能會導致程式異常終止或不可預測的事情發生。不幸的是，scanf() 沒有辦法知道字元陣列有多大。當使用 %s 格式時，它只會繼續讀取和儲存字元，直到到達一個終止字元。

如果在 scanf 格式字串中的 % 之後放置一個數字，這將告訴 scanf 要讀取的最大字元個數。如果您使用以下 scanf 呼叫：

```
 scanf ("%80s%80s%80s", s1, s2, s3);
```

而不是範例程式 9.5 中所表示的，scanf 知道不超過 80 個字元被讀取，並儲存到 s1、s2 或 s3 中。（您仍必須為 scanf 儲存在陣列末尾的終止空字元留出空間，這就是為什麼使用%80s 而不是%81s 的原因。）

## 單一字元輸入

標準函式庫提供了幾個用於讀寫單一字元和整個字串的功能。可以使用名為 getchar() 的函式讀取單一字元。重複呼叫 getchar() 函式將從輸入得到連續多個單一字元。當到達行尾時，函式回傳換行字元 '\n'。因此，如果輸入字元 "abc"，緊接著按 Enter（或 Return）鍵，則 getchar() 函式的第一次呼叫回傳字元 'a'，第二次呼叫回傳字元 'b'，第三次呼叫回傳 'c'，第四個呼叫回傳換行字元 '\ n'。對該功能的第五次呼叫，程式會等待您輸入進一步的字元。

您可能想知道，為什麼有了以 scanf() 函式的 %c 格式字元讀取一個字元，還需要 getchar() 函式。為此，使用 scanf() 函式是一個十分有效的方法；然而，getchar() 函式是一個更直接的方法，因為它唯一目的是讀取單一字元，所以，它不需要任何參數。該函式回傳一個可指定給變數或程式所需的單一字元。

在許多文字處理應用中，您需要讀取整行文字。這一行文字經常被儲存在一個地方 ─ 通稱為 "緩衝區" ─ 並在這裡進一步處理。在這種情況下使用帶有 %s 格式字元的 scanf() 起不了作用，因為一旦在輸入中遇到空白字元，字串就會終止。函式庫中還有一個名為 gets() 的函式。這個函式唯一目的是讀取一行文字。一個有趣的程式練習，範例程式 9.6 顯示如何使用 getchar() 函式開發一個類似於 gets() 函式的函式，稱為 readLine()。該函式接收一個參數：一個字元陣列，用作儲存一行文字。函式讀取不包括換行字元的字元，並儲存在此陣列中。

**範例程式 9.6 讀取資料行**

```c
#include <stdio.h>

int main (void)
{
    int    i;
    char   line[81];
    void   readLine (char  buffer[]);

    for ( i = 0; i < 3; ++i )
    {
        readLine (line);
        printf ("%s\n\n", line);
    }

    return 0;
}

// Function to read a line of text from the terminal

void  readLine (char  buffer[])
{
    char   character;
    int    i = 0;

    do
    {
        character = getchar ();
        buffer[i] = character;
        ++i;
    }
    while ( character != '\n' );

    buffer[i - 1] = '\0';
}
```

範例程式 9.6 輸出結果

```
This is a sample line of text.
This is a sample line of text.

abcdefghijklmnopqrstuvwxyz
abcdefghijklmnopqrstuvwxyz

runtime library routines
runtime library routines
```

readLine() 函式中的 do 迴圈，用於在字元陣列 buffer 內建立輸入行。getchar() 函式回傳的每個字元都被儲存到陣列的下一個位置。當到達換行字元時 — 到達結尾的標誌 — 退出迴圈。接著將空字元放到陣列內以終止字串，替換上次執行迴圈時，儲存在其中的換行字元。索引值 i‐1 指出陣列中的正確位置，因為索引值在執行最後一次迴圈時額外增加了一單位。

main() 函式定義一個名為 line 的字元陣列，有足夠的空間保留 81 個字元。這確保整行（標準的螢幕每一列的長度是 80 個字元）加上空字元可以儲存在陣列內。但是，即使在每列顯示 80 個或更少字元的視窗中，如果您持續地輸入而不按 Enter（或 Return）鍵，仍然有可能溢出陣列。最好擴展 readLine() 函式，以接收緩衝區的大小做為第二個參數。以這種方式，可確保函式不會超過緩衝區的容量。

另一個好的做法是，加入提示訊息來提高與使用者的互動性，告知使用者程式正在等待什麼。在 readLine() 函式中的 do ... while 迴圈之前，加入幫助使用者更清楚程式所期望的輸入：

```
 printf("Enter a line of text, up to 80 characters. Hit enter when done:\n");
```

也可以指定您所期望輸入的格式，例如金額前的美元符號（$），或時間的小時和分鐘之間的冒號（:）。這樣的提示是降低資料輸入錯誤的另一種方法。

程式進入 for 迴圈，呼叫 readLine() 函式三次。每次呼叫此函式時，從終端機讀取一列新的文字。此列文字簡單地被回送到終端機，以驗證函式的正確運作。顯示第三行文字後，範例程式 9.6 的執行就完成了。

下一個範例程式（請參閱範例程式 9.7），實作一個實用的文字處理應用程式：計算本文有多少個字。這個程式開發了一個名為 countWords() 的函式，它以一個字串做為參數，並回傳該字串所包含的字（word）數。為了簡單起見，此處假設一個字被定義為一個或多個字母字元的序列。該函式將掃描字串以找出第一個字母字元，

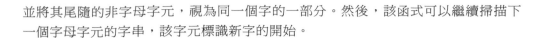

並將其尾隨的非字母字元，視為同一個字的一部分。然後，該函式可以繼續掃描下一個字母字元的字串，該字元標識新字的開始。

**範例程式 9.7 計算本文的字數**

```c
//  Function to determine if a character is alphabetic

#include <stdio.h>
#include <stdbool.h>

bool alphabetic (const char  c)
{
    if ( (c >= 'a'  &&  c <= 'z') || (c >= 'A'  &&  c <= 'Z') )
        return true;
    else
        return false;
}

/* Function to count the number of words in a string */

int  countWords (const char  string[])
{
    int    i, wordCount = 0;
    bool  lookingForWord = true, alphabetic (const char  c);

    for ( i = 0;  string[i] != '\0';  ++i )
        if ( alphabetic(string[i]) )
        {
            if ( lookingForWord )
            {
                ++wordCount;
                lookingForWord = false;
            }
        }
        else
            lookingForWord = true;

    return wordCount;
}

int main (void)
{
    const char  text1[] = "Well, here goes.";
    const char  text2[] = "And here we go... again.";
    int    countWords (const char  string[]);
```

```
    printf ("%s - words = %i\n", text1, countWords (text1));
    printf ("%s - words = %i\n", text2, countWords (text2));

    return 0;
}
```

**範例程式** 9.7　**輸出結果**

```
Well, here goes. - words = 3
And here we go... again. - words = 5
```

alphabetic() 函式很簡單 — 它只是測試傳遞給它的字元，以判斷它是小寫字母或大寫字母。如果是，則函式回傳 true，表示該字元是字母；否則，函式回傳 false。

countWords() 函式不是那麼直接。整數變數 i 用作索引值，以拜訪字串中的每個字元。整數變數 lookingForWord 用作一個旗幟，表示當前是否正在尋找一個新字的開頭。在函式執行的開始，顯然是在尋找一個新字的開頭，所以此旗幟被設為 true。區域變數 wordCount 明顯地用於計算字串中的字數。

對於字串中的每個字元，呼叫 alphabetic() 函式以判斷它是否為字母。如果該字元是字母，則測試 lookingForWord 旗幟以判斷是否正在查詢新的字。如果是，則 wordCount 的值增加 1，而 lookingForWord 旗幟被設為 false，表示不是在查詢新字的開頭。

如果字元是字母，而 lookingForWord 標誌為 false，則表示當前正在單字內掃描。在這種情況下，for 迴圈繼續字串的下一個字元。

如果字元不是字母 — 意味著您已經到達一個字的結尾，或者您還沒有找到下一個字的開頭 — 旗幟 lookingForWord 被設為 true（即使它可能已經是 true）。

當已經檢查完畢字串中的所有字元時，函式回傳 wordCount 的值，代表在字串中所得到的字數。

在 countWords 函式中各種變數的值，將有助於了解演算法的運算原理。表 9.1 顯示程式運行中各種變數值，以第一次呼叫 countWords 函式為例。表 9.1 的第一行顯示了在進入 for 迴圈之前，變數 wordCount 和 lookingForWord 的初始值。後續描述各變數每次通過 for 迴圈的值。因此，表的第二行顯示，在通過第一次迴圈（在處理 "W" 後）之後，wordCount 的值已被設置為 1，以及 lookingForWord 旗幟被設置為 false（0）。表的最後一行顯示了到達字串結尾時變數的最終值。您應該花一些時間思考此表，根據 countWords() 函式驗證各變數的值。完成此動作後，您應該會對使用此函式，來計算字串中的字數之演算法，感到很愉快的。

表 9.1　countWords() 函式的執行

| i | string[i] | wordCount | lookingForWord |
|---|---|---|---|
|  |  | 0 | true |
| 0 | 'W' | 1 | false |
| 1 | 'e' | 1 | false |
| 2 | 'l' | 1 | false |
| 3 | 'l' | 1 | false |
| 4 | ',' | 1 | true |
| 5 | ' ' | 1 | true |
| 6 | 'h' | 2 | false |
| 7 | 'e' | 2 | false |
| 8 | 'r' | 2 | false |
| 9 | 'e' | 2 | false |
| 10 | ' ' | 2 | true |
| 11 | 'g' | 3 | false |
| 12 | 'o' | 3 | false |
| 13 | 'e' | 3 | false |
| 14 | 's' | 3 | false |
| 15 | '.' | 3 | true |
| 16 | '\0' | 3 | true |

# 空字串

現在來探究使用 countWords() 函式的更實際的例子。此次使用的 readLine() 函式允許使用者輸入多行文字。之後，程式計算本文中的單字總數並顯示結果。

為了使程式更靈活，請不要限制或指定輸入本文的行數。因此，必須要有方法讓使用者在輸入完畢時 "通知" 程式。一種方法是讓使用者在輸入最後一行文字後再按一次 Enter（或 Return）鍵。當呼叫 readLine() 函式用以讀取這樣的行時，函式立即遇到換行字元，因此，將空字元儲存為緩衝區中的第一個（且唯一的）字元。程式可以檢查這種特殊情況，並在讀取不包含字元的行之後，獲知已經輸入了最後一行文字。

在 C 語言中，除了空字元之外，不包含字元的字串也有其特殊名稱；它被稱為空字串（null string）。空字串的使用仍然完全符合本章定義的所有函式。stringLength() 函式回傳 0 作為空字串的大小；concat() 函式也會將 "空白" 連接到另一個字串的末端；甚至 equalStrings() 函式也是，當任一或兩個字串為 null 的時候（在後一種情況下，函式會指示它們是相同）。

請記住，事實上空字串有一個字元，雖然是空字元。

有時需要將字串的值設置為空字串。在 C 中，空字串由相鄰的一對雙引號表示。所以，以下敘述：

```
char  buffer[100] = "";
```

定義一個名為 buffer 的字元陣列，並將其值設置為空字串。請注意，字串 "" 與字串 " " 不同，因為第二個字串包含一個空白字元。（如果您懷疑，發送這兩個字串到 equalStrings() 函式，看看它回傳什麼結果。）

範例程式 9.8 使用前面提及的 readLine()、alphabetic() 和 countWords() 函式。

**範例程式 9.8  計算本文的字數**

```c
#include <stdio.h>
#include <stdbool.h>

bool alphabetic (const char  c)
{
    if ( (c >= 'a'  &&  c <= 'z') || (c >= 'A'  &&  c <= 'Z') )
        return true;
    else
        return false;
}

void  readLine (char  buffer[])
{
    char  character;
    int   i = 0;

    do
    {
```

```
            character = getchar ();
            buffer[i] = character;
            ++i;
    }
    while ( character != '\n' );

    buffer[i - 1] = '\0';
}

int   countWords (const char   string[])
{
    int    i, wordCount = 0;
    bool   lookingForWord = true, alphabetic (const char   c);

    for ( i = 0;  string[i] != '\0';   ++i )
        if ( alphabetic(string[i]) )
        {
            if ( lookingForWord )
            {
                ++wordCount;
                lookingForWord = false;
            }
        }
        else
            lookingForWord = true;

    return wordCount;
}

int main (void)
{
    char    text[81];
    int     totalWords = 0;
    int     countWords (const char   string[]);
    void    readLine (char   buffer[]);
    bool    endOfText = false;

    printf ("Type in your text.\n");
    printf ("When you are done, press 'RETURN'.\n\n");

    while ( ! endOfText )
    {
        readLine (text);

        if ( text[0] == '\0' )
            endOfText = true;
        else
```

```
            totalWords += countWords (text);
    }

    printf ("\nThere are %i words in the above text.\n",  totalWords);

    return 0;
}
```

範例程式 9.8 輸出結果

```
Type in your text.
When you are done, press 'RETURN'.

Wendy glanced up at the ceiling where the mound of lasagna loomed
like a mottled mountain range. Within seconds, she was crowned with
ricotta ringlets and a tomato sauce tiara. Bits of beef formed meaty
moles on her forehead. After the second thud, her culinary coronation
was complete.
Return
There are 48 words in the above text.
```

標記為 *Return* 的那一行表示按下 Enter 或 Return 鍵。

endOfText 變數用作一個旗幟，指示何時到達輸入本文的結尾。只要該旗幟為 false，則執行 while 迴圈。在這個迴圈中，程式呼叫 readLine() 函式來讀取一行文字。if 敘述測試所輸入的行（其被儲存在 text 陣列中）以查看是否按了 Enter（或 Return）鍵。如果是，則緩衝區包含空字串，在這種情況下，endOfText 旗幟被設置為 true，表示已輸入所有文字。

如果緩衝區包含一些文字，則呼叫 countWords() 函式來計算 text 陣列中的字數。此函式回傳的值將被累加到 totalWords，其包含到目前為止輸入的所有文字的累積字數。

退出 while 迴圈後，程式將顯示 totalWords 值以及一些訊息。

看起來前面的程式並沒有幫助減少您的工作，因為您仍必須手動輸入所有的文字。我們將在第 15 章 "C 語言的輸入和輸出" 中看到，這個相同的程式也可以用於計算儲存在硬碟上的檔案中所包含的字數。例如，作者使用電腦來準備手稿可能會發現這個程式非常有價值，因為它可以用來快速計算手稿中包含的字數（假設檔案儲存為正常的文字檔，而不是一些類似像 Microsoft Word 的文字處理器格式）。

## 轉義字元

如前所述，反斜線字元具有特殊含義的，用於組成為換行字元和空字元 。當組合反斜線和字母 n 在一起時，使得隨後的顯示出現在新的一行，其它字元也可以與反斜線字元組合，以執行特殊功能。這些反斜線字元，通常被稱為轉義字元(escape character)，總結於表 9.2 中。

表 9.2  轉義字元

| 轉義字元 | 名稱 |
|---|---|
| \a | 響鈴 |
| \b | 倒退 |
| \f | 換頁 |
| \n | 換行 |
| \r | 返回 |
| \t | 水平定位 |
| \v | 垂直定位 |
| \\ | 反斜線 |
| \" | 雙引號 |
| \' | 單引號 |
| \? | 問號 |
| \nnn | nnn 八進制字元值 |
| \unnnn | 通用字元名稱 |
| \Unnnnnnnn | 通用字元名稱 |
| \xnn | nn 十六進制字元值 |

表 9.2 中列出的前七個字元，在大多數輸出設備上顯示時，將執行其指定功能。響鈴字元 \a，發出 "嗶" 聲。所以，以下 printf() 呼叫：

```
printf ("\aSYSTEM SHUT DOWN IN 5 MINUTES!!\n");
```

發出鈴聲並顯示訊息。

在字串中包含倒退字元 '\b' 。在字串中出現該字元的地方倒退一個字元，只要它有被支援。同樣，以下函式呼叫：

```
printf ("%i\t%i\t%i\n", a, b, c);
```

顯示 a 的值，跳一個 tab（預設情況下一般被設置為八個空白），顯示 b 的值，再跳一個 tab，接著顯示 c 的值。水平定位字元特別適用於在行中對齊資料。

要在字串中包含反斜線字元本身，需要兩個反斜線字元，因此以下 printf() 呼叫：

```
printf ("\\t is the horizontal tab character.\n");
```

將顯示以下內容：

```
\t is the horizontal tab character.
```

注意，字串中一開始遇到 \\，所以在這種情況下不顯示 tab。

要在字串中包含雙引號字元，必須在它前面加上一反斜線。所以，以下 printf()呼叫：

```
printf ("\"Hello,\" he said.\n");
```

將顯示以下訊息：

```
"Hello," he said.
```

要將單引號字元指定給字元變數，必須在引號之前放置一個反斜線字元。如果 c 被宣告為 char 型態的變數，則以下敘述：

```
c = '\'';
```

將單引號字元指定給 c。

反斜線字元緊接著是一個 ?，用於表示一個 ? 字元。這有時在處理非 ASCII 字元集中的三字元（trigraph）時是必要的。有關更多詳細訊息，請參閱附錄 A "C 語言摘要"。

表 9.2 中的最後四項允許任何字元包含在字串中。在轉義字元 '\nnn' 中，nnn 是一個一到三位數的八進制數字。在轉義字元 '\xnn' 中，nn 是十六進制數字。這些數字表示字元的內部程式碼。這可以將不能從鍵盤直接鍵入的字元編碼到字串中。例如，要載入值為八進制 33 的 ASCII 轉義字元，可以在您的字串中寫上 \033 或 \x1b。

空字元 '\0' 是前面段落中描述的轉義字元的特殊情況。它代表字元具有一值為 0。實際上，空字元的值是 0，這方面的知識經常被程式設計師用在可變長度字串的測試和迴圈中。例如，範例程式 9.2 中的 stringLength() 函式計算字串長度的迴圈也可等同地被撰寫如下：

```
while ( string[count] )
    ++count;
```

string[count] 的值是非 0 值，直到空字元才退出 while 迴圈。

再次提醒，這些轉義字元只被認為是字串內的單一字元。所以，字串 "\033\"Hello\"\n"實際上由九個字元組成（不包括終止 null）：字元 '\033'、雙引號字元 '\"'、單字 Hello 中的五個字元、再一次雙引號字元和換行字元。嘗試將前面的字串傳遞到 stringLength() 函式，以驗證 9 是否確實是字串中的字元個數（不包括終止 null）。

通用字元名稱（universal character name）由字元 \u 後跟四個十六進制數字，或字元 \U 後跟八個十六進制數字組成。它用於從擴展字元集中指定字元；需要多於標準的 8-bit 做為內部表示的字元集。通用字元名稱的轉義序列，可用於從擴展字元集形成識別字名稱，以及在寬字串和字串常數中指定 16-bit 和 32-bit 字元。更多資訊請參閱附錄 A。

## 更多關於常數字串

如果您在一行的最後加上一個反斜線字元，隨後按下返回鍵，它會告訴 C 編譯器忽略該行的結束。這種連續到下一行的技術，主要用於將長的常數字串連接到下一行，如第 12 章 "前置處理器" 所示，用於將巨集定義繼續到下一行。

如果沒有行連續字元，想要嘗試跨多行初始化字串，C 編譯器將產生錯誤訊息；例如：

```
char   letters[] =
       { "abcdefghijklmnopqrstuvwxyz
ABCDEFGHIJKLMNOPQRSTUVWXYZ" };
```

在每行的末尾放置一個反斜線字元，以便繼續跨多行輸入字串常數：

```
char   letters[] =
       { "abcdefghijklmnopqrstuvwxyz\
ABCDEFGHIJKLMNOPQRSTUVWXYZ" };
```

必須在下一行的開頭繼續字串常數，否則，行上的前置空白將儲存在字串中。因此，前面的敘述定義字元陣列 letters，並初始其元素為字串：

```
"abcdefghijklmnopqrstuvwxyzABCDEFGHIJKLMNOPQRSTUVWXYZ"
```

另一種分解長字串的方法是，將它們分成兩個或多個相鄰字串。相鄰字串是由零個或多個空白、tab 或換行字元分隔的常數字串。編譯器會自動將相鄰的字串連接在一起。因此，以下字串：

```
"one"  "two"  "three"
```

在語法上等同於以下單一字串：

```
"onetwothree"
```

因此，letters 陣列也可以利用以下方式設置為英文字母：

```
char  letters[] =
     { "abcdefghijklmnopqrstuvwxyz"
       "ABCDEFGHIJKLMNOPQRSTUVWXYZ" };
```

最後，以下述的三個 printf() 呼叫：

```
printf ("Programming in C is fun\n");
printf ("Programming"  " in C is fun\n");
printf ("Programming"  " in C"  " is fun\n");
```

皆傳遞一個參數給 printf()，因為編譯器在第二和第三個呼叫中，將字串連接在一起。

## 字串、結構和陣列

可以結合 C 程式語言的基本元素，以形成非常強大的程式設計結構。例如，在第 8 章 "結構" 中，了解如何定義結構陣列。範例程式 9.9 進一步說明結構陣列的概念，它結合了可變長度字串。

假設您想撰寫一個類似字典的電腦程式。如果有了這樣的程式，當不清楚某個字的意思時就可以使用它。在程式中輸入單字，接著程式自動 "查詢" 字典中的單字，並告訴您它的定義。

如果您打算開發這樣的程式，第一個想到的是這個字及其定義在電腦內的表示方法。因為這個字和它的定義在邏輯上是相關的，所以會立馬想到結構的概念。您可以定義一個名為 entry 的結構，以保存單字及其定義：

```
struct  entry
{
    char  word[15];
    char  definition[50];
};
```

在前面的結構定義中，您為一個 14 個字母的單字以及一個 49 個字元的定義，配置了足夠的空間（記住，您正在處理可變長度的字串，所以需要為空字元留出空間）。以下是定義一個為 struct entry 型態的變數之範例，該變數被初始為包含單字 "blob" 及其定義。

```
struct entry  word1 = { "blob", "an amorphous mass" };
```

因為您想在字典中提供許多單字，所以定義一個 entry 結構陣列是合乎邏輯的，如下：

```
struct entry  dictionary[100];
```

它允許一個 100 字的字典。顯然，如果有興趣建立一個英語字典（其要求至少 100,000 筆資料），這還遠遠不夠。在這種情況下，可能會採用更複雜的方法，通常會將字典儲存在電腦硬碟上，而不是將全部內容儲存在記憶體中。

定義字典的結構後，現在應該考慮一下它的組織。大多數字典按字母順序排列。以同樣的方式組織您的字典。現在，假設此做法可使得字典更容易閱讀。之後，您會看到這樣的組織之真正動機。

現在是考慮該程式發展的時候了。定義一個函式方便查詢字典中的單字。如果找到該單字，函式將回傳字典內單字的資料編號；否則，函式回傳 -1 以指示在字典中找不到該單字。所以，對此函式的呼叫（您可以給它命名為 lookup()）如下：

```
entry = lookup (dictionary, word, entries);
```

在這種情況下，lookup() 函式對 dictionary 搜尋包含在字串 word 中的單字。第三個參數，entries，代表字典中的資料筆數。該函式在字典中搜尋指定的單字，若找到該單字，則回傳其在字典中的資料編號; 若找不到該單字，則回傳-1。

在範例程式 9.9 中，lookup() 函式使用範例程式 9.4 中定義的 equalStrings() 函式，來判斷所指定的字是否與字典中的某筆資料相同。

**範例程式 9.9　搜尋字典中單字之程式**

```
// Program to use the dictionary lookup program

#include <stdio.h>
#include <stdbool.h>

struct  entry
{
```

```
    char    word[15];
    char    definition[50];
};

bool equalStrings (const char  s1[], const char  s2[])
{
    int  i = 0;
    bool areEqual;

    while ( s1[i] == s2 [i]  &&
                s1[i] != '\0' &&  s2[i] != '\0' )
        ++i;

    if ( s1[i] == '\0'  &&  s2[i] == '\0' )
        areEqual = true;
    else
        areEqual = false;

    return areEqual;
}

// function to look up a word inside a dictionary

int  lookup (const struct entry  dictionary[], const char  search[],
             const int  entries)
{
    int  i;
    bool equalStrings (const char s1[], const char s2[]);

    for ( i = 0;  i < entries;  ++i )
        if ( equalStrings (search, dictionary[i].word) )
            return i;

    return -1;
}

int main (void)
{
    const struct entry  dictionary[100] =
      { { "aardvark", "a burrowing African mammal"      },
        { "abyss",    "a bottomless pit"                },
        { "acumen",   "mentally sharp; keen"            },
        { "addle",    "to become confused"              },
        { "aerie",    "a high nest"                     },
        { "affix",    "to append; attach"               },
        { "agar",     "a jelly made from seaweed"       },
        { "ahoy",     "a nautical call of greeting"     },
```

```
            { "aigrette", "an ornamental cluster of feathers" },
            { "ajar",     "partially opened"                   } };

    char   word[10];
    int    entries = 10;
    int    entry;
    int    lookup (const struct entry  dictionary[], const char  search[],
                   const int  entries);

    printf ("Enter word: ");
    scanf ("%14s", word);
    entry = lookup (dictionary, word, entries);

    if ( entry != -1 )
        printf ("%s\n", dictionary[entry].definition);
    else
        printf ("Sorry, the word %s is not in my dictionary.\n", word);

    return 0;
}
```

範例程式 9.9　輸出結果

```
Enter word: agar
a jelly made from seaweed
```

範例程式 9.9　輸出結果（第二次執行）

```
Enter word: accede
Sorry, the word accede is not in my dictionary.
```

lookup() 函式搜尋字典中的每筆資料。對於每一筆資料，該函式呼叫 equalStrings()
函式，來判斷字串 search 是否匹配字典中某筆資料的 word 成員。如果匹配，則函
式回傳變數 i 的值，它是在字典中找到單字的資料編號。該函式一旦執行 return 敘
述將立即退出，儘管該函式處於執行 for 迴圈的期間。

若 lookup() 函式在查詢完字典中的所有資料後仍找不到匹配，則執行 for 迴圈後的
return 敘述，將 "未找到" 的指示（-1）回傳給呼叫者。

## 更好的搜尋方法

lookup() 函式在字典中搜尋某單字的方法是很直觀的；該函式簡單地對字典中的所
有資料進行循序搜尋（sequential search），直到找到匹配或到達字典的尾端。

對於如您程式中的小型字典，這種方法是完全可行的。然而，如果處理包含數百或甚至數千筆資料的大型字典，這種方法可能不是很有效率，因為它需要時間以循序搜尋所有資料。所需的時間是相當多的 — 即使在這種情況下，相當多僅意味著僅僅一秒鐘的時間。任何種類的資料搜尋程式重要的考慮之一是速度。因為搜尋過程在電腦應用是很頻繁，所以電腦科學家非常重視開發有效搜尋的演算法（與開發有效排序的演算法一樣的關注）。

您可以利用按照字母排序的字典，開發一個更有效的 lookup() 函式。第一個顯而易見的優化是，針對您所查詢的單字，不存在於字典中的狀況。您可以使 lookup() 函式 "聰明地" 識別單字不存在於字典。例如，如果在範例程式 9.9 定義的字典中查詢 "active" 一字，一旦到達 "acumen" 這個字，就可以得出結論：  "active" 不存在，因為如果它存在的話，它必定出現在字典中的 "acumen" 之前。

如上所述，前面的優化策略確實有助於縮短搜尋時間，但僅針對字典中不存在特定單字的狀況。您真正要尋找的是一種，能夠在大多數情況下減少搜尋時間的演算法，而不只是在一個特定的情況。這樣的演算法名為二元搜尋（binary search）。

二元搜尋背後的原理相對地容易理解。為了說明此演算法，這裡採取了一個類似簡單的猜測遊戲。假設我選擇一個從 1 到 99 的數字，然後要求您嘗試以最少猜測次數猜出該數字。對於您做的每一個猜測，我可以告訴您猜太低、太高，或者是正確的。在遊戲中嘗試幾次後，您可能會意識到，一個可以縮小答案的好方法是使用了減半的過程。例如，如果將 50 作為您的第一個猜測,"太高" 或 "太低" 的答案將可能從 100 減少到 49。如果答案是 "太高"，數字必須從 1 到 49（含）；如果答案是 "太低"，數字必須是從 51 到 99（含）。

現在可以使用剩餘的 49 個數字重複減半過程。所以如果第一個答案是 "太低"，下一個猜測應該在 51 和 99 的中間，即 75。這個過程可以繼續，直到您縮小到最終答案。平均而言，此過程比任何其它搜尋方法花費更少的時間獲得答案。

前面的討論敘述了二元搜尋演算法是如何運作的。下面則是此演算法的正式的描述。在這個演算法中，您正在尋找一個包含 n 個元素的陣列 M 中的元素 x。該演算法假設陣列 M 按從小到大排序。

**二元搜尋演算法**

**步驟 1**：將 low 設為 0、high 設為 n - 1。

**步驟 2**：如果 low > high，則 x 不存在於 M 中，終止演算法。

**步驟 3**：將 mid 設為 (low + high) / 2。

**步驟 4**：如果 M[mid] < x，將 low 設為 mid + 1 並回到步驟 2。

**步驟 5**：如果 M[mid] > x，將 high 設為 mid - 1 並回到步驟 2。

**步驟 6**：M[mid] 等於 x，終止演算法。

在步驟 3 中執行的除法是整數除法，因此如果 low 為 0 且 high 為 49，則 mid 的值為 24。

既然有了執行二元搜尋的演算法，可以使用這個新的搜尋策略重寫 lookup() 函式。因為二元搜尋必須能夠判斷一個值是小於、大於或等於另一個值，可能要用另一個函式來替換 equalsStrings() 函式，此函式可對兩個字串進行這種判斷。呼叫 compareStrings() 函式，如果第一個字串小於第二個字串，則回傳 -1，如果兩個字串相同，則回傳 0，如果第一個字串大於第二個字串，則回傳 1。所以，以下函式呼叫：

```
compareStrings ("alpha", "altered")
```

回傳 -1，因為第一個字串小於第二個字串（這意味著在字典中，第一個字串出現在第二個字串之前）。然而，以下函式呼叫：

```
compareStrings ("zioty", "yucca");
```

回傳值 1，因為 "zioty" 按字典順序大於 "yucca"。

範例程式 9.10 提供了新的 compareStrings() 函式。Lookup 函式現在使用二元搜尋法掃描字典。main() 函式保持不變與上一個範例程式一樣。

**範例程式 9.10 使用二元搜尋法查尋字典中的單字**

```c
// Dictionary lookup program

#include <stdio.h>

struct  entry
{
    char  word[15];
    char  definition[50];
};

// Function to compare two character strings

int  compareStrings (const char  s1[], const char  s2[])
{
```

```c
    int   i = 0, answer;

    while ( s1[i] == s2[i] && s1[i] != '\0'&& s2[i] != '\0' )
        ++i;

    if ( s1[i] < s2[i] )
        answer = -1;                    /* s1 < s2  */
    else if ( s1[i] == s2[i] )
        answer = 0;                     /* s1 == s2 */
    else
        answer = 1;                     /* s1 > s2  */

    return answer;
}

// Function to look up a word inside a dictionary

int  lookup (const struct entry  dictionary[], const char  search[],
             const int  entries)
{
    int   low = 0;
    int   high = entries - 1;
    int   mid, result;
    int   compareStrings (const char  s1[], const char  s2[]);

    while  ( low <= high )
    {
        mid = (low + high) / 2;
        result = compareStrings (dictionary[mid].word, search);

        if ( result == -1 )
            low = mid + 1;
        else if ( result == 1 )
            high = mid - 1;
        else
            return mid;     /* found it */
    }

    return -1;              /* not found */
}

int main (void)
{
    const struct entry  dictionary[100] =
        { { "aardvark", "a burrowing African mammal"        },
          { "abyss",    "a bottomless pit"                  },
          { "acumen",   "mentally sharp; keen"              },
```

```
          { "addle",    "to become confused"                },
          { "aerie",    "a high nest"                       },
          { "affix",    "to append; attach"                 },
          { "agar",     "a jelly made from seaweed"         },
          { "ahoy",     "a nautical call of greeting"       },
          { "aigrette", "an ornamental cluster of feathers" },
          { "ajar",     "partially opened"                  } };

    int   entries = 10;
    char  word[15];
    int   entry;
    int   lookup (const struct entry  dictionary[], const char  search[],
                  const int  entries);

    printf ("Enter word: ");
    scanf ("%14s", word);

    entry = lookup (dictionary, word, entries);

    if ( entry != -1 )
        printf ("%s\n", dictionary[entry].definition);
    else
        printf ("Sorry, the word %s is not in my dictionary.\n", word);

    return 0;
}
```

範例程式 9.10　輸出結果

```
Enter word: aigrette
an ornamental cluster of feathers
```

範例程式 9.10　輸出結果（第二次執行）

```
Enter word: acerb
Sorry, that word is not in my dictionary.
```

compareStrings() 函式與 equalStrings() 函式在 while 迴圈結束之前是相同的。當退出 while 迴圈時，該函式分析導致 while 迴圈終止的兩個字元。如果 s1[i]小於 s2[i]，則 s1 必定在字典上小於 s2。在這種情況下，回傳 -1。如果 s1[i]等於 s2[i]，則兩個字串相同，因此回傳 0。如果兩者都不為 true，則 s1 必定大於 s2，在這種情況下回傳 1。

lookup() 函式定義兩個 int 變數，分別為 low 和 high，並指定由二元搜尋演算法定義的初始值。只要 low 不超過 high，while 迴圈就繼續執行。在迴圈內，將 low 和

high 相加，然後除以 2 來計算 mid。以包含在 dictionary[mid] 中的字和要搜尋的字作為參數呼叫 compareStrings() 函式。將回傳值指定給變數 result。

如果 compareStrings() 回傳 -1，表示 dictionary[mid].word 小於 search — lookup() 把 low 設為 mid + 1。如果 compareStrings() 回傳 1，表示 dictionary[mid].word 大於 search，lookup() 會把 high 設為 mid - 1。如果既不回傳 -1，也不回傳 1，則兩個字串相同，在這種情況下，lookup() 回傳 mid，它是該字在字典中的資料編號。

如果 low 最終超過 high，代表該字不在字典中。在這種情況下，lookup() 回傳 -1 以表示 "未找到"。

# 字元運算

字元變數和常數經常使用於關係和算術運算式中。要在這種情況下正確地使用字元，需了解 C 編譯器是如何處理它們的。

在 C 中，每當於運算式中使用字元常數或變數時，它都會被自動轉換為整數，並隨後被視為整數值。

在第 5 章 "選擇" 中，您看到了運算式：

```
 c >= 'a'  &&  c <= 'z'
```

可以用於判斷字元變數 c 是否包含小寫字母。如之前所述，這樣的運算式可以在使用 ASCII 字元表示的系統上使用，因為小寫字母在 ASCII 中按順序表示，其間沒有其它字元。前面運算式的第一部分，比較 c 的值和字元常數 'a' 的值，實際上是比較 c 和字元 'a' 的內部表示。在 ASCII 中，字元 'a' 的值為 97，字元 'b' 的值為 98，以此類推。因此，運算式 c >= 'a' 為 TRUE（非零）（c 為任何小寫字母），因為它的值大於或等於 97。但是，因為除小寫字母以外，還有大於 97 的 ASCII 字元（例如左右大括號），測試必須綁定在另一端，以確保運算式的結果只對小寫字母為 TRUE。因此，c 與字元 'z' 比較，字元 'z' 在 ASCII 中值為 122。

由於前面的運算式將 c 的值與字元 'a' 和 'z' 進行比較，實際上是將 c 與 'a' 和'z' 的數字表示進行比較，所以以下運算式：

```
 c >= 97  &&  c <= 122
```

可以等同地用於判斷 c 是否為小寫字母。然而，第一個運算式是優選的，因為它不需要知道字元 'a' 和 'z' 的具體數值，並且其意圖不會那麼模糊。

以下 printf() 呼叫：

```
printf ("%i\n", c);
```

可用於印出儲存在 c 中的字元在內部表示的值。如果您的系統使用 ASCII，則敘述：

```
printf ("%i\n", 'a');
```

將顯示 97。

嘗試預測以下兩個敘述將產生的結果：

```
c = 'a' + 1;
printf ("%c\n", c);
```

因為 'a' 的值在 ASCII 中為 97，所以第一個敘述的效果，是將值 98 指定給字元變數 c。因為此值表示 ASCII 中的字元 'b'，所以 printf() 將顯示此字元。

雖然對字元常數加 1 幾乎不可行的，但前面的例子給出了一個重要的技術，用於將字元 '0' 到 '9' 轉換為它們對應的數值 0 到 9。回想一下，字元 '0' 與整數 0 不同，字元 '1' 與整數 1 不同，以此類推。實際上，字元 '0' 在 ASCII 中具有數值 48，由以下 printf() 呼叫顯示：

```
printf ("%i\n", '0');
```

假設字元變數 c 包含字元 '0' 到 '9' 中的其中一個，並且要將此值轉換為相應的整數 0 到 9。由於幾乎所有字元集的位數都由連續整數表示，因此您可以利用減去字元常數 '0'，會容易地將 c 轉換為其等價的整數。所以，如果 i 被定義為整數變數，則以下敘述：

```
i = c - '0';
```

將包含在 c 中的字元位數轉換為其等價整數值。假設 c 包含字元 '5'，在 ASCII 中為數字 53。'0' 的 ASCII 值為 48，因此前面的敘述將執行 53 和 48 的整數減法，這使得指定整數 5 給 i。在使用 ASCII 以外的字元集的平台上，儘管 '5' 和 '0' 的內部表示可能不同，但很可能會獲得相同的結果。

前述技術可以擴展到將由數字組成的字串轉換為其等價的數字表示。這在範例程式 9.11 中，其中提供了一個名為 strToInt() 的函式，將作為參數傳遞的字串轉換為整數值。此函式在遇到非數字字元後結束對字串的掃描，並將結果回傳給呼叫函式。假設 int 變數足夠以容納轉換數字的值。

範例程式 9.11 將由數字組成的字串轉換為其等價的數字

```c
// Function to convert a string to an integer

#include <stdio.h>

int  strToInt (const char  string[])
{
    int  i, intValue, result = 0;

    for  ( i = 0; string[i] >= '0' && string[i] <= '9'; ++i )
    {
        intValue = string[i] - '0';
        result = result * 10 + intValue;
    }

    return result;
}

int main (void)
{
    int  strToInt (const char  string[]);

    printf ("%i\n", strToInt("245"));
    printf ("%i\n", strToInt("100") + 25);
    printf ("%i\n", strToInt("13x5"));

    return 0;
}
```

範例程式 9.11 輸出結果

```
245
125
13
```

只要 string[i] 中包含的字元是數字字元，就會持續執行 for 迴圈。每次通過迴圈，包含在 string[i] 中的字元會被轉換為其等價的整數值，然後被加到 result 乘以 10 的值。要了解此技術的運作原理，請探討此迴圈當以字串 "245" 作為參數呼叫函式的執行：第一次通過迴圈，intValue 被指定為 string[0] - '0'。因為 string[0] 包含字元 '2'，這使得 2 被指定給 intValue。因為在第一次迴圈 result 的值是 0，乘以 10 產生 0，它被加到 intValue 並儲存回 result。所以，在第一次迴圈結束時，result 包含值 2。

第二次經由迴圈，計算 '4' 減去 '0'，intValue 被設為 4。將 result 乘以 10 產生 20，加到 intValue 的值，產生 24 作為儲存在 result 中的值。

第三次經由迴圈，intValue 等於 '5' - '0'，即 5，它被加到 result 乘以 10 的值（240）。因此，迴圈第三次執行之後的 result 的值為 245。

遇到終止空字元時，退出 for 迴圈，並將 result 的值，245，回傳給呼叫函式。

strToInt() 函式可以利用兩種方式來改善。首先，它不處理負數。第二，它不讓您知道字串是否包含有效的數字字元。例如，strToInt("xxx") 回傳 0。這些改善當作習題。

這個討論結束了關於字串的章節。如您所見，C 提供了能夠有效和容易地操作字串的能力。實際上，函式庫包含各種用於操作字串的函式。例如，提供 strlen() 函式來計算字串的長度；strcmp() 函式用以比較兩個字串；strcat() 函式用來連接兩個字串；strcpy() 函式將一個字串複製到另一個字串；atoi() 函式將字串轉換為整數；還有 isupper()、islower()、isalpha() 和 isdigit() 測試字元是大寫、小寫、字母，還是數字。最好的練習就是利用這些函式重寫本章的範例程式。請參考附錄 B: "C 標準函式庫"，裡面列出了函式庫中許多函式。

## 習題

1. 輸入並執行本章所介紹的 11 個程式。比較每個程式和本文中每個程式所呈現的輸出結果。

2. 為什麼可以用以下敘述替換範例程式 9.4 中 equalStrings() 函式的 while 敘述：
   ```
   while ( s1[i] == s2[i]  &&  s1[i] != '\0' )
   ```
   來實現同樣的效果？

3. 來自範例程式 9.7 和 9.8 的 countWords() 函式，錯誤地將包含單引號（apostrophe）的單字計為兩個獨立的單字。請修改此函式正確地處理這種情況。此外，擴展此函式將正數或負數序列（包括任何嵌入的逗號和句點）視為單一字。

4. 請撰寫一個名為 substring() 的函式來提取字串的一部分。該函式的呼叫語法如下：
   ```
   substring (source, start, count, result);
   ```

其中 source 是要從中提取子字串的字串，start 是索引值，表示子字串的第一個字元，count 是 source 字串中提取的字元數量，result 是包含所提取子字串的字元陣列。例如，以下呼叫：

```
substring ("character", 4, 3, result);
```

從字串 "character" 中提取子字串 "act"（從字元的索引值 4 往後的三個字元），並將結果放在 result 中。

請確保函式在 result 陣列的子字串之末尾插入一個空字元。此外，讓函式檢查所請求的字元數量確實存在於字串中。如果其為例外，當函式到達 source 字串的末尾時，讓函式結束子字串。所以，以下呼叫：

```
substring ("two words", 4, 20, result);
```

應該只將字串 "words" 放在 result 陣列中，即使呼叫請求了 20 個字元。

5. 請撰寫一個名為 findString() 的函式，以判斷字串中是否存在另一個字串。函式的第一個參數應是要搜尋的字串，第二個參數是您要查詢的字串。如果函式找到指定的字串，請回傳在原始字串中找到字串的位置。如果函式沒有找到字串，則回傳 -1。所以，例如，以下呼叫:

```
index = findString ("a chatterbox", "hat");
```

在 "a chatterbox" 字串中搜尋字串 "hat"。由於原始字串中存在 "hat"，所以函式回傳 3，用以表示在原始字串中找到 "hat" 的起始位置。

6. 請撰寫一個名為 removeString() 的函式，從字串中刪除指定數量的字元。該函式應有三個參數：原始字串、原始字串中的起始索引值、以及要刪除的字元個數。所以，如果字元陣列 text 包含字串 "the wrong son"，以下呼叫：

```
removeString (text, 4, 6);
```

將從陣列 text 中移除字串 "wrong"（"wrong" 字加上隨後的空格）。text 中的結果字串為 "the son"。

7. 請撰寫一個名為 insertString() 的函式，將一個字串插入到另一個字串。函式的參數應包括原始字串、要插入的字串和在原始字串中要插入字串的位置。所以，呼叫：

```
insertString (text, "per", 10);
```

其中 text 與前一習題是所定義的相同，在 text 內的 text[10] 開始插入字串 "per"。因此，在函式回傳後，字串 "the wrong person" 應被儲存在 text 陣列內。

8. 請使用前面習題中的 findString()、removeString() 和 insertString()函式，撰寫一名為 replaceString() 的函式，它接受三個字串參數，如下所示：

```
replaceString (source, s1, s2);
```

以字串 s2 替換 source 中的 s1。函式應呼叫 findString() 函式在 source 中找到 s1，然後呼叫 removeString() 函式從 source 中刪除 s1，最後呼叫 insertString() 函式將 s2 插入到正確的位置。

所以，以下函式呼叫：

```
replaceString (text, "1", "one");
```

將替換字串 text 內的第一個 "1" 字串為字串 "one"（如果存在）。同樣，以下函式呼叫：

```
replaceString (text, "*", "");
```

將刪除 text 陣列內的第一個星號，因為替換字串是空字串。

9. 您可以進一步擴展前一習題 replaceString() 函式的實用性，讓它回傳一個值，指示替換是否成功，這意味著在原始字串中找到了要替換的字串。若替換成功，函式回傳 true，若失敗，則回傳 false。例如，以下迴圈：

```
do
    stillFound = replaceString (text, " ", "");
while ( stillFound );
```

從 text 中刪除所有空白。

將此修改併入 replaceString() 函式，並嘗試用各種字串以確保它正常運作。

10. 請撰寫一個名為 dictionarySort() 的函式，按照字母順序排列範例程式 9.9 和 9.10 中定義的字典。

11. 請擴展範例程式 9.11 中的 strToInt() 函式，使得如果字串的第一個字元是負號，則後面的值將為負數。

12. 請撰寫一個名為 strToFloat() 的函式，將字串轉換為浮點數。該函式接受可有可無的前置負號。所以，以下呼叫：

```
strToFloat ("-867.6921");
```

應回傳值 -867.6921。

13. 假如 c 是小寫字元，則運算式：

```
c ¡V 'a' + 'A'
```

將產生 c 的等價大寫，假設使用 ASCII 字元集。

請撰寫一個名為 uppercase() 的函式，將字串中所有小寫字母轉換為大寫字母。

14. 請撰寫一個名為 intToStr() 的函式，將整數轉換為字串。請確保函式可正確處理負整數。

# 10

# 指標

在這章節，您將學習到 C 語言程式設計中最強大的功能：指標（pointer）。事實上，C 語言的指標之應用所帶來的功能與彈性，使得它有別於他程式語言。指標允許您有效地表示複雜的資料結構、作為參數傳遞給函式來改變值、控制 "動態" 的記憶體（請參閱第 16 章，"其它議題及進階功能"）以及更簡明更有效率地處理陣列。

當您成為一位熟練的 C 程式設計師時，將會發現在開發過程的每一個環節都用到指標，因此這個章節所概括的指標實作與運用包括如下：

- 宣告簡單的指標
- 在一般的敘述中使用指標
- 實作指標於結構、陣列與函式
- 使用指標建立鏈結串列
- 運用關鍵字 const 於指標
- 把指標當作參數傳遞給函式

再次強調，儘管這是在學習 C 程式語言過程中最具有挑戰性的主題之一，一旦對這些主題有了基礎的了解，您所撰寫的程式將獲得顯著的優雅與力量。

## 指標與間接

為了了解指標是如何運作，首先須要了解到間接（indirection）的概念。您應該在日常生活中很熟悉這個概念。譬如，假設您要買一個新的印表機之墨水匣。在您工作的單位內，所有購買消費都掌控於採購部門。因此，您打給採購部門的 Jim 並拜託他幫您訂購新的墨水匣。Jim 進而打給當地供應商訂購該墨水匣。此情形獲得新墨水匣的途徑就是間接的方法，因為不是您親自從供應商訂購它。

以同樣的間接概念運用到 C 語言的指標。指標提供一個處理特定資料項目值的間接方法。有好幾個理由為什麼要經由採購部門訂購新的墨水匣是合理的（比如：您不需要知道他們會訂購哪家特定供應商的墨水匣），同樣的，有足夠的理由讓您合理地在 C 語言中使用指標。

## 定義指標變數

講完相關的話題，現來看看指標是如何運作的。假設您定義一個變數叫做 count：

```
int   count = 10;
```

再定義另一個變數，叫做 int_pointer，利用以下宣告它能讓您間接地處理 count 的值：

```
int   *int_pointer;
```

星星符號 "*" 告訴 C 系統 int_pointer 是一個 int 型態的指標。也就是說 int_pointer 在此程式中可用於間接處理一個或多個整數變數的值。

您已經看過在之前程式中的 scanf() 函式是如何運用 & 運算子。在 C 語言中，此一元運算子，稱之為記憶體位址運算子，用於將指標指向一個物件。所以，如果 x 是一個特定型態的變數，那 &x 就是指向 x 的指標。如果有需要，&x 可以指定給與 x 同樣型態的任何的指標變數。

接著，有了 count 和 int_pointer，您可以撰寫以下敘述：

```
int_pointer = &count;
```

用以建立 int_pointer 和 count 之間的間接參考。記憶體位址運算子將位址指定給 int_pointer 變數，並不是 count 的值，它是指向 count 的指標。圖 10.1 表示 int_pointer 和 count 之間的關係。簡單地說，int_pointer 並不直接包含 count 的值，而是指向 count 變數的指標。

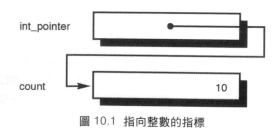

圖 10.1 指向整數的指標

為了透過 int_pointer 變數參考 count 的內容，需要使用間接運算子 "*"。如果 x 被定義為 int 型態，則以下敘述將 int_pointer 間接參考到的值指定給 x 變數：

```
x = *int_pointer;
```

由於 int_pointer 在剛才已經被設為指向 count，此敘述將 count 擁有的值 10 指定給 x 變數。

把剛才的敘述整合於範例程式 10.1，並說明兩個基本的指標運算子：記憶體位址運算子 "&"、以及間接運算子 "*"。

**範例程式 10.1　展示指標**

```c
#include <stdio.h>

int main (void)
{
    int    count = 10, x;
    int    *int_pointer;

    int_pointer = &count;
    x = *int_pointer;

    printf ("count = %i, x = %i\n", count, x);

    return 0;
}
```

**範例程式 10.1　輸出結果**

```
count = 10, x = 10
```

變數 count 和 x 宣告為整數型態。在下一行，變數 int_pointer 被宣告為 "指向 int 型態的指標"。注意：這兩行宣告敘述可合成為一行

```
int    count = 10, x, *int_pointer;
```

接著，記憶體位址運算子 & 被應用於變數 count。這是為了建立指向此變數的指標，將它指定給變數 int_pointer。

執行程式下一個指令

```
x = *int_pointer;
```

的過程如下：間接運算子告訴 C 系統，將變數 int_pointer 視為包含指向另一資料項目的指標。此指標用來擷取所需的資料項目，此資料項目擁有跟指標變數相同的型態。

因為您在宣告變數的時候，告訴編譯器 int_pointer 是指向整數的指標，編譯器便知道 *int_pointer 所參考的值是一個整數。然而因為您在前面程式碼設定 int_pointer 指向整數變數 count，所以此敘述能間接存取 count 的值。

您應該意識到範例程式 10.1 只是一個定義指標的例子，並沒有展現出指標在程式中的實際應用。當您熟悉撰寫程式中基本的定義與操作指標之後，就可以實際應用它了。

範例程式 10.2 說明指標變數的一些有趣的屬性。在這裡，使用一個指向字元的指標。

**範例程式 10.2 更多指標的基本概念**

```c
#include <stdio.h>

int main (void)
{
    char  c = 'Q';
    char  *char_pointer = &c;

    printf ("%c %c\n", c, *char_pointer);

    c = '/';
    printf ("%c %c\n", c, *char_pointer);

    *char_pointer = '(';
    printf ("%c %c\n", c, *char_pointer);

    return 0;
}
```

**範例程式 10.2 輸出結果**

```
Q Q
/ /
( (
```

定義字元變數 c 並初始為 'Q'。在程式的下一行，定義變數 char_pointer 為 "指向字元指標的型態"，意味著任何儲存在此變數內的值，都被視為間接參考（指標）到一個字元。注意，您可以指定一個初始值給這個變數。在這程式中，透過在變數 c 前面加上記憶體位址運算子，指定給 char_pointer 的是一個指向變數 c 的指標。（注意：如果在 c 這個敘述後才被定義的話，此初始化會導致編譯錯誤，因為一個變數必須在被參考之前宣告出來。）

變數 char_pointer 的宣告以及將初始值指定給它，可被分為兩個獨立的敘述：

```
char  *char_pointer;
char_pointer = &c;
```

（並不是以下敘述：

```
char  *char_pointer;
*char_pointer = &c;
```

從單行敘述可能暗指這樣）。

記住，在 C 語言裡面一個指標的值，在它被設為指向某項資料之前是沒有意義的。

第一個 printf() 簡單地印出變數 c 的內容，以及變數 char_pointer 參考到的內容。因為您設 char_pointer 指向變數 c，印出來的值就是 c 的內容，此證實於輸出結果的第一行。

程式的下一行，指定字元 '/' 給變數 c。由於 char_pointer 仍然指向變數 c，*char_pointer 經由 printf() 印出 c 的新值。這是個重要的概念。除非 char_pointer 的值改變，否則 *char_pointer 永遠存取 c 的值。所以，c 的值改變，*char_pointer 也會隨著改變。

剛剛的討論可幫助您了解，程式下一個的敘述是如何運作的。除非 char_pointer 被改變，否則 *char_pointer 永遠參考 c 的值。接著，在這個敘述中：

```
*char_pointer = '(';
```

指定左括號給 c。正式地說，字元 '(' 被指定到 char_pointer 指向的變數。您知道那是變數 c，因為在程式開始處已設定 char_pointer 指向 c。

前面的概念是讓您了解到指標運作的關鍵。若您仍然有搞不清的地方，請再複習一下。

# 在運算式中使用指標

在範例程式 10.3 中，有定義兩個整數指標 p1 和 p2。注意，指標參考的值是如何被應用在數學運算中。假如定義 p1 為 "指向整數的指標"，對於在運算中使用 *p1，會得到什麼結果？

**範例程式 10.3 在運算式中使用指標**

```
// More on pointers

#include <stdio.h>

int main (void)
{
    int   i1, i2;
    int  *p1, *p2;

    i1 = 5;
    p1 = &i1;
    i2 = *p1 / 2 + 10;
    p2 = p1;

    printf ("i1 = %i, i2 = %i, *p1 = %i, *p2 = %i\n", i1, i2, *p1, *p2);

    return 0;
}
```

**範例程式 10.3 輸出結果**

```
i1 = 5, i2 = 12, *p1 = 5, *p2 = 5
```

在定義 i1 和 i2 這兩個整數變數，以及 p1 和 p2 這兩個整數指標變數之後，程式將 5 指定給 i1，並設定指標 p1 指向 i1。接著，i2 的值以下列公式計算：

```
 i2 = *p1 / 2 + 10;
```

從範例程式 10.2 的討論中意指著，假如指標 px 指向變數 x，且 px 被定義為指向與 x 相同型態的變數。接下來，*px 和 x 即可交替使用。

由於範例程式 10.3 中 p1 被定義為整數指標變數，所以在前面的運算式中可使用整數運算。且因為 *p1 的值是 5（p1 指向 i1），所以整個整數運算式最後結果為 12 並指定給 i2。（指標參考運算子 * 的執行順序高比除法運算子。實際上，此運算子跟記憶體位址運算子一樣，其執行順序比 C 語言中其它所有二元運算子都來得高。）

在下一個敘述中，將指標 p1 的值指定給 p2。此敘述是絕對有效的，並把 p2 設定為指向 p1 所指向的資料。由於 p1 指向 i1，透過這指令，p2 也是指向 i1（當然在 C 中您可以任意設定多個指標指向同一項資料）。

程式中透過 printf() 驗證出 i1，*p1 和 *p2 的值是相同的（5）以及 i2 的值為 12。

# 指標與結構

您已經看過定義指標如何指向一項有型態的資料，如 int 或 char。還可以定義指向結構的指標。在第 8 章 "結構"，定義了一個日期的結構：

```
struct date
{
    int  month;
    int  day;
    int  year;
};
```

有如定義 struct date 型態的變數：

```
struct date  todaysDate;
```

您可定義指向 struct date 的指標變數：

```
struct date  *datePtr;
```

剛定義的指標變數 datePtr 可正常的使用。比如，您可以透過以下敘述設定它為指向 todaysDate 的指標：

```
datePtr = &todaysDate;
```

被指派之後，您可以透過以下方式間接處理 datePtr 指向 date 結構中的成員：

```
(*datePtr).day = 21;
```

此敘述具有把 datePtr 指向的 date 結構中的 day 設定為 21。括號是需要的因為結構成員運算子.的執行順序高比間接運算子*。

想要驗證 datePtr 所指向的 date 結構中 month 的值，可使用以下的敘述：

```
if  ( (*datePtr).month == 12  )
        ...
```

在 C 中指向結構的指標常常被使用，因而在 C 語言裡面存在著一個特殊運算子。結構指標運算子 ->，連字號（-）後面一個大於的符號（>），與其寫成

```
(*x).y
```

不如更簡略地寫成：

```
x->y
```

所以，剛才的敘述可以簡單地寫成：

```
if  ( datePtr->month == 12 )
    ...
```

範例程式 8.1，是第一個說明結構的範例，現在以結構指標的概念重新改寫，如範例程式 10.4 所示。

範例程式 10.4 使用指向結構的指標

```
//  Program to illustrate structure pointers

#include <stdio.h>

int main (void)
{
    struct date
    {
        int  month;
        int  day;
        int  year;
    };

    struct date  today, *datePtr;

    datePtr = &today;

    datePtr->month = 9;
    datePtr->day = 25;
    datePtr->year = 2015;

    printf ("Today's date is %i/%i/%.2i.\n",
            datePtr->month, datePtr->day, datePtr->year % 100);

    return 0;
}
```

範例程式 10.4 輸出結果

```
Today's date is 9/25/15.
```

圖 10.2 描述了上面範例程式執行所有的指定敘述後，有關 today 和 datePtr 變數的狀況。

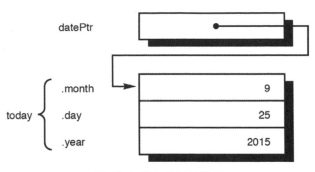

圖 10.2 指向結構的指標

再一次,它指出此處使用結構指標沒有真正的動機,並覺得似乎不用它會對您更好
(如範例 8.1 的使用)。您很快就會看到此動機。

## 結構中包含指標

自然地,指標也可作為結構中的成員。以下的結構定義:

```
struct   intPtrs
{
    int   *p1;
    int   *p2;
};
```

定義名為 intPtrs 結構,它為包含兩個指向整數的指標變數,第一個叫 p1 和第二個
叫 p2。可以透過以下方式定義一個 struct intPtrs 型態的變數:

```
Struct intPtrs   pointers;
```

現在變數 pointers 可被正常地使用,要注意的是 pointers 本身不是一個指標,而是
一個包含兩個指標成員的結構變數。

範例程式 10.5 說明在 C 中如何處理 intPtrs 結構。

範例程式 10.5 使用包含指標的結構

```
// Function to use structures containing pointers

#include <stdio.h>

int main (void)
{
    struct   intPtrs
    {
        int   *p1;
```

```
        int    *p2;
    };

    struct intPtrs  pointers;
    int    i1 = 100, i2;

    pointers.p1 = &i1;
    pointers.p2 = &i2;
    *pointers.p2 = -97;

    printf ("i1 = %i, *pointers.p1 = %i\n", i1, *pointers.p1);
    printf ("i2 = %i, *pointers.p2 = %i\n", i2, *pointers.p2);
    return 0;
}
```

範例程式 10.5 輸出結果

```
i1 = 100, *pointers.p1 = 100
i2 = -97, *pointers.p2 = -97
```

當所有變數都定義好之後，指定敘述：

```
 pointers.p1 = &i1;
```

設定 pointers 的成員 p1 指向整數變數 i1，接著下一個敘述：

```
 pointers.p2 = &i2;
```

設定成員 p2 指向 i2。接下來，將 -97 指定給 pointers.p2 所指向的變數。由於剛剛才把它設為指向 i2，所以 -97 被存在 i2 裡面。在這敘述中不須要用到括號，就如之前所提到，結構成員運算子 . 擁有比間接運算子 * 高的執行優先順序。因而指標能夠在間接運算子運行前從結構中被參考到。當然，也可使用括號以確保其正確，又或許在難以記住這兩個運算子的執行順序情況下使用。

上面程式使用兩個 printf() 來驗證是否正確的指定。

圖 10.3 幫助您了解在範例程式 10.5 執行指定敘述之後，變數 i1、i2 和 pointers 之間的關係。圖 10.3 中，正如您所見，成員 p1 指向值為 100 的變數 i1，成員 p2 指向值為 -97 的變數 i2。

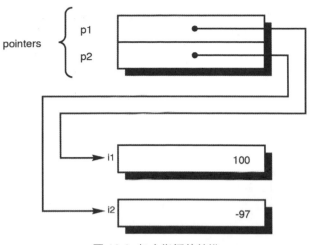

圖 10.3 包含指標的結構

# 鏈結串列

指向結構的指標與結構中包含指標，都是 C 語言中功能強大的概念，它們能夠建立一些複雜的資料結構，如：鏈結串列（linked lists）、雙向鏈結串列（doubly linked lists）和樹狀（trees）結構。

假設您定義以下結構：

```
struct entry
{
    int         value;
    struct entry    *next;
};
```

這定義了名為 entry 的結構，其包含兩個成員。第一個成員是一個整數叫 value。結構的第二個成員叫 next，是一個指向 entry 結構的指標。請思考一下這部份。包含在一個 entry 結構裡面的是指向另一個 entry 結構的指標。在 C 語言中，這是個絕對合法的概念。現在假設您定義兩個 struct entry 型態的變數如下：

```
struct entry  n1, n2;
```

試著以下面敘述設定結構 n1 的 next 指標指向結構 n2：

```
n1.next = &n2;
```

此敘述有效地建立起 n1 和 n2 的連結，如圖 10.4 所示。

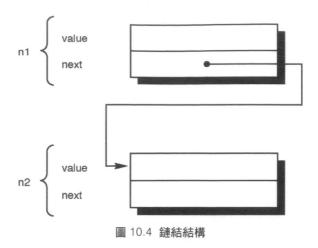

圖 10.4　鏈結結構

假設一個新的變數 n3 也定義為 struct entry 型態，您可使用以下敘述建立其它連結：

```
n2.next = &n3;
```

由此產生出來的鏈結項目鏈，其正式稱之為鏈結串列（linked list），以圖 10.5 所示。範例程式 10.6 將說明此鏈結串列。

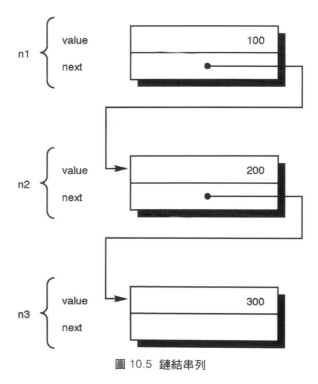

圖 10.5　鏈結串列

範例程式 10.6 使用鏈結串列

```c
// Function to use linked lists

#include <stdio.h>

int main (void)
{
    struct   entry
    {
        int            value;
        struct entry  *next;
    };

    struct entry n1, n2, n3;
    int           i;

    n1.value = 100;
    n2.value = 200;
    n3.value = 300;

    n1.next = &n2;
    n2.next = &n3;

    i = n1.next->value;
    printf ("%i   ", i);

    printf ("%i\n", n2.next->value);

    return 0;
}
```

範例程式 10.6 輸出結果

```
200   300
```

三個結構 n1、n2 和 n3 被定義為 struct entry 型態，其包含一個整數成員叫 value 和一個指向 entry 結構的 next 指標。程式接下來將值 100、200 和 300 分別指定給 n1、n2 和 n3 的 value 成員。

程式的下兩個敘述：

```
 n1.next = &n2;
 n2.next = &n3;
```

建立了鏈結串列，n1 的 next 成員指向 n2，同時 n2 的 next 成員指向 n3。

執行下一敘述：

```
i = n1.next -> value;
```

過程如下：n1.next 所指向的 entry 結構的 value 成員指定給整數變數 i。由於 n1.next 指向 n2，所以此敘述存取 n2 的 value 成員。接著，將 200 指定給 i，並以 printf() 驗證答案。您也許會想驗證 n1.next->value 是正確的敘述，而不是 n1.next.value，因為 n1.next 這欄位是一指向結構的指標，並不是結構本身。此定義非常重要，如果您對它不夠了解，它可能迅速導致程式錯誤。

結構成員運算子 . 和結構指標運算子 -> 在 C 語言中擁有相同的執行順序。如剛才的敘述，當同時使用兩個運算子時，它們將從左至右做運算。也就是說，該敘述被評估為

```
i = (n1.next)->value;
```

這是我們預期的。

範例程式 10.6 的第二個 printf() 印出 n2.next 所指向的 value 成員。由於 n2.next 指向 n3，所以 n3.value 的內容被印了出來。

正如之前提到，鏈結串列的概念在程式中非常強大。鏈結串列大大簡化如插入和刪除大量資料中的單筆資料等作業。

比如說，假如 n1、n2 和 n3 在之前已經被定義好，您可以簡單地刪除 n2，方法是設定 n1 的 next 指向 n2 的 next 所指向的：

```
n1.next = n2.next;
```

此敘述將 n2.next 的指標複製到 n1.next，由於 n2.next 之前設為指向 n3，所以 n1.next 現在是指向 n3。另外，n1 已經不再指向 n2，您可以將它從串列中刪除。圖 10.6 描述了這個狀況。當然，您在前面也可以用下面敘述直接設定 n1 指向 n3：

```
n1.next = &n3;
```

但此敘述並不為一般性，因為您必須進一步了解到 n2 是指向 n3。

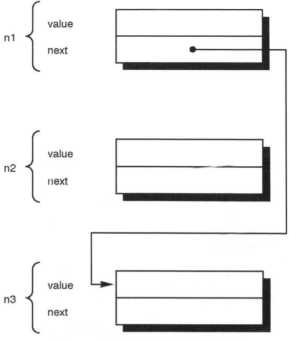

圖 10.6　從鏈結串列中刪除單筆資料

將元素插入到串列中一樣簡單。假如您想要在串列中插入一個 struct entry 名為
n2_3 在 n2 後面，可以很簡單地設定 n2_3.next 指向 n2.next 目前所指向的項目，接
著設定 n2.next 指向 n2_3。所以，敘述的順序應為：

```
n2_3.next = n2.next;
n2.next = &n2_3;
```

馬上將 n2_3 插入到串列中，並在 n2 後面。要注意的是上面敘述的順序非常重要，
因為先執行第二條敘述將在 n2.next 被指定給 n2_3.next 之前，會覆寫 n2.next 所儲
存的指標。新插入的元素 n2_3 於圖 10.7 所示。注意 n2_3 不被放在 n1 和 n3 之間。
這是為了強調 n2_3 有可能在記憶體中的任何地方，所以不必要將它置放於 n1 後面
和 n3 前面。這是使用鏈結串列儲存資訊的主要動機之一：串列的元素不必要在記
憶體中按照順序，那是陣列的元素的特性。

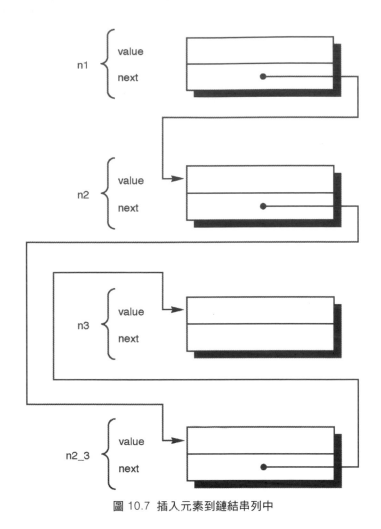

圖 10.7  插入元素到鏈結串列中

在使用鏈結串列撰寫函式之前，還有兩個問題需要討論。一般來說，一個鏈結串列至少會有一個指標指向它。通常指向串列前端的指標會被固定。所以，在原本包括 n1、n2 和 n3 等三個節點的串列中，可透過以下敘述定義一個叫 list_pointer 的變數並設定它指向串列的前端：

```
struct entry *list_pointer = &n1;
```

前提是 n1 已經被定義好了。 一個指向串列的指標，經由串列的節點對順序瀏覽是非常有用的，您很快就會看到。

第二個要討論的問題是，關於定義串列結尾的一些方法。這對搜尋整個串列來說是需要的，比如說，它會告訴您已經到了串列的尾端。按慣例，以常數 0 作為空的指標。您可以儲存此值於最後一筆資料的指標來標記串列的尾端。[1]

在上述三個節點的串列中，可以儲存空指標（null pointer）於 n3.next 來標記尾端：

```
n3.next = (struct entry *) 0;
```

您將會在第 12 章 "前置處理器" 看到此敘述可被寫得更具有可讀性。

使用型態轉換運算子把常數 0 轉換成合適的型態（"指向 struct entry 的指標"）。這不是必要的，但會使得敘述更具有可讀性。

圖 10.8 描述範例程式 10.6 的鏈結串列，一個名為 list_pointer 的 struct entry 指標，指向串列的前端，以及 n3.next 指向一個空指標。

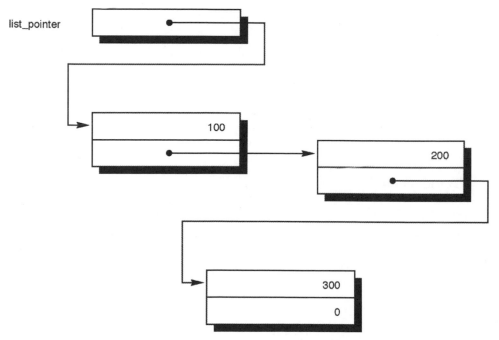

**圖 10.8　顯示串列指標及尾端空指標的鏈結串列**

範例程式 10.7 結合了剛剛討論的概念。此程式使用 while 迴圈順序瀏覽串列，並印出串列中每筆資料的值：

---

[1]　空指標在內部不一定是值為 0。然而，編譯器必須認出指派值為 0 給一個指標，是在指派一個空指標。這也用以針對常數 0 來比較指標：編譯器會檢測它是否為空。

**範例程式 10.7 追蹤鏈結串列**

```c
// Program to traverse a linked list

#include <stdio.h>

int main (void)
{
    struct entry
    {
        int         value;
        struct entry *next;
    };

    struct entry    n1, n2, n3;
    struct entry    *list_pointer = &n1;

    n1.value = 100;
    n1.next = &n2;

    n2.value = 200;
    n2.next = &n3;

    n3.value = 300;
    n3.next = (struct entry *) 0;     // Mark list end with null pointer

    while ( list_pointer != (struct entry *) 0 ) {
        printf ("%i\n", list_pointer->value);
        list_pointer = list_pointer->next;
    }

    return 0;
}
```

**範例程式 10.7 輸出結果**

```
100
200
300
```

此程式定義了變數 n1、n2、n3 和指向串列前端 n1 的 list_pointer 指標。接下來的敘述將串列的三個節點連接起來，以及把 n3 的 next 成員設為指向一個空指標來標記串列的結尾。

while 迴圈用來順序瀏覽串列中的元素。此迴圈只要當 list_pointer 的值不等於空指標就會一直執行。在 while 迴圈中呼叫 printf() 函式，來印出 list_pointer 當時所指向的節點的 value 成員。

接在 printf() 後面的敘述：

```
list_pointer = list_pointer->next;
```

將 list_pointer 的 next 成員指定給 list_pointer。所以， 第一次執行迴圈的時候，此敘述將 n1.next 所包含的指標（記得，list_pointer 被初始為指向 n1）指定給 list_pointer。由於此值為非空指標，它指向了 n2，所以 while 迴圈會重複執行。

第二次執行 while 迴圈，印出了 n2.value 的值 200。接著 n2 的 next 成員被複製到 list_pointer，然而，您設定此值為指向 n3，所以透過這次迴圈的執行，最後 list_pointer 指向了 n3。

第三次執行迴圈，printf() 印出了 n3.value 的值 300。在此，list_pointer->next（即 n3.next）被複製到 list_pointer，然而，由於您設此成員為空指標，所以 while 迴圈在執行三次後結束了。

您可能需要追蹤剛剛討論的程序，如有需要，請準備筆和紙，去追蹤每個變數的值。了解這個迴圈的運作，是了解 C 語言指標的運作關鍵。順帶一提，要注意這個 順序瀏覽串列的迴圈，是適用於任何大小的串列，但要以空指標來標記串列的尾端。

當真正在程式中使用陣列的時候，將不會像這章節的例子，僅對已明確地定義好的資料連結成鏈結串列。在此做法只是為了說明鏈結串列運作的機制而已。在實務上，通常會向系統配置串列每個元素的記憶體，接著將它們連結成鏈結串列。這被稱為動態記憶體分配（dynamic memort allocation）的機制所完成，第 16 章將會講到它。

# 關鍵字 const 與指標

您已經看過一個變數或陣列被宣告為 const，以告訴編譯器此變數或此陣列的值是不可被改變的。對指標來講，要考慮到兩個問題：第一個是指標會被改變，第二個是指標所指向的變數的值會被改變。請對第二個問題思考一下。假設一下宣告：

```
char c = 'X';
char *charPtr = &c;
```

指標變數 charPtr 被設定為指向變數 c。要是想讓指標變數永遠指向 c，可以宣告成 const 指標，如下：

```
char * const charPtr = &c;
```

（解釋為 "charPtr 是一個指向字元的常數指標。"）所以，以下敘述：

```
charPtr = &d;    // 不合法
```

在 GNU 作業系統下的 C 編譯器會產生這樣的訊息：[2]

```
foo.c:10: warning: assignment of read-only variable 'charPtr'
```

現在如果相反，要透過指標變數 charPtr，讓它所指向的值不被更改，可以使用以下宣告：

```
const char *charPtr = &c;
```

（解釋為 "charPtr 指向一個常數字元"）當然，這不代表 charPtr 所指向的值不能被變數 c 改變。也就是說，它不會被以下敘述所更改：

```
*charPtr = 'Y';     // 不合法
```

它也會引發 GNU 系統下的 C 編譯器，產生以下錯誤的訊息：

```
foo.c:11: warning: assignment of read-only location
```

當要同時將指標變數和它指向的值，都不能透過指標作更改的時候，可使用以下宣告：

```
const char * const charPtr = &c;
```

第一個 const 用來不可更改指標所指向的值。第二個 const 是用來不可更改指標指向的位址。這看起來有點令人困惑，但它是值得注意的。[3]

# 指標與函式

指標和函式有很密切的關係。您可以將指標作為參數傳遞給函式，當然也可以從函式回傳指標當作結果。

前面引用的第一種狀況，傳遞指標參數，是非常簡單的：指標可以被包含在參數列表中。所以，要將指標從程式傳遞給 print_list() 的方法，可以這樣寫：

```
print_list (list_pointer);
```

---

[2]　您的編譯器有可能會出現不同的訊息，或者沒有任何訊息。

[3]　關鍵字 const 不出現在所有的範例，只出現在一些特定的範例。除非您熟悉了類似之前的敘述，否則您會難以理解範例。

在 print_list() 函式定義中，形式參數必須被宣告為指向適當的型態：

```
void  print_list  (struct entry  *pointer)
{
    ...
}
```

形式參數 pointer 可作為指標變數使用。當指標作為實際參數傳遞給函式，有一個該注意的地方：當呼叫函式的時候，指標的值會複製到形式參數。接下來，任何對形式參數所做的改變，都不會影響到傳遞給函式的指標。但仍有隱情：儘管函式不會改變指標，但指標所參考到的資料元素還是會被改變！範例程式 10.8 助於弄清楚這一點：

**範例程式 10.8 使用指標和函式**

```
// Program to illustrate using pointers and functions

#include <stdio.h>

void test (int  *int_pointer)
{
    *int_pointer = 100;
}

int main (void)
{
    void test (int  *int_pointer);
    int  i = 50, *p = &i;

    printf ("Before the call to test i = %i\n", i);

    test (p);
    printf ("After the call to test i = %i\n", i);

    return 0;
}
```

**範例程式 10.8 輸出結果**

```
Before the call to test i = 50
After the call to test i = 100
```

函式 test() 被定義為其參數是一個指向整數的指標。函式的裡面只有一個敘述，將值 100 指定給 int_pointer 所指向的整數。

main() 函式定義一個初始值為 50 的整數變數 i 和一個指向整數 i 的指標變數 p。接著印出 i 的值並且呼叫 test() 函式，指標 p 作為參數加以傳遞。如您所見，程式的第二個輸出敘述，實際上函式 test() 已經更改了 i 的值為 100。

現在來看看範例程式 10.9。

**範例程式 10.9 使用指標交換兩個整數值**

```
// More on pointers and functions

#include <stdio.h>

void  exchange (int * const pint1, int * const pint2)
{
    int   temp;

    temp = *pint1;
    *pint1 = *pint2;
    *pint2 = temp;
}

int main (void)
{
    void  exchange (int * const pint1, int * const pint2);
    int    i1 = -5, i2 = 66, *p1 = &i1, *p2 = &i2;

    printf ("i1 = %i, i2 = %i\n", i1, i2);

    exchange (p1, p2);
    printf ("i1 = %i, i2 = %i\n", i1, i2);

    exchange (&i1, &i2);
    printf ("i1 = %i, i2 = %i\n", i1, i2);

    return 0;
}
```

**範例程式 10.9 輸出結果**

```
i1 = -5, i2 = 66
i1 = 66, i2 = -5
i1 = -5, i2 = 66
```

函式 exchange() 的目的是交換其參數所指向兩個整數的值。函式的標頭：

```
 void  exchange (int * const pint1, int * const pint2)
```

表示函式 exchange() 有兩個整數指標作為其參數,並且這兩個指標不會被函式所更改(關鍵字 const 的運用)。

區域變數 temp 用來在交換過程中儲存其中一個整數。它的值被設為跟 pint1 所指向的整數相同。接著 pint2 所指向的整數被複製到 pint1 所指向的整數,temp 的值之後又存到 pint2 所指向的整數,交換就完成了。

main() 函式定義整數 i1 和 i2 分別初始為 -5 和 66。之後定義了整數指標 p1 和 p2 且分別被設為指向 i1 和 i2。程式接著印出了 i1 和 i2 的值,並呼叫函式 exchange(),以兩個指標 p1、p2 作為參數傳遞。exchange() 函式交換 p1 和 p2 所指向的整數的值。由於 p1 指向 i1,p2 指向 i2,i1 和 i2 的值後來被函式所交換。第二個 printf() 的輸出驗證了交換成功。

第二次呼叫 exchange() 函式比較有趣。這次,傳遞給函式的參數是帶著記憶體位址運算子的 i1 和 i2 變數,視作指向 i1 和 i2 的指標。由於 &i1 產生指向整數變數 i1 的指標,符合函式第一個參數所需要的型態(指向整數的指標)。第二個參數也一樣。就如您從程式的輸出結果所看到,exchange() 函式完成這項工作,並把 i1 和 i2 的值改回它們原本的值。

您應該發現要是不使用指標,您不可能使 exchange() 函式交換兩個整數的值,因為您受限於一個函式,只能回傳單一值,而且函式不能永久地改變參數的值。請仔細研讀範例程式 10.9。它以一個小例子說明了在 C 語言中使用指標的重要概念。

範例程式 10.10 指出一個函式如何回傳指標。程式定義了一函式名為 findEntry(),它的目的是搜尋整個鏈結串列,以找出某一特定值。當特定值被找到,函式回傳一個指向串列中該筆資料的指標。如果找不到目標值,函式回傳空指標。

**範例程式 10.10 從函式回傳指標**

```
#include <stdio.h>

struct entry
{
    int   value;
    struct entry   *next;
};

struct entry  *findEntry (struct entry  *listPtr, int match)
```

```
{
     while ( listPtr != (struct entry *) 0 )
         if ( listPtr->value == match )
             return (listPtr);
         else
             listPtr = listPtr->next;

     return (struct entry *) 0;
}

int main (void)
{
     struct entry  *findEntry (struct entry  *listPtr, int match);
     struct entry  n1, n2, n3;
     struct entry  *listPtr, *listStart = &n1;

     int search;

     n1.value = 100;
     n1.next =  &n2;

     n2.value = 200;
     n2.next =  &n3;

     n3.value = 300;
     n3.next =  0;

     printf ("Enter value to locate: ");
     scanf ("%i", &search);

     listPtr = findEntry (listStart, search);

     if ( listPtr != (struct entry *) 0 )
         printf ("Found %i.\n", listPtr->value);
     else
         printf ("Not found.\n");

     return 0;
}
```

範例程式 10.10 輸出結果

```
Enter value to locate: 200
Found 200.
```

```
Enter value to locate: 400
Not found.
```

範例程式 10.10　輸出結果（第二次執行）

```
Enter value to locate: 300
Found 300.
```

函式標頭：

```
struct entry  *findEntry (struct entry  *listPtr, int match)
```

指定 findEntry() 函式回傳一個指向 entry 結構的指標和它需要的參數，第一個為指向 entry 結構的指標，第二個為一個整數。函式從使用 while 迴圈來順序瀏覽串列開始。此迴圈將持續執行，直到串列中的某一筆資料的 value 等於要找的 match（listPtr 的值將馬上被回傳）或者到達空指標（迴圈結束並回傳空指標）。

在設定完串列之後，main() 主程式要求使用者輸入要搜尋的值，接著呼叫 findEntry() 函式，以指向串列前端的指標（listStart）和使用者輸入的值（search）作為參數。findEntry() 回傳的指標指派給 struct entry 型態的指標變數 listPtr。如果 listPtr 不是空的，則 listPtr 所指向的 value 成員將被印出來。它應該跟使用者所輸入的值相同。如果 listPtr 是空的，將印出 "Not found" 訊息。

程式輸出結果驗證了值 200 和 300 確實存在於串列中，且找不到 400 是因為它實際上不存在於串列中。

findEntry() 函式所回傳的指標看起來並沒有什麼意義。然而，在某些特殊場合，此指標可用來處理該筆資料中的其它成員。比如說，在第 9 章 "字串" 有一個字典的鏈結串列。接著，您可呼叫 findEntry() 函式（該章節中呼叫應重新命名為 lookup()）來搜尋字典鏈結串列中要找的字。lookup() 函式回傳的值將被用來處理該筆資料的 definition 成員。

將字典做成鏈結串列有數個好處。簡單地加入新的字到字典中：在決定新的資料該插入哪裡之後，可以經由簡單的調整一些指標來完成，就如本章前面所說明的。從字典中移除項目資料也很簡單。最後，您會在第 16 章學習到，這種方法還提供一個框架來動態地擴展字典的大小。

然而，以鏈結串列的方式建立字典有一個主要的缺點：您不能在串列中使用快速二元搜尋法。該搜尋法僅適用於能直接使用索引標記元素的陣列。不幸的是，除了直接循序搜尋之外，沒有更快的方法去搜尋您的鏈結串列，因為在串列中的每一筆資料都要先從前一筆資料開始擷取。

一個同時擁有簡單地插入和移除資料的方法，尤其是可快速搜尋，就是使用一個不一樣的資料結構 — 樹狀結構。其它的方法，如使用雜湊表是可行的。這裡推薦一本不錯的參考書 — *The Art of Computer Programming, Volume 3, Sorting and Searching* (Donald E. Knuth, Addison- Wesley — 討論相關的資料結構，並將這些描述過的技巧，輕易的在 C 語言中實作出來。

# 指標與陣列

在 C 語言中一般指標最常用的是指向陣列的指標。使用指向陣列指標的主要理由是表示方便和程式執行效率。而且也會節省空間和處理快速。在這一小節經由我們的討論，此理由會變得更明顯。

假如您有一個含有 100 個整數的陣列 values，您可以透過以下敘述，定義一個叫 valuesPtr 的指標，用來處理陣列中的整數：

```
int   *valuesPtr;
```

若定義指向陣列某一元素的指標，則不須要設計為 "指向陣列的指標"；反而要指定它為指向陣列某一元素的型態之指標。

假如有一個字元陣列叫 text，您可以透過以下敘述，定義一指向 text 某一元素的指標：

```
char   *textPtr;
```

為了設定 valuesPtr 指向 values 陣列的第一個元素，只要簡單地表示如下：

```
valuesPtr = values;
```

在此沒有使用到記憶體位址運算子，因為 C 編譯器視陣列名稱為指向陣列的指標。因而，簡單地指定沒有註標的 values，就可產生一個指向 values 第一個元素的指標（參考圖 10.9）。

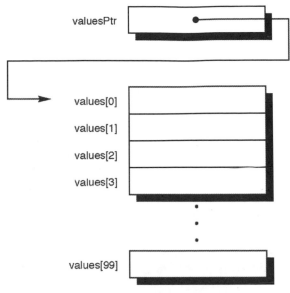

圖 10.9 指向陣列元素的指標

對陣列的第一個元素使用記憶體位址運算子，也可產生指向 values 前端的指標。因此，以下敘述：

```
valuesPtr = &values[0];
```

同樣將指標變數 valuesPtr 給設定為指向 values 的第一個元素。

假如要設定 textPtr 指標指向 text 陣列的第一個字元，以下兩種做法皆可：

```
textPtr = text;
```

或

```
textPtr = &text[0];
```

哪一種較佳，按照個人喜好而定。

當您想排序一個陣列中的元素，使用指標指向陣列可發揮它真正的力量。假設 valuesPtr 已被定義，並設定為指向 values 的第一個元素，以下敘述：

```
 *valuesPtr
```

就可用來處理 values 陣列的第一個元素，即 values[0]。為了透過變數 valuesPtr 參考 values[3]，可把 valuesPtr 加 3 再使用間接運算子：

```
 *(valuesPtr + 3)
```

一般來說：

```
 *(valuesPtr + i)
```

可用來處理 values[i] 的內容。

因此，想要指定 27 給 values[10]，您可以很明顯地寫：

```
 values[10] = 27;
```

或者使用 valuesPtr，您可寫成：

```
 *(valuesPtr + 10) = 27;
```

若想要設定 valuesPtr 指向 values 陣列的第二個元素，則可以對 values[1] 使用記憶體位址運算子，並指定給 valuesPtr：

```
 valuesPtr = &values[1];
```

如果 valuesPtr 指向 values[0]，只要簡單地把 valuesPtr 的值累加 1 就可以設定它指向 values[1]：

```
 valuesPtr += 1;
```

這在 C 語言中是絕對有效的敘述，且可用於任何資料型態的指標。

假如 a 是一個 x 型態的陣列，px 是 "指向 x 的指標"，且 i 和 n 是整數常數或變數，以下敘述：

```
 px = a;
```

設定 px 指向 a 的第一個元素，並且：

```
 *(px + i)
```

隨後地參考到 a[i] 的內容。再者：

```
 px += n;
```

設定 px 指向陣列的第 n 個元素後，不論陣列內的元素是什麼型態。

遞增運算子 ++ 和遞減運算子 -- 在處理指標時特別方便。將遞增運算子應用到指標會帶來把指標加一的效果，而將遞減運算子應用到指標會帶來把指標減一的效果。所以，假如 textPtr 被定義為一個字元指標，且被設定為指向名為 text 字元陣列的前端，以下敘述：

```
 ++textPtr;
```

此時 textPtr 將指向 text 的下一個字元，即 text[1]。同樣：

```
 --textPtr;
```

設定 textPtr 指向 text 的前一個字元，當然，假設這是在 textPtr 不是指向 text 的前端的時候執行的。

在 C 語言中比較兩個指標是絕對有效的。在同一個陣列中比較兩個指標是很有用的。比如說，在一個含有 100 個元素的陣列中，您可以用 valuesPr 與陣列的最後一個元素比較，測試它是否已超過尾端。所以，以下敘述：

```
valuesPtr > &values[99]
```

當 valuesPtr 超過 valucs 陣列的最後一個元素時，其為真，反之為假。回想剛才的討論，您可以以下列敘述代替剛剛的敘述：

```
valuesPtr > values + 99
```

因為 values 是指向 values 陣列第一個元素的指標。（記得，它跟 &values[0] 具有同樣的意義。）

範例程式 10.11 說明指向陣列的指標。arraySum 函式計算整數陣列中元素的總和。

範例程式 10.11 指向陣列的指標

```c
// Function to sum the elements of an integer array

#include <stdio.h>

int  arraySum (int  array[], const int  n)
{
    int  sum = 0, *ptr;
    int  * const arrayEnd = array + n;

    for ( ptr = array;  ptr < arrayEnd;  ++ptr )
        sum += *ptr;

    return sum;
}

int main (void)
{
    int  arraySum (int  array[], const int  n);
    int  values[10] = { 3, 7, -9, 3, 6, -1, 7, 9, 1, -5 };

    printf ("The sum is %i\n", arraySum (values, 10));

    return 0;
}
```

範例程式 10.11 輸出結果

```
The sum is 21
```

在 arraySum() 函式裡面，定義了一個整數常數指標 arrayEnd 且設定它指向陣列最後一個元素的下一個。接下來 for 迴圈順序瀏覽陣列的元素。迴圈開始時 ptr 指向 array 的前端。每次迴圈執行，ptr 所指向的 array 中的元素都會被累加到 sum。然後遞增 ptr 的值，使得它指向 array 的下一個元素。當 ptr 指向超過 array 的尾端時，for 迴圈就會結束，且將 sum 的值回傳到呼叫它的敘述。

## 關於程式優化的題外話

實際上函式中的區域變數 arrayEnd 是不必要的，因為您可以在 for 迴圈中明確地比較 ptr 的值和陣列的尾端：

```
for ( ...; pointer <= array + n; ... )
```

使用 arrayEnd 的唯一目的是為了優化。當每次迴圈執行，迴圈條件都會被計算。有 array + n 在迴圈中永遠不會改變，它的值在迴圈執行中是一個常數。在迴圈執行前先計算一次，您可省下每次迴圈執行都要計算一次的時間。雖然對於 10 個元素的迴圈幾乎沒省下多少時間，尤其是 arraySum() 函式只被主程式呼叫一次，當頻繁地呼叫此函式，用以加總大的陣列時，那可大量地節省時間。

另外一個在程式中有關使用指標本身的程式優化的問題。在前面談論到的 arraySum() 函式中，*ptr 在 for 迴圈中用來處理陣列的元素。在之前，arraySum() 函式可能會用索引變數撰寫 for 迴圈，如 i，接著在迴圈中將 array[i] 的值累加到 sum。一般來說，處理陣列使用索引會比使用指標所花的時間來得多。事實上，這是使用指標處理陣列元素的其中一個原因 — 所生成的程式碼通常是更有效的。當然，如果要處理的陣列沒有一般的順序，指標就無法達到其效率，因為 *(pointer + j) 執行的時間跟 array[j] 一樣。

## 陣列或是指標？

回想剛才要傳遞一個陣列給一個函式，簡單地指定陣列的名稱即可，就如同前面呼叫 arraySum() 函式。您應該還記得要產生一個指向陣列的指標，只要指定陣列的名稱。這意味著在呼叫 arraySum() 函式的時候，傳遞給函式的實際上是指向 values 陣列的指標。這就是這樣的情況，並解釋了為什麼您可以從函式中改變陣列的元素。

但如果它的確是傳遞一個指向陣列的指標給函式,您可能會疑惑為什麼函式的形式參數不被宣告成指標呢?換個說法,在 arraySum() 函式中 array 的宣告為何不是:

```
int  *array;
```

難道所有從函式中參考陣列的參數不應該使用指標變數?

為了解答這個問題,回到剛才討論的指標與陣列。就如前所提到的,假如 valuesPtr 指向 values 陣列中相同型態的元素,*(valuesPtr + i) 在任何場合都等同於 values[i],假設 valuesPtr 已經設定為指向 values 的前端。接下來叮以做的是使用 *(values + i) 參考到 values 陣列的第 i 個元素,一般來說,如果 x 是任何型態的陣列,在 C 語言中 x[i] 永遠相當於 *(x + i)。

如您所見,指標與陣列在 C 語言有密切的關係,這就是為什麼可以在 arraySum 函式內宣告 array 為 "整數的陣列" 或 "指向整數的指標"。這兩種宣告都可正常執行 — 請試試看。

如果您想要使用索引來參考傳遞到函式的陣列元素,則宣告其相對應的形式參數為一陣列。這更正確反映了陣列在函式中的使用。同樣的,若您想要以指向陣列的指標作為參數,則宣告它為指標。

現在您在前面範例程式中宣告 array 為一個 int 指標,接著可以刪除函式中的 ptr 變數,並用 array 取代它,如範例程式 10.12 所示。

**範例程式 10.12 將陣列的元素值加總**

```
// Function to sum the elements of an integer array  Ver. 2

#include <stdio.h>

int  arraySum (int  *array, const int  n)
{
    int  sum = 0;
    int  * const arrayEnd = array + n;

    for (  ; array < arrayEnd;  ++array )
        sum += *array;
```

```
      return sum;
}


int main (void)
{
      int   arraySum (int   *array, const int   n);
      int   values[10] = { 3, 7, -9, 3, 6, -1, 7, 9, 1, -5 };

      printf ("The sum is %i\n", arraySum (values, 10));

      return 0;
}
```

**範例程式 10.12  輸出結果**

```
The sum is 21
```

此程式是不言自明的。for 迴圈省略了第一個敘述,因為迴圈開始前沒有設定初始值。有一點值得再次提及的是,當呼叫 arraySum() 函式的時候,傳遞指向 values 陣列的指標給函式的 array。array 值的改變(並不是 array 參考到的值)並不會改變 values 陣列內的內容。所以,對 array 所使用的遞增運算子,僅遞增指向 values 陣列的指標,並不影響它的內容。(當然,如果您想要改變陣列元素值,只是簡單地將值指定給指標所參考的元素。)

## 指向字串的指標

使用指向陣列的指標,其中一個最常用的應用是指向字串的指標。理由是表示方便和效率。為了展示指向字串的指標之使用有多簡單,撰寫一個名為 copyString()的函式,將一個字串複製到另外一個字串。如果以一般陣列索引來撰寫的話,此函式的程式碼可能如下所示:

```
void copyString (char   to[], char   from[])
{
      int   i;

      for ( i = 0;  from[i] != '\0';  ++i )
            to[i] = from[i];

      to[i] = '\0';
}
```

for 迴圈會在空字元被複製到陣列之前結束,這說明了函式中最後一個敘述的必要。

假如您使用指標撰寫 copyString(),就不再需要索引變數 i。使用指標的版本如範例程式 10.13 所示。

範例程式 10.13  copyString() 的指標版本

```
#include <stdio.h>

void copyString (char   *to, char   *from)
{
    for (  ;   *from != '\0';  ++from, ++to )
        *to = *from;

    *to = '\0';
}

int main (void)
{
    void   copyString (char   *to, char   *from);
    char   string1[] = "A string to be copied.";
    char   string2[50];

    copyString (string2, string1);
    printf ("%s\n", string2);

    copyString (string2, "So is this.");
    printf ("%s\n", string2);

    return 0;
}
```

範例程式 10.13  輸出結果

```
A string to be copied.
So is this.
```

copyString() 函式定義兩個形式參數 to 和 from 為字元指標,而且不像 copyString() 前一版本的字元陣列。這說明了這兩個變數如何在函式中使用。

進入 for 迴圈(沒有初始條件)將 from 所指向的字串複製到 to 所指向的字串。每當迴圈執行時,指標 from 和 to 都會遞增。這個動作把 from 指向原始字串中下一個將會被複製的字元,並且將 to 指向下目的字串中下一個字元要儲存的位址 。

當 from 指標指向空字元時，for 迴圈將會結束。函式接著給目的字串的尾端配置一個空字元。

在 main() 函式裡，呼叫 copyString()函式兩次，第一次將 string1 的內容複製到 string2，第二次把常數字串 "So is this." 複製到 string2。

## 常數字串與指標

在程式中呼叫：

```
copyString (string2, "So is this.");
```

意味著當一個常數字串作為一個參數傳遞給函式時，實際傳遞的是指向該字串的指標。這不只在這個情況成立，它涵蓋在 C 語言中只要當它是一個常數字串，指向該字串的指標就會產生出來。若 textPtr 宣告為一個字元指標：

```
char  *textPtr;
```

則以下敘述：

```
textPtr = "A character string.";
```

將指向常數字串 "A character string." 的指標指定給 textPtr。要注意字元指標與字元陣列之間的差別，對於字元陣列，上一個指定敘述是無效的。若 text 以字元陣列來表示：

```
char  text[80];
```

就不能這樣寫：

```
text = "This is not valid.";
```

在 C 語言，唯一讓您使用這種方式指定給一個字元陣列的場合是在初始它的時候：

```
char  text[80] = "This is okay.";
```

初始 text 陣列並沒有儲存指向字串 "This is okay." 的指標於 text，而是實際字元本身被存到 text 陣列中相對應的元素。

如果 text 是一個字元指標，以下面敘述初始 text：

```
char  *text = "This is okay.";
```

將會指定一個指向字串 "This is okay." 的指標給它。

另一個字串與字串指標之差異的例子，下面敘述設定一個名為 days 的陣列，它包含指向一星期每天名稱的指標。

```
char  *day[] = { "Sunday", "Monday", "Tuesday", "Wednesday", "Thursday",
"Friday", "Saturday" };
```

days 陣列包含七個元素，每一個皆是指向字串的指標。所以，days[0] 包含指向字串 "Sunday" 的指標，days[1] 包含指向 "Monday" 的指標，以此類推（請參閱圖 10.10）。例如，您可以透過下一敘述印出星期三的名字：

```
printf ("%s\n", days[3]);
```

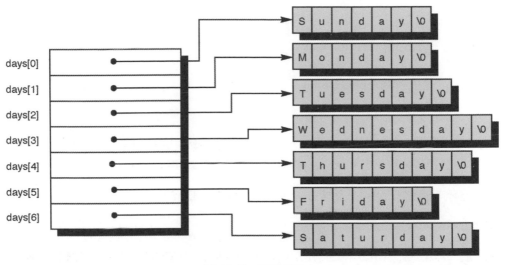

圖 10.10 指標陣列

## 再論遞增遞減運算子

到目前為止，每當您使用遞增或遞減運算子，這是在運算式中唯一出現的運算子。當撰寫++運算式時，知道它會將變數 x 的值遞增 1。就如您所見，如果 x 是一個指向陣列的指標，它會將 x 設定為指向陣列下一個元素。

遞增和遞減運算子可在運算式中與其它運算子同時使用。在這種情況下，必須要更明確地了解這些運算子的運作。

直到現在，每當您使用遞增或遞減運算子，都會把它們放在變數的前面。所以，想遞增變數 i，可簡單地撰寫為：

```
++i;
```

實際上，把遞增運算子置於變數後面也是絕對有效的，如：

```
i++;
```

兩種敘述都有效且達到同樣遞增 i 值的效果。在第一種情況，++放在運算元的前面，此遞增運算稱為前置加（preincrement）。在第二種情況，++放在運算元的後面，此遞增運算名為後繼加（postincrement）。

對於遞減運算子也是同樣的用法。所以，以下敘述：

```
--i;
```

嚴格來說 i 是前置減（predecrement），以下敘述：

```
i--;
```

表示 i 是後繼減（postdecrement）。這兩種敘述皆會把 i 的值減 1。當遞增、遞減運算子使用於較複雜的敘述時，就可看出前置與後繼之間的差別。

假設您有兩個整數 i 和 j，並設定 i 值為 0，以下敘述：

```
j = ++i;
```

將指定 1 給 j，並不是 0。因為使用前置加，變數會在運算式執行之前遞增。所以上一敘述，i 的值在指定給 j 之前，先將 0 遞增為 1，就如同分成兩行的敘述一般：

```
++i;
j = i;
```

如果您使用的是後繼加：

```
j = i++;
```

i 將會在指定給 j 才之後遞增。所以，如果 i 在執行前一敘述時是 0，0 會先被指定給 j，再將 i 遞增為 1，如同下面敘述：

```
j = i;
++i;
```

再舉另一個範例。如果 i 等於 1，下面敘述：

```
x = a[--i];
```

會把 a[0] 的值指定給 x，因為 i 在 a 的索引用於 a 陣列之前遞減了 1，而

```
 x = a[i--];
```

會把 a[1] 的值指定給 x，因為 i 在 a 的索引用於 a 陣列之後才遞減。

前置和後繼遞增遞減運算子之差異的第三個範例，呼叫以下函式：

```
 printf ("%i\n", ++i);
```

先將 i 遞增，再傳遞該值給 printf() 函式，而：

```
 printf("%i\n", i++);
```

是將值傳遞給函式之後才遞增。若 i 等於 100，第一個 printf() 會印出 101，而第二個 printf() 會印出 100。這兩種情況在敘述執行後 i 的值都會等於 101。

在進入範例程式 10.14 之前，來討論這個主題的最後一個範例，假如 textPtr 是一個字元指標，以下敘述：

```
 *(++textPtr)
```

先遞增 textPtr 並取得它指向的字元，而

```
 *(textPtr++)
```

在 textPtr 遞增前先取得它所指向的字元。在這兩種情況，括號是可以不要的，因為 * 和 ++ 運算子的執行優先順序相同，但結合性是由右至左。

再把焦點拉到範例程式 10.13 的 copyString() 函式並重新撰寫，將遞增運算子直接寫在指定敘述。

由於 to 和 from 指標在每次執行迴圈的時候，都會各自遞增於指定敘述之後，所以在指定敘述中應使用後繼加將它們遞增。範例程式 10.13 的 for 迴圈將變成：

```
 for (  ;  *from != '\0';  )
     *to++ = *from++;
```

迴圈內的指定敘述執行順序如下。from 所指向的字元被擷取並遞增指向原始字串的下一個字元。接下來，被參考的字元會儲存到 to 所指向的位址，to 隨後遞增以指向目的字串的下一個位址。

請複習上述的指定敘述，直到您真正了解它的運作。在 C 語言中，此類敘述很常見，繼續往前走之前理解它是非常重要的。

之前的 for 敘述比較不適合,因為它沒有初始運算式,而且也沒有迴圈運算式。實際上,如果使用 while 迴圈,該邏輯就會更明確,請參閱範例程式 10.14。此程式提供一個新版的 copyString()。while 迴圈使用空字元相當於 0 這特性,通常有經驗的 C 語言程式設計師都會這樣撰寫。

**範例程式 10.14** copyString() 函式的修訂版

```
// Function to copy one string to another. Pointer Ver. 2

#include <stdio.h>

void  copyString (char  *to, char  *from)
{
    while ( *from )
        *to++ = *from++;

    *to = '\0';
}



int main (void)
{
    void  copyString (char  *to, char  *from);
    char  string1[] = "A string to be copied.";
    char  string2[50];

    copyString (string2, string1);
    printf ("%s\n", string2);

    copyString (string2, "So is this.");
    printf ("%s\n", string2);

    return 0;
}
```

**範例程式 10.14** 輸出結果

```
A string to be copied.
So is this.
```

# 指標的運算

如您在這章節所見的，您可以透過指標加或減整數值。另外，還可以比較兩個指標來看它們是否相等，或者一指標小於或大於另一指標。另一個唯一允許對指標使用的運算，是兩個相同型態的指標相減。C 語言中兩個指標相減的結果，是兩個指標之間所包含的元素數目。所以，如果 a 指向任何形態的陣列的元素，而且 b 指向另一個在同一個陣列內卻遠離它的元素，b – a 將得到這兩個指標之間的元素數目。比方，如果 p 指向 x 陣列中的某一元素，以下敘述：

```
n = p − x;
```

會將 p 所指向 x 陣列的索引值指定給 n（這裡假設 n 是一個整數變數）。[4]因而，如果下面敘述 p 設定為指向 x 中的第 100 個元素：

```
p = &x[99];
```

通過上面的減法會得到 n 的值為 99。

以這個新學到關於指標減法的實際應用，來探討第 9 章 stringLength() 函式的新版本。

在範例程式 10.15 中，字元指標 cptr 用來順序瀏覽由 string 所指向的字串，直到遇到空字元為止。在此，cptr 減掉 string 得到 string 中的元素數目。程式的輸出結果驗證了該函式是可以正常運作的。

**範例程式 10.15　使用指標取得字串的長度**

```c
// Function to count the characters in a string ¡V Pointer version

#include <stdio.h>

int   stringLength (const char   *string)
{
    const char   *cptr = string;

    while ( *cptr )
         ++cptr;
    return   cptr - string;
}

int main (void)
{
```

---

[4]　由兩個指標（例如, int, long int, 或 long long int）相減所產生的有號整數型態為 ptrdiff_t，它被定義於 <stddef.h> 標頭檔中。

```
    int  stringLength (const char  *string);

    printf ("%i  ", stringLength ("stringLength test"));
    printf ("%i  ", stringLength (""));
    printf ("%i\n", stringLength ("complete"));

    return 0;
}
```

範例程式 10.15  輸出結果

```
17   0   8
```

# 指向函式的指標

稍微更進階的話題是指向函式的指標的概念,在這裡提出來是為了完整性。當使用指向函式的指標時,C 編譯器不僅要知道指向函式的指標變數,而且也要該函式的回傳值之型態、參數的個數與型態。以下敘述初始一個型態為 "指向一回傳 int 且無參數函式的指標" 的變數 fnPtr:

```
 int  (*fnPtr) (void);
```

*fnPtr 的左、右括號是必要的,若省略的話 C 編譯器會把該敘述看作,初始一個稱為 fnPtr,且回傳指向整數的指標之函式(因為呼叫函式運算子() 的運算優先順序比指標間接運算子 * 來得高)。

為了設定函式指標指向一個特定函式,只要將函式的名稱指定給它即可。所以,如果 lookup 是一個回傳 int 且不需參數的函式,以下敘述:

```
 fnPtr = lookup;
```

表示將指向此函式的指標,指定給函式指標變數 fnPtr。函式名稱後面沒有括號的寫法,就如同陣列名稱後面沒有中括號。C 編譯器會自動產生一個指向指定函式的指標。函式名稱前可加記憶體位址運算子 &,但沒必要。

如果 lookup() 函式在之前還沒定義的話,就必需在使用上面的指定敘述之前宣告它。所以,下面敘述:

```
 int  lookup (void);
```

在指定到變數 fnPtr 之前,先宣告於一個指向此函式的指標是必需的。

您可以透過指標變數間接呼叫函式，方法是在指標後面加上呼叫函式運算子，再把要傳遞給函式的參數（若有的話）寫在括號內。比如：

```
entry = fnPtr ();
```

呼叫 fnPtr 所指向的函式，將回傳的值存於變數 entry 內。

使用指向函式的指標常見的應用是，將它們當作參數傳遞到其它函式。例如，C 標準函式庫使用它於 qsort 函式內，該函式會執行對陣列的元素 "快速排序" （quicksort）。此函式的其中一個參數是指向，每當 qsort 需要比較陣列中兩個元素時，所呼叫的函式之指標。在這種方式之下，qsort 可用來排序任何型態的陣列，以使用者提供的函式來比較陣列中的任兩個元素，並不是 qsort 本身的。在附錄 B， "C 標準函式庫"，會有更多關於 qsort 的細節以及它的應用範例。

另一個函式指標的應用是建立遣派表格（dispatch table）。您不能儲存函式於陣列內。然而，是可以儲存函式指標於陣列內。因此，可以建立一個表格，它包含要被呼叫的函式的指標。例如，建立一個表格存放使用者將會輸入的不同指令。此表格的每一項目可包含指令名稱，以及指向執行這些指令函式的指標。現在，每當使用者輸入指令，就可以查看表格中的指令，並調用相對應的函式處理它。

## 指標與記憶體位址

在結束 C 指標的討論之前，您應該要了解它們實際運作的細節。電腦的記憶體可被定義為儲存單元的有序集合體。電腦記憶體的每一個單元皆有一個數字，叫位址 （address）。一般，電腦記憶體的第一個位址是 0。在大部分電腦系統，一個 "單元 "（cell）被稱為位元組（byte）。

電腦使用記憶體來儲存程式的指令，也會儲存與程式相關的變數的值。所以，如果您初始一個變數叫 count 為整數型態，當程式執行的時候電腦會配置一個記憶體中的位置來儲存 count 的值。該位置在電腦記憶體裡面的位址可能是 500，假如。

很幸運的，使用像 C 這種高階程式語言的好處之一，就是您不用對配置記憶體給變數這件事操心。然而，知道記憶體位址與變數的關係會幫助您理解指標的運作。

當您在 C 中對一個變數使用記憶體位址運算子，所形成的值是該變數在電腦記憶體中的實際位址。（顯然地，這是記憶體位址運算子的名稱由來）所以，下面敘述：

```
intPtr = &count;
```

將電腦記憶體分配給變數 count 的位址，指定給 intPtr。因此，如果 count 被放在位址 500 並包含值 10，此敘述把值 500 指定給 intPtr，如圖 10.11 所示。

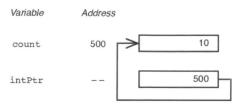

圖 10.11　指標和記憶體位址

圖 10.11 中 intPtr 的位址表示為 --，因為它實際的值對這個例子來說是不相干的。

將間接運算子用在指標變數，如：

```
*intPtr
```

會把指標變數的值視為記憶體位址。存在該記憶體的值將被讀取並被解譯為與所宣告之指標一致的型態。所以，假如 intPtr 是一個指向整數的指標，存在於 *intPtr 所指向記憶體位址的值，將被系統認定是一個整數。在這個例子，存在記憶體位址 500 的值被讀取，並視為整數作處理。該敘述的結果為 10，且型態為整數。

儲存一個值到指標所參考的位址，例如：

```
*intPtr = 20;
```

以同樣的方式進行。intPtr 的內容被讀取且被視為一個記憶體位址。接著一個特定的整數值被儲存到該記憶體位址。在剛才的敘述，整數值 20 隨後被存到記憶體位址 500 裡面。

有時候，系統程式設計師一定要擷取電腦記憶體的一些特定位址。在這種情況下，指標變數的運作將會派上用場。

如您在這章節中所見，指標在 C 語言中是一個非常強大的結構。定義指標的彈性遠遠超出這章節所說明的。比如說，您可以定義指向指標的指標，甚至於指向指標的指標的指標。此類的結構超出了本書的範圍，即便它們只是簡單有邏輯地從您在此章節中所學到的作擴展而已。

指標的話題或許是新手最難掌握的話題。您也許應該在實作前對這章節中不太了解的地方反覆細讀。實作下面的習題對您理解本章內文會有所幫助。

# 習題

1.　請撰寫並執行此章節中的 15 個範例程式，將其輸出結果與內文所列的輸出結果作一比較。

2.　請撰寫一個名為 insertEntry() 的函式，將一筆新資料加入於鏈結串列中。此函式擁有兩個參數，第一個為指向要被加入項目的指標（型態為如本章所定義的 struct entry），第二個為指向串列中某個項目的指標，新加入的項目將加在它的後面。

3.　習題 2 所撰寫的函式只定義加入一個新項目到一個已存在的項目的後面，然而卻無法將新的項目加入於串列的前端。您應如何使用同一函式來克服此問題呢？（提示：設定一個特殊的結構指向串列的前端。）

4.　請撰寫一個名為 removeEntry() 的函式，從鏈結串列中移除一筆資料。它唯一的參數是指向串列下一筆資料的指標。此函式刪除參數所指向當筆資料的下一筆。（為何您不能刪除參數所指向的當筆資料？）您需要用到在習題 3 所設定的特殊結構，來操縱從串列中刪除第一個元素的特殊情況。

5.　雙向鏈結串列（doubly linked list）表示每筆資料包含兩個指標，分別指向上一筆資料和指向下一筆資料的鏈結串列。請為鏈結串列的節點項目定義一個適當的結構定義，並撰寫一小程式實作一個小小的雙向鏈結串列，接著把串列中的元素印出來。

6.　請為雙向鏈結串列撰寫 insertEntry() 和 removeEntry() 函式，功前如前面習題中所提到單向鏈結串列。為何您的 removeEntry() 現在可以直接從串列中刪除指標參數所指向的資料？

7.　請將第七章 "函式" 的 sort() 函式改寫為指標版本。確保指標僅被函式所使用，包括迴圈中的索引變數。

8.　請撰寫一個叫 sort3() 的函式，用以由小到大排序三個整數。（此函式不使用陣列。）

9.　請重新撰寫第 9 章的 readLine() 函式，以字元指標取代陣列。

10.　請重新撰寫第 9 章的 compareStrings() 函式，以字元指標取代陣列。

11. 利用本章節定義的 date 結構，請撰寫一個名為 dateUpdate() 的函式，將指向 date 結構的指標作為它的參數，接著更新該結構為次日（請參閱範例程式 8.4）。

12. 給予下面宣告：

```
char  *message = "Programming in C is fun\n";
char  message2[] = "You said it\n";
char  *format  = "x = %i\n";
int   x = 100;
```

請確認下面的每一個 printf() 的呼叫組合皆有效，而且從其它的組合呼叫有相同的輸出。

```
/*** set 1 ***/
printf ("Programming in C is fun\n");
printf ("%s", "Programming in C is fun\n");
printf ("%s", message);
printf (message);

/*** set 2 ***/
printf ("You said it\n");
printf ("%s", message2);
printf (message2);
printf ("%s", &message2[0]);

/*** set 3 ***/
printf ("said it\n");
printf (message2 + 4);
printf ("%s", message2 + 4);
printf ("%s", &message2[4]);

/*** set 4 ***/
printf ("x = %i\n", x);
printf (format, x);
```

# 11

# 位元運算

如之前所說，C 語言是以開發系統應用軟體為主。指標是一個適當且完美的工具，因為它提供程式設計師強大的控制權與對電腦記憶體的控制。在同樣的方式下，系統設計師常常 "玩弄位元組中的位元"。本章您將學習到如何使用 C 語言中有關位元處理的運算子，包括：

- 且運算子
- 或運算子
- 互斥運算子
- 1 補數運算子
- 左移運算子
- 右移運算子
- 位元欄位

## 位元的基本原理

回顧上一章節所討論的 "位元組"（byte）的概念。在大部分的電腦系統，一個位元組包含八個更小的單位叫 "位元"（bit）。一個位元代表兩個值：1 或 0。所以，一個儲存在電腦記憶體位址 1000 的位元組可表示為一串八位的二進制數字如下：

```
01100100
```

一個位元組最右邊的位元稱之為最低有效位（least significant）或最低位（low-order bit），而它最左邊的位元被稱作最高有效位（most significant）或最高位（high-order bit）。如果把一串位元看作一個整數，那最右邊的位元代表 $2^0$（1），它左邊的下一個位元代表 $2^1$（2），再下一個為 $2^2$（4），以此類推。因而，前面的二進制數字相當於十進制的 $2^2 + 2^5 + 2^6 = 4 + 32 + 64 = 100$。

負數的表示方式略有不同。大部分的電腦使用所謂的 "二補數" 表示法。使用此表示法的時候，最左邊的位元代表符號位元（sign bit）。如果它是 1，即為正；相反地，當它是 0，即為負。其它位元則代表數字的值。在二補數表示法，值 -1 是以全部位元為 1 來表達：

```
11111111
```

將一個負數從十進制轉換成二進制的簡單方法是，先把該數字加 1，將結果的絕對值轉換成二進制，接著把所有位元做 "豬羊變色" 的處理；也就是說把所有 1 變成 0，0 改成 1。例如要把 -5 轉換成二進制，先加 1，得到 -4，4 轉換成二進制得 00000100，接著豬羊變色全部位元得到 11111011。

要將一個負數從二進制轉換回十進制，先豬羊變色全部位元，把結果轉換成十進制，再把結果改符號，最後減 1。

在二補數表示法中，可以存到 n 個位元的最大正數為 $2^{n-1}-1$。所以對於八個位元，您可以儲存的值高達 $2^7-1$，即 127。同樣的，存到 n 個位元的最小負數為 $-2^{n-1}$，在八個位元的位元組來說是 -128。（您能了解為什麼最大的正數和最小的負數不是相同的大小嗎？）

在大多數目前的處理器，整數在電腦記憶體中佔用四個連續的位元組，即 32 位元。因而可以儲存的最大正整數為 $2^{31}-1$，即 2,147,483,647，而最小負整數為 -2,147,483,648。

在第 3 章 "變數、資料型態以及算術運算式" 介紹了 unsigned 修飾詞，並知道它可用來有效地擴增一個變數的範圍。這是因為它最左邊的位元不用儲存數字的正負號，由於您只使用到正整數。此 "額外" 位元是給變數的值增加兩倍的量。更精確地，n 位元現在可以儲存高達值為 $2^n-1$。在可以儲存 32 位元的整數的機器上，這代表無號整數值的範圍可從 0 到 4,294,967,295。

# 位元運算子

現在您已學習了一些初步概念，該討論各種位元運算子的時候了。表 11.1 列出在 C 中用來處理位元的一些運算子。

表 11.1 位元運算子

| 符號 | 運算 |
| --- | --- |
| & | 位元且 |
| \| | 位元或 |

| 符號 | 運算 |
|------|------|
| ^ | 位元互斥 |
| ~ | 1 補數 |
| << | 左移 |
| >> | 右移 |

表 11.1 所列出的所有運算子，除了 1 補數運算子 ~ 外，皆為使用兩個運算元的二進制運算子。在 C 語言中，位元運算可用於任何形態的整數，如 int、short、long、long long、signed 或 unsigned，也可以用於字元，但不可用於浮點數。

# 位元且運算子

在 C 語言中，當兩個值處於且（AND）關係的時候，這些值的二進制表示法會做位元之間的比較。若第一個值和第二個值的相對位元皆為 1，則會產生相對位元為 1 的結果；其它狀況皆會產生 0。假設 b1 和 b2 代表兩個運算元的相對位元，下面表格，被稱為真值表，展示 b1 & b2 的所有可能值。

```
b1      b2      b1 & b2
        _____

0       0       0
0       1       0
1       0       0
1       1       1
```

比如說，如果 w1 和 w2 定義為 short int，且 w1 為 25，w2 為 77，下面敘述：

```
w3 = w1 & w2;
```

將 9 指定給 w3。以二進制表示法看 w1、w2 和 w3 的值會比較簡單。假設您使用的是 16 位元的 short int。

```
w1    0000000000011001    25
w2    0000000001001101    & 77
      ------------------------
w3    0000000000001001    9
```

若以邏輯運算子且（&&）的運作方式來想（只當兩個運算元皆為真才是真），您會更簡單地了解位元且運算子的運作。順帶一提，要確保不會搞混這兩個運算子！邏輯運算子且（&&）用於邏輯運算以產生真/假結果；它並不像位元且運算子（&）。

位元且通常用來遮罩（mask）運算。也就是說，此運算子可用來輕鬆地把資料的指定位元設為 0。例如：

```
 w3 = w1 & 3;
```

把 w1 & 3 的結果指定給 w3。它的效果是把 w3 除了最右邊的兩個位元之外的所有位元設為 0，並保留 w1 最右邊兩個位元的值。

跟 C 語言中所有二進制算術運算子一樣，二進制位元運算子也可使用算術指定，只要附加一個等號即可。所以，以下敘述：

```
 word &= 15;
```

相當於：

```
 word = word & 15;
```

將 word 除了最右邊四個位元外的所有位元設為 0。

使用常數作位元運算，通常會更方便地將該常數也轉為八進制、或十六進制表示法。至於使用哪一種，由您所處理的資料量而定。例如，當您使用 32 位元的電腦，16 進制表示法會常常被使用到，因為 32 是 4（一個 16 進制單位的位元數量）的偶數倍數。

範例程式 11.1 說明了位元且運算子。在此程式中，由於只使用正整數值，因此所有整數都要定義為 unsigned int 變數。

**範例程式 11.1　位元 AND 運算子**

```
// Program to demonstrate the bitwise AND operator
#include <stdio.h>

int main (void)
{
    unsigned int  word1 = 077u, word2 = 0150u, word3 = 0210u;

    printf ("%o  ", word1 & word2);
    printf ("%o  ", word1 & word1);
    printf ("%o  ", word1 & word2 & word3);
    printf ("%o\n", word1 & 1);

    return 0;
}
```

**範例程式 11.1　輸出結果**

```
50  77  10  1
```

回顧一下，如果一個常數整數由 0 為首，在 C 語言中，它代表八進制常數。因此，word1、word2 和 word3 這三個 unsigned int 變數，分別被初始為八進制值 077、0150 和 0210。也回顧一下第 3 章，如果一個常數整數後面有 u 或 U，代表它是無號的。

第一個 printf() 印出八進制 50，此為 word1 & word2 的結果。下面描述它的運算：

```
word1    ... 000  111  111        077
word2    ... 001  101  000   & 0150
         -----------------------------
         ... 000  101  000        050
```

只有最右邊的九個位元被顯示出來，因為左邊其它所有位元皆為 0。二進制數組被排列成三位一組，以便作二進制和八進制之間的轉換。

第二個 printf() 印出八進制 77，此為 word1 & word1 的結果。根據定義，對於任何 x，x & x 都會得出 x。

第三個 printf() 印出 word1 & word2 & word3 的結果。類似這樣的位元且運算的概念是，a & b & c 跟 (a & b) & c 或 a & (b & c) 相同，但一般都會從左至右。這裡為您留下一個習題，就是去驗證八進制 10 的結果是 word1 & word2 & word3 的正確結果。

最後一個 printf() 具有擷取 word1 最右邊的位元的效果。這其實是檢查一個整數是奇數，還是偶數的另一個方法，因為任何一個奇數整數的最後一個位元皆為 1，若偶數即為 0。因而以下 if 敘述

```
 if  ( word1 & 1 )
   ...
```

當它執行的時候，如果 word1 是奇數則為真（因為且運算的結果是 1），如果它是偶數則為假（因為且運算的結果是 0）。（注意：對於使用 1 補數表示法的機器，此方法對負數無效。）

## 位元或運算子

在 C 語言中，當兩個值做或（OR）的運算時，這些值的二進制表示法，將再次地做位元之間的比較。這時候，第一個值的某一位元為 1 或第二個值的某一位元 1，將產生一個相對位元為 1 的結果。以下是位元或運算子的真值表。

| b1 | b2 | b1 \| b2 |
|----|----|----------|
| 0  | 0  | 0        |
| 0  | 1  | 1        |
| 1  | 0  | 1        |
| 1  | 1  | 1        |

所以，如果 w1 是一個 unsigned int 並等於八進制 0431，而 w2 也是一個 unsigned int 並等於八進制 0152，接著 w1 | w2 將得到八進制 0573 如下：

```
w1    ... 100  011  001       0431
w2    ... 001  101  010   |   0152
      -----------------------------
      ... 101  111  011       0573
```

跟前面講位元且運算子一樣，請不要搞混位元或運算子（|）和邏輯或運算子（||），邏輯或運算子是用來確認兩個邏輯值中，其中一個是否為真。

位元或運算子用來將一個位元組中的一些特定位元設為 1。例如，以下敘述：

```
w1 = w1 | 07;
```

把 w1 最右邊的三個位元設為 1，而不管在執行操作之前，這些位元的狀態如何。當然，您可以對這敘述使用特定的指定運算子：

```
w1 |= 07;
```

使用位元或運算子的範例程式將在本章後面討論之。

## 位元互斥或運算子

位元互斥或運算子(^)的運作如下：對兩個運算元的相對位元，只能一個為 1，但不能兩個皆為 1，則結果將為 1；否則為 0。此運算子的真值表如下：

```
b1        b2        b1 ^ b2
--------------------------------
0         0         0
0         1         1
1         0         1
1         1         0
```

假如 w1 和 w2 分別被設為八進制的 0536 和 0266，那麼 w1 ^ w2 的結果將是八進制的 0750，如下面解釋：

```
w1    ... 101  011  110       0536
w2    ... 010  110  110   ^   0266
      -----------------------------
      ... 111  101  000       0750
```

互斥或運算子有個有趣的性質：任何一個值跟它自己本身做互斥或的運算，皆會產生 0。在過去，此技巧常被組合語言的程式設計師用來將值設為 0 的快速方法，或用來比較兩個值是否相等。不建議在 C 語言中使用此方法，因為它不會節省時間，同時也讓程式變得含糊不清。

互斥或運算子另一個有趣的應用是，它可有效地不用增加額外記憶體處理兩數交換。您知道一般是以下面方式交換 i1 和 i2 兩個值：

```
temp = i1;
i1 = i2;
i2 = temp;
```

使用互斥運算子，可以不必增加一個暫存記憶體空間，就可將兩個值交換：

```
i1 ^= i2;
i2 ^= i1;
i1 ^= i2;
```

檢驗此做法是否成功的交換 i1 和 i2 的值，就當習題讓您實作了。

# 1 補數運算子

1 補數運算子（one's complement operator）是一元運算子（unary operator），而它的效果是將它的運算元之位元 "反過來"。運算元的每一個 1 都被換為 0，而每一個 0 都被換為 1。接下來僅僅是為了完整性所表示的真值表。

| b1 | ~b1 |
|----|-----|
| 0  | 1   |
| 1  | 0   |

假如 w1 是一個 16 位元長的 short int，且被設為等於八進制的 0122457，接著對此值使用 1 補數運算子會得到八進制的 0055320：

```
w1   1  010  010  100  101  111      0122457
~w1  0  101  101  011  010  000      0055320
```

請不要把 1 補數運算子（~）跟算術減運算子（-）或邏輯否運算子（!）搞混。如果 w1 被設為 int 且等於 0，那麼 -w1 仍等於 0。如果您對 w1 使用 1 補數運算子，您會把 w1 全設為 1，若使用 2 補數表示法於有號值時，將得到 -1。最後，如果對 w1 使用邏輯否運算子，產生出來的結果是真（1），因為 w1 是假（0）。

當您不知道運算中精確位元大小的數量時，1 補數運算子是很有用的。它的使用可幫助程式更具可攜性（portable）— 換句話說，更少會取決於程式所執行的電腦，因而，更容易地在不同機器上執行。例如，將一個名為 w1 的 int 值最低位設為 0，您可以讓 w1 位元且一個除了最右邊位元為 0，其餘為 1 的 int 值。所以，下面敘述：

```
w1 &= 0xFFFFFFFE;
```

能在整數以 32 位元表達的電腦上正常運作。

如果您取代上面敘述為：

```
w1 &= ~1;
```

w1 在任何機器上都可進行位元且運算，並得到正確結果，包括需要充填 int 大小的最左邊位元（在 32 位元的整數系統中，最左邊是第 31 位元）。

範例程式 11.2 總結了到目前為止所介紹過的位元運算子。然而，在繼續之前，要先提及這些運算子的執行順序。位元且 (&)、位元或 (|) 和互斥或 (^) 運算子的執行順序，皆低於任何算術運算子或關係運算子，但高於邏輯且 (&&) 和邏輯或 (||) 運算子。位元且的執行順序高於位元互斥或，而位元互斥或的執行順序又高於位元或。一元運算子 1 補數的執行順序高於任何二元運算子。這些運算子的執行順序，請參閱附錄 A，"C 語言摘要"。

**範例程式 11.2 展示位元運算子**

```c
/* Program to illustrate bitwise operators */

#include <stdio.h>

int main (void)
{
    unsigned int  w1 = 0525u, w2 = 0707u, w3 = 0122u;

    printf ("%o   %o   %o\n", w1 & w2, w1 | w2, w1 ^ w2);
    printf ("%o   %o   %o\n", ~w1, ~w2, ~w3);
    printf ("%o   %o   %o\n", w1 ^ w1, w1 & ~w2, w1 | w2 | w3);
    printf ("%o   %o\n", w1 | w2 & w3, w1 | w2 & ~w3);
    printf ("%o   %o\n", ~(~w1 & ~w2), ~(~w1 | ~w2));

    w1 ^= w2;
    w2 ^= w1;
    w1 ^= w2;
    printf ("w1 = %o, w2 = %o\n", w1, w2);

    return 0;
}
```

範例程式 11.2 輸出結果

```
505    727    222
37777777252    37777777070    37777777655
0    20    727
527    725
727    505
w1 = 707, w2 = 525
```

您應該使用紙和筆對照範例程式 11.2 的每一個運作，以驗證是否了解這些結果是如何獲得的。此程式在使用 32 位元表示整數的電腦上執行。

在第四個 printf()，要記得位元且運算子 (&) 的執行順序高於位元或運算子 (|)，因為它會影響到運算的結果。

第五個 printf() 說明了 DeMorgan 原則，即 ~(~a & ~b) 相等於 a | b， 而~(~a | ~b) 相等於 a & b。接下來一序列的幾個敘述，驗證了在 "位元互斥或運算子" 所提到的兩數交換的可行性。

# 左移運算子

當對一個值使用左移運算子時，該值的位元將向左位移。與該運作相關聯的是要位移的位置（位元）數量。位元會從最高位移走並丟棄，接著 0 會從最低位加入。所以，如果 w1 等於 03，那麼：

```
 w1 = w1 << 1;
```

或：

```
 w1 <<= 1;
```

會左移一個單位，並得到 6，再指定給 w1：

```
 w1        ... 000 011    03
 w1 << 1   ... 000 110    06
```

<< 運算子左邊的運算元是要位移的值，右邊的運算元是該值要位移的位元個數。再給 w1 左移一個單位，將會得到 w1 的結果為八進制 014：

```
 w1        ... 000 110    06
 w1 << 1   ... 001 100    014
```

左移其實是把要位移的值乘以 2。事實上，一些 C 編譯器會自動以 2 的左位移數次方作乘法，因為在對部分電腦位移運算快於乘法運算。

說明了右移運算子之後將呈現左移運算子的範例程式。

## 右移運算子

如該名稱所示，右移運算子 >> 將一個值的位元右移。位元從最低位移除並丟棄。對無號值右移，會永遠在最高位加入 0。對有號值所加入的位元取決於該值的正負號，也取決於此運作在您的電腦系統中是如何實作的。如果符號位元為 0（即該值為正），則無論您在使用哪台電腦，都會加進 0。然而，如果符號位元為 1，在一些電腦上，1 被移入，而另一些電腦則是 0 被移入。前面的運作類型稱作算術右移，後面的運作類型稱作邏輯右移。

不要對系統將會實作算術或邏輯右移而作假設。右移有號值的一支程式也許會因為這個假設而在這個系統上運算正確但卻錯誤於其它系統上。

假設 w1 是一個 unsigned int，以 32 位元表示，設定為等於十六進制 F777EE22，並以下面敘述把 w1 右移一個單位：

```
w1 >>= 1;
```

w1 將等於 7BBBF711。

```
w1          1111 0111 0111 0111 1110 1110 0010 0010     F777EE22
w1 >> 1     0111 1011 1011 1011 1111 0111 0001 0001     7BBBF711
```

如果 w1 被宣告為一個（有號）short int，在一些電腦上會得到同樣結果；也有一些電腦，如果此運算是算術右移，結果會是 FBBBF711。

應當注意，若試圖將值左移或右移大於等於該資料大小的位元的數量，則 C 語言不會產生定義的結果。所以，在以 32 位元表示整數的電腦上，假如，將一個整數左移 32 個單位或更多，並不保證會產生預期結果。您還得注意，如果將值位移負的值，結果也是不被定義的。

## 位移函式

現在將左移和右移運算子運用於實際範例，如範例程式 11.3 所示。一些電腦具有單一指令：若位移數為正，將值左移，反之，將值右移。現在，撰寫一個函式來模擬這類型的運作。您可以讓函式接收兩個參數：要位移的值和位移數。
如果位移數是正的,則將值左移指定的位移數;反之,將值右移指定位移數的絕對
值。

**範例程式 11.3 實作位移函式**

```
// Function to shift an unsigned int left if
// the count is positive, and right if negative

#include <stdio.h>

unsigned int  shift (unsigned int  value, int  n)
{
    if ( n > 0 )      // left shift
        value <<= n;
    else              // right shift
        value >>= -n;

    return value;
}

int main (void)
{
    unsigned int  w1 = 0177777u, w2 = 0444u;
    unsigned int  shift (unsigned int  value, int  n);

    printf ("%o\t%o\n", shift (w1, 5), w1 << 5);
    printf ("%o\t%o\n", shift (w1, -6), w1 >> 6);
    printf ("%o\t%o\n", shift (w2, 0), w2 >> 0);
    printf ("%o\n", shift (shift (w1, -3), 3));

    return 0;
}
```

**範例程式 11.3 輸出結果**

```
7777740 7777740
1777    1777
444     444
177770
```

範例程式的 shift() 函式宣告參數 value 的型態為 unsigned int,因而 value 的右移將
填入 0;換個說法,它是邏輯右移。

如果位移數 n 大於 0，函式將 value 左移 n 位元。如果 n 是負數（或等於 0），函式會把 value 右移 n 位元。

在 main() 主程式中第一次呼叫 shift() 函式使得 w1 的值左移五個位元。printf() 印出了呼叫 shift() 函式的結果，同時也印出將 w1 左移五個位元的結果，好讓可以比較它們的結果。

第二次呼叫 shift() 函式將 w1 右移六個位元。函式回傳的結果與將 w1 直接右移六個位元的結果相同，從程式的輸出結果可加以驗證。

第三次呼叫 shift() 函式的時候，指定了位移數為 0。在這個情況下，函式將它視為右移 0 位元，如程式輸出結果所見，對其值並無影響。

最後一個 printf() 說明了巢狀呼叫 shift() 函式。最裡面的呼叫會先執行。此呼叫指定 w1 右移三個位元。呼叫此函式的結果為 0017777，隨後傳遞給 shift() 函式再做左移三個位元。如您從程式輸出結果所見，它的效果只是單純把 w1 最低位三個位元設為 0。（當然，現在您也可以讓 w1 與 ~7 執行位元且的運算來達到此效果。）

## 旋轉位元

下一個範例程式，把這章節所討論過的位元運算子聯合在一起，撰寫一個函式，將一個值向左或向右旋轉。旋轉的程序類似於位移，只差在當向左旋轉一個值的時候，該值的位元將從最高位元移開，並將它們從最低位元推入。當向右旋轉一個值時，從最低位元移出的位元將從最高位元推入。因而，若在處理 32 位元無號整數的話，則十六進制 80000000 向左旋轉 一位元，從而產生十六進制 00000001，因為符號位元 1 在左移的時候被取出並搬到最低位元。

函式接受兩個參數：第一個是要旋轉的值，第二個是該值要旋轉的位元數。假使第二個參數是正的，則將值向左旋轉；反之，將值向右旋轉。

您可以採用一個相當簡單的方法來實作旋轉函式。例如，計算將 x 向左旋轉 n 位元的結果，當中 x 為 int，而 n 介於 0 到整數最大位數減 1，也可以擷取 x 最左邊的 n 個位元，並將 x 左移 n 位元，接著將擷取的位元從最低位加回去。類似的演算法也可用於實作向右旋轉函式。

範例程式 11.4，使用剛剛所描述的演算法實作 rotate() 函式。此函式假設是在 32 位元整數的電腦執行的。此章節後面的習題將展示如何不用這樣的假設撰寫此函式。

範例程式 11.4 實作旋轉函式

```c
// Program to illustrate rotation of integers

#include <stdio.h>

int main (void)
{
    unsigned int  w1 = 0xabcdef00u, w2 = 0xffff1122u;
    unsigned int  rotate (unsigned int  value, int  n);

    printf ("%x\n", rotate (w1, 8));
    printf ("%x\n", rotate (w1, -16));
    printf ("%x\n", rotate (w2, 4));
    printf ("%x\n", rotate (w2, -2));
    printf ("%x\n", rotate (w1, 0));
    printf ("%x\n", rotate (w1, 44));

    return 0;
}

// Function to rotate an unsigned int left or right

unsigned int  rotate (unsigned int  value, int  n)
{
    unsigned int  result, bits;

    // scale down the shift count to a defined range

    if  ( n > 0 )
        n = n % 32;
    else
        n = -(-n % 32);

    if  ( n == 0 )
        result = value;
    else if ( n > 0 ) {    // left rotate
        bits = value >> (32 - n);
        result = value << n  |  bits;
    }
    else  {                 // right rotate
        n = -n;
        bits = value << (32 - n);
        result = value >> n  |  bits;
```

```
    }

    return result;
}
```

**範例程式 11.4　輸出結果**

```
cdef00ab
ef00abcd
fff1122f
bfffc448
abcdef00
def00abc
```

此函式首先確保位移數 n 的有效性。下面程式碼：

```
if ( n > 0 )
    n = n % 32;
else
    n = -(-n % 32);
```

檢查 n 是否為正。若是，便計算 n 與 int 大小（此函式假設它為 32）之間的模數，並再次存到 n 內。這將位移數置於 0 到 31 之間。如果 n 是負的，則先將值轉為正，再使用模數運算子。這是因為 C 未定義對負數使用模數運算子。您的電腦有可能產生正或負的結果。先把值的符號轉換成相反的，以確保結果為正。接著對結果使用一元的負號運算子, 再次把它換回負；即將值置於 -31 和 0 之間。

如果調整過後的位移數為 0，此函式只簡單地把 value 指定給結果。否則，它進行旋轉。

向左旋轉 n 位元被此函式分為三個步驟。首先，value 的最左邊位元被擷取出來並加入到最低位。此運作是以 int 的大小（在這裡是 32）減掉 n 得出的結果做右移 value。接著，把 value 左移 n 位元，最後，將擷取出來的位元進行位元或運算得出結果。按照類似的過程將 value 向右旋轉。

在 main() 主程式中，注意使用的是十六進制表示法。第一次呼叫 rotate() 函式將 w1 的值向左旋轉八個位元。如程式輸出結果所示，原本的 abcdef00 要向左旋轉八個位元，rotate() 函式回傳了一個十六進制值 cdef00ab。

第二此呼叫 rotate() 函式把 w1 的值向右旋轉 16 位元。

接下來的兩次呼叫 rotate() 函式，對 w2 做同樣的事情並且一目了然。下一次再呼叫 rotate() 指定旋轉數為 0。範例程式的輸出結果驗證了，在這種情況下函式簡單地回傳原本的值。

最後一次呼叫 rotate() 函式，指定了向左旋轉 44 個單位。這會產生向左旋轉 12 位元（44%32 等於 12）的效果。

## 位元欄位

使用之前討論的位元運算子，您可以進而對位元進行各種複雜的運算。位元運算通常針對包含包裝好訊息的資料項目。正如一個 short int 可用以節省一些電腦的記憶體空間，所以如果不需要使用到位元組來表達數據，則可以將訊息包含在位元組的位元裡面。例如，布林值真或假的標籤（flag），在電腦上可使用單一位元來表達。在大部分電腦上，宣告一個 char 變數會佔用 8 個 bits（一個 byte）的標籤，另外，一個 _Bool 也可能會使用 8 個 bits。除此以外，如果您想要在一個大表格中儲存多個標籤，將會浪費很多的記憶體。

C 語言有兩個方法可用於將訊息打包在一起以善用空間。一個是，比如說簡單地用普通的 int 去表示資料，再用前面介紹過的位元運算子處理它。另外一個是利用被稱為位元欄位（bit field）的 C 結構，定義一個包裝資訊的結構。

為了說明如何使用第一種方法，假設您需要將五個資料包裝到一個位元組（word）內，因為您必須維護記憶體中的這些資料的大表格。假設其中三筆資料是標籤（flag），分別叫做 f1、f2 和 f3；第四筆是一個叫型態（type）的整數，介於 1 到 255；而最後一筆是一個叫索引（index）的整數，介於 0 到 100,000。

儲存 f1、f2 和 f3 只需要三個 bit 的空間，每一個標籤只需要一個 bit 表示真/假。儲存介於 1 到 255 的整數 type 需要 八個 bit。最後儲存介於 0 到 100,000 的整數 index 需要十八個 bit。因此，用以儲存 f1、f2、f3、type 和 index 所需的空間總共為 29 個 bit。您可以定義一個用來包含這五個值的整數變數如下：

```
unsigned int packed_data;
```

然後可以任意地指定 packed_data 中的特定位元或欄位（fields），用以儲存這五筆資料的值。圖 11.1 描述這樣的分配，這裡假定 packed_data 的大小為 32 bits。

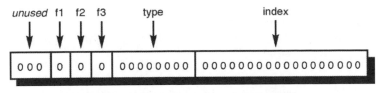

圖 11.1 指定 packed_data 中的位元欄位

注意，packed_data 還有三個未使用的位元。現在可以對 packed_data 使用適當的位元運算序列，並在各個整數欄中進行設定或檢索值。例如，您可以將 packed_data 的 type 欄位設為 7，方法是將 7 左移適當的位數，再將其結果跟 packed_data 作位元或運算：

```
packed_data |= 7 << 18;
```

也就是說可以設 type 為介於 0 到 255 之間的 n，如下：

```
packed_data |= n << 18;
```

為了保證 n 介於 0 到 255，可以在它被位移之前作 n & 0xff。

當然，前面的敘述只當您知道 type 欄為 0 的時候執行；否則，得先將它跟一個值（通常被認定為遮罩）作位元且運算，該作為遮罩的值得包含 type 欄中八個 bit 的 0s 和其它位置的 1s，如下：

```
packed_data &= 0xfc03ffff;
```

為了避免計算遮罩值的麻煩，同時也為了使運算獨立於整數的大小，可以使用下面敘述把 type 欄設為 0：

```
packed_data &= ~(0xff << 18);
```

結合前面所描述過的敘述，您可以把 packed_data 的 type 欄設為包含在 n 裡面的八個最低位的值，而不顧之前存在此欄位的任何值，如下：

```
packed_data = (packed_data & ~(0xff << 18)) | ((n & 0xff) << 18);
```

上面的敘述中有一些括號是多餘的，但加人可使得其可讀性提高。

您可以看見前面複雜的敘述，只為了完成將 type 欄中的位元設為一個特定值。從這些欄位中擷取一個值相對不難：該欄位將被位移到位元組中的最低位元，接著將結果與適當的位元長度的遮罩值作位元且的運算。所以，想要擷取 packed_data 中的 type 並將它指定給 n，以下敘述可執行：

```
n = (packed_data >> 18) :& 0xff;
```

C 語言提供了一個更方便的方式來處理位元欄位。此方法使用結構定義的一個特殊語法，允許您定義位元的欄位，並給它指定一個名稱。每當 "位元欄位" 應用到 C 語言中，就是參考這種方法。

想要定義剛才所提及的位元欄位，可定義一個名為 packed_struct 的結構如下：

```
struct   packed_struct
{
    unsigned int  :3;
    unsigned int  f1:1;
    unsigned int  f2:1;
    unsigned int  f3:1;
    unsigned int  type:8;
    unsigned int  index:18;
};
```

packed_struct 被定義為包含六個成員。第一個並沒有取名。:3 指定三個沒有取名的位元。第二個叫 f1，它也是一個 unsigned int。:1 跟隨在成員名稱後面指定以一個位元儲存此成員。f2 和 f3 作相同的定義，同樣長度限於單一位元。成員 type 被定義為佔用八個 bit，而成員 index 被定義為長達 18 個 bit。

C 編譯器自動把前面的欄位定義包裝在一起。這個方法的好處是可使用如參考一般結構成員的方式，來參考被定義為 packed_struct 的變數欄位。接下來，宣告一個叫 packed_data 的變數如下：

```
struct packed_struct packed_data;
```

您可以使用下面敘述簡單地把 packed_data 的 type 欄設為 7：

```
packed_data.type = 7;
```

或者可以同樣的敘述把此欄設為 n：

```
packed_data.type = n;
```

在這種情況下，不需要擔心 n 的值是否太大，以致於無法適用於 type 欄；只有 n 的最低位八個 bit 被指定到 packed_data.type。

從位元欄位擷取一個值也是自動處理的，下面敘述：

```
n = packed_data.type;
```

從 packed_data 擷取 type 欄（自動將它位移到要求的最低位位元），並將它指定給 n。

位元欄位可用在一般的運算中，並自動轉換成整數。所以，下面敘述：

```
i = packed_data.index / 5 + !;
```

是絕對有效的，又如：

```
if  ( packed_data.f2 )
   ...
```

可檢查 f2 標籤是真是假。有一個需要注意的問題是，它並不保證欄位在內部的分配是從左至右還是右至左。這不成問題，除非您處理的資料是由其它程式或其它機器所建立的。在這種情況下，您必須知道位元欄位是如何被指定的並作適當的宣告。可能會定義 packed_struct 如下：

```
struct  packed_struct
{
    unsigned int  index:9;
    unsigned int  type:4;
    unsigned int  f3:1;
    unsigned int  f2:1;
    unsigned int  f1:1;
    unsigned int  :3;
};
```

此定義會在從右至左指定欄位的機器上達到同樣效果，如圖 11.1 所示。無論它有否包含位元欄位，千萬不要假定結構成員是如何被存取的。

您還可以在含有位元欄位的結構中包含一般的資料型態。所以，如果想要定義一個包含整數、字元和兩個一位元標籤的結構，下面的定義是有效的：

```
struct  table_entry
{
    int           count;
    char          c;
    unsigned int  f1:1;
    unsigned int  f2:1;
};
```

關於位元欄位值得提及的一些問題。它們只可以被宣告為整數型態或 _Bool 型態。如果宣告時使用 int，它的實作取決於它被視為一個有號或無號值。為了安全起見，應明確地宣告 signed int 或 unsigned int。一個位元欄位不可被加以維度；也就是說，您不可以使用欄位的陣列，如 flag:1[5]。最後，您不可以取得位元欄位的位址，因此，顯然地，沒有 "指向位元欄位的指標"。

位元欄位被打包成單元（units），因為它們出現在結構定義中，當中單元的大小由實作來定義，並最有可能是位元組。

C 編譯器不會重新安排位元欄位定義來優化記憶體空間。

有關欄位規範的最後一點是，關於未命名的欄位長度為 0 的特殊情況。這可以用來強制對準結構下一個欄位的單元開頭端邊界。

此章節概括了 C 語言的位元運算。您可以看到 C 語言為位元的運算提供了多麼強大以及彈性。也提供了一些位元運算子：位元且、位元或、位元互斥、1 補數、左移和右移。特殊位元欄位格式讓您能夠為資料項目配置指定的位元數，且能夠輕易地設定和檢索其值，而無需使用到遮罩和位移。

第 13 章 "資料型態的擴展"，將討論當對兩個不同的整數型態作位元運算會發生什麼狀況，比如說 unsigned long 和 short int 之間。

在前往下一章之前，請實作下面習題以測試您對 C 位元運算的了解程度。

# 習題

1. 請撰寫並執行此章節中的四個範例程式。針對您每一個程式的輸出結果跟本書所提供的輸出結果做個比較。

2. 請撰寫一程式，確認您的電腦是使用算術右移還是邏輯右移。

3. 已知 ~0 會產生一個全部位元為 1 的整數，請撰寫一函式名為 int_size()，讓它回傳在您的電腦，一個 int 所包含的位元數。

4. 請使用習題 3 的結果來修改範例程式 11.4 的 rotate() 函式，使得它不再對 int 的大小做出任何假設。

5. 請撰寫一個名為 bit_test() 的函式，它需要兩個參數：unsigned int 和一個位元數 n。如果 n 在字組（word）內便回傳 n，否則回傳 0。假設該位元數 0 參考到整數的最低位元。再撰寫一個對應函式名為 bit_set() ，它接受兩個參數：unsigned int 和一個位元數 n。讓它回傳在整數內翻轉位元 n 的結果。

6. 請撰寫一個叫 bitpat_search() 的函式，該函式在一個 unsigned int 中尋找指定樣式（pattern）的位元。此函式接收三個參數並被呼叫如下：

   `bitpat_search (source, pattern, n)`

   此函式搜尋整數 source，從最左邊的位元開始，檢視 pattern 最右邊的 n 個位元是否出現在 source 內。如果找到該樣式，函式將回傳樣式開始位元的數字，當中最左邊的位元為 0。如果找不到，函式則回傳 -1。例如呼叫：

   `index = bitpat_search (0xe1f4, 0x5, 3);`

讓 bitpat_search() 函式在 0xe1f4 （相當於二進制 1110 0001 1111 0100）中搜尋三個 bit 的樣式 0x5（相當於二進制 101）。函式回傳 11，表示從原始數中的第 11 個位元找到該樣式。

請確認您的函式沒有做關於 int 大小的假定（請參閱本章習題 3）。

7. 請撰寫一個名為 bitpat_get() 的函式，以擷取一組指定的位元。該函式接收三個參數：第一個是 unsigned int，第二個為開始的位元數的整數，第三個是位元個數。以傳統的方法，最左邊的位元為第 0 位開始，從第一個參數擷取指定的位元數並回傳結果。所以，呼叫：

```
bitpat_get (x, 0, 3)
```

將擷取 x 的最左邊三個位元。呼叫：

```
bitpat_get(x, 3, 5)
```

將從左邊第四個位元開始擷取五個位元。

8. 請撰寫一個名為 bitpat_set() 的函式，將一組指定的位元設定為一個特定值。此函式接收四個參數：一個指向設定指定位元的 unsigned int 指標；另一個為設定指定位元的 unsigned int 值，在 unsigned int 向右做調整；第三個 int 指定開始的位元號碼（最左邊的位元號碼是 0）；以及第四個 int 用以指定欄位的大小。所以呼叫：

```
bitpat_set (&x, 0, 2, 5);
```

表示 x 由左開始算起的第三個位元（位數為 2），接連五個位元設定為 0。同樣的，呼叫：

```
bitpat_set (&x, 0x55u, 0, 8);
```

將 x 最左邊的八個位元設定為十六進制的 55。

請不要對 int 大小做特定的假定（請參閱本章習題 3）。

# 12

# 前置處理器

本章將介紹 C 語言另一個在許多高階程式語言中並沒有的特性。C 語言的前置處理器（preprocessor）提供了一些工具，讓您能夠在開發程式的時候，更容易地開發、閱讀、修改，以及可攜到不同的電腦系統。還可以使用前置處理器來客製化 C 語言，以適應一些特定的應用程式或迎合自己的編寫風格。您將在本章學到：

- 使用#define 建立自己的常數和巨集
- 使用#include 建立自己的函式庫檔
- 使用 #ifdef、#endif、#else 和 #ifndef 等條件敘述使程式更強大

前置處理器是 C 編譯過程的一部份，它可以識別出散佈在整個程式的一些特殊指令。顧名思義，前置處理器實際上會在執行程式本身之前去分析這些特殊指令。前置處理器以井字號 # 來標識，它必需為該行敘述的開始。您將會看到，前置處理器的語法與正常 C 指令的語法略有不同。在這之前，幾乎所撰寫的每一個程式都有使用到前置處理器，特別是#include 指令。您可以使用這指令做更多的事，本章後面將會討論到，讓我們從認識#define 指令開始。

## #define 指令

#define 的主要用途之一是將符號常數指定給程式中的常數。以下前置處理器：

```
#define  YES    1
```

定義符號常數 YES 並讓它等於 1。之後，可以在程式中任何使用常數 1 的地方，以符號常數 YES 取代。每當此名稱出現，前置處理器都會自動將 1 替換到程式中。例如，下面的 C 敘述使用已定義過的符號常數 YES：

```
gameOver = YES;
```

此敘述將 YES 的值指定給 gameOver。不需要擔心您給 YES 定義的實際值,但是由於您知道它在之前被定義為 1,所以前面的敘述把 1 指定給 gameOver。下面指令:

```
#define    NO      0
```

定義符號常數 NO 並讓它等於 0。接著,此敘述:

```
gameOver = NO;
```

將 NO 的值指定給 gameOver,而以下敘述:

```
if ( gameOver == NO )
  ...
```

對 gameOver 的值和 NO 的值作比較。只有一種場合不可以在字串中使用已定義的符號變數。所以:

```
char  *charPtr = "YES";
```

將 charPtr 設定為指向字串 "YES" 的指標,而並不是指向字串 "1" 指標。符號常數並不是變數。因而不可以給它指定值,除非替換已定義的值是一個變數。每當符號常數在程式中被引用,#define 敘述中符號常數右邊的值,都會被前置處理器自動替換到程式中。這類似於文字編輯器進行搜尋和替換;在這裡,前置處理器將符號常數的值替換到所有該符號常數出現的地方。

注意 #define 指令有一個特殊的語法:它並沒有用等號把值 1 指定給 YES。此外,句尾並沒有分號。很快就會明白為何會存在這種特殊語法。首先來看看使用上面所定義的 YES 和 NO 的範例程式。範例程式 12.1 的 isEven 函式,當它的參數為偶數時回傳 YES,反之回傳 NO。

**範例程式 12.1 使用 #define 指令**

```c
#include <stdio.h>

#define    YES      1
#define    NO       0

// Function to determine if an integer is even

int  isEven (int  number)
{
    int  answer;

    if ( number % 2 == 0 )
```

```
        answer = YES;
    else
        answer = NO;

    return answer;
}

int main (void)
{
    int  isEven (int  number);

    if ( isEven (17) == YES )
        printf ("yes ");
    else
        printf ("no ");

    if ( isEven (20) == YES )
        printf ("yes\n");
    else
        printf ("no\n");

    return 0;
}
```

範例程式 12.1 輸出結果

```
no yes
```

#define 指令在程式中先出現。這並不是必然的；它們可以在程式的任何地方出現。要求的是符號常數要在程式參考之前要先被定義。定義符號常數不像定義變數：它並沒有區域（local）定義這回事。當符號常數在程式中被定義之後，無論在函式內或函式外，便可在程式的任何地方使用。大多數程式設計師會把 #define 指令集中在程式的開頭（或者在一個 include 檔內[1]），此處就能夠被多個原始檔快速參考和共享。

程式設計師通常定義符號常數 NULL 來表示空指標。[2]以下指令：

```
 #define  NULL  0
```

程式中有了它，就可以撰寫更具可讀性的敘述，如：

```
 while ( listPtr != NULL )
     ...
```

---

[1]　了解如何在您可以載入到程式中的特殊檔案內設置定義。

[2]　在您系統的<stddef.h>檔案中已經定義了NULL。再來，載入檔案在稍後會詳加地討論。

以設定 while 迴圈，在 listPtr 的值不等於空指標時將一直執行。

另一個使用符號常數的例子，假設您需要撰寫三個函式來計算圓的面積、圓周長和已知半徑下球體積。由於這些函式都會用到常數 π，這是一個不特別好記的常數，所以該明智地在程式的開頭定義它一次，之後便可在各個函式需要它的地方使用它。[3]

範例程式 12.2 展示此常數是如何被設定，並在程式中使用。

**範例程式 12.2  更多關於使用 define**

```c
/* Function to calculate the area and circumference of a
   circle, and the volume of a sphere of a given radius  */

#include <stdio.h>

#define  PI        3.141592654

double  area (double  r)
{
    return PI * r * r;
}

double  circumference (double  r)
{
    return 2.0 * PI * r;
}

double  volume (double r)
{
    return 4.0 / 3.0  *  PI * r * r * r;
}

int main (void)
{
    double  area (double  r), circumference (double  r),
            volume (double r);

    printf ("radius = 1: %.4f   %.4f   %.4f\n",
            area(1.0), circumference(1.0), volume(1.0));

    printf ("radius = 4.98: %.4f   %.4f   %.4f\n",
```

---

[3]  識別字 M_PI 已於標頭檔 <math.h> 定義過。只要將它載入，便可以在程式中直接使用。

```
        area(4.98), circumference(4.98), volume(4.98));

    return 0;
}
```

範例程式 12.2　輸出結果

```
radius = 1: 3.1416    6.2832    4.1888
radius = 4.98: 77.9128    31.2903    517.3403
```

在程式的開始符號常數 PI 被定義為 3.141592654。之後，在 area()、circumference() 和 volume() 等函式使用 PI 時，會自動將被定義的值替換到適當的地方。

將常數值指定給符號常數，使您不必每次在程式中使用它時，要記住該常數值。此外，每當要更改該常數值（比如說也許您發現正在使用錯誤的值），只需在程式的一個地方更改其值即可：在 #define 指令。要是不用這個方式，就得搜尋整個程式並逐一更改它。

您可能已經注意到，到目前為止您所看到的#define 指令（YES、NO、NULL 和 PI）皆為大寫。這樣做的原因是在視覺上可區分符號常數和變數。一些程式設計師採納將定義符號常數以大寫表示，從而能夠簡單地分出哪些是變數，哪些是符號常數。另一個常見的慣例是以字母 k 為符號常數的前導字。在這種情況下，名稱的接下來的字不必全為大寫。kMaximumValues 和 kSignificantDigits 是遵照此慣例的範例。

# 程式可擴展性

對常數值使用符號常數可使程式更容易擴展。例如，當定義一個陣列時，必須給陣列指定大小——以明示或暗示（給予陣列的初始值）的方式。之後，程式可能會使用到該陣列的大小。例如，假設一個名為 dataValues 的陣列，如下面定義：

```
float   dataValues[1000];
```

您將看到程式中的一些敘述使用到 dataValues 的大小 1000。例如，在此迴圈中：

```
for ( i = 0;  i < 1000;  ++i )
   ...
```

使用 1000 作為陣列的上限。下面敘述：

```
if ( index  > 999 )
    ...
```

可用來檢查索引值是否超過陣列最大容量。

現在，假設必須將 dataValues 的容量從 1000 增加到 2000。這必須更改所有使用 dataValues 容量為 1000 的地方。

一個更好的處理陣列容量大小的方法是，為陣列定義一個符號常數作為它的容量大小，使得程式更容易地可擴展。所以，若使用 #define 指令定義一個符號常數 MAXIMUM_DATAVALUES，如下所示：

```
#define  MAXIMUM_DATAVALUES   1000
```

之後，可以定義 dataValues 陣列包含 MAXIMUM_DATAVALUES 個元素，如下所示：

```
float  dataValues[MAXIMUM_DATAVALUES];
```

陣列上限值的敘述也可使用此符號常數。例如，想要 dataValues 陣列的元素，可使用下面 for 敘述：

```
for ( i = 0;  i < MAXIMUM_DATAVALUES;  ++i )
    ...
```

想要檢查索引值是否超過陣列容量上限，可以這樣撰寫：

```
if  ( index > MAXIMUM_DATAVALUES - 1 )
    ...
```

上面方式最棒的一點是，現在可以透過簡單地更改符號常數的定義，來更改 dataValues 的容量為 2000：

```
#define MAXIMUM_DATAVALUES   2000
```

若程式在使用陣列容量值的地方都使用 MAXIMUM_DATAVALUES，則前面的定義將是程式中唯一要更改的敘述。

## 程式的可攜性

使用 #define 指令的另一個好處是可攜性（Portability），讓程式可以從一個電腦系統轉到別的電腦系統。有時候，可能需要用到程式在特定執行電腦上的相關常數值。例如，使用特定電腦的記憶體位址、檔案名稱或位元組中包含的位元數等等。
回顧範例程式 11.4 的 rotate() 執行時，是使用 32 位元的 int。

如果您想要在不同的機器上執行此程式，使用 64 位元的 int，rotate() 函式將不會正
確地執行。[4] 請研究下面的程式碼。若程式必須要撰寫成與使用機器的相依值時，
則應儘可能從程式中離析這種相依。#define 指令可以在這方面給予很大的幫助。
rotate() 函式的新版本能夠更簡單的轉移到其它機器。以下是該新版本：

```c
#include <stdio.h>

#define  kIntSize  32   // *** machine dependent !!! ***

// Function to rotate an unsigned int left or right

unsigned int  rotate (unsigned int  value, int  n)
{
    unsigned int  result, bits;

    /* scale down the shift count to a defined range */

    if  ( n > 0 )
        n = n % kIntSize;
    else
        n = -(-n % kIntSize);

    if  ( n == 0 )
        result = value;
    else if ( n > 0 )     /* left rotate */
    {
        bits = value >> (kIntSize - n);
        result = value << n  |  bits;
    }
    else                  /* right rotate */
    {
        n = -n;
        bits = value << (kIntSize - n) ;
        result = value >> n  |  bits;
    }

    return result;
}
```

---

[4]  當然，您可以撰寫 rotate() 函式使他自己決定 int 的位元數，並因此完全獨立於機器。請參考 "第11章
位元運算" 的習題3和4。

## 更進階的定義型態

符號常數的定義可包含多個常數值。可以是一運算式，很快就會看到其它的用法。

下面敘述將 TWO_PI 定義為 2.0 和 3.141592654 的乘積：

```
#define  TWO_PI    2.0 * 3.141592654
```

之後，可在程式需要 2.0 x 3.141592654 的地方使用此符號常數。所以您可將範例程式 11.2 的 circumference() 函式中 return 敘述替換成：

```
return  TWO_PI * r;
```

C 語言程式中，遇到定義的符號常數，#define 敘述中出現在該符號常數右邊的資料，將會替換符號常數出現的地方。所以，當 C 前置處理器在 return 敘述，遇到符號常數 TWO_PI 時，會將替換成此符號常數在#define 敘述中所定義的資料。因而，程式中 TWO_PI 出現的任何地方，將會被前置處理器替換為 2.0 x 3.141592654。

在符號常數出現時，前置處理器執行文本替換的事實，解釋了為什麼通常不用分號來結束#define 敘述。如果您這樣做，那麼分號也會被替換到程式中符號常數出現的地方。若您定義 PI 為：

```
#define  PI        3.141592654;
```

接著撰寫：

```
return  2.0 * PI * r;
```

前置處理器將會以 3.141592654; 來替換符號常數。編譯器將會視為：

```
return  2.0 * 3.141592654; * r;
```

當前置處理器執行替換完畢，將會出現語法錯誤。

前置處理器定義並不一定是有效的 C 敘述，只要產生結果的運算式有效即可。例如：

```
#define  LEFT_SHIFT_8    << 8
```

此敘述是合法的，即使 LEFT_SHIFT_8 後面出現的並不是有效的語法。您可以使用 LEFT_SHIFT_8 於：

```
x = y  LEFT_SHIFT_8;
```

將 y 的內容左移八位元，並把結果指定給 x。在實務中，您可以定義：

```
#define  AND       &&
#define  OR        ||
```

隨後撰寫類似這樣的敘述：

```
if ( x > 0  AND  x < 10 )
   ...
```

和

```
if ( y == 0  OR  y == value )
   ...
```

甚至可以使用 #define 敘述定義等於的測試：

```
#define  EQUALS     ==
```

之後可以這樣寫：

```
if  ( y  EQUALS 0  OR  y EQUALS value )
   ...
```

從而消除誤用單個等號作相等的可能性，同時也改進了敘述可讀性。

雖然這些範例說明了 #define 的強大功能，然而您應了解重新定義語言下的基本語法，這樣的習慣通常被認為是不好的。此外，它會令其他人更難以理解您的程式碼。

更有趣的是，一個符號常數的值可以參考到其它符號常數的值。下面兩個定義：

```
#define  PI       3.141592654
#define  TWO_PI   2.0 * PI
```

是完全有效的。符號常數 TWO_PI 是根據先前定義的符號常數 PI 定義的，因此避免了再次寫出 3.141592654 的需要。

將兩個敘述的順序倒轉：

```
#define  TWO_PI   2.0 * PI
#define  PI       3.141592654
```

也是有效的。此規則可以參考程式中其它地方所定義名稱的值。為了可讀性，建議在已定義名稱之後再使用其值。

良好的定義通常可減少程式中的註解。請看下面的敘述：

```
if ( year % 4 == 0  &&  year % 100 != 0  ||  year % 400 == 0 )
   ...
```

您可從本書前面的範例程式，知道上一敘述在測試變數 year 是否為閏年。現在考慮以下的定義和下列的 if 敘述：

```
#define  IS_LEAP_YEAR    year % 4 == 0  &&  year % 100 != 0   \
                       || year % 400 == 0
    ...
 if  ( IS_LEAP_YEAR )
    ...
```

一般，前置處理器假定一個定義僅包含程式的單一行。如果需要第二行，則第一行的結尾必須為反斜線。此符號表示前置處理器的繼續，否則會被忽略。這同樣適用於連續多行，每個要連續的行皆以反斜線為結尾。

上面的 if 敘述比先前顯示的更容易理解。沒必要寫註解，因為此敘述是不言自明的。定義 IS_LEAP_YEAR 的目的類似定義一函式。您也可以呼叫名為 is_leap_year() 函式，來實現相同的可讀性。在這種情況下，選擇哪一個完全是主觀的。當然，使用 is_leap_year() 函式比前面的符號常數定義來得更普遍，因為它可接參數。這將允許您檢查任何值是否為閏年，而不只是 IS_LEAP_YEAR 所限制的 year 變數。實際上，可以撰寫一個接收一或多個參數的定義，這將是我們下一個討論點。

## 參數與巨集

IS_LEAP_YEAR 可被定義為接收一個叫 y 的參數如下：

```
#define  IS_LEAP_YEAR(y)    y % 4 == 0  &&  y % 100 != 0  \
                       ||  y % 400 == 0
```

不像函式，您不用定義參數 y 的資料型態，因為只是執行文本替換，而不是呼叫函式。

注意，符號常數跟左括號之間是不允許有空白符號的。

有了前面的定義，您可撰寫以下的敘述：

```
 if ( IS_LEAP_YEAR (year) )
    ...
```

用以測試 year 的值是否為閏年，或者：

```
 if ( IS_LEAP_YEAR (next_year) )
    ...
```

用以測試 next_year 的值是否為閏年。在前面的敘述中，IS_LEAP_YEAR 的定義將直接替換到 if 敘述中，參數 next_year 將替換定義中任何出現 y 的地方。所以，if 敘述實際上會被編譯器視為：

```
if ( next_year % 4 == 0  &&  next_year % 100 != 0   \
        ||  next_year % 400 == 0 )
    ...
```

在 C 語言中，定義通常被稱為巨集（Macros）。這個術語更常用於接收一或多個參數的定義。在 C 語言使用巨集相對於函式，其優點是在巨集中參數的資料型態是不重要的。例如，來看看一個叫 SQUARE 的巨集，它只是簡單地對其參數做平方：

```
#define  SQUARE(x)   x * x
```

此定義使得您之後可這樣撰寫：

```
y = SQUARE (v);
```

把 $v^2$ 的值指定給 y。這裡要指出的是 v 的資料型態可以是 int、long 或 float，然而可使用同一個巨集。假如 SQUARE 被實作為帶有 int 參數的函式，就不能使用它來計算 double 值的平方。關於巨集定義需考量的地方可能和您的應用有關：由於巨集是由前置處理器直接替換到程式中，所以它們不可避免地將會使用比同樣定義的函式，使用更多的記憶體空間。另一方面，由於函式需要時間呼叫和回傳，所以當使用巨集定義可以避免這種時間的耗費。

雖然 SQUARE 的巨集定義很簡單，但是定義巨集時，需留意一個缺陷。正如之前所述，下面敘述：

```
y = SQUARE (v);
```

把 $v^2$ 的值指定給 y。您認為下面敘述會發生什麼狀況：

```
y = SQUARE (v + 1);
```

此敘述並不如您所期望地將 $(v + 1)^2$ 的值指定給 y。因為前置處理器執行參數文本替換到巨集定義，前面的敘述實際上被視為：

```
y = v + 1 * v + 1;
```

並產生不如期望的結果。為了解決這種狀況，SQUARE 巨集定義中需要使用括號：

```
#define  SQUARE(x)  ( (x) * (x) )
```

即使前面的定義可能看起來有點奇怪，但請不要忘記，在定義中任何 x 出現的地方都會被替換為，SQUARE 巨集所給予的整個運算式。有了新的 SQUARE 巨集定義，下面敘述：

```
y = SQUARE (v + 1);
```

將正確地被視為：

```
y = ( (v + 1) * (v + 1) );
```

當定義巨集時，條件式運算子可顯得特別方便。下面定義一個叫 MAX 的巨集，將回傳兩個值中的最大值：

```
#define MAX(a,b)  ( (a) > (b) ) ? (a) : (b) )
```

此巨集使您可以隨後撰寫出這樣的指令：

```
limit = MAX (x + y, minValue);
```

將 x + y 和 minValue 中的最大值指定給 limit。括號把整個 MAX 定義包起來以確保能正確的計算下面的運算式：

```
MAX (x, y) * 100
```

而各參數分別被括號包起來，以確保下面的運算式得以正確的計算：

```
MAX (x & y, z)
```

巨集中使用的位元且運算子的執行順序低於 > 運算子。要是巨集定義中沒有括號，> 運算子將在位元且運算子之前執行，這將導致錯誤結果。

下面的巨集為測試某個字元是否為小寫：

```
#define  IS_LOWER_CASE(x)  ( ((x) >= 'a') && ((x) <= 'z') )
```

並使得之後可寫出類似這樣的敘述：

```
if ( IS_LOWER_CASE (c)  )
    ...
```

您甚至可以在隨後的巨集定義中，將 ASCII 字元從小寫轉成大寫，並讓任何非小寫字元保持原狀：

```
#define  TO_UPPER(x) ( IS_LOWER_CASE (x) ? (x) - 'a' + 'A' : (x) )
```

下面的迴圈：

```
while ( *string  != '\0' )
{
    *string = TO_UPPER (*string);
    ++string;
}
```

將透過 string 指向字元循序地將字串的小寫轉換成大寫。[5]

## 巨集的可變參數個數

巨集可以被定義為接收不確定或可變的參數,它透過在參數列表結束處加上三點指定給前置處理器。列表中的其餘參數在巨集定義中利用特定的識別字 _ _VA_ARGS_ _共同引用。例如,下面定義一個名為 debugPrintf 的巨集,它接收可變參數:

```
define debugPrintf(...)   printf ("DEBUG:" __VA_ARGS__);
```

合法的巨集使用,包括下一敘述:

```
debugPrintf ("Hello world!\n");
```

或是:

```
debugPrintf ("i = %i, j = %i\n", i, j);
```

對於第一個敘述,其輸出結果為:

```
DEBUG: Hello world!
```

而第二個敘述,假如 i 的值為 100 且 j 的值為 200,輸出結果將是:

```
DEBUG: i = 100, j = 200
```

第一個敘述呼叫 printf() 會被前置處理器擴展為:

```
printf ("DEBGUG: " "Hello world!\n");
```

這也將相鄰的字串相連在一起。所以最後的 printf() 呼叫將是:

```
printf ("DEBGUG: Hello world!\n");
```

## # 運算子

如果在巨集定義的參數前放置一個 #,當呼叫巨集的時候,前置處理器會在巨集參數中建立一個常數字串。例如,下面定義:

```
#define  str(x)   # x
```

---

[5]　函式庫中有許多進行字元測試和轉換的函式。例如,islower 和 toupper 的作用相似於 IS_LOWER_CASE 和 TO_UPPER 巨集。更詳細的資訊請參考附錄B "C標準函式庫"。

導致之後呼叫：

```
str (testing)
```

將被前置處理器擴展為：

```
"testing"
```

printf() 函式呼叫：

```
printf (str (Programming in C is fun.\n)) ;
```

將等同於：

```
printf ("Programming in C is fun.\n") ;
```

前置處理器在實際的巨集參數前後加入雙引號。參數中的任何雙引號或反斜線皆被前置處理器保留下來。所以：

```
str ("hello")
```

產生

```
"\"hello\""
```

使用 # 運算子的一個更實用的範例，如下面巨集定義所示：

```
#define  printint(var)   printf (# var " = %i\n", var)
```

此巨集用來印出一個整數變數的值。假如 count 是一個值為 100 的整數變數，此敘述：

```
printint (count) ;
```

將被擴展成：

```
printf ("count" " = %i\n", count) ;
```

把兩個相鄰字串連結起來之後將變成：

```
printf ("count = %i\n", count) ;
```

所以，# 運算子允許您在巨集參數中建立一個字串。順便說明一下，# 和參數名稱之間的空白符號是可有可無的。

## ## 運算子

此運算子用於巨集定義中將兩個代符（tokens）連在一起。它被放置在巨集參數名稱的前面（或後面）。前置處理器將實際參數傳遞給巨集，並把該參數和任何一個 ## 後面（或前面）的代符連成一個代符。

假如，您有一個變數 x1 到 x100 的列表。您可以編寫一個名為 printx 的巨集，單純地把整數值 1 到 100 作為參數傳遞，並印出相應的 x 變數如下：

```
#define  printx(n)   printf ("%i\n", x ## n)
```

定義中的部份：

```
x ## n
```

表示取出 ## 前面和後面的代符（分別是字母 x 和參數 n）並建立它們的單一代符。所以呼叫：

```
printx (20) ;
```

將被擴展成：

```
printf ("%i\n", x20);
```

printx 巨集甚至可以使用前面定義的 printint 巨集取得變數名稱，並顯示其值：

```
#define  printx(n)   printint(x ## n)
```

呼叫：

```
printx (10) ;
```

先擴展成：

```
printint (x10) ;
```

再變成：

```
printf ("x10" " = %i\n", x10) ;
```

而最後成：

```
printf ("x10 = %i\n", x10) ;
```

# #include 指令

當您使用 C 語言一段時間後，將需要開發自己的巨集和函式，並用在每一個程式中。與其在每個新的程式都要撰寫一遍這些巨集，前置處理器允許您將所有定義收集於一個獨立的檔案，之後使用 #include 指令把檔案和所有它的巨集與個人自訂函式通通載入（include）到程式。此類檔案通常以 .h 結尾，並稱為標頭檔（header file）或載入檔（include file）。

假如您正在撰寫一系列用於執行各種轉換的程式，可能需要設定一些定義給所有想要轉換的常數：

```
#define   INCHES_PER_CENTIMETER     0.394
#define   CENTIMETERS_PER_INCH      1 / INCHES_PER_CENTIMETER

#define   QUARTS_PER_LITER          1.057
#define   LITERS_PER_QUART          1 / QUARTS_PER_LITER

#define   OUNCES_PER_GRAM           0.035
#define   GRAMS_PER_OUNCE           1 / OUNCES_PER_GRAM
   ...
```

假設將所有之前的定義，放到一個系統上名為 metric.h 的獨立檔案。之後需要使用含在 metric.h 內的任何定義的任何程式，只需簡單地發出如下的前置處理指令即可：

```
#include "metric.h"
```

此敘述必須出現於 metric.h 中任何一個定義被參考之前，它通常被放置在原始檔的開頭。前置處理器會在系統上搜尋所指定的檔案，並有效地把該檔案的內容複製到程式中 #include 指令出現的位置。因此，檔案中的任何一個敘述皆被視為於該位置直接地被編寫。

載入之檔案前後的雙引號指示前置處理器，在一或多個目錄（通常先於與原始檔同一個目錄之下搜尋，但前置處理器實際搜尋的位置取決於系統）中搜尋該指定檔案。若未找到該檔案，前置處理器將自動搜尋其它系統的目錄，之後會談到。

將檔名置於 < 和 > 之間，如：

```
#include <stdio.h>
```

使前置處理器在特殊系統的載入目錄中載入檔案。再一次強調，這些目錄皆取決於系統。在 Unix 系統（包含 Mac OS X 系統），系統載入目錄為 /usr/include，因此，標準的標頭檔 stdio.h 將於 /usr/include/stdio.h 被找到。

為了見識在實際範例程式中如何使用載入檔案，請將前面提供的六個定義寫入於名為 metric.h 的檔案裡頭。接著撰寫並執行範例程式 12.3。

**範例程式 12.3 使用 #include 指令**

```
/* Program to illustrate the use of the #include statement
   Note: This program assumes that definitions are
   set up in a file called metric.h              */

#include <stdio.h>
#include "metric.h"
```

```
int main (void)
{
    float  liters, gallons;

    printf ("*** Liters to Gallons ***\n\n");
    printf ("Enter the number of liters: ");
    scanf ("%f", &liters);

    gallons = liters * QUARTS_PER_LITER / 4.0;
    printf ("%g liters = %g gallons\n", liters, gallons);

    return 0;
}
```

範例程式 12.3 輸出結果

```
*** Liters to Gallons ***

Enter the number of liters: 55.75
55.75 liters = 14.73 gallons.
```

前面的例子相當簡單，因為它只展示從載入的 metric.h 中參考的一個符號常數（QUARTS_PER_LITER）。然而，可清楚地看到重點：當定義被寫入 metric.h，即可以在任何使用適當的 #include 指令之程式中使用它們。

載入檔案最好的用處在於它讓您集中定義，並確保所有程式皆參考到同樣的值。然而，當發現載入的檔案所包含的其中一個值有錯誤時，只需要針對該點作校正即可，因此，避免了對使用該值的每一個程式逐一校正的需要。引用到錯誤值的程式只需要重新編譯即可，並不用再去編輯。

實際上可以把任何您想要的資料置放於一個載入檔裡面。使用載入檔案集中常用的前置處理指令、結構定義、原型宣告，以及全域變數之宣告等等，皆為良好的編程技術。

本章對於載入檔案最後要說明的是：載入檔案可是巢狀的（nested）。換言之，一個載入檔可載入其它檔案，等等。

# 系統載入檔

之前有提過載入檔 <stddef.h> 包含 NULL 的定義，並常常用於測試指標是否為 null 值。在本章節的前面，還提過標頭檔 <math.h> 包含 M_PI 的定義，其被設定為 π 的近似值。

標頭檔 <stdio.h> 包含標準 I/O 函式庫中的 I/O 函式之資訊。此標頭檔將於第 15 章 "C 語言的輸入與輸出" 作詳細說明。每當您在程式中使用任何 I/O 函式庫中的函式 皆應載入此檔案。

另外兩個有用的系統載入檔是 <limits.h> 和 <float.h>。<limits.h> 包含指定各種字 元和整數型態大小的系統相依值。例如，檔案中的 INT_MAX 定義了 int 的最大容 量。ULONG_MAX 定義了 unsigned long int 的最大容量，以此類推。

標頭檔 <float.h> 提供浮點數型態的資訊。例如，FLT_MAX 設定了最大浮點數， FLT_DIG 設定了浮點數型態精準度的位數。

其它系統載入檔包含許多存在系統函式庫中的函式原型。例如，<string.h> 包含處 理字元字串的函式原型，如複製、比較和連結。

更多對於這些標頭檔的細節，請參考附錄 B。

# 條件編譯

C 前置處理器提供了一種名為條件編譯（conditional compilation）的功能。條件編 譯通常用來建立一可被編譯成於不同電腦系統運作的程式。它還常被用於接通 （switch on）或切斷（switch off）程式中不同的敘述，如除錯敘述用以印出不同變 數的值或追蹤程式執行的流程。

## #ifdef、#endif、#else 和 #ifndef 指令

前面第 11 章已看過如何使得 rotate() 函式更具便攜性。您已見識到 #define 在這方 面有什麼樣的幫助。下面定義：

```
#define  kIntSize  32
```

用於將 unsigned int 的指定位元數與電腦的相依作分離。之前已提過好幾次，此相 依並不需要建立起來的，因為程式可以自己決定儲存在 unsigned int 的位元數。

不幸的是，程式有時候必需取決於系統相依參數（例如檔案名稱），可能在不同的 系統或作業系統的某特定功能上指定不同的參數。

如果有一個在作業系統特定的硬體或軟體上有很多相依關係（應盡可能最小化）的 大程式，可能要以一些定義做結束，這些定義的值將在程式移植到其它電腦系統時 作改變。

您可以減少這些程式被移動時，必需更改這些定義的問題，並且可以透過前置處理器的條件編譯功能，將每個不同機器的這些定義的值合併到程式中。一個簡單的範例，如下面指令：

```
#ifdef  UNIX
#   define  DATADIR      "/uxn1/data"
#else
#   define  DATADIR      "\usr\data"
#endif
```

如果 UNIX 符號已經在之前被定義過，則將 DATADIR 定義為 "/uxn1/data"，否則為 "\usr\data"。如您所見，您是可以在 # 和前置處理指令之間放空幾個空白。

#ifdef、#else 和 #endif 的運作正如您所期望的。如果符號已在 #ifdef 行被定義過 ─ 透過 #define 指令或編譯時經由命令列 ─，接著編譯器將讀取以下的指令，直到下一行 #else、#elif 或#endif 為止；否則它們皆被忽略。

想要給前置處理器定義符號常數 UNIX，下面敘述：

```
#define  UNIX     1
```

或者：

```
#define  UNIX
```

就可以了。大部份編譯器還允許您透過於編譯指令，使用特定的選項在程式被編譯時，給予前置處理器定義名稱。gcc 命令列：

```
gcc —D UNIX program.c
```

給 preprocessor 定義 UNIX，使得 program.c 中所有 #ifdef UNIX 指令皆為真（注意，命令列中 -D UNIX 得被輸入在程式名稱前）。此技巧使得不用編輯原始程式亦可定義名稱。

還可以在命令列上，將值指定給定義的名稱。例如：

```
gcc —D GNUDIR=/c/gnustep program.c
```

呼叫 gcc 編譯器，把 GNUDIR 定義給 /c/gnustep。

## 避免載入多個標頭檔

#ifndef 指令像 #ifdef 一樣遵循同樣的行讀取。此指令的用法跟 #ifdef 相同，不一樣在於如果未定義所指示的符號，則執行後續行。此敘述通常用於避免多次載入同一個檔案到程式中。例如，在一個標頭檔裡面，如果您想確保它只被載入到程式中一次，可以定義一個能夠在之後測試的標識符。來看看以下敘述：

```
#ifndef _MYSTDIO_H
#define _MYSTDIO_H
    ...
#endif /* _MYSTDIO_H */
```

假設把這些敘述放入到 mystdio.h。如果將這個檔案載入到程式中如下：

```
#include "mystdio.h"
```

檔案中的#ifndef 將測試 _MYSTDIO_H 是否已被定義。若沒有，#ifndef 和 #endif 之間的行列將被載入到程式裡。大概，它將包括所有您想要從這個標頭檔載入該程式的敘述。注意，#ifndef 的下一行定義 _MYSTDIO_H。如果嘗試再次將此檔案載入到該程式中，_MYSTDIO_H 已被定義，所有接下來的敘述（#endif 上面，它大概被置於標頭檔的末尾）將不會被載入到該程式，因而避免了多次載入同一檔案到程式。

此方法用於系統標頭檔以避免被多次載入到程式中。請多注意一下！

## #if 和 #elif 前置處理指令

#if 前置處理指令提供了一種更常用的控制條件編譯的方法。#if 指令可以用來測試一個常數運算式結果是否為非零。如果是非零，接下來將執行 #else、#elif 或者 #endif；否則，它們將被忽略。作為使用它的例子，假設定義一名稱為 OS，作業系統若為 Macintosh OS 則設為 1，若為 Window 則設為 2，若為 Linux 則設為 3，以此類推。您可以撰寫一連串的指令以根據 OS 的值作條件編譯如下：

```
#if    OS == 1  /* Mac OS */
    ...
#elif  OS == 2  /* Windows */
    ...
#elif  OS == 3  /* Linux   */
    ...
#else
    ...
#endif
```

對於大部份的編譯器，您可以如前面討論的透過在命令列，使用 -D 選項將值指定給名稱 OS。命令列：

```
gcc -D OS=2 program.c
```

編譯 program.c 的時候設定名稱 OS 為 2。這表示程式是在 Windows 底下被編譯執行的。

特殊的運算子：

```
define (name)
```

也可以用於 #if 指令中。下面前置處理指令：

```
#if   defined (DEBUG)
    ...
#endif
```

和

```
#ifdef DEBUG
    ...
#endif
```

實作相同的動作。下面敘述：

```
#if defined (WINDOWS) || defined (WINDOWSNT)
#   define BOOT_DRIVE "C:/"
#else
#   define BOOT_DRIVE "D:/"
#endif
```

當 WINDOWS 或 WINDOWSNT 被定義時,便定義 BOOT_DRIVE 為 "C:/ ",否則為 "D:/"。

# #undef 指令

在某些情況下,您可能需要將已被定義的名稱變為未被定義。這可透過 #undef 指令達成。想要刪除特定 name 的定義,可撰寫為：

```
#undef   name
```

所以下面敘述：

```
#undef   LINUX
```

將刪除 LINUX 的定義。隨後 #ifdef LINUX 或者 #if define (LINUX) 等指令將被視為假。

前置處理器的討論到此為止。您已經看過如何使用前置處理器,讓程式變得更容易讀、寫和修改。您也看過如何使用載入檔案,將一般的定義和宣告集中到一個檔案內,並與其它檔案共享。附錄 A "C 語言摘要" 描述了一些此處未描述的前置處理指令。

在下一章，將論及有關資料型態和型態轉換主題。在進入之前，請練習下列的習題！

## 習題

1.  請鍵入並執行本章節的三個範例程式，記得建立與範例程式 12.3 相關的.h 載入檔。將程式執行的結果與本書提供的輸出結果進行比較。

2.  請在您的系統上尋找 <stdio.h>、<limits.h> 和 <float.h> 等標頭檔的位置（若使用 Unix 系統，請在 /usr/include 目錄中尋找）。查看這些檔案的內容。

3.  請定義 MIN 巨集回傳兩個值的最小值。隨後撰寫一程式以測試此巨集。

4.  請定義 MAX3 巨集回傳三個值的最大值。隨後撰寫一程式以測試此定義。

5.  請撰寫 SHIFT 巨集實作範例程式 11.3 的 shift() 函式的功能。

6.  請撰寫 IS_UPPER_CASE 巨集，當某一字元為大寫的時候回傳一非零值。

7.  請撰寫 IS_ALPHABETIC 巨集，當某一字元為字母的時候回傳一非零值。讓此巨集使用本章定義過的 IS_LOWER_CASE 巨集和習題 6 所定義的 IS_UPPER_CASE 巨集。

8.  請撰寫 IS_DIGIT 巨集，當某一字元為 '0' 到 '9' 之間的數位回傳一非零值。在另一個叫 IS_SPECIAL 巨集中使用此巨集，當某一字元為特殊字元時回傳一非零值；換言之，特殊字元為非字母且非數位的字元。請確保使用習題 7 所定義的 IS_ALPHABETIC 巨集。

9.  請撰寫 ABSOLUTE 巨集計算其參數之絕對值。請確保您有如下方的運算式能夠被巨集適當地讀取：

    ```
    ABSOLUTE_VALUE (x + delta)
    ```

10. 看一下本章定義過的 printint 巨集：

    ```
    #define printint(n)  printf ("%i\n", x ## n)
    ```

    試問下面的敘述能否印出 x1-x100 共 100 個變數的值？為什麼？

    ```
    for (i = 1; i < 100; ++i)
        printx (i);
    ```

11. 請使用同等效果的系統函式庫，來測試您在前面三個習題定義過的巨集。這些函式庫的函式為 isupper、isalpha 和 isdigit。您需要載入系統標頭檔 <ctype.h> 到使用的程式中。

# 13

# 資料型態的擴展

本章將介紹之前未提及過的資料型態：列舉資料型態。還會學到 typedef 敘述，這可以將想要的名稱，指定給基本的資料型態或衍生資料型態。最後，談論編譯器用在運算式中作資料型態轉換的精確規則。本章涵蓋三個不同的主題，然而，了解它們在程式中將資料的使用最佳化是重要的步驟。本章的主題涵蓋：

- 使用列舉資料型態
- 在 C 已有的資料型態，使用 typedef 敘述建立自己的標籤。
- 轉換現有的資料型態為其它資料型態。

## 列舉資料型態

如果可以定義一個變數並指定可以儲存於該變數的有效值，那不是很好嘛？例如，假設有一個變數名為 myColor，您想使用它來儲存一個基本顏色的：紅、黃或藍，而且沒有其它值。這種型態功能可經由列舉資料型態來提供。

列舉資料型態的定義以關鍵字 enum 開始。緊跟在此關鍵字後面的是列舉資料型態的名稱，後跟的是一系列的識別字（包含在一組大括號內），以定義可指定給該型態的許可值。例如：

```
enum primaryColor  { red, yellow, blue };
```

此敘述定義資料型態 primaryColor。這資料型態的變數可於程式中被指定為 red、yellow 和 blue，而且不會是其它值。這是規則！嘗試指定其它值給此變數，將會導致一些編譯器發出錯誤訊息。有一些編譯器根本不會檢查。

為了宣告 enum primaryColor 型態的變數，要再次使用關鍵字 enum，後跟列舉型態名稱，最後是變數列表。因此，下面敘述：

```
enum primaryColor  myColor, gregsColor;
```

定義兩個 primaryColor 型態的變數：myColor 和 gregsColor。可以指定給這些變數的值是 red、yellow 和 blue。所以，下面敘述：

```
myColor = red;
```

和

```
if ( gregsColor == yellow )
   ...
```

是有效的。再舉另一個列舉資料型態定義的例子，下面定義了 enum month 型態，其允許指定給該型態變數的值是一年當中的十二個月：

```
enum  month  { January, February, March, April, May, June,
               July, August, September, October, November, December };
```

C 編譯器實際上將列舉識別字看作整數常數。從列表中第一個名稱開始，編譯器將以 0 開始的順序整數值指定給這些名稱。假如您的程式有這兩行：

```
enum month  thisMonth;
   ...
thisMonth = February;
```

值 1 指定給 thisMonth（並不是名稱 February）因為它是列舉列表中的第二個識別字。

若想要具有與列舉識別字相關的特定整數值，則可以在定義資料型態時將整數值指定給識別字。列表中隨後出現的列舉識別字，被分配為以指定整數值加 1 開始的連續整數值。例如，下面的定義：

```
enum  direction  { up, down, left = 10, right };
```

定義了列舉資料型態 direction，其值為 up、down、left 和 right。編譯器把 0 分配給 up 因為它最先出現在列表中；把 1 給 down 因為它隨後出現；把 10 給 left 因為它被明確地指定為此值；最後 11 給 right 因為它出現在 left 的下一個。

範例程式 13.1 呈現使用列舉資料型態的簡單程式。列舉資料型態 month 設定 January 為 1，因而數字 1 到 12 相對應到月份的列舉值 January、February、……等 等。此程式讀取一數字，並使用 switch 敘述檢查輸入了哪個月份。記得列舉值被編 譯器視為整數常數，所以他們是有效的值。變數 days 被指定為所指定月的天數，它 的值將於 switch 結束後被印出來。這裡包含一個特殊測試，用以檢視是否為二月。

**範例程式 13.1 使用列舉資料型態**

```c
//  Program to print the number of days in a month

#include <stdio.h>

int main (void)
{
    enum  month  { January = 1, February, March, April, May, June,
                   July, August, September, October, November, December };
    enum  month  aMonth;
    int          days;

    printf ("Enter month number: ");
    scanf ("%i", &aMonth);

    switch (aMonth ) {
       case January:
       case March:
       case May:
       case July:
       case August:
       case October:
       case December:
                days = 31;
                break;
       case April:
       case June:
       case September:
       case November:
                days = 30;
                break;
       case February:
                days = 28;
                break;
       default:
                printf ("bad month number\n");
                days = 0;
```

```
            break;
    }

    if ( days != 0 )
        printf ("Number of days is %i\n", days);

    if ( aMonth  == february )
        printf ("...or 29 if it's a leap year\n");

    return 0;
}
```

範例程式 13.1 輸出結果

```
Enter month number: 5
Number of days is 31
```

範例程式 13.1 輸出結果（第二次執行）

```
Enter month number: 2
Number of days is 28
...or 29 if it's a leap year
```

列舉識別字可以共用同一個值。例如：

```
 enum  switch  { no=0, off=0, yes=1, on=1 };
```

把值 no 或 off 指定給 enum switch 變數值為 0；指定 yes 或 on 值為 1。

可使用轉型運算子，將整數值明確地指定給列舉資料型態變數。因此，假如 monthValue 是一個整數變數且等於 6，下面運算式：

```
 thisMonth = (enum month) (monthValue - 1);
```

是可行的，並將值 5 指定給 thisMonth。

當撰寫使用列舉資料型態的程式時，儘量不要依賴列舉值被視為整數的事實。而應儘量將它們視為不同的資料型態。列舉資料型態提供將符號名稱和整數聯想在一起的方法。之後，若想更改該數字的值，只需在該列舉被定義的地方作更改即可。如果根據列舉資料型態的實際值作假設，則會失去使用列舉的優點。

可在定義列舉資料型態時宣告變數，這方式類似於定義結構：資料型態的名稱可以省略，且該列舉資料型態的變數可於宣告型態時宣告之。如以下敘述：

```
enum { east, west, south, north } direction;
```

定義一個（無名）列舉資料型態，其值為 east、west、south 或 north，並宣告一個此型態的變數 direction。

列舉型態定義的作法類似於結構，就變數定義範圍而言：在一個區塊中定義列舉資料型態其使用範圍僅限於該區塊。另一方面，若於程式的開始定義列舉資料型態，則在所有函式的外部，使得該定義是全域的範圍。

當定義一個列舉資料型態時，必須要確保列舉識別字相對於同樣範圍內的其它變數是唯一的。

# typedef 指令

C 語言提供讓您可以指定相對名稱給資料型態的功能。此功能以 typedef 指令來實現。下面敘述：

```
typedef int Counter;
```

定義名稱 Counter 等同於 C 語言的 int 資料型態。隨後可宣告 Counter 的變數，如下面敘述：

```
Counter j, n;
```

C 編譯器實際上把變數 j 和 n 的宣告視為一般整數變數，如前面程式碼所示。在這種情況下，使用 typedef 的主要優點是增加定義變數的可讀性。從 j 和 n 的定義可清楚地看出，這些變數在程式中的預期目的。使用傳統的方式定義它們為 int 型態，未必使這些變數的預期用途顯得明確。當然，選擇更有意義的變數名稱也會有幫助。

在許多情況下，typedef 指令會被相應的 #define 指令所取代。例如，您可以使用下面敘述：

```
#define Counter int
```

可達到與前面敘述同樣的效果。然而，由於 typedef 是由 C 編譯器所掌控的，並不是由前置處理器，所以，typedef 指令提供了比 #define 在為衍生資料型態指定名稱時，有更多的彈性。例如，下面的 typedef 敘述：

```
typedef char Linebuf [81];
```

定義名為 Linebuf 的型態，其為 81 個字元的陣列。之後，宣告 Linebuf 型態的變數如下：

```
Linebuf text, inputLine;
```

定義變數 text 和 inputLine 為包含 81 個字元的陣列。這等同於下面的宣告：

```
char   text[81], inputLine[81];
```

要注意的是，在這種情況下，Linebuf 並沒有等同於使用 #define 前置處理指令所定義的。

下面的 typedef 定義型態名稱 StringPtr 為字元指標：

```
typedef   char *StringPtr;
```

之後，定義 StringPtr 型態的變數如下：

```
StringPtr   buffer;
```

將被 C 編譯器視為字元指標。

想要用 typedef 定義新的型態名稱，請跟緊下面步驟：

1.  撰寫如宣告變數所需型態之敘述。

2.  於被宣告之變數名稱出現的地方，替換成新的型態名稱。

3.  在它們的前面皆放置 typedef 關鍵字。

舉一例子來說明，想要定義一個叫 Date 的型態，它是包含三個分別名為 month、day 和 year 的整數成員的結構，寫出該結構定義，於變數名稱出現的地方替換為 Date（在最後的分號之前）。最後在敘述的前面加上 typedef 關鍵字：

```
typedef   struct
          {
              int    month;
              int    day;
              int    year;
          } Date;
```

有了這個 typedef，您隨後可宣告 Date 型態的變數，如下：

```
Date   birthdays[100];
```

這定義 birthdays 為一個包含 100 個 Date 結構的陣列。

當使用原始碼包含超過一個檔案的程式時（如第 14 章 "撰寫更大的程式" 所述），將常用的 typedef 指令放置於獨立的檔案中是個好建議，其可使用#include 指令載入到每一個原始檔。

另一個例子，假如您正在使用一個圖形套裝軟體，其需使用到直線、圓形等等。您可能會很繁瑣地使用坐標系統。以下是 typedef 指令定義名為 Point 的型態，此 Point 是一個包含兩個浮點數成員 x 和 y 的結構：

```
typedef   struct
{
    float  x;
    float  y;
} Point;
```

現在可以利用 Point 型態的優點繼續發展您的圖形庫。例如，以下宣告：

```
Point   origin = { 0.0, 0.0 }, currentPoint;
```

定義 origin 和 currentPoint 為 Point 型態並把 origin 的 x 和 y 成員設定為 0.0。

以下是名為 distance 的函式，其計算兩點之間的距離。

```
#include <math.h>

double   distance (Point p1, Point p2)
{
    double  diffx, diffy;

    diffx = p1.x - p2.x;
    diffy = p1.y - p2.y;

    return sqrt (diffx * diffx + diffy * diffy);
}
```

如之前所提過，sqrt 是標準函式庫中的平方根函式，宣告在系統標頭檔 math.h，因此需要 #include 指令。

記得，typedef 指令實際上並不定義新的型態 — 只定義新的型態名稱。所以 Counter 的變數 j 和 n，如本節一開始所定義的，將於所有情況下皆被 C 編譯器視為一般的 int 變數。

## 資料型態轉換

第 3 章 "變數、資料型態以及算術運算式" 簡要說明了，當執行運算式時，有時候轉換是由系統隱含地進行的。之前，曾探討過 float 和 int 型態，您看到一個涉及 float 和 int 的運作，是如何變為當作浮點數運算，整數項目被自動轉換成浮點數。

您也看過轉型運算子（cast operator），如何執行明確指定的轉換。因此，在下面敘述中：

```
average = (float) total / n;
```

total 變數的值先被轉換成 float 型態後再進行運算，此做法為確保該除式以浮點數進行運算。

當要進行不同型態的資料運算時，C 編譯器將遵循嚴格的轉換規則。

下面總結了運算式中兩個運算元發生轉換的順序：

1. 如果其中一個運算元是 long double 型態，另外一個會被轉換成 long double，同時這也是結果的型態。

2. 如果其中一個運算元是 double，另外一個會被轉換成 double，同時這也是結果的型態。

3. 如果其中一個運算元是 float，另外一個會被轉換成 float，同時這也是結果的型態。

4. 如果其中一個運算元是 _Bool、char、short int、bit field（位元欄）或一個列舉資料型態，其將被轉換成 int。

5. 如果其中一個運算元是 long long int，另外一個會被轉換成 long long int，同時這也是結果的型態。

6. 如果其中一個運算元是 long int，另外一個會被轉換成 long int，同時這也是結果的型態。

7. 如果達到此步驟，兩個運算元皆為 int 型態，同時這也是結果的型態。

這實際上是在運算式中，涉及到運算元型態轉換的簡化步驟。當涉及到無符號運算元時，其規則將更複雜。有關完整地規則，請參考附錄 A "C 語言摘要"。

從這一系列步驟中，當您達到 "這也是結果的型態" 時，便完成了轉換過程。

舉一遵循這些步驟的範例，請看以下運算式是如何被評估的，其中 f 被定義為 float、i 為 int、l 為 long int 和 s 為 short int 變數：

```
f * i + l / s
```

首先，考慮 f 乘以 i，此為 float 乘以 int。從第三步驟您看到由於 f 是 float 型態，另一個運算元 i 將被轉換成 float 型態，同時這也是此乘法結果的型態。

下一個是 l 除以 s，此為 long int 除以 short int。第四步驟告訴您 short int 被提升為 int。接著您從第六步驟看到由於其中一個運算元（l）是 long int，另一個運算元會被轉換成 long int，同時這也是結果的型態。此除法產生 long int 型態的值，其中任何小數點部份都是由四捨五入產生出來的。

最後，第三步驟指示若運算式中其中一個運算元是 float 型態（f*i 的結果），另一個運算元將被轉換成 float 型態，同時這也是結果的型態。因此，在進行 l 除以 s 之後，運算的結果將被轉換成 float 型態，並加入 f 和 i 的積。前面的運算式最後的結果是一個 float 型態的值。

記得，轉型運算子可以明確地指定轉換，並控制特定運算式的運算。

因此，若不想讓前面運算式中的 l 除以 s 的結果被四捨五入的話，則可以把其中一個運算元轉換成 float 型態，接著該運算式將以浮點數除法進行運算：

```
 f * i + (float) l / s
```

在這運算式中，l 在作除法之前被轉換成 float，因為轉型運算子的執行序高於除法運算子。由於除法的其中一個運算元已成為 float 型態，其它的運算元將被自動轉換成 float 型態，同時這也是結果的型態。

## 符號擴展

每當 signed int 或 signed short int 被轉換為較大的整數型態，符號將於轉換完成後向左擴展。此確保值為 -5 的 short int 被轉換成 long int 時仍是值 -5。每當一個無符號整數轉換成較大的整數型態，如您所願，並沒有符號擴展。

在一些系統上，字元被視為有號數量。這意味著當字元轉換成整數會發生符號擴展。只要該字元使用標準 ASCII 碼，這個事實就不會出問題。然而，所使用的字元不是標準碼中的一部分，轉換成整數時其符號有可能會被擴展。例如，在 Mac 系統上，字元常數'\377'被轉換成值 -1，因為當其值被視為有符號且是八位元數量時為負值。

回想一下，C 語言允許字元變數被宣告為無符號，從而避免這個潛在的問題。也就是說，unsigned char 變數當轉換成整數時，將不會有符號擴展的現象；其值將大於或等於 0。對於普通的八位元字元，因而有符號字元變數的取值範圍從 -128 到 +127（含）。無符號字元變數的取值範圍從 0 到 255（含）。

如果要對字元變數強制使用符號擴展，您可把那些字元變數宣告為 signed char 型態。這確保當字元轉換成整數時會發生符號擴展，甚至在預設不會這樣做的機器上。

## 參數轉換

您已經使用過本書所有撰寫的函式的原型（prototype）宣告。在第 7 章 "函式" 中，您所學到的是謹慎的，因為可以在呼叫的之前或之後，或甚至在其它原始檔案用函式原型來定位函式。還要注意的是，只要知道函式要求的參數型態，編譯器就會自動幫您將參數轉換成適當的型態。編譯器知道這點的唯一方法是，在先前遇到了實際的函數定義或原型宣告。

回想一下，若編譯器在函式的呼叫之前，並沒有函式定義或原型宣告，則會假定函式是回傳 int。編譯器還對其參數型態做出假定。在沒有函式參數型態的訊息情況下，編譯器會自動把 _Bool, char 或 short 參數轉換成 int，以及將 float 參數轉換成 double。

例如，假設編譯器在您的程式中遇到：

```
float  x;
   ...
y = absoluteValue (x);
```

由於在前面沒有看到 absoluteValue 函式的定義，也沒看到其原型宣告，編譯器所產生的程式碼，將儲存 float 型態的 x 變數轉換成 double，並將結果傳遞給函式。編譯器還假定函式會回傳 int。

假如 absoluteValue 函式在其它原始檔中定義如下：

```
float   absoluteValue (float  x)
{
    if ( x < 0.0 )
       x = -x;

    return x;
}
```

就會有麻煩了。首先，函式回傳一個 float，但編譯器認為它回傳一個 int。第二，函式期望收到一個 float 參數，但您知道編譯器會傳遞一個 double。

記住，這裡的底線是您應載入使用函式的原型宣告。這防止編譯器對回傳型態和參數型態做錯誤的假定。

現在已經了解了更多有關資料型態的知識，此時要了解如何將程式拆分為多個原始檔案。第 14 章將詳細討論這一主題。在您進入此章之前，請嘗試實作以下的習題，以確保您了解剛剛學到的概念。

# 習題

1. 請定義一個名為 FunctionPtr 的型態（使用 typedef），其代表指向回傳 int 且不接收參數的函式之指標。有關如何宣告此類型態變數的詳細訊息，請參考第 10 章 "指標"。

2. 請撰寫一個叫 monthName() 的函式，其接收 enum month 型態（如本章所定義的）的值作為參數，並回傳指向包含月份名稱的字串之指標。這樣，您可以使用以下敘述印出 enum month 變數的值：

   ```
   printf ("%s\n", monthName (aMonth));
   ```

3. 給予下面變數宣告：

   ```
   float     f = 1.00;
   short int i = 100;
   long int  l = 500L;
   double    d = 15.00;
   ```

   以及本章概述於運算式中，有關運算元轉換的七個步驟，請確認以下運算式的型態和值：

   ```
   f + i
   l / d
   i / l + f
   l * i
   f / 2
   i / (d + f)
   l / (i * 2.0)
   l + i / (double) l
   ```

# 14

# 撰寫更大的程式

本書所描述過的程式都是非常的小且相當的簡單。不幸的是，您要開發用來解決某些特殊問題的程式，既不小也不簡單。學習適當的技術來處理這樣的程式是本章節的主題。您將會看到，C 語言提供有效開發大型程式的所有功能。此外，使用整合式開發環境（IDE）或使用本章節中簡要說明的幾個公用程式之一進行開發，可使得大型程式的運作更簡單。

本章涵蓋了許多針對任何您使用的作業系統和開發環境的主題，但是如果發現您使用不同的開發環境，這些概念是很好學的。所涉及的一些主題包括：

* 將較大的程式分成多個檔案
* 將多個檔案編譯成一個可執行檔
* 使用外部變數
* 擴展標頭檔的使用
* 使用公用程式改善程式

## 將程式分成多個檔案

目前為止所看過的每一個程式，皆假定為整個程式輸入到單一個檔案 ─ 可能是通過 C 編譯器所附帶的一些文字編譯器，或者一個獨立的公用程式如 emace、vim 或一些基於 Windows 的編譯器 ─ 然後編譯和執行。在這單個檔案中，該程式所使用的所有函式皆被載入 ─ 當然，除了系統函式，如 prinf()何 scanf()。像是 <stdio.h> 和<stdbool.h> 的標頭檔也被載入以實作定義和函式宣告。這種方法在處理小程式（大概 100 個敘述的程式）是很有效的。然而，當您要處理更大的程式，此方法不足以滿足。隨著程式中敘述的增加,編譯程式和隨後重新編譯程式所花費的時間也增加。不僅如此,通常大型程式還需要多個程式設計師的努力。讓每個人在同一個原始檔上工作,或者每個人在自己的原始檔的副本上工作,都是難以管理的。

C 支援程式模組化的概念,它不要求特定程式的所有敘述都含在單一個檔案內。這意味著您可以將模組的程式碼輸入到一個檔案中,將另一個模組輸入到另一個檔案,以此類推。在此,術語 "模組" 指的是單一函式或多個相關函式。

如果您使用以視窗為基礎的專案管理公用程式,如 Metrowerks' CodeWarrior、Code::Blocks、Microsoft Visual Studio、Apple's Xcode、或其他的 IDE,可以容易地使用多個原始檔。只需要確定正在使用專案的特定檔案,其餘由軟體來負責處理。下一節將介紹在不使用此類公用程式的情況下,該如何處理多個檔案。也就是說,下一小節假定您直接從命令列使用 gcc 或 cc 指令來編譯程式。

## 從命令列編譯多個原始檔

假設將程式分成三個模組,並把第一個模組的敘述輸入到名為 mod1.c 的檔案、把第二個模組的敘述輸入到名為 mod2.c 的檔案,並把主程式 main() 輸入到名為 main.c 的檔案。

想要告訴系統這三個模組實際上是屬於同一個程式,您只要在輸入編譯程式的指令時,載入這三個檔案的名稱。例如使用 gcc 編譯器,下面指令:

```
$ gcc mod1.c mod2.c main.c ¡Vo dbtest
```

將分別編譯 mod1.c、mod2.c 和 main.c 的程式碼。在 mod1.c、mod2.c 和 main.c 中發現的錯誤將由編譯器分別識別。例如,如果 gcc 編譯器給出如下的輸出:

```
mod2.c:10: mod2.c: In function 'foo':
mod2.c:10: error: 'i' undeclared (first use in this function)
mod2.c:10: error: (Each undeclared identifier is reported only once
mod2.c:10: error: for each function it appears in.)
```

編譯器指出 mod2.c 中 foo 第十行有錯誤,它是在 foo 函式裡面。由於沒有任何關於 mod1.c 和 main.c 的訊息,所以編譯它們並沒發生錯誤。

通常,如果發現模組中有錯誤,則必須編輯該模組以修正錯誤。[1]在這種情況下,由於在 mod2.c 中發現錯誤,所以只需僅編輯此一檔案以修正錯誤。修正錯誤之後,告訴 C 編譯器重新編譯您的模組:

---

[1]　其錯誤有可能是由該模組所載入的標頭檔引起,這意味著需要修改的是標頭檔並不是模組本身。

```
$ gcc mod1.c mod2.c main.c íVo dbtest
$
```

因為沒有出現任何錯誤訊息，所以編譯的結果放置於名為 dbtest 的可執行檔中。

通常，編譯器會給每一個編譯的原始檔（source file）產生中間目的檔（object file）。編譯器將編譯 mod.c 得到結果的目的碼（object code）預設放置到 mod.o 檔中。（大部分的 Windows 編譯器的執行方式皆相似，只有它們可能會把結果目的碼放置到.obj 檔，而不是.o 檔。）通常這些中間目的檔會在編譯結束後自動被刪除。一些 C 編譯器（和以前的標準 Unix C 編譯器）會把這些檔案保存下來，並且當您一次編譯多個檔案時，不會刪除它們。在修改一個或多個模組後，可使用此優點去重新編譯程式。在前面的範例中，由於 mod1.c 和 main.c 沒有編譯錯誤，相對應的 .o 檔 — mod1.o 和 main.o — 將在 gcc 指令完成後被保存下來。以 o 替換檔名 mod1.c 中的 c，告訴 C 編譯器使用上次編譯 mod1.c 所產生的目的檔。所以，不刪除目的檔的編譯器（在這裡是 cc）將使用以下指令：

```
$ cc mod1.o mod2.c main.o -o dbtest
```

在編譯器沒有發現錯誤的時候，不僅不用重新編輯 mod1.c 和 main.c，而且還不用重新編譯它們。

如果編譯器會自動刪除 .o 檔，您可以單獨編譯每個模組，並使用命令列選項 -c 以達到逐步編譯。此選項告訴編譯器不要連結（link）您的檔案（即不要產生可執行檔）並保留其建立的中間目的檔。所以，輸入：

```
$ gcc -c mod2.c
```

編譯 mod2.c，將可將執行結果置於 mod2.o。

因此，您可以使用逐步編譯的技巧編譯以下三個模組的 dbtest 程式：

```
$ gcc -c mod1.c                         編譯 mod1.c => mod1.o
$ gcc -c mod2.c                         編譯 mod2.c => mod2.o
$ gcc -c main.c                         編譯 main.c => main.o
$ gcc mod1.o mod2.o main.o -o dbtest    建立可執行檔
```

分別編譯這三個模組。之前的輸出表明編譯器未檢測到錯誤。如果有，則要加以編輯檔案，並獨立重新編譯。最後一行：

```
$ gcc mod1.o mod2.o main.o
```

僅列出目的檔並沒有原始檔。在這種情況下,只把目的檔連結在一起,並產生可執行檔 dbtest。

如果將上述例子擴展到由許多模組所組成的程式,您可看見單獨編譯的機制,是如何使您更有效率地開發大型程式。例如,下面指令:

```
$ gcc -c legal.c                                    編譯 legal.c,將結果放置於 legal.o
$ gcc legal.o makemove.o exec.o enumerator.o evaluator.o display.o -o superchess
```

編譯包含六個模組的程式,其中只有 legal.c 需要重新編譯。

您將在本章的最後一節看到,逐步編譯的過程可以使用一個稱為 make 的公用程式將它自動化。本章開頭所提及的 IDE 公用程式知道什麼需要重新編譯,而且它們只重新編譯有需要的檔案。

# 模組之間的傳送

有幾個方法可以使得包含在各個獨立檔案中的模組,能夠有效地傳送。如果一個檔案中的某個函式,需要呼叫在其它檔案中的函式,函式呼叫可正常地進行,參數可以正常的方式傳遞和回傳。當然,在呼叫函式的檔案中,要確保載入函式原型宣告,讓編譯器知道該函式所接收的參數和其回傳值型態。如第 13 章 "資料型態的擴展" 中所述,在沒有任何函式訊息的情況下,編譯器將假定它被呼叫時回傳一個 int,並將 short 或 char 參數轉換成 int,將 float 參數轉換成 double。

需要記住的是,雖然可在命令列同時指定多個模組給編譯器,編譯器還是獨立地編譯每一個模組。這意味著沒有經由編譯器得知有關結構定義、函式回傳型態或者函式參數型態在模組編譯之間共享的資訊。完全由您來確認編譯器是否有足夠的訊息可正確地編譯每一個模組。

## 外部變數

在不同檔案的函式可透過外部變數(external variable)進行傳送,這些實際上是第 7 章 "函式" 中討論全域變數概念的擴展。

外部變數是其值可被其它模組所處理和改變的變數。在需要處理外部變數的模組內,該變數宣告時需在前面放置關鍵字 extern。這告訴系統要處理來自其它檔案的全域變數。

假設您想要定義一個名為 moveNumber 的 int 變數，其值是您想要擷取的，也有可能被其它檔案的函式所修改。在第 7 章中，在程式的開始處的所有函式的外面撰寫以下這樣的敘述：

```
int  moveNumber = 0;
```

其值將被該程式的任何函式所參考。在這個情況下，moveNumber 定義為全域變數。

實際上，相同的 moveNumber 變數定義，其值可被其它檔案的函式所擷取。具體地說，前面的敘述所定義的 moveNumber 不僅是全域變數(global variable)，而且還是外部全域變數(external global variable)。為了從其它模組參考到外部全域變數，必需在上面的宣告前加上關鍵字 extern，如下：

```
extern int  moveNumber;
```

現在 moveNumber 的值可被出現上面敘述的模組所擷取和修改。在檔案中的其它模組，也可透過使用同樣的 extern 宣告來擷取 moveNumber 的值。

在使用外部變數時，需要遵守一個重要的規則。變數需要定義在原始檔的某個地方。這可利用以下兩種方式之一來達成。第一種是在所有函式的外面宣告變數，不使用關鍵字 extern，如下：

```
int  moveNumber;
```

此處您可選擇給予變數初始值，如之前所示。

第二種定義外部變數的方式，是在所有函式的外面宣告變數，在其宣告前面放置關鍵字 extern，並明確地指定初始值，如下：

```
extern int moveNumber = 0;
```

注意，這兩種方式是互斥的。

在處理外部變數時，關鍵字 extern 只能在原始檔中的一個地方省略。如果不在某一地方省略該關鍵字，您必須給變數初始值。

來看一個說明使用外部變數的小小範例。假設您將下面的程式碼輸入到名為 main.c 的檔案：

```
#include <stdio.h>

int  i = 5;

int main (void)
{
    printf ("%i  ", i);
```

```
    foo ();

    printf ("%i\n", i);

    return 0;
}
```

上面程式宣告全域變數 i，使得其值可被任何使用 extern 宣告的模組所擷取。假設您現在把下面的敘述輸入到名為 foo.c 的檔案：

```
extern int i;

void foo (void)
{
    i = 100;
}
```

在命令列這兩個模組 main.c 和 foo.c 一起編譯：

```
$ gcc main.c foo.c
```

隨後執行該程式，將產生以下的輸出結果：

```
5  100
```

此輸出結果驗證了函式 foo 是可以擷取和修改外部變數 i 的值。

由於外部變數 i 的值被 foo 函式中參考，所以可以在該函式內放置 i 的 extern 宣告，如下：

```
void foo (void)
{
    extern int  i;

    i = 100;
}
```

如果 foo.c 的許多函式需要處理 i 的值，應僅在檔案的開頭做一次 extern 宣告即可。然而，若只有一個函式或少數函式需要處理此變數時，在每個函式中分別作 extern 宣告：它使得程式更有條理，並與函式的實際變數有所區別。

當宣告外部陣列時，並不需要給予它的容量。因此，以下宣告：

```
extern char  text[];
```

使您能夠參考在其它地方定義的字元陣列 text。與形式參數陣列一樣,如果外部陣列是多維的,則除了第一維(first dimension)之外,必須指定其它維的容量。因此,以下宣告:

```
extern int  matrix[] [50];
```

表示含有 50 行的外部陣列 matrix。

## 靜態與外部變數和函式

現在您已經知道任何宣告在函式外面的變數,不只是全域變數,而且還是外部變數。許多情況之下,需要定義一個僅為全域,但不為外部的變數。換言之,就是定義一個僅屬於某特定模組(檔案)的全域變數。在沒有其它檔案需要處理該變數的情況下,做此類宣告最為恰當。這在 C 語言中可透過定義 static 變數達成。

下面敘述:

```
static int  moveNumber = 0;
```

若放置於所有函式的外面,則可使得 moveNumber 的值,僅於定義的檔案的任何地方做擷取,並不被其它檔案的函式所存取。

如果想要定義一個全域變數,而其值不被其它檔案作存取,則應將變數宣告為 static。這是一個很簡潔的程式設計方式:static 宣告可以更精確地反映變數的使用,並不會在已建立的兩個模組中,因為使用同名稱的外部全域變數而產生的衝突。

正如本章前面所提及,可以直接呼叫在其它檔案所定義的函式。與變數不同,其不需要特殊的機制;也就是說,呼叫包含於其它檔案的函式,不需為該函式做 extern 的宣告。

當定義一函式,它可宣告為 extern 或 static,前者為預設。static 函式僅能在該函式出現的檔案中被呼叫。所以,假設有--個叫 squareRoot 的函式,在函式宣告的前面放置關鍵字 static,使得它只能於定義它的檔案中被呼叫:

```
static double  squareRoot (double x)
{
    ...
}
```

squareRoot 函式的定義,有效地使它僅屬於定義它的檔案。它不可被該檔案之外所呼叫。

之前使用靜態變數的動機,同樣也適用於使用靜態函式。

圖 14.1 摘要了不同模組之間的訊息。在此描述 mod1.c 和 mod2.c 這兩個模組。

```
double x;
static double result;

static void doSquare (void)
{
    double square (void);

    x = 2.0;
    result = square ();
}

int main (void)
{
    doSquare ();
    printf ("%g\n", result);

    return 0;
}
```

```
extern double x;

double square(void)
{
    return x * x;
}
```

mod1.c                    mod2.c

圖 14.1　模組之間的訊息。

mod1.c 定義兩個函式：doSquare() 和 main()。在此設定的程序為 main() 呼叫 doSquare()，其中 doSquare()中呼叫了 square()。square() 函式定義於 mod2.c。

由於 doSquare() 被宣告為 static，它只能於 mod1.c 內被呼叫，並不被其它模組所呼叫。

mod1.c 定義兩個皆為 double 型態的全域變數：x 和 result。x 可被任何跟 mod1.c 連結的模組作存取。另一方面，result 定義的前面所放置的關鍵字 static 意味著它僅能被 mod1.c 內定義的函式（即 main() 和 doSquare()）作存取。

當開始執行，主程式 main() 呼叫 doSquare()。此函式將值 2.0 指定給全域變數 x，並呼叫函式 square()。由於 square() 被定義於其它原始檔（在 mod2.c 內），同時也因為它不會傳 int，doSquare() 明確地在函式的開頭，包含了適當的原型宣告。

square() 函式回傳全域變數 x 的平方值。由於 square 為了存取被定義在另一個檔案（mod1.c）中的變數的值，mod2.c 中出現了適當的 extern 宣告（在這個情況下，該宣告被放置在 square() 函式裡面或外面並沒差異）。

square() 所回傳的值指定給 doSquare() 中的全域變數 result，它將回傳給 main()。在
main() 裡面，印出全域變數 result 的值。執行此範例將會產生結果 4.0（因為那是
2.0 的平方）。

請反覆研究此範例，直到您對它感到安逸。這個小小的範例儘管不切實際，但它說
明了模組之間溝通的重要概念，您需要了解此概念後，才能有效地處理更大的程
式。

## 有效地使用標頭檔

第 12 章 "前置處理器" 介紹過載入檔案的概念。如之前所述，您可以將所有常用的
定義集中到一個檔案中，然後只需要將檔案載入到任何需要使用這些定義的程式
中。#include 的用途遠大於在開發已被分開為獨立模組的程式中使用。

如果有多個程式設計師一起開發某一個特定程式，載入檔案提供了一種標準化的方
法：每一位程式設計師皆使用同樣的定義，它們具有同樣的值。此外，每位程式設
計師皆節省了重新輸入這些定義到每個使用它們的檔案的時間，和減少期間出錯的
機率。當您將常用的結構定義、外部變數定義、typedef 定義和函式原型宣告置於載
入檔內，以上所述的兩點顯得更強大。大型系統設計的各種模組總是處理常用的資
料結構。通過集中這些資料結構定義於一或多個載入檔，可避免兩個為相同資料結
構，因使用不同定義的兩個模組所產生的錯誤。另外，如果需要對某個特定資料結
構的定義進行修改，僅需在載入檔內做修改即可。

回想第 8 章 "結構" 的 date 結構，若必須在不同的模組使用許多的 date，則以下的
載入檔可能類似於您所設定的 date 結構：這也是連結許多您學過此項概念的一個很
好範例。

```
// Header file for working with dates

#include <stdbool.h>

// Enumerated types

enum kMonth { January=1, February, March, April, May, June,
        July, August, September, October, November, December };

enum kDay { Sunday, Monday, Tuesday, Wednesday, Thursday, Friday };
```

```
struct   date
{
    enum   kMonth month;
    enum   kDay    day;
    int            year;
};

// Date type
typedef struct date Date;

// Functions that work with dates
Date   dateUpdate (Date today);
int    numberOfDays (Date  d);
bool  isLeapYear (Date  d);

// Macro to set a date in a structure
#define setDate(s,mm,dd,yy)   s = (Date) {mm, dd, yy}

// External variable reference
extern Date todaysDate;
```

此標頭檔定義兩個列舉資料型態，kMonth 和 kDay，以及 date 結構（並注意列舉資料型態的使用）；利用 typedef 建立名為 Date 的型態；並宣告使用此型態的函式、設定日期的巨集指定值（使用複合文字），以及一個名為 todaysDate 的外部變數，此變數將被設為今天的日期（並定義於其中一個原始檔）。

下面所示的標頭檔的範例，是第 8 章的 dateUpdate()函式的改寫版：

```
#include "date.h"

// Function to calculate tomorrow's date

Date dateUpdate (Date today)
{
    Date   tomorrow;

    if ( today.day != numberOfDays (today) )
        setDate (tomorrow, today.month, today.day + 1, today.year);
    else if ( today.month == December )     // end of year
        setDate (tomorrow, January, 1, today.year + 1);
    else                                    // end of month
        setDate (tomorrow, today.month + 1, 1, today.year);

    return tomorrow;
}.
```

# 使用大型程式的其它公用程式

如前所述，IDE 是可以用來處理較大程式的強大公用程式 (utilities)。如果依然想使用命令列進行處理，您可能需要學習使用一些公用程式。這些公用程式不是 C 語言的一部份。然而，它們能夠加快開發時間。

以下是處理較大程式時，可能需要用到的公用程式列表。如果您正在使用 Unix，會發現大量可幫助您有效開發的公用程式。這裡只是冰山一角。學習如何使用腳本語言（如 Unix shell）撰寫程式，也會對處埋大量檔案有幫助。

## make 公用程式

這個強大的實用公用程式（GNU 版本為 gnumake）允許您將一串列檔案和其相關的指定給一個名為 Makefile 的特殊檔案。make 程式僅在需要的時候自動重新編譯。這取決於檔案的修改時間。因此，如果 make 發現原始檔（.c）比相對應的目的檔（.o）來得新，它將自動下令重新編譯該原始檔，並建立新的目的檔。您甚至可以指定相關的原始檔於標頭檔。例如，可以指定一個名為 datefuncs.o 的模組相依於其原始檔 datefuncs.c 以及標頭檔 date.h。接著，如果您對標頭檔 date.h 作任何改變，make 公用程式會自動重新編譯 datefuncs.c。這基於簡單的事實，就是標頭檔比原始檔來得新。

下面是一個簡單的 Makefile，可使用於本章節的三個模組範例。這裡假定將此檔案放置在與原始檔同一個根目錄下。

```
$ cat Makefile
SRC = mod1.c mod2.c main.c
OBJ = mod1.o mod2.o main.o
PROG = dbtest

$(PROG): $(OBJ)
        gcc $(OBJ) -o $(PROG)

$(OBJ): $(SRC)
```

這裡沒有提供 Makefile 運作的詳細解說。簡而言之，它定義了一組原始檔（SRC）、相對應的目的檔（OBJ）、可執行檔的名稱（PROG），和一些相依。第一個相依：

```
$(PROG): $(OBJ)
```

表明可執行檔是相依於目的檔。所以，如果一或多個目的檔有所改變，該執行檔需要重新建立。其方法在於隨後的 gcc 命令列，必須先內縮一個 tab，如下：

```
gcc $(OBJ) -o $(PROG)
```

Makefile 的最後一行：

```
$(OBJ): $(SRC)
```

表明每一目的檔皆相依於其相應的原始檔。所以，如果原始檔有所改變，其相應的目的檔必須重新建立。make 公用程式具備內建的規則告訴它如何做。

這是第一次執行 make 所發生的：

```
$ make
gcc     -c -o mod1.o mod1.c
gcc     -c -o mod2.o mod2.c
gcc     -c -o main.o main.c
gcc mod1.o mod2.o main.o -o dbtest
$
```

很好！make 單獨編譯每一個原始檔，並將結果目的檔連結在一起，以建立可執行檔。

如果 mod2.c 有錯誤，make 的輸出結果可能會長成這樣：

```
$ make
gcc     -c -o mod1.o mod1.c
gcc     -c -o mod2.o mod2.c
mod2.c: In function 'foo2':
mod2.c:3: error: 'i' undeclared (first use in this function)
mod2.c:3: error: (Each undeclared identifier is reported only once
mod2.c:3: error: for each function it appears in.)
make: *** [mod2.o] Error 1
$
```

這裡，make 發現編譯 mod2.c 發生錯誤，並停止 make 的處理過程，這是它的預設動作。

如果加以修改 mod2.c 並再次執行 make，則會發生這樣的狀況：

```
$ make
gcc     -c -o mod2.o mod2.c
gcc     -c -o main.o main.c
gcc mod1.o mod2.o main.o -o dbtest
$
```

要注意的是，make 沒有重新編譯 mod1.c。因為它知道並不需要這樣做。這是 make 公用程式真正強大和優雅的地方。

即使這是簡單的範例，您可以使用 Makefile 範例對程式使用 make。附錄 E "其它有用資源" 告訴您在哪裡可取得更多關於這強大公用程式的訊息。

# cvs 公用程式

這是管理原始碼的實用公用程式之一。它提供原始碼的自動版本追蹤，並跟蹤模組的更改。這允許您在需要的時候，重新建立程式的某特定版本（例如，為客戶支援反轉原始碼或重新建立新版本）。實用 cvs 是平行版本系統（Concurrent Version System），您 "檢驗" 一個程式（使用 cvs 指令與 checkout 選項），對其進行更改，然後 "提交" (使用 cvs 指令與 commit 選項)。此問題避免了多個程式設計師，想要編輯同一個原始檔時可能發生的衝突。使用 cvs，程式設計師可在不同的地方，透過網路進行同一個原始碼上的作業。

# Unix 的公用程式：ar、grep、sed 等等

Unix 提供的各種指令能夠更簡單地開發大型程式。例如，可以使用 ar 建立屬於自己的函式庫。這是很有用的，例如，當您要建立很多常用，或想要分享出去的實用函式。正如每當使用標準數學函式庫中的函式時，使用 -lm 選項將程式連結起來一樣，也可以使用 -llib 選項指定連結屬於自己的函式庫。在連結編輯階段，將自動搜尋函式庫以定位您從該函式庫所參考到的函式。從該函式庫中抽出來的任何函式皆能與您的程式連結。

其它指令如 grep 和 sed 用於在檔案中搜尋字串，或對某一組檔案進行全面更改。例如，結合編寫 shell 程式的技巧，可以很容易地使用 sed，對一組原始檔中的所有出現某一特定變數名稱作更改。grep 指令只是簡單地在一或多個檔案尋找某字串。這對於定位一組原始檔的某一變數或函式，或一組標頭檔的某一巨集是很有用的。所以，下面指令：

```
$ grep todaysDate main.c
```

可用以搜尋 main.c 中所有出現 todaysDate 的行列。以下指令：

```
$ grep -n todaysDate *.c *.h
```

搜尋當前目錄下的所有原始檔和標頭檔，並顯示出檔案中每一匹配搜尋字的相對行號（-n 選項的使用）。您已經了解 C 語言如何支援將您的程式分成更小的模組。以及這些模組的逐句獨立編譯。當您使用標頭檔共享原型宣告、巨集、結構定義、列舉等等時，標頭檔提供模組之間的 "膠水"(glue)。

如果使用 IDE，管理程式中的多個模組是非常簡單的。IDE 應用程式會跟蹤在您進行更改時需要重新編譯的檔案。如果使用命令列編譯器，如 gcc，您得自己跟蹤需

要重新編譯的檔案,或者利用 make 這樣的公用程式幫您自動跟蹤。如果您使用命令列編譯,將需要查看其它公用程式,這些公用程式須能夠幫助您搜尋原始檔、對其進行全面更改、建立並維護程式函式庫。

# 15

# C 語言的輸入與輸出

到目前為止，所有的讀取與寫入資料皆輸出到視窗，也就是控制台（console）或終端機（terminal）。當想要輸入資訊的時候，您使用了 scanf() 或 getchar() 函式。所有程式輸出結果皆以 printf() 函式顯示於視窗。

C 語言並沒有任何作輸入/輸出（I/O）的特殊敘述；C 語言中的所有 I/O 運作皆透過呼叫函式來進行。這些函式包含在 C 標準函式庫中。本章節涵蓋一些額外的輸入和輸出函式，以及如何使用檔案。本章主題包括：

- 基本 I/O：putchar() 和 getchar()
- 使用旗幟和識別字最大化 printf() 和 scanf()
- 重新導向從檔案輸入和輸出
- 使用函式與指標。回顧之前使用到 printf() 或 scanf() 的程式中的 include 指令：

```
#include <stdio.h>
```

此載入檔包含來自標準函式庫中與 I/O 相關的函式宣告和巨集定義。之後，每當使用此函式庫的函式，應載入此檔案到程式中。

在本章您將學到標準函式庫所提供的許多 I/O 函式。不幸的是，在這有限的空間資源無法對這些函式做詳解，或逐個函式的討論。若要知道更多的函式，請參考附錄 B "C 標準函式庫"。

# 字元 I/O：getchar() 和 putchar()

getchar() 在您想一次讀入一個字元的資料時顯得很方便。您可以開發一個名為 readLine() 的函式，以讀入使用者輸入的整行字。此函式重複的呼叫 getchar() 函式，直到碰上換行字元。

有一個類似一次輸出一個字元的函式。此函式叫 putchar()。

putchar() 的呼叫很簡單：它接收的唯一參數是要印出的字元。所以，呼叫：

```
putchar(c);
```

將印出 c 涵蓋的字元，前提是 c 被定義為 char 型態。呼叫：

```
putchar('\n');
```

將印出換行字元，也就是使得滑鼠移到下一行的開頭。

# 格式化 I/O：printf() 和 scanf()

您已在本書一直使用 printf() 和 scanf() 函式。在本節中，將學到這些函式用來格式化資料的選項。

printf() 和 scanf() 的第一個參數皆為一個字元指標。它指向格式字串。該格式字串指定在 printf() 的情況下，將如何印出其餘的參數，以及在 scanf() 的情況下，將如何讀取資料。

## printf() 函式

您已經在不同的範例程式中看到，如何在 % 字元和特定的轉換字元之間，放置某些字元以更精確地控制輸出的格式。例如，在範例程式 4.3A 看到如何在轉換字元之前，使用整數值以指定欄位寬（field width）。格式字元 %2i 指定一個整數值在兩個欄位的寬度之下向右靠齊。您還可以在第 4 章 "設計迴圈" 的習題 6 看到如何使用負號作靠左對齊。

一般 printf() 轉換規格的格式如下：

```
%[flags][width][.prec][hlL]type
```

可選欄位（option field）以中括號括起來，並且必須遵守該順序。

表 15.1、15.2 和 15.3 總結了在格式字串中，可以直接放置於 % 符號後面，type 規格前面所有可能的字元和值。

表 15.1  printf() 旗幟

| 旗幟 | 意涵 |
|---|---|
| - | 向左靠齊 |
| + | 數值前加上 + 或 - |
| number | 在正的數值前加上空白字元 |
| 0 | 以 0 點滿空位 |
| # | 為八進制的數值前加 0，為十六進位數值前加上 0x（或 0X）；為浮點數顯示小數點；為 g 或 G 格式留下尾隨零 |

表 15.2  printf() 寬度和精準度修飾符

| 指定符（Specifier） | 意涵 |
|---|---|
| number | 欄位的最小寬度 |
| * | 取 printf()下一個參數為欄位寬 |
| .number | 整數顯示的最小位數；e 或 f 格式的小數點位數；g 格式的最大有效位數；s 格式的最大字元數 |
| .* | 取 printf()下一個參數為精準度（並解釋為前一列所示） |

表 15.3  printf() 型態修飾符

| 型態（Type） | 意涵 |
|---|---|
| hh | 以字元顯示整數參數 |
| h* | 顯示 short integer |
| l* | 顯示 long integer |
| ll* | 顯示 long long integer |
| L | 顯示 long double |
| j* | 顯示 intmax_t 或 uintmax_t 值 |

| 型態（Type） | 意涵 |
|---|---|
| t* | 顯示 ptrdiff_t 值 |
| z* | 顯示 size_t 值 |

*注意: 這些修飾符也可以置於 n 轉換字元的前面，以表示相對應指標參數是指定型態。

表 15.4 列出格式字串中可使用的轉換字元。

表 15.4 printf() **轉換字元**

| 字元 | 用來顯示 |
|---|---|
| i 或 d | 整數 |
| u | 無符整數 |
| o | 八進制整數 |
| x | 十六進制整數，使用 a-f |
| X | 十六進制整數，使用 A-F |
| f 或 F | 浮點數，預設小數點有六位數 |
| e 或 E | 指數格式的浮點數（若使用 e，指數之前放置小寫 e；若使用 E，指數之前放置大寫 E） |
| g | f 或 e 格式浮點數 |
| G | f 或 E 格式浮點數 |
| a 或 A | 十六進制格式為 0xd.ddddp±dd 的浮點數 |
| c | 單一字元 |
| s | 字串（以'\0'為結尾） |
| p | 指標 |
| n | 不列印任何資料。將到目前為止經由此呼叫所印出的字元數，儲存於相對應的參數 |
| % | 百分比符號 |

表 15.1 至 15.4 也許顯得有點龐大。如您所見，可以使用許多不同的組合來精確地控制輸出的格式。熟悉各種可能性的最佳方式就是實驗。要確保 printf() 函式的參數　　　　　　　　　　　　　　　　　　　　　　　　　　　　　　數

量與格式字串中的 % 符號數量為一致（當然 %% 是例外）。並且，在使用 * 代替欄位寬，或前置修飾符的情況下，記得 prinf() 也期望著每個星號所對應的參數。

範例程式 15.1 展示使用 printf() 的一些可能使用的格式。

**範例程式 15.1　展示 printf() 的格式**

```c
// Program to illustate various printf() formats
#include <stdio.h>

int main (void)
{
    char          c = 'X';
    char          s[] = "abcdefghijklmnopqrstuvwxyz";
    int           i = 425;
    short int     j = 17;
    unsigned int  u = 0xf179U;
    long int      l = 75000L;
    long long int L = 0x1234567812345678LL;
    float         f = 12.978F;
    double        d = -97.4583;
    char          *cp = &c;
    int           *ip = &i;
    int           c1, c2;

    printf ("Integers:\n");
    printf ("%i  %o  %x  %u\n", i, i, i, i);
    printf ("%x  %X  %#x %#X\n", i, i, i, i);
    printf ("%+i % i %07i %.7i\n", i, i, i, i);
    printf ("%i  %o  %x  %u\n", j, j, j, j);
    printf ("%i  %o  %x  %u\n", u, u, u, u);
    printf ("%ld  %lo  %lx  %lu\n", l, l, l, l);
    printf ("%lli %llo %llx %llu\n", L, L, L, L);

    printf ("\nFloats and Doubles:\n");
    printf ("%f  %e  %g\n", f, f, f);
    printf ("%.2f  %.2e\n", f, f);
    printf ("%.0f  %.0e\n", f, f);
    printf ("%7.2f  %7.2e\n", f, f);
    printf ("%f  %e  %g\n", d, d, d);
    printf ("%.*f\n", 3, d);
    printf ("%*.*f\n", 8, 2, d);

    printf ("\nCharacters:\n");
    printf ("%c\n", c);
```

```
    printf ("%3c%3c\n", c, c);
    printf ("%x\n", c);

    printf ("\nStrings:\n");
    printf ("%s\n", s);
    printf ("%.5s\n", s);
    printf ("%30s\n", s);
    printf ("%20.5s\n", s);
    printf ("%-20.5s\n", s);

    printf ("\nPointers:\n");
    printf ("%p  %p\n\n",  ip,  cp);

    printf ("This%n is fun.%n\n", &c1, &c2);
    printf ("c1 = %i, c2 = %i\n", c1, c2);

    return 0;
}
```

範例程式 15.1 輸出結果

```
Integers:
425   651   1a9   425
1a9   1A9   0x1a9 0X1A9
+425   425 0000425 0000425
17   21   11   17
61817   170571   f179   61817
75000   222370   124f8   75000
1311768465173141112 1106425474022150531170 1234567812345678 1311768465173141112

Floats and Doubles:
12.978000  1.297800e+01  12.978
12.98  1.30e+01
13  1e+01
  12.98  1.30e+01
-97.458300  -9.745830e+01  -97.4583
-97.458
  -97.46

Characters:
X
  X  X
58
```

```
Strings:
abcdefghijklmnopqrstuvwxyz
abcde
    abcdefghijklmnopqrstuvwxyz
                abcde
abcde

Pointers:
0xbffffc20  0xbffffbf0

This is fun.
c1 = 4, c2 = 12
```

值得花一點時間來詳細地解釋輸出結果。第一組輸出作處理整數顯示：short、long、unsigned 和 "一般" 的 int。第一行以十進制（%i）、八進制（%o）、十六進制（%x）和無符整數（%u）等格式印出 i。注意，當印出八進制時，它們前面不會有前置 0。

輸出結果的下一行再次印出 i 的值。首先，使用 %x 以十六進制表示法印出 i。使用大寫 X（%#X）使得 printf() 在印出十六進制數字時，使用大寫 A-F，而不是小寫。 # 修飾符（% # x）使得數字前面出現前置 0x，當使用大寫 X 轉換字元（%#X）時，印出前置 0X。

第四個 printf() 呼叫首先用 + 旗幟強制顯示一個符號，即使是正值（通常沒有顯示符號）。接著，空白修飾符用以強制在正值前面放置空白。（有時，這對於對齊有可能為正或負的資料時有用；正值具有前置空白；負值具有負號。）接著，%07 用以印出 i 值時，在七個字元寬的欄位中作靠右對齊。旗幟 0 指定以 0 填滿空位。因此 i（值為 425）前面放置著四個 0。這個呼叫最後的轉換 %.7i，使用最少七位數顯示 i 的值，這效果跟使用 %07i 一樣：前面有四個 0，隨後是三位數字 425。

第五個 printf() 呼叫以各種格式印出 short int 變數 j 的值。使用每一種整數格式來顯示 short int 的值。

下一個 printf() 呼叫展示使用 %i 顯示 unsigned int 值會發生的現象。因為指定給 u 的值，大於可儲存於執行程式所使用電腦中 singed int 的最大正值，此時若使用 %i 格式，將會顯示它是負值。

這組倒數第二個 printf() 呼叫，展示 l 修飾符如何被用來顯示 long 整數，而最後一個 printf() 呼叫，展示 long long 整數如何被印出來。

輸出結果第二組說明印出 float 和 double 的各種格式可能性。在這組的第一行輸出，展示使用 %f、%e 和 %g 格式顯示一個 float 值。如之前所說，除非另有規定，否則 %f 和 %e 格式預設配置小數點六位數。使用 %g 格式時，printf() 根據值的大小和所指定的精準度，來決定是以 %e 或 %f 格式顯示值。如果指數小於 -4 或大於所指定的精準度（記住，預設是 6），則會使用 %e；否則使用 %f。在任一情況下，會自動刪除尾隨零，並且只在小數點位數為非零的時候才顯示小數點。一般來說，%g 是用於顯示浮點數的最佳格式。

下一行的輸出結果，精準度修飾符 .2 指定限制顯示 f 小數點為兩位數。如您所見，printf() 很聰明地自動為您對 f 的值作四捨五入。緊接著馬上展示 %f 格式中以 .0 精準度修飾符抑制顯示任何小數位，包括小數點。再一次，f 的值已被自動作四捨五入。

下一行的輸出使用修飾符 7.2，指定以最少七個欄位寬顯示值，精確度為小數點後兩位數。由於兩個值所需要的欄位寬皆少於 7，printf() 在所指定的欄位寬中對值作向右靠齊（在左邊增加空白）。

在接下來的三行輸出結果中，以各種格式顯示 double 變數的值。使用相同的格式字元顯示 float 和 double，因為當您再次呼叫時，傳遞參數給函式時 float 將自動轉換成 double。以下 printf() 呼叫：

```
printf ("%.*f\n", 3, d);
```

指定以小數點後三位數印出 d 的值。格式規範中的句點後的星號，指示 printf() 將下一個參數作為精準度的值。在這種情況下，下一個參數是 3. 該值亦可用變數指定，如下：

```
printf ("%.*f\n", accuracy, d);
```

此功能有用於動態地改變顯示格式。

float 和 double 組的最後一行，展示使用格式字元 %*.*f 印出 d 值的結果。在這種情況下，欄位寬和精準度都作為函式的參數，如格式字串中的兩個星號所示。因為格式字串後面的第一個參數是 8，所以將其作為欄位寬。下一個參數是 2 作為精準度。因此，在 8 個字元的欄位大小中，d 的值顯示為兩個小數位。請注意，欄位寬計數中包括負號和小數點。這適用於任何欄位指定符。

在下一組程式輸出中，以各種格式顯示被初始為字元 X 的字元變數 c。第一次使用熟悉的 %c 格式字元顯示。在下一行，它顯示兩次，欄位寬指定為 3。這將導致顯示具有兩個前置的空白字元。

可以使用任何整數格式規範來顯示字元。在下一行輸出中，c 的值以十六進制顯示。輸出結果說明字元 X 在此電腦內部是以十六進制 58 表示。

在最後一組的輸出結果，顯示字串 s。第一次使用一般的 %s 格式字元顯示。然後，使用精準度 5 來顯示字串的前五個字元。其結果為顯示英文的前五個字母。

在這組的第三個輸出中，將再次顯示整個字串，這次指定欄位寬 30。如您所見，字串在該欄位寬中靠右對齊。

這組的最後兩行以欄位寬大小 20 顯示字串中的五個字元。第一次，這五個字元在欄位寬中靠右對齊顯示。第二次，負號導致它們在欄位寬中靠左對齊顯示。印出豎線字元以驗證格式字元 %-20.5s 實際上有顯示 20 個字元（五個字母後跟著 15 個空格）。

%p 字元用於顯示指標的值。這裡顯示整數指標 ip 和字元指標 cp。應注意的是，在您的系統上可能顯示不一樣的值，因為您的指標很可能涵蓋不同的位址。

使用 %p 時的輸出格式由實作的平台決定，在本範例中，指標以十六進制格式顯示。根據輸出，指標變數 ip 涵蓋十六進制位址 bffffc20，並且指標 cp 涵蓋位址 bffffbf0。

輸出結果最後一組展示 %n 格式字元的使用。在這種情況下，除非指定了 h、hh、h、l、ll、j、z 或 t 的型態修飾符，否則 printf() 的相對應的參數必須是指向 int 的指標。實際上，printf() 將到目前為止所印出的字元數，儲存到此參數所指向的整數。因此，第一次出現 %n 會使得 printf，將數值 4 存到整數變數 c1 中，因為這是此呼叫，到目前為止所印出的字元數。第二次出現 %n 會使得數值 12 存到 c2 中。這是因為 printf() 在此點顯示了 12 個字元。請注意，在格式字串中的 %n，對 printf() 對實際的輸出沒有影響。

# scanf() 函式

跟 printf() 函式一樣，在 scanf() 呼叫的格式字串內，可以指定更多的格式化選項，而不是只有目前所用過的。與 printf() 一樣，scanf() 在 % 和轉換字元之間，使用可選擇的修飾符。這些可選擇的修飾符摘要於表 15.5 中。可使用的轉換字元總結於表 15.6 中。

當 scanf() 函式在輸入串流中搜尋要讀取的值時，它會忽略任何前置的白色空白字元（whitespace character），白色空白字元指的是空白、水平 tab（'\t'），垂直 tab（'\v'），返回（'\r'），換行（'\n'）或換頁（'\f'）。例外是在 %c 格式字元的情況下，讀取來自輸入的下一個字元，和在括號字串讀取的情況下，指定字串的允許字元。

表 15.5 scanf() **轉換修飾符**

| 修飾符 | 意涵 |
|---|---|
| * | 欄位將被跳過並不被指定 |
| size | 輸入欄位的最大長度 |
| hh | 將值以 signed 或 unsigned char 的型態儲存 |
| h | 將值以 short int 的型態儲存 |
| l | 將值以 long int、doule 或 wchar_t 的型態儲存 |
| j、z 或 t | 將值以 size_t（%j）、ptrdiff_t（%z）、intmax_t 或 uintmax_t（%t）的型態儲存 |
| ll | 將值以 long long int 的型態儲存 |
| L | 將值以 long double 的型態儲存 |
| type | 轉換字元 |

表 15.6 scanf() **轉換字元**

| 字元 | 動作 |
|---|---|
| d | 要讀取的值以十進制表示；相對應的參數是指向 int 的指標，除非使用 h、l 或 ll 修飾符，參數才會分別指向 short、long 或 long long int 的指標。 |
| i | 類似 %d，除此之外，還可以讀取以八進制（前置 0）或十六進制（前置 0x）表示的數字。 |
| u | 要讀取的值是一個整數，相對應的參數是指向 unsigned int 的指標。 |
| o | 要讀取的值以八進制表示法表示，並且前置 0 可有可無。相對應的參數是指向 int 的指標，除非 o 之前有 h、l 或 ll，在這種情況下，參數分別是指向 short、long 或 long long 的指標。 |
| x | 要讀取的值以十六進制表示法表示，並且前置 0x 或 0X 可有可無；相對應的參數是指向 unsigned int 的指標，除非有 h、l 或 ll 修飾 x。 |

| 字元 | 動作 |
|---|---|
| a、e、f 或 g | 要讀取的值以浮點數方式表示；該值前面的符號可有可無，亦可以指數表示法表示（如 3.45e-3）；相對應的參數是指向 float 的指標，除非使用 l 或 L 修飾符，在這種情況下，它分別是指向 double 或 long double 的指標。 |
| c | 要讀取的值是單一字元；即使輸入中出現的下一個字元是空白、Tab、換行或換頁，也會被讀取。相對應的參數是一個指向 char 的指標；c 之前的可選數字表示指定要讀取的字元數。 |
| s | 要讀取的值是一個字元序列；該序列從第一個非空白字元開始，並由第一個空白字元終止。相對應的參數是指向字元陣列的指標，該字元陣列必須要有足夠的空間，以涵蓋讀取的字元以及自動添加到尾端的空字元。如果在 s 之前有一數字，則讀取指定的字元數，除非一開始遇到空白字元。 |
| [...] | 括號中的字元表示要讀取的字元字串，有如 %s；括號內的字元表示字串中允許的字元。如果遇到不是括號中指定的字元的任何字元，則字串終止；可以通過以 ^ 作為第一個字元放在括號內來 "翻轉" 這些字元的處理方式。 在這種情況下，後續字元被認為是將終止字串的字元; 也就是説，如果在輸入上找到任何該後續字元，則終止該字串。 |
| n | 沒可讀的。此呼叫將到目前為止讀取的字元數，寫入相對應指向 int 指標的參數。 |
| p | 要讀取的值類似 printf() 以 %p 轉換字元顯示的格式的指標。相對應的參數是指向 void 的指標。 |
| % | 輸入中的下一個非空白字元必須是%。 |

當 scanf() 讀取特定值時，只要達到欄位寬指定的字元數（如有提供）或直到遇到對正在讀取的值無效的字元，讀取的動作就會終止。在整數的情況下，有效字元是指正在讀取的整數進制有效的數字（十進制：0-9，八進制：0-7，十六進制：0-9、a-f 或 A-F）。對於浮點數，所允許的字元是十進制數字、後跟小數點和其它十進制數字，所有後跟字母 e（或 E）和帶符號的指數之數字。在 %a 的情況下，十六進制浮點值可以前置 0x 的格式得知，後跟具有小數點的十六進制數字(譯註：如 0x100.12)，後跟前面帶有字母 p（或 P）的指數（譯註：如 0x100.12p2）。

對於以 %s 格式讀取的字串，任何非白色空白字元都有效。在 %c 格式的情況下，所有字元都有效。最後，在括號字串讀取的情況下，有效字元只是那些在括號內的（或若在左括號之後使用^符號，則不包括在內）。

回想一下第 8 章 "結構"，當撰寫一提示使用者輸入時間的程式時，scanf() 呼叫的格式字串中，任何非格式字元皆被要求輸入。例如，以下 scanf() 呼叫：

```
scanf ("%i:%i:%i", &hour, &minutes, &seconds);
```

意味著要讀取三個整數值，並分別儲存於變數 hour、minutes 和 seconds 中。在格式字串中，":" 符號指定冒號作為三個整數值之間的分隔符。

要指定輸入百分比符號，則格式字串中要有雙百分比符號，如下所示：

```
scanf ("%i%%", &percentage);
```

格式字串中的白色空白字元，會匹配任何輸入中的任何白色空白字元。所以，呼叫：

```
scanf ("%i%c", &i, &c);
```

並輸入：

```
29    w
```

會將值 29 指定給 i，將空白字元指定給 c，因為這是輸入中出現緊接於 29 之後的字元。若進行以下 scanf() 呼叫：

```
scanf ("%i %c", &i, &c);
```

並且輸入相同的資料時，將把值 29 指定給 i，並把字元 'w' 指定給 c，因為格式字串中的空白，使得 scanf() 函式忽略字元 29 之後的任何前置白色空白字元。

表 15.5 說明星號可用於忽略欄位。如果呼叫以下 scanf()：

```
scanf ("%i %5c %*f %s", &i1, text, string);
```

執行並輸入以下資料：

```
144abcde    736.55        (wine and cheese)
```

值 144 儲存於 i1 中；將五個字元 abcde 儲存於字元陣列 text 中；浮點數 736.55 有被匹配但未作指定；最後字串 "(wine" 被儲存於 string 中，以 null 結束。下一個 scanf() 呼叫將擷取最後沒有用到的資料。因此，後續呼叫：

```
scanf ("%s %s %i", string2, string3, &i2);
```

將字串 "and" 存入 string2，字串 "cheese)" 存入 string3，並且使該函式等待要輸入的整數值。

請記住，scanf() 需要指向要讀取變數值的指標。從第 10 章 "指標" 得知為什麼這是必要的 — 因而 scanf() 可以改變變數；也就是說，儲存它所讀取的值。還要記住，要指定一個指向陣列的指標，只需要指定陣列的名稱即可。因此，如果 text 被定義為適當大小的字元陣列，呼叫下面 scanf()：

```
scanf ("%80c", text);
```

將讀取接下來的 80 個字元，並將其儲存於 text 中。

以下 scanf() 呼叫：

```
scanf ("%[^/]", text);
```

表示要讀取的字串，可以由斜線以外的任何字元組成。使用上述呼叫輸入下面資料：

```
(wine and cheese)/
```

將把字串 "(wine and cheese)" 儲存於 text 中，因為字串直到遇上 "/" 之前不會終止（這也是下一次呼叫 scanf 會讀取的字元）。

想要從終端機讀取整行到字元陣列 buf，可以指定結束一行的換行字元為字串終止符：

```
scanf ("%[^\n]\n", buf);
```

換行字元重複在括號外，以便 scanf() 匹配它，並且在下次呼叫時不會讀取它。（記住，scanf() 總是繼續讀取其最後一次呼叫的字元。）

當讀取的值與 scanf() 期望的值不匹配時（例如，當需要整數時則輸入了字元 x），scanf() 不會從輸入讀取任何其它資料，並立即回傳。因為函式回傳成功讀取的項目個數，並指定給程式中變數，所以可以測試此值以確定輸入是否發生錯誤。例如，以下呼叫：

```
if ( scanf ("%i %f %i", &i, &f, &l) != 3 )
    printf ("Error on input\n");
```

測試以確保 scanf() 成功讀取，並指定了三個值。若為假，將顯示相對應的訊息。

記住，scanf() 的回傳值表示讀取到，並成功指定的值的個數，因此呼叫：

```
scanf ("%i %*d %i", &i1, &i3)
```

成功時回傳 2，而不是 3，因為您正在讀取和指定兩個整數（在其間跳過一個整數）。還要注意，使用 %n（獲取到目前為止讀取到的字元數）不會得到 scanf() 回傳的值。

請體驗 scanf() 函式提供的各種格式化選項。與 printf() 函式一樣，只有在實際的程式範例中測試它們，才能理解各種格式的用法。

# 檔案的輸入與輸出

到目前為止，當一個程式呼叫 scanf() 函式時，總是由程式使用者從鍵盤輸入該所請求的資料。類似地，對 printf() 函式都會在螢幕上顯示所需的信息。為了提高程式的實用性，您需要能夠從檔案中讀取資料和寫入資料於檔案，本節將介紹這個主題。

## 重新導向檔案 I/O

讀取和寫入檔案作業在許多作業系統下都能夠輕鬆進行，包括 Windows、Linux 和 Unix，沒有對程式做任何特別的事情。範例程式 15.2，一個非常簡單的例子，它接收一個數字，接著執行一些非常簡單的計算。

範例程式 15.2　一個簡單的例子

```
//Taking a single number and outputting several calculations
#include <stdio.h>

main()
{

    float d = 6.5;
    float half, square, cube;

    half = d/2;
    square = d*d;
    cube = d*d*d;

    printf("\nYour number is %.2f\n", d);
    printf("Half of it is %.2f\n", half);
    printf("Square it to get %.2f\n", square);
    printf("Cube it to get %.2f\n", cube);

    return 0;
}
```

雖然很簡單，但假設想把結果保存在一個檔案中。比方說，要將此程式的結果寫入名為 results.txt 的檔案。若想將程式的輸出幀導向到檔案 results.txt 中，在 Unix 或 Windows 的命令列上，使用以下指令來執行程式：

```
program1502 > results.txt
```

該指令指示系統執行程式 program1502，將輸出重新導向於名為 results.txt 的檔案中。因此，printf() 顯示的任何值都不會出現在視窗中，而是寫入 results.txt 的檔案。

雖然範例程式 15.2 很有趣，但提示使用者輸入數字，然後對數字執行計算，並顯示結果將更有價值。範例程式 15.3 微調了上一程式。

**範例程式 15.3 一個簡單但更有互動性的例子**

```c
//Inputting a single number and outputting several calculations
#include <stdio.h>

main()
{

    float d ;
    float half, square, cube;

    printf("Enter a number between 1 and 100: \n");
    scanf("%f", &d);
    half = d/2;
    square = d*d;
    cube = d*d*d;

    printf("\nYour number is %.2f\n", d);
    printf("Half of it is %.2f\n", half);
    printf("Square it to get %.2f\n", square);
    printf("Cube it to get %.2f\n", cube);

    return 0;
}
```

現在假設您想將這個程式中的資料保存到一個名為 results2.txt 的檔案。您可以在命令列上輸入以下指令：

```
program1503 > results2.txt
```

這一次，它可能看起來好像程式被掛著，沒有回應。這只部份正確而已。程式不繼續執行，因為它正在等待使用者的輸入 — 等待使用者輸入一個數字來進行計算。這是以這種方式將輸出導向於檔案的缺點。所有輸出都會寫入檔案，甚至是用於提

示使用者輸入資料的 printf() 敘述。假設您輸入 6.5 作為輸入的數字，如果檢查
results2.txt 的內容，會得到以下結果：

```
Enter a number between 1 and 100:

Your number is 6.50
Half of it is 3.25
Square it to get 42.25
Cube it to get 274.63
```

如前所述，這驗證程式的輸出寫入於檔案 results2.txt。您可能想嘗試使用不同的檔
案名稱和不同的數字來執行程式，以查看它的重複運作。

可以對程式的輸入進行類似的重新導向。任何從視窗讀取資料的函式（如 scanf()
和 getchar()）之呼叫，都可以輕鬆地從檔案中讀取訊息。建立一個只有一個數字的
檔案（對於這個例子，檔案名稱是 simp4.txt，只包含數字 4），然後再次執行
program1503，但使用下面的指令：

```
program1503 < simp4.txtn
```

輸入此指令後，控制台會出現以下內容：

```
Enter a number between 1 and 100:

Your number is 4.00
Half of it is 2.00
Square it to get 16.00
Cube it to get 64.00
```

請注意，程式有請求輸入數字，但沒有等待您輸入數字。這是因為 program1503 的
輸入（不是輸出），是從名為 simp4.txt 的檔案導入的。因此，程式的 scanf() 呼叫
具有從檔案 simp4.txt 讀取值的效果，而不是從命令列。將訊息寫入到檔案的方式，
必需與從檔案讀入訊息的方式一樣。scanf() 函式本身實際上不知道（或關心）其輸
入是來自您的視窗還是檔案；它所關心的是精準格式化。

當然，也可以同時將輸入和輸出重新導向程式。以下指令：

```
program1503 < simp4.txt > results3.txt
```

令 program1503 從檔案 simp4.txt 讀取所有輸入，並將所有程式結果寫入到檔案
results3.txt。

重導向程式的輸入及/或輸出的方法通常是很實務的。例如，假設正在為雜誌撰寫文章，並將文本輸入到名為 article 的檔案中。範例程式 9.8 計算在終端機輸入的資料中出現的單字數目。可以使用這個程式來計算文章中的單字數目，只需輸入以下指令[1]：

```
wordcount < article
```

當然，必須記住在檔案 ariticle 的末尾，加入一個額外的換行符號，因為程式利用換行的字元做為輸入資料的結束條件。

請注意，I/O 重新導向，如這裡所描述的，實際上不是 ANSI C 定義的一部分。這意味著您可能會發現不支援它的作業系統。幸運的是，大多數都有支援。

## 檔案結束點

關於資料結束點值得更多的討論。處理檔案時，這個條件稱為檔案結束點。當從檔案讀取最後一筆資料時，會有一個檔案結束條件。嘗試讀取超過檔案末尾，可能會導致程式異常結束，或者如果程式未檢查該條件，則可能導致程式進入無窮迴圈。幸運的是，來自標準 I/O 函式庫的大多數函式會回傳一個特殊旗幟，以指示程式何時到達檔案結尾。此旗幟的值為特殊名稱 EOF，該名稱在標準 I/O 載入檔 <stdio.h> 中定義。

範例程式 15.4 為結合使用 EOF 與 getchar() 函式的測試範例，它讀取字元並將它們顯示於視窗，直到檔案結尾。注意，while 迴圈中所包含的運算式。正如您所看到的，不需要在分開的敘述中指定 。

**範例程式 15.4 從標準 I/O 複製字元**

```c
// Program to echo characters until an end of file

#include <stdio.h>

int main (void)
{
    int  c;

    while ( (c = getchar ()) != EOF )
        putchar (c);

    return 0;
}
```

---

[1]　Unix 系統提供 wc 指令可用以計算單字數目。也回想一下本範例程式被設計為在文字檔，而不是文字處理檔案，如 MS Word .doc 檔。

如果編譯並執行範例程式 15.4 時，使用以下指令將輸入重新導向到檔案：

```
program1504 < infile
```

程式於控制台上顯示檔案 infile 的內容。試試看！實際上，該程式提供與 Unix 下的 cat 指令相同的基本功能，您可以使用它來顯示您選擇的任何文字檔的內容。

在範例程式 15.4 的 while 迴圈中，由 getchar() 函式回傳的字元被指定給變數 c，然後與定義好的值 EOF 進行比較。如果相等，這意味著已從檔案中讀取最後一個字元。關於由 getchar() 函式回傳的 EOF 值，必須提到重要的一點：該函式實際上回傳一個 int，而不是一個 char。這是因為 EOF 值必須是唯一的；也就是說，它不能等於一般由 getchar() 回傳的任何字元。因此，getchar() 回傳的值指定給上一個程式中的 int 變數而不是 char 變數。這是可行的，因為 C 允許您將字元存到 int 中，即使，這可能不是最好的程式設計作法。

如果將 getchar() 函式的結果儲存在 char 變數中，則結果是不可預測的。在做字元符號擴展的系統上，此原始碼可能仍可正常運作。在不做符號擴展的系統上，可能會遇到無窮迴圈。

總之，是為了始終記住將 getchar() 的結果儲存到 int 中，以便可以正確檢測到檔案結束條件。

可以在 while 迴圈的條件敘述中作指定，這說明了 C 在敘述的組成中具有很大的彈性。在指定外面需要括號，因為指定的運算優先順序低於不等於運算子。

# 使用檔案的特殊函式

在開發的程式中，可以使用 getchar()、putchar()、scanf() 和 printf() 函式與 I/O 重新導向來執行它們所有的 I/O 運作。但是，當您需要更多的彈性來處理檔案時，會出現不同的情況。例如，您可能需要從兩個或多個不同的檔案讀取資料，或將輸出結果寫入多個不同的檔案。為了處理這些情況，專門設計了特別用於處理檔案的函式。其中幾個函式將在下面作介紹。

## fopen 函式

在開始對檔案進行任何 I/O 作業之前，必須先打開該檔案。打開一個檔案，必須指定檔案的名稱。然後系統會作檢查以確保該檔案是否存在，在某些情況下，如果沒有，會為您建立檔案。打開檔案時，還必須向系統指定要使用該檔案所使用的 I/O

運作的型態。如果要使用檔案讀入資料，則通常在讀取模式（read mode）下打開檔案。如果要將資料寫入檔案，則以寫入模式（write mode）打開檔案。最後，如果要將訊息附加到已包含某些資料的檔案的末尾，則以附加模式（append mode）打開檔案。在後兩種情況下，寫入和附加模式，若指定的檔案不存在於系統上，則將為您建立該檔案。在讀取模式的情況下，如果檔案不存在，則會發生錯誤。

由於程式可以同時打開許多不同的檔案，所以當您想對檔案執行一些 I/O 動作時，需要一種方法來識別程式中的特定檔案。這通常利用檔案指標（file pointer）達成的。

標準函式庫中名為 fopen() 的函式，提供在系統上打開檔案的功能，並回傳一個唯一的檔案指標，以便隨後識別該檔案。該函式接收兩個參數：第一個是要打開的檔案的名稱之字串；第二個是指定檔案將被打開的模式的字串。該函式回傳一個檔案指標，該指標由其他函式用來識別特定檔案。

若檔案由於某種原因而無法打開，則函式回傳 NULL，該值被定義於標頭檔 <stdio.h> 中。[2]此檔案還定義了一個名為 FILE 的型態。要將 fopen() 函式回傳的結果儲存在程式中，必須定義一個為 "指向 FILE 的指標" 的變數。

如果您考慮到前面的敘述，以下指令：

```
#include <stdio.h>

FILE  *inputFile;

inputFile = fopen ("data", "r");
```

將在讀取模式下打開名為 data 的檔案。（寫入模式由字串 "w" 指定，附加模式由字串 "a" 指定。）fopen() 回傳了打開檔案之識別字，以指定給指向 FILE 的指標變數 inputFile。隨後測試此變數是否等於 NULL，如下所示：

```
if ( inputFile == NULL )
    printf ("*** data could not be opened.\n");
else
    // read the data from the file
```

將告訴您是否成功打開。

應該要隨時檢查 fopen() 呼叫的結果，以確保它成功。使用指向 NULL 的指標可能會產生不可預測的結果。

---

[2]　NULL在 "官方版" 是被定義於頭檔案 <stddef.h> 中；然而，它也很有可能被定義在 <stdio.h> 中。

通常，在 fopen() 呼叫中，回傳的 FILE 指標變數的指定，和測試是否等於 NULL 指標被合成單一個敘述，如下：

```
if ( (inputFile = fopen ("data", "r")) == NULL )
    printf ("*** data could not be opened.\n");
```

fopen() 函式還支持三種其他模式，稱為更新模式（"r+"、"w+" 和 "a+"）。這三種更新模式皆允許對檔案執行讀取和寫入操作。讀取更新（"r+"）打開現有檔案以進行讀取和寫入。寫入更新（"w+"）就像寫入模式（如果檔案已經存在，內容會被覆蓋；如果不存在，則會被建立），但是允許再次讀取和寫入。附加更新（"a+"）會打開現有檔案，或者如果不存在，則會建立一個新檔案。讀取運作可以發生在檔案中的任何地方，但寫入運作只能將資料添加到末尾。

在像 Windows 會區分文字檔與二進制檔這樣的作業系統中，必須將 b 加入到模式字串的尾端，以讀取或寫入二進制檔。如果您忘記這樣做，即時您的程式仍然會運行，但也會得到奇怪的結果。這是因為在這些系統上，返回鍵/換行字元在從文字檔讀取或寫入文字檔時，將轉換為 return 字元。此外，在輸入時，如果檔案不是以二進制開啟，假使檔案包含 Ctrl + Z 字元，則它會導致檔案結束。因此

```
inputFile = fopen ("data", "rb");
```

表示開啟二進制檔案 data 用以讀取。

## getc() 和 putc() 函式

函式 getc() 使您能夠從檔案中讀取單一字元。此函式的行為與前面描述的 getchar() 函式相同。唯一的區別是 getc() 接受一個參數：一個 FILE 指標，用於識別讀取字元的檔案。如果 fopen() 如前所示被呼叫，隨後執行以下敘述：

```
c = getc (inputFile);
```

將從檔案 data 讀取單一字元。後續字元可以多次呼叫 getc() 函式從檔案讀取。

當到達檔案的結尾時，getc() 函式回傳 EOF，就像 getchar() 函式一樣，getc() 回傳的值應儲存於 int 型態的變數中。

您可能已經猜到的，putc() 函式相當於 putchar() 函式，只差在它需要兩個參數，而不是一個。putc() 的第一個參數是要寫入檔案的字元。第二個參數是 FILE 指標。所以呼叫：

```
putc ('\n', outputFile);
```

將換行字元寫入 FILE 指標所識別的檔案 outputFile。當然，所識別的檔案必須在先前以寫入或附加模式（或任何更新模式）開啟，才能使此呼叫成功。

# fclose() 函式

您必須對檔案執行的一個動作，就是關閉檔案。fclose() 函式在某種意義上與 fopen() 所做的相反：它告訴系統您不再需要擷取該檔案。當檔案關閉時，系統執行一些必要的內務處理（例如，將可能儲存在記憶體的緩衝區中所有的資料寫入到檔案），然後將該特定檔案識別字與檔案分離。檔案關閉後，除非重新打開，否則無法再讀取或寫入檔案。

當您完成對檔案的操作時，關閉檔案是一個好習慣。當程式正常終止時，系統會自動關閉所有打開的檔案。一般在完成對檔案的操作時，馬上關閉檔案將是更好的程式設計習慣。如果程式必須處理大量檔案，這是有益的，一個程式同時打開多個檔案還是有所限制的。系統可能對可以同時打開的檔案數量有各種限制。這可能只是一個您在程式中使用多個檔案問題。

順帶一提，fclose() 函式的參數是要關閉檔案的 FILE 指標。所以，呼叫：

```
fclose (inputFile);
```

關閉與 FILE 指標 inputFile 相關的檔案。

現在可以使用 fopen()、putc()、getc() 和 fclose() 等函式，撰寫將一個檔案複製到另一個檔案的程式。範例程式 15.5 提示使用者要複製的檔案的名稱，和貼上的目標檔案的名稱。該範例程式是基於範例程式 15.4，您可能會想參考該程式並進行比較。

假設以下三行文字先前已輸入到檔案 copyme 中：

```
This is a test of the file copy program
that we have just developed using the
fopen, fclose, getc, and putc functions.
```

**範例程式 15.5 複製檔案**

```c
// Program to copy one file to another

#include <stdio.h>

int main (void)
{
    char   inName[64], outName[64];
    FILE   *in, *out;
    int    c;

    // get file names from user
```

```
    printf ("Enter name of file to be copied: ");
    scanf ("%63s", inName);
    printf ("Enter name of output file: ");
    scanf ("%63s", outName);

    // open input and output files

    if ( (in = fopen (inName, "r"))  ==  NULL ) {
        printf ("Can't open %s for reading.\n", inName);
        return 1;
    }

    if  ( (out = fopen (outName, "w"))  ==  NULL ) {
        printf ("Can't open %s for writing.\n", outName);
        return 2;
    }

    // copy in to out

    while ( (c = getc (in)) != EOF )
        putc (c, out);

    // Close open files

    fclose (in);
    fclose (out);

    printf ("File has been copied.\n");


    return 0;
}
```

範例程式 15.5 輸出結果

```
Enter name of file to be copied: copyme
Enter name of output file: here
File has been copied.
```

現在檢查檔案 here 的內容。該檔案應包含與 copyme 檔案中相同的三行文字。

在程式開頭的 scanf() 函式被指定一個欄位寬 63，這只是為了確保您不會溢出 inName 或 outName 字串。然後程式開啟指定的輸入檔案進行讀取，和指定的輸出檔案進行寫入。如果輸出檔案已存在，並在寫入模式下開啟，則大多數系統都會將原來的內容覆蓋。

如果兩個 fopen() 呼叫中任一個不成功,則程式會顯示適當的訊息不再繼續,並回傳非零退出狀態以表示失敗。否則,如果兩個皆開啟成功,則經由成功的 getc() 和 putc() 呼叫,每次複製一個字元,直到遇到檔案結尾。之後程式關閉這兩個檔案,並回傳 0 退出狀態以表示成功。

## feof 函式

要測試檔案的檔尾條件,C 提供了函式 feof()。此函式的參數是 FILE 指標。如果嘗試讀取超過檔案的結尾,則該函式回傳一個非零的整數值,否則為零。所以,下面敘述:

```
if ( feof (inFile) ) {
    printf ("Ran out of data.\n");
    return 1;
}
```

如果在 inFile 所識別的檔案上存在檔尾條件,則在終端機顯示訊息 "Ran out of data"。

記住,feof() 告訴您,它試圖讀取超過檔案的結尾,這與從檔案中讀取最後一筆資料是不一樣的。您必須為 feof() 讀取超過最後一筆資料以回傳非零值。

## fprintf() 和 fscanf() 函式

函式 fprintf() 和 fscanf() 與 printf() 和 scanf() 函式執行類似的運作,但它們的對象是檔案。這些函式需要 一個額外的參數,就是 FILE 指標,用以識別要寫入資料或從中讀取資料的檔案。所以要寫入字串 "Programming in C is fun.\n" 到由 outFile 所識別的檔案中,可以撰寫下面的敘述:

```
fprintf (outFile, "Programming in C is fun.\n");
```

類似地,為了從 inFile 所識別的檔案中,讀入下一個浮點數儲存於變數 fv,可使用以下敘述:

```
fscanf (inFile, "%f", &fv);
```

與 scanf() 一樣,在到達檔案結尾之前,fscanf() 將回傳成功處理任何轉換規範的參數數量或 EOF。

## fgets() 和 fputs() 函式

為了從一個檔案讀取和寫入整行資料,可使用 fputs() 和 fgets() 函式。fgets() 函式的呼叫如下:

```
fgets (buffer, n, filePtr);
```

buffer 是指向儲存所讀入行的字元陣列之指標；n 是表示要儲存到 buffer 的最大字元數的整數值；並且 filePtr 識別要從哪裏讀取文字的檔案。

fgets() 函式從指定的檔案讀取字元，直到讀取到換行字元（將其儲存於 buffer 中）或直到讀取了 n-1 個字元，看上述那一個先發生。該函式會自動在緩衝區的最後一個字元之後放置一個空字元。如果讀取成功，則回傳 buffer（第一個參數）的值，如果讀取時發生錯誤，或如果嘗試讀取超過檔案結尾，則回傳 NULL。

fgets() 函式可以與 sscanf()（請參閱附錄 B "C 標準函式庫"）相結合，行導向（line-oriented）的讀取比單獨使用 scanf() 是更有序和可控的。

fputs() 函式將一行字元寫入指定的檔案。該函式的呼叫如下：

```
fputs (buffer, filePtr);
```

儲存在 buffer 指向的資料的字元，將寫入 filePtr 所識別的檔案，直到遇到空字元。終止之空字元不會寫入到檔案。

還有類似的函式 gets() 和 puts()，分別從終端機讀取一行和寫入一行於終端機。這些函式描述於附錄 B 中。

## stdin、stdout 和 stderr

當執行 C 程式時，系統自動打開三個檔案以供程式使用。這些檔案由常數 FILE 指標 stdin、stdout 和 stderr 所識別，這些指標定義於在 <stdio.h> 中。FILE 指標 stdin 識別程式的標準輸入，通常與視窗相關聯。所有標準 I/O 函式執行輸入，它不是使用 FILE 指標作為參數的，而是從 stdin 取得輸入。例如，scanf() 函式從 stdin 讀取其輸入，此函式相當於以 stdin 作為第一個參數呼叫 fscanf() 函式。所以，呼叫：

```
fscanf (stdin, "%i", &i);
```

從標準輸入讀取下一個整數值，此標準輸入通常是終端機。如果程式的標準輸入已重導向到檔案，則此呼叫從此檔案讀取下一個整數值。

您可能已經猜到，stdout 是指標準輸出，通常也與終端視窗相關。所以，以下的呼叫：

```
printf ("hello there.\n");
```

可以使用以 stdout 作為第一個參數呼叫 fprintf() 函式，如下所示：

```
fprintf (stdout, "hello there.\n");
```

FILE 指標 stderr 識別標準錯誤檔案。這是大多數由系統生成的錯誤訊息的地方，並且通常也寫入相關聯的終端視窗。stderr 存在的原因是，錯誤訊息可以記錄到設備或檔案，而不是一般輸出的地方。當程式的輸出重導向到檔案時，這是特別需要的。在這種情況下，正常輸出將寫入檔案，但任何系統錯誤訊息仍會出現在視窗中。出於同樣的原因，您可能想要將自己的錯誤訊息寫入 stderr。舉一範例說明，以下敘述的 fprintf() 呼叫：

```
if ( (inFile = fopen ("data", "r")) == NULL )
{
    fprintf (stderr, "Can't open data for reading.\n");
        ...
}
```

如果檔案 data 無法打開讀取，則將相對應的錯誤訊息寫入 stderr。此外，如果標準輸出已重導向到檔案，此訊息仍會顯示在您的視窗中。

## exit() 函式

有時，您可能想要強制終止程式，例如當程式檢測到錯誤條件時。當 main() 中的最後一個敘述被執行時、或從 main() 要執行 return 時，程式執行會自動終止。無論在任何正在執行的位置，想要明確地終止程式，exit() 函式都可以被呼叫。以下函式呼叫：

```
exit (n);
```

將終止（退出）目前程式的執行。任何已打開的檔案都將由系統自動關閉。整數值 n 為退出狀態，具有與 main() 回傳的值相同的涵義。

在標頭檔 <stdlib.h> 將 EXIT_FAILURE 定義為一個整數值，可用指示程式失敗，並將 EXIT_SUCCESS 定義為指示程式成功。

當程式僅通過 main() 中最後的敘述終止時，它的退出狀態是未定義的。如果別的程式需要使用此退出狀態，您不能讓這種情況發生。在這種情況下，請確保以已被定義的退出狀態從 main() 退出或回傳。

以一個使用 exit() 函式的例子，如果作為參數的檔案無法開啟進行讀取，則以下函式使程式以退出狀態 EXIT_FAILURE 結束。當然您可能會想，與其果斷地結束程式，不如回傳檔案開啟失敗的訊息。

```
#include <stdlib.h>
#include <stdio.h>

FILE *openFile (const char *file)
{
   FILE  *inFile;

   if ( (inFile = fopen (file, "r")) == NULL ) {
       fprintf (stderr, "Can't open %s for reading.\n", file);
       exit (EXIT_FAILURE);
   }

   return inFile;
}
```

記住，退出或從 main() 回傳沒有真正的區別。它們都終止程式，送回一個退出狀態。 exit() 和 return() 之間的主要區別是，當它們從 main() 以外的函式中執行時，exit() 將立即終止程式，而 return() 只是將控制權交還給呼叫它的函式。

## 重新命名和刪除檔案

函式庫中的 rename() 函式可用於更改檔案的名稱。它需要兩個參數：舊檔名和新檔名。如果因為某種原因而重新命名操作失敗（例如，如果第一個檔案不存在，或者系統不允許重新命名特定檔案），rename() 將回傳一個非零值。下面程式碼：

```
if  ( rename ("tempfile", "database") ) {
    fprintf (stderr, "Can't rename tempfile\n");
    exit (EXIT_FAILURE);
}
```

將名為 tempfile 的檔案重新命名為 database，並檢查運作的結果以確保它成功了。

remove() 函式將刪除由其參數指定的檔案。如果檔案刪除失敗，則回傳非零值。下面程式碼：

```
if ( remove ("tempfile") )
{
    fprintf (stderr, "Can't remove tempfile\n");
    exit (EXIT_FAILURE);
}
```

嘗試刪除檔案 tempfile 並將錯誤訊息寫入標準錯誤，在刪除失敗時結束。

順帶一提，您可能有興趣使用 perror() 函式，以回報標準函式庫中的錯誤。有關其更多細節，請參閱附錄 B。

在這，我們將結束對 C 語言 I/O 作業的討論。如上所述，由於空間資源限制，並不是所有的庫函式都在這裡提到。C 標準函式庫包含用於作字串操作、隨機 I/O、數學計算和動態記憶體管理的大量函式。附錄 B 列出了此函式庫中的許多函式。

# 習題

1. 請輸入並執行本章中介紹的三個範例程式。比較一下由每個程式的輸出和在書中顯示的輸出結果。

2. 請回到本書前面所撰寫的程式，並嘗試將它們的輸入和輸出重導向到檔案。

3. 請撰寫一程式將一個檔案複製到另一個檔案，將所有小寫字元替換為大寫字母。

4. 請撰寫一程式，從兩個檔案交替合併行，並將結果寫入 stdout。如果一個檔案的行數比另一個檔案少，則將此檔案的剩餘行複製到 stdout。

5. 請撰寫一程式，將檔案的每一行的 m 到 n 欄寫入 stdout。讓程式從終端視窗接收 m 和 n 的值。

6. 請撰寫一程式，顯示檔案的內容，每次 20 行。在每 20 行結束時，讓程式等待輸入一個字元。如果字元是字母 q，程式將停止檔案的顯示；任何其他字元，則將從檔案顯示下一個 20 行。

# 16

# 其它議題及進階功能

本章討論 C 語言的一些尚未提到的繁雜特性，並討論一些更進階的主題，如命令列參數和資料紹的主題是多種多樣的，它們都很重要，因為您將在 C 程式中看到許多這些概念。涵蓋的主題包括：

- 了解 goto 敘述，以及為什麼應避免使用它。
- 通過使用 union 使空間最大化。
- 將 null 敘述添加到程式中。
- 實作包含逗號運算子的敘述。
- 對程式使用命令列參數。
- 使用 malloc() 和 calloc() 作動態配置記憶體，並以 free() 進行清空記憶體。

## 其他語言敘述

這一節討論您沒遇過的兩種敘述：goto 和 null。

## goto 敘述

任何了解結構化程式設計的人，都知道 goto 敘述的不良聲譽。幾乎每個電腦語言都有這樣的敘述。

執行 goto 敘述會直接跳到程式中的指定點。在執行 goto 時該分支立即無條件地進行。為了識別程式中要進行分支的位置，需要一個標籤（label）。標籤名稱形成的規則與變數名稱相同，之後緊跟一個冒號。標籤直接放在要進行分支的敘述之前，而且必須出現在與 goto 同一個函式中。

例如，以下敘述：

```
goto out_of_data;
```

使得程式立即轉移到前面帶有標籤 out_ of_data: 的敘述。此標籤可以位於函式中的任何位置，在 goto 之前或之後，並且可以如下所示的使用：

```
out_of_data:  printf ("Unexpected end of data.\n");
    ...
```

懶惰的程式設計師經常濫用 goto 敘述，來轉移到的程式碼其他部分。goto 敘述會中斷程式的正常順序流程。因此，程式更難以追蹤。在程式中使用許多 goto 可能會導致無法解讀。這種程式設計風格通常被稱為 "意大利麵編碼（spaghetti code）"。因此，goto 敘述不被視為良好的程式設計風格的一部分。

## null 敘述

C 語言允許將一個獨立的分號，放在正常程式敘述出現的地方。這種敘述的效果，稱為空(null)敘述，它是沒有做任何事情。雖然這似乎沒有用，但它經常被 C 程式設計師用於 while、for 和 do 迴圈。例如，以下敘述的目的是將從標準輸入讀取的所有字元，然後儲存到 text 指向的字元陣列中，直到遇到換行字元為止。

```
while ( (*text++ = getchar ()) != '\n' )
    ;
```

所有運作都在 while 敘述的迴圈條件內執行。需要 null 敘述，因為編譯器把迴圈運算式後面的敘述視為迴圈主體。若沒有 null 敘述，程式中的任何敘述都被編譯器視為程式迴圈的主體。

以下 for 敘述將字元從標準輸入複製到標準輸出，直到檔案結尾：

```
for (  ; (c = getchar ()) != EOF;  putchar (c) )
    ;
```

下一個 for 敘述計算出現在標準輸入中的字元數：

```
for ( count = 0;  getchar () != EOF;  ++count )
    ;
```

做為說明 null 敘述的最後一個例子，下面的迴圈將 from 指向的字串複製到 to 指向的字串。

```
while ( (*to++ = *from++) != '\0' )
    ;
```

有些程式設計師中有一種傾向是，試圖儘可能將敘述多擠入到 while 或 for 迴圈的條件部分，建議讀者請儘量不要這樣做。一般來說，只有那些涉及測試迴圈條件的運算式，才應該包含在條件部分中。其餘部分應該作為迴圈的主體。要形成這種複雜運算式的唯一情況，可能是為了執行效率。除非執行速度是關鍵的要素，否則應避免使用這種運算式。

前面的 while 敘述若改為下面所示將更容易理解：

```
while ( *from != '\0' )
    *to++ = *from++;

*to = '\0';
```

# 使用聯合

C 程式語言中更特殊的結構，那就是聯合(union)。該結構主要用於進階的程式設計應用中，有必要在相同的記憶體區域中儲存不同型態的資料。例如，如果要定義一個名為 x 的變數(可用於儲存單個字元、浮點數或整數)，則先定義一個名為 mixed 的聯合：

```
union  mixed
{
    char   c;
    float  f;
    int    i;
};
```

聯合的宣告與結構的宣告相同，只差它是使用關鍵字 union。結構和聯合之間的真正區別與記憶體配置的方式有關。將變數宣告為 union mixed 型態，如下：

```
union mixed  x;
```

不是定義 x 包含 c、f 和 i 的三個不同成員，而是定義 x 包含 c、f 或 i 的其中的一個成員。以這種方式，變數 x 可以用於儲存 char 或 float 或 int，並不是全部三個(或三個中的其中兩個)。您可以使用以下敘述在變數 x 中儲存字元：

```
x.c = 'K';
```

隨後可以以相同的方式，擷取儲存在 x 中的字元。要在終端機印出它的值，可以使用以下方式：

```
printf ("Character = %c\n", x.c);
```

若要在 x 中儲存浮點值，則使用 x.f 符號：

```
x.f = 786.3869;
```

最後，若要儲存將整數 count 除以 2 的結果，則可以使用以下敘述：

```
x.i = count / 2;
```

因為 x 的 float、char 和 int 成員都存在於記憶體相同位置，所以一次只能在 x 中儲存一個值。此外，您有責任確保從聯合擷取到的值，與其最後儲存在聯合中是一樣的。

聯合成員遵循與運算式中成員型態相同的算術運算規則。所以：

```
x.i / 2
```

該運算式是根據整數運算規則進行評估，因為 x.i 和 2 都是整數。

聯合可被定義為包含與期望的一樣多的成員。C 編譯器確保配置足夠的儲存空間以容納聯合的最大成員。可以定義包含聯合的結構，正如陣列。定義聯合時，可以不需要聯合的名稱，並且可以在定義聯合的同時宣告變數。也可以宣告指向聯合的指標，它們執行運作的語法和規則與結構相同。

可以初始聯合變數的成員之一。如果未指定成員名稱，則初始值將指定給聯合的第一個成員，如：

```
union mixed  x = { '#' };
```

這將 x 的第一個成員，即 c，指定為字元 # 。

利用指定成員名稱，可以初始聯合的任何成員，如下所示：

```
union mixed x = { .f = 123.456; };
```

這將值 123.456 指定給 union mixed 變數 x 的浮點數成員 f。

自動聯合變數也可以初始為相同型態的另一個聯合變數：

```
void foo (union mixed x)
{
    union mixed  y = x;
    ...
}
```

這裡，函式 foo 將參數 x 的值指定給自動聯合變數 y 。

使用聯合可定義儲存不同資料型態元素的陣列。例如，以下敘述：

```
struct
{
    char            *name;
    enum symbolType type;
    union
    {
        int     i;
        float   f;
        char    c;
    } data;
} table [kTableEntries];
```

建立一個名為 tablc 的陣列，由 kTableEntries 個元素所組成。陣列的每個元素都包含一個名為 name 的字元指標、名為 type 的列舉成員和名為 data 的聯合成員所組成的結構。陣列的每個 data 成員可以包含 int、float 或 char。成員 type 可用於追蹤儲存在成員 data 中的值的型態。例如，如果它包含一個 int，則可以為它賦值 INTEGER，如果它包含一個 float，則賦值 FLOATING，如果它包含一個 char，則賦值 CHARACTER。此訊息將使您能夠知道如何參考特定陣列元素的特定 data 成員。

要在 table[5]中儲存字元 '#'，接著設定 type 欄位，以指示字元儲存在該位置，可以使用以下兩個敘述：

```
table[5].data.c = '#';
table[5].type = CHARACTER;
```

當對 table 的元素進行一一瀏覽時，可以利用一系列測試敘述，來確認儲存在每個元素中的資料型態。例如，以下迴圈將顯示 table 中的每個元素的名稱及其關聯的值：

```
enum symbolType { INTEGER, FLOATING, CHARACTER };

    ...

for ( j = 0;  j < kTableEntries;  ++j ) {
    printf ("%s  ", table[j].name);

    switch ( table[j].type ) {
        case INTEGER:
                printf ("%i\n", table[j].data.i);
                break;
        case FLOATING:
                printf ("%f\n", table[j].data.f);
                break;
```

```
        case CHARACTER:
            printf ("%c\n", table[j].data.c);
            break;
        default:
            printf ("Unknown type (%i), element %i\n", table[j].type, j );
            break;
    }
}
```

上述所示的應用型態可能適用於儲存符號表（symbol table），例如，其可包含每個符號的名稱、型態以及它的值（也許還有關於符號的其他訊息）。

# 逗號運算子

您可能沒有意識到逗號可以在運算式中當作運算子。可以這麼說，逗號運算子在執行的運算順序是最低的。在第 4 章 "設計迴圈" 中，於一個 for 敘述中，可以利用逗號分隔每個運算式，在任何欄位中包含多個運算式。例如，for 迴圈的開頭：

```
for ( i = 0, j = 100;  i != 10;  ++i, j -= 10 )
    ...
```

在迴圈開始之前，將 i 的值初始為 0，j 設定為 100，並且在每次執行迴圈主體之後，將 i 遞增 1，j 減去 10。

逗號運算子可用於有效的 C 運算式

```
while ( i < 100 )
    sum += data[i], ++i;
```

將 data[i] 的值加到 sum 中，然後遞增 i。注意，這裡不需要大括號，因為在 while 敘述之後只有一個敘述。（它由兩個以逗號運算子分隔的運算式組成。）

由於 C 中的所有運算子都會產生一個值，所以逗號運算子的值是最右邊運算式的值。

注意，用於分隔函式呼叫的參數，或宣告列變數名稱的逗號是分隔項目的語法，不是使用逗號運算子的例子。

# 型態限定子

可以在變數前使用以下限定子（qualifier），以便為編譯器提供有關變數更多信息，在某些情況下，還可以產生更佳的程式碼。

## register 限定子

如果函式大量使用特定變數，則可以要求編譯器儘可能優先處理此變數。通常這意味著在執行函式時，請求將其儲存在電腦的暫存器。可在變數前面添加 register 關鍵字的宣告來實現，如下所示：

```
register int    index;
register char   *textPtr;
```

區域變數和形式參數都可以宣告為 register 變數。可分指定給暫存器的變數型態與使用的平台有關。基本資料型態通常可以指定給暫存器，還有指向任何資料型態的指標。

即使編譯器允許您將一個變數宣告為一個 register 變數，但仍然不能保證它將對該宣告做任何事情。這要取決於編譯器。

還需要注意的是，不能將記憶體位址運算子用於 register 變數。除此之外，register 變數的運作與一般自動變數一樣。

## volatile 限定子

volatile 限定子是 const 的相反。它明顯地告訴編譯器，被指定的變數將更改其值。它為防止編譯器因為優化（optimize），而減少多餘的變數指定，或當變數未改變時重複檢查它。有一個很好的例子是在做 I / O 的時候。假設您有一個由程式中名為 outPort 的變數指向的輸出埠。若想要對埠寫入兩個字元，例如 O 後跟 N，則可能會有以下程式碼：

```
*outPort = 'O';
*outPort = 'N';
```

聰明的編譯器可能會注意到同一位置的兩個連續指定，並且因為 outPort 不在其間被修改，所以只刪除程式中第一次指定。為了防止這種情況發生，可將 outPort 宣告為 volatile 指標，如下所示：

```
volatile char   *outPort;
```

## restrict 限定子

跟 register 一樣，restrict 是編譯器優化的提示。因此，編譯器可以選擇忽略它。它用於告訴編譯器特定的指標，是它所指向有效範圍內值的唯一參考（間接或直接）。也就是說，相同的值不被該範圍內的任何其它指標或變數參考。下面的兩行：

```
int * restrict intPtrA;
int * restrict intPtrB;
```

告訴編譯器，在定義的有效範圍內，intPtrA 和 intPtrB 永遠不會參考同一個值。它們用於指向陣列中的整數時是互斥的。

# 命令列參數

很多時候，程式需要使用者在終端機輸入一些訊息。此資訊可能是要計算的三角形的數字，或者是希望在字典中查找的單字。

這裡不是使程式向使用者請求這訊息的型態，而是可以在執行程式時，將訊息提供給程式。此功能由所謂的命令列參數（command-line arguments）來實現。

如前所述，函式 main() 的名字是特殊的;它指定程式執行的開始位置。事實上，函式 main() 是在 C 系統（更正式的話是執行期系統）開始執行程式時呼叫的，正如您從自己的 C 程式中呼叫函式一樣。當 main() 完成執行時，控制權會回到執行期的系統，然後它才獲知程式已經執行完畢。

當執行期系統呼叫 main() 時，實際上會將兩個參數傳遞給函式。第一個參數，按照慣例稱為 argc（*argument count*），是一個整數值，將在命令列上輸入的參數數目指定給它。main() 的第二個參數是一個字元指標的陣列，一般稱為 argv（*argument vector*）。這個陣列中包含 argc+1 個字元指標，其中 argc 永遠有一個最小值為 0。此陣列中的第一個項目是指向正在執行程式的名稱之指標，或者是指向空字串的指標（若程式名稱在您的系統是無效的話）。陣列中的後續項目指向在同一行命令列，程式執行時的指定值。argv 陣列中的最後一個指標 argv[argc] 被定義為 null。

要使用命令列參數，main() 函式必須宣告為接收兩個參數。其一般宣告如下所示：

```
int  main (int  argc, char  *argv[])
{
    ...
}
```

記住，argv 的宣告定義了一個陣列，其包含 "指向 char 的指標" 型態的元素。當做命令列參數的使用，回顧範例程式 9.10，用以查尋字典中的一個單字，並印出它的含義。您可以使用命令列參數，以便在執行程式的同時，指定要查尋其含義的單字，如以下敘述所示：

```
lookup aerie
```

這消除了程式提示使用者輸入單字的需求，因為它是在命令列上輸入的。

若執行上面敘述，系統會自動將 argv[1] 中指向字串 "aerie" 的指標傳送給 main()。回想一下，argv[0] 包含一個指向程式名稱的指標，在此處是 "lookup"。

main() 主程式如下所示：

```
#include <stdlib.h>
#include <stdio.h>

int  main (int  argc, char  *argv[])
{
    const struct entry  dictionary[100] =
      { { "aardvark", "a burrowing African mammal"     },
        { "abyss",    "a bottomless pit"               },
        { "acumen",   "mentally sharp; keen"           },
        { "addle",    "to become confused"             },
        { "aerie",    "a high nest"                    },
        { "affix",    "to append; attach"              },
        { "agar",     "a jelly made from seaweed"      },
        { "ahoy",     "a nautical call of greeting"    },
        { "aigrette", "an ornamental cluster of feathers" },
        { "ajar",     "partially opened"               } };

    int   entries = 10;
    int   entryNumber;
    int   lookup (const struct entry dictionary [], const char  search[],
                const int  entries);

    if ( argc != 2 )
    {
        fprintf (stderr, "No word typed on the command line.\n");
        return EXIT_FAILURE;
    }

    entryNumber = lookup (dictionary, argv[1], entries);

    if ( entryNumber != -1 )
        printf ("%s\n", dictionary[entryNumber].definition);
```

```
    else
        printf ("Sorry, %s is not in my dictionary.\n", argv[1]);

    return EXIT_SUCCESS;
}
```

main() 主程式進行測試，以確保程式執行時，需在程式名稱之後輸入一個單字。如果不是，或輸入多個單字時，則 argc 的值將不等於 2。在這種情況下，程式將錯誤訊息寫入於標準錯誤並終止，然後回傳退出狀態 EXIT_FAILURE。

如果 argc 等於 2，則呼叫 lookup 函式來查尋字典中 argv[1]指向的單字。若找到該單字，則顯示其定義。

作為命令列參數的另一個例子，範例程式 15.3 是一個檔案複製程式。下面的範例程式 16.1 從命令列獲取兩個檔案名稱，而不是出現提示訊息讓使用者加以輸入的。

**範例程式 16.1 使用命令列參數的檔案複製程式**

```c
// Program to copy one file to another — version 2

#include <stdio.h>

int main (int  argc, char  *argv[])
{
    FILE    *in, *out;
    int     c;

    if ( argc != 3 ) {
        fprintf (stderr, "Need two files names\n");
        return 1;
    }

    if ( (in = fopen (argv[1], "r"))  ==  NULL ) {
        fprintf (stderr, "Can't read %s.\n", argv[1]);
        return 2;
    }

    if ( (out = fopen (argv[2], "w")) == NULL ) {
        fprintf (stderr, "Can't write %s.\n", argv[2]);
        return 3;
    }

    while ( (c = getc (in)) != EOF )
        putc (c, out);
```

```
    printf ("File has been copied.\n");

    fclose (in);
    fclose (out);

    return 0;
}
```

程式首先檢查以確保在程式名稱後輸入了兩個參數。如果是，則輸入檔案的名稱由
argv[1] 指向，輸出檔案的名稱由 argv[2] 指向。在打開第一個要讀取的檔案和第二
個要寫入的檔案之後，在檢查確保它們成功打開後，程式將在檔案之間作逐個字元
複製。

注意，程式有四種不同的終止方式：命令列參數的數目不正確、無法打開要被複製
的檔案進行讀取、無法打開輸出檔案進行寫入，以及正常結束。記住，若要使用退
出狀態，應該要使用上述四種之一的狀態來終止程式。如果程式直到 main() 的底部
才終止，它回傳一個未定義的（undefined）退出狀態。

如果範例程式 16.1 名為 copyf，並使用以下命令列來執行程式：

```
 copyf foo foo1
```

那麼當進入 main() 時，argv 陣列將如圖 16.1 所示。

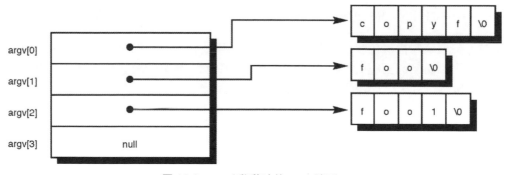

圖 16.1　copyf 啟動時的 argv 陣列。

請記住，命令列參數永遠儲存為字串。以命令列參數 2 和 16 執行程式 power，如下
所示：

```
 power 2 16
```

將儲存指向 argv[1] 中的字串 "2" 之指標，以及指向 argv[2] 中的字串 "16" 之指
標。如果參數要被程式解譯為數字（您可能會認為是在程式 power 的情況），它們

必須由程式本身轉換。函式庫中有一些函式可用於執行這樣的轉換，例如 sscanf()、atof()、atoi()、strtod() 和 strtol()。附錄 B "C 標準函式庫" 描述了這些函式。

# 動態記憶體配置

無論何時在 C 中定義變數（不管它是簡單資料型態、陣列、或是結構），您必需要有效地保留記憶體中的一個或多個位置，以儲存該變數中的值。C 編譯器自動為您配置正確的儲存數量。

如果不是必要的話，通常是希望能夠在程式執行時，動態地（dynamically）配置記憶體。假設有一支程式，旨在從一個檔案讀取一組資料到記憶體中的陣列。然而，假設在程式開始執行之前，不知道檔案中有多少資料。您有三種選擇：

- 定義陣列以包含編譯時可能的最大元素個數。
- 在執行時使用可變長度陣列做為陣列的大小。
- 使用 C 的記憶體配置函式來動態配置陣列。

使用第一種方法，必須定義陣列以包含要讀取陣列的最大元素個數，如下所示：

```
#define  kMaxElements    1000

struct dataEntry  dataArray [kMaxElements];
```

現在，只要資料檔案包含 1,000 個或更少的元素皆可。但是如果元素的個數超過這個數字，則必須回到程式更改 kMaxElements 的值，並重新編譯它。當然，無論您選擇什麼值，在未來您總會再次遇到同樣的問題。

使用第二種方法，如果可以在開始讀取資料之前，確定所需的元素個數（例如，從檔案的大小而知），則可以定義一個可變長度陣列，如下所示：

```
struct dateEntry dataArray [dataItems];
```

這裡，假定變數 dataItems 包含要讀取的上述資料的數目。

使用動態記憶體配置的函式，可以根據需求獲取記憶體。也就是說，這種方法能夠在程式執行時配置記憶體。要使用動態記憶體配置，必須先學習以下三個函式和一個新運算子。

# calloc() 和 malloc() 函式

在 C 標準函式庫中，calloc() 和 malloc() 兩個函式可在程式執行時配置記憶體。calloc() 函式採用兩個參數，指定要保留的元素個數和每個元素的大小（以 byte 為單位）。該函式回傳指向所配置的記憶體區塊開頭的指標。該記憶體區塊也自動設定為 0。

calloc() 函式回傳一個指向 void 的指標，這是 C 的泛型指標型態（generic pointer type）。將回傳的指標儲存到指標變數之前，可以使用型態轉換運算子將其轉換為適當型態的指標。

malloc() 函式和 calloc() 函式的工作方式類似，只是它只需要一個參數，其為要配置記憶體的總 byte 數，同時也不會自動將記憶體區塊設定為 0。

動態記憶體配置函式宣告於標頭檔 <stdlib.h> 中，當您要使用這些函式時，必需將此標頭檔載入到程式中。

# sizeof 運算子

在與使用平台無關的情況下，要決定由 calloc() 或 malloc() 函式保留資料元素的大小，應使用 C 的 sizeof 運算子。 sizeof 運算子以 byte 為單位，回傳指定項目的大小。sizeof 運算子的參數可以是變數、陣列名稱、基本資料型態的名稱、衍生資料型態的名稱，或是運算式。例如：

```
sizeof (int)
```

將給予整數所需的 byte 數。在 Pentium 4 電腦平台上，其值為 4，因為該平台的整數佔用 32 位元。如果 x 被定義為 100 個整數的陣列，則下面運算式：

```
sizeof (x)
```

給予 100 個整數 x（或 Pentium 4 上的值 400）所需的記憶體空間。

下面運算式：

```
sizeof (struct dataEntry)
```

將給予儲存一個 dataEntry 結構所需的記憶體空間的值。最後，如果 data 被定義為 struct dataEntry 元素的陣列，則下面運算式：

```
sizeof (data) / sizeof (struct dataEntry)
```

將給予 data 中包含的元素個數（data 必須是先前定義的陣列，而不是形式參數或外部引用的陣列）。以下運算式：

```
sizeof (data) / sizeof (data[0])
```

也會產生相同的結果。以下巨集：

```
#define  ELEMENTS(x)   (sizeof(x) / sizeof(x[0]))
```

簡單地一般化這技巧。它使您能夠這樣編程：

```
if ( i >= ELEMENTS (data) )
    ...
```

和

```
for ( i = 0; i < ELEMENTS (data); ++i )
    ...
```

您應記住 sizeof 實際上是運算子，而不是函式，即使它看起來像函式。此運算子是在編譯時，而不是在執行時進行計算，除非在其參數中使用可變長度陣列。如果不使用這樣的陣列，編譯器將 sizeof 運算式加以求值，並將其替換為計算的結果，該結果為一常數。

儘量使用 sizeof 運算子，以避免在程式中計算和死板的固定大小。

回到動態記憶體配置，如果想在程式中配置足夠的空間來儲存 1000 個整數，則可以呼叫 calloc()，如下所示：

```
#include <stdlib.h>
    ...
int  *intPtr;
    ...
intPtr = (int *) calloc (1000, sizeof (int));
```

若使用 malloc()，呼叫函式看起來像這樣：

```
intPtr = (int *) malloc (1000 * sizeof (int));
```

記住，malloc() 和 calloc() 被定義為回傳一個指向 void 的指標，如上所述，這指標應該要轉型為適當型態的指標。在上一範例中，指標的型態已轉型為整數的指標，然後指定給 intPtr。

如果所要求的記憶體超出系統的有效範圍，calloc()（或 malloc()）回傳一個空指標。無論您使用 calloc() 還是 malloc()，都必須加以測試回傳的指標，以確保配置是否成功。

以下程式碼為 1,000 個整數指標配置空間，並測試回傳的指標。如果配置失敗，程式將寫入一條錯誤信息於標準錯誤（stderr），並退出。

```
#include <stdlib.h>
#include <stdio.h>
    ...
int  *intPtr;
    ...
intptr = (int *) calloc (1000, sizeof (int));

if ( intPtr == NULL )
```

```
{
    fprintf (stderr, "calloc failed\n");
    exit (EXIT_FAILURE);
}
```

如果配置成功，可以使用整數指標變數 intptr，視它為指向一個包含 1,000 個整數的陣列。因此，要將 1,000 個元素設置為 -1，可以這樣寫：

```
for ( p = intPtr; p < intPtr + 1000; ++p )
    *p = -1;
```

假設宣告 p 為一個整數的指標。

要為 struct dataEntry 型態的 n 個元素保留記憶體空間，首先需要定義一個適當型態的指標：

```
struct dataEntry  *dataPtr;
```

接著呼叫 calloc()函式來保留適當數量的元素：

```
dataPtr = (struct dataEntry *) calloc (n, sizeof (struct dataEntry));
```

執行上述敘述的過程如下：

1.　calloc() 函式使用兩個參數來呼叫，第一個參數指定要動態配置 n 個元素的記憶體，第二個指定每個元素的大小。

2.　calloc() 函式回傳指向配置記憶體區塊的指標。如果無法配置記憶體，則回傳空指標。

3.　指標將轉型為 "指向 struct dataEntry 的指標"，然後指定給指標變數 dataPtr。

再次，應隨後測試 dataPtr 的值，以確保配置成功。如果是，它的值是非空的。接著就可以使用此指標，就像指向 n 個 dataEntry 元素的陣列一樣。例如，如果 dataEntry 包含一個名為 index 的整數成員，則可以使用 dataPtr 指向此成員並指定它為 100，如下所示：

```
dataPtr->index = 100;
```

## free 函式

當您已經完成由 calloc() 或 malloc() 動態配置記憶體時，日後需要呼叫 free() 函式將記憶體歸還給系統。函式唯一的參數是指向所配置記憶體開端的指標，由 calloc() 或 malloc() 呼叫加以回傳。所以，呼叫：

```
free (dataPtr);
```

將回傳由先前 calloc() 呼叫所配置的記憶體，而 dataPtr 的值仍指向所配置的記憶體的開端。

free() 函式不回傳值。

由 free() 釋放的記憶體，稍後可以呼叫 calloc() 或 malloc() 再使用。若對於需要配置超出限制之多的儲存空間的程式，如果它不是一次配置，將可行，這是值得記住的。確保您給 free() 函式一個有效的指標，指向一些先前配置的空間的開始。

當處理鏈結結構（如鏈結串列）時，動態記憶體配置是非常重要的。當需要新增資料到串列時，可以為串列中的一筆資料動態配置記憶體，並使用 calloc() 或 malloc() 回傳的指標連接到串列。例如，假設 listEnd 是指向型態為 struct entry 的單向鏈結串列之尾端，該結構定義如下：

```
struct entry
{
    int         value;
    struct entry    *next;
};
```

以下是名為 addEntry() 的函式，它接收指向鏈結串列前端的指標作為參數，並把新的資料加入到串列的尾端。

```
#include <stdlib.h>
#include <stddef.h>

// add new entry to end of linked list

struct entry *addEntry (struct entry *listPtr)
{
    // find the end of the list

    while ( listPtr->next != NULL )
        listPtr = listPtr->next;

    // get storage for new entry

    listPtr->next = (struct entry *) malloc (sizeof (struct entry));

    // add null to the new end of the list

    if ( listPtr->next != NULL )
        (listPtr->next)->next = (struct entry *) NULL;

    return listPtr->next;
}
```

如果配置成功,則將空指標置於新配置的鏈結串列節點的 next 成員中(由 listPtr-> next 指向)。

該函式回傳指向新串列節點的指標,如果配置失敗,則回傳空指標(驗證這實際上發生了什麼問題)。若繪製一個鏈結串列的圖來追蹤 addEntry() 的執行,將有助於理解此函式的運作原理。

另一個與動態記憶體配置相關聯的函式,稱為 realloc()。它可以用於縮減或擴增之前配置的記憶體大小。詳情請參閱附錄 B。

本章總結了有關 C 語言所涵蓋的特性。在第 17 章 "除錯程式",將學習一些有助於除錯 C 程式的技術。一個涉及使用前置處理器,另一個涉及使用稱為交談式除錯器的特殊工具。

---

# 習題

1. 請輸入並執行本章所介紹的範例程式。將原始檔與您輸入要複製的檔名進行比較,檢視程式的結果並確保兩者是相同。

2. 請完成將一單字做為命令列參數之程式,並查尋單字是否在項目與定義的陣列,如果找到,則提供其定義,若沒找到,則告知使用者該項目不在程式的詞彙表中。

# 17

# 除錯程式

本章教您兩種技巧用來除錯程式。前置處理器（preprocessor）允許在程式中能夠有條件地包含除錯敘述。另一種技術涉及使用交談式除錯器（interactive debugger）。在本章將介紹一個很受歡迎的除錯器，名為 gdb。無論您使用什麼樣的除錯器（如 dbx 或 IDE 工具中內建的除錯器），皆與 gdb 有相似之處。

同樣，如第 14 章 "撰寫更大的程式" 中所討論的，根據您使用的作業系統和開發環境，本章所涵蓋的一些主題可能不適用於您，但這些概念是很重要和通用的。

## 使用前置處理器來除錯程式

如第 12 章 "前置處理器" 所述，條件編譯在除錯程式時很有用。C 前置處理器可將除錯程式碼插入到程式中。適當使用 #ifdef 敘述，可以自行決定是否啟用或不用除錯程式碼。範例程式 17.1 是一讀取三個整數，並印出總和的程式。注意，當定義前置處理器識別字 DEBUG 時，除錯程式碼（印在 stderr）與程式的其餘部分一起編譯，而當未定義 DEBUG 時，除錯程式碼將被忽略。

範例程式 17.1 前置處理器新增除錯指令

```
#include <stdio.h>
#define DEBUG

int process (int i, int j, int k)
{
    return i + j + k;
}

int main (void)
```

```
{
    int  i, j, k, nread;

    nread = scanf ("%d %d %d", &i, &j, &k);

#ifdef DEBUG
    fprintf (stderr, "Number of integers read = %i\n", nread);
    fprintf (stderr, "i = %i, j = %i, k = %i\n", i, j, k);
#endif

    printf ("%i\n", process (i, j, k));
    return 0;
}
```

**範例程式 17.1 輸出結果**

```
1 2 3
Number of integers read = 3
i = 1, j = 2, k = 3
6
```

**範例程式 17.1 輸出結果（第二次執行）**

```
1 2 e
Number of integers read = 2
i = 1, j = 2, k = 0
3
```

注意，k 顯示的值可以是任何值，因為它的值沒有被 scanf() 呼叫所指定，而且也沒有被程式初始化。

以下敘述：

```
#ifdef DEBUG
    fprintf (stderr, "Number of integers read = %i\n", nread);
    fprintf (stderr, "i = %d, j = %d, k = %d\n", i, j, k);
#endif
```

由前置處理器分析。如果先前已經定義了識別字 DEBUG（#ifdef DEBUG），前置處理器會發出指令，傳送直到 #endif（兩個 fprintf() 呼叫）敘述到編譯器進行編譯。如果 DEBUG 未定義，則兩個 fprintf() 呼叫將永遠不會被編譯器編譯（它們被前置處理器從程式中刪除）。正如您所看到的，程式在讀取整數後印出訊息。第二次執行程式時，輸入無效字元（e）。除錯通知您錯誤。注意，要關閉除錯程式碼，您要做的是刪除（或轉為註解）以下這一行：

```
#define DEBUG
```

之後　fprintf() 敘述不會與程式的其餘部分加以編譯。雖然這個程式簡短，您可能不覺得值得花心思，但考慮到在一支數百行的程式打開和關閉除錯程式碼，僅需簡單地改變一行是多麼容易。

編譯程式時，甚至可以從命令列控制除錯。如果您使用 gcc，以下指令：

```
gcc —D DEBUG debug.c
```

編譯檔案 debug.c，將為您定義前置處理器變數 DEBUG。這等同於在程式中放置以下指令：

```
#define DEBUG
```

來看一個稍長的程式。範例程式 17.2 最多能接收兩個命令列參數。每一個皆會被轉換為整數，並指定給對應的變數 arg1 和 arg2。要將命令列參數轉換為整數，可使用標準函式庫的　atoi() 函式。此函式接收字串做為參數，並回傳其對應的表示形式為整數。atoi() 函式宣告於標頭檔 <stdlib.h>，它將載入於在範例程式 17.2 的開頭。

處理參數後，程式呼叫 process() 函式，將兩個命令列的值作為參數傳遞。這個函式簡單地回傳這兩個參數的乘積。當有定義　DEBUG　識別字時，將印出各種除錯消息，如果未定義，則只印出結果。

**範例程式 17.2 編譯含有 DEBUG 的程式碼**

```c
#include <stdio.h>
#include <stdlib.h>

int process (int i1, int i2)
{
    int  val;

#ifdef DEBUG
    fprintf (stderr, "process (%i, %i)\n", i1, i2);
#endif
    val = i1 * i2;
#ifdef DEBUG
    fprintf (stderr, "return %i\n", val);
#endif
    return val;
}

int main (int argc, char *argv[])
{
```

```
    int arg1 = 0, arg2 = 0;

    if (argc > 1)
    arg1 = atoi (argv[1]);
    if (argc == 3)
        arg2 = atoi (argv[2]);
#ifdef DEBUG
    fprintf (stderr, "processed %i arguments\n", argc - 1);
    fprintf (stderr, "arg1 = %i, arg2 = %i\n", arg1, arg2);
#endif
    printf ("%i\n", process (arg1, arg2));

    return 0;
}
```

範例程式 17.2 輸出結果

```
$ gcc ¡VD DEBUG p18-2.c      編譯有 DEBUG 的定義
$ a.out 5 10
processed 2 arguments
arg1 = 5, arg2 = 10
process (5, 10)
return 50
50
```

範例程式 17.2 輸出結果（第二次執行）

```
$ gcc p18-2.c               編譯沒有 DEBUG 的定義
$ a.out 2 5
10
```

當程式要分散時，除錯敘述可以留在原始檔中，只要 DEBUG 未定義，便不影響可執行的程式碼。如果以後發現錯誤，可以編譯除錯程式碼，並檢查輸出以查看發生了什麼問題。

上面的方法仍然相當笨拙，因為程式本身往往難以閱讀。您可以改善的是改變前置處理器的使用方式。您可以定義一個巨集，採用不定量的參數來生成除錯輸出：

```
#define DEBUG(fmt, ...) fprintf (stderr, fmt, __VA_ARGS__)
```

並使用它代替 fprintf，如下所示：

```
DEBUG ("process (%i, %i)\n", i1, i2);
```

這會得到以下的效果：

```
fprintf (stderr, "process (%i, %i)\n", i1, i2);
```

DEBUG 巨集可以在整個程式中使用，其意圖非常清楚，如範例程式 17.3 所示。

**範例程式 17.3　定義 DEBUG 巨集**

```c
#include <stdio.h>
#include <stdlib.h>

#define DEBUG(fmt, ...) fprintf (stderr, fmt, __VA_ARGS__)

int process (int i1, int i2)
{
    int  val;

    DEBUG ("process (%i, %i)\n", i1, i2);
    val = i1 * i2;
    DEBUG ("return %i\n", val);

    return val;
}

int main (int argc, char *argv[])
{
    int arg1 = 0, arg2 = 0;

    if (argc > 1)
    arg1 = atoi (argv[1]);
    if (argc == 3)
       arg2 = atoi (argv[2]);

    DEBUG ("processed %i arguments\n", argc - 1);
    DEBUG ("arg1 = %i, arg2 = %i\n", arg1, arg2);
    printf ("%d\n", process (arg1, arg2));

    return 0;
}
```

**範例程式 17.3　輸出結果**

```
$ gcc pre3.c
$ a.out 8 12
processed 2 arguments
arg1 = 8, arg2 = 12
process (8, 12)
return 96
96
```

正如您所看到的，程式在這種形式下可讀性提高。當不再需要除錯輸出時，只需將巨集定義為無：

```
#define DEBUG(fmt, ...)
```

這告訴前置處理器以空指令呼叫 DEBUG 巨集加以取代，因此所有 DEBUG 的使用將變成 null 敘述。

您可以擴展 DEBUG 巨集的概念，進一步允許編譯時和執行時除錯的控制：宣告一個全域變數 Debug 用以定義除錯級別。所有小於或等於此級別的 DEBUG 敘述都會產生輸出。現在 DEBUG 至少需要兩個參數;第一個是級別：

```
DEBUG (1, "processed data\n");
DEBUG (3, "number of elements = %i\n", nelems)
```

如果除錯級別設置為 1 或 2，則只有第一個 DEBUG 敘述產生輸出；如果除錯級別設置為 3 或更大，則兩個 DEBUG 敘述都會產生輸出。除錯級別可以命令列選項在執行時設置，如下所示：

**a.out -d1**          *Set debugging level to 1*
**a.out -d3**          *Set debugging level to 3*

DEBUG 的定義很簡單：

```
#define DEBUG(level, fmt, ...) \
  if (Debug >= level) \
    fprintf (stderr, fmt, __VA_ARGS__)
```

所以

```
DEBUG (3, "number of elements = %i\n", nelems);
```

成為

```
if (Debug >= 3)
  fprintf (stderr, "number of elements = %i\n", nelems);
```

再次，如果 DEBUG 被定義為無，則 DEBUG 呼叫將變為空敘述。

以下定義提供了所有提到的功能，以及在編譯時控制 DEBUG 定義的技巧。

```
#ifdef DEBON
#  define DEBUG(level, fmt, ...) \
      if (Debug >= level) \
          fprintf (stderr, fmt, __VA_ARGS__)
#else
#  define DEBUG(level, fmt, ...)
#endif
```

當編譯包含前面定義的程式時（您可以方便地將其放在標頭檔，並載入到程式），您可以定義 DEBON 或不定義。如果您編譯 prog.c 如下：

```
$ gcc prog.c
```

它基於前面前置處理器指令中顯示的 #else 子句，在 DEBUG 的空定義中進行編譯。另一方面，如果您編譯程式如下：

```
$ gcc -D DEBON prog.c
```

基於除錯級別呼叫 fprintf 的 DEBUG 巨集，並與其餘程式碼一起被編譯。

在執行時，如果已在除錯程式碼中編譯，可以選擇除錯級別。如上所述，這可以使用命令列選項來完成，如下所示：

```
$ a.out -d3
```

此處的除錯級別設置為 3。假定於程式中處理此命令列參數，並將除錯級別儲存在名為 Debug 的變數（或許是全域變數）。在這種情況下，只有指定級別為 3 或更大的 DEBUG 巨集才會執行 fprintf 呼叫。

請注意，a.out -d0 將除錯級別設置為 0，即使得除錯程式碼仍然存在，但也不會產生除錯輸出。

總而言之，您在這裡看到了一個雙層（two-tiered）除錯方案：除錯程式碼可以在程式碼中或程式碼之外編譯，並且在編譯時可以設置不同的除錯級別，以產生不同數量的除錯輸出。

# 使用 gdb 除錯程式

gdb 是一個強大的交談式除錯器（intcractive debugger），經常用於除錯以 GNU 的 gcc 編譯器所編譯的程式。它允許您執行程式，在預定位置停止，顯示和/或設定變數，以及繼續執行。它允許您追蹤程式的執行，甚至一次只執行一行。gdb 還具有決定核心轉儲（core dump）位置的機制。核心轉儲是因為某些異常事件而發生，如除以零或嘗試存取超過陣列的大小。這將導致建立一個名為 core 的檔案，該檔案包含程式終止時執行過程記憶體的內容之快照。[1]

你撰寫的 C 程式必須使用 gcc 編譯器的-g 選項加以編譯，才能利用 gdb 的功能。-g 選項會使 C 編譯器添加額外訊息到輸出檔案，包括變數、結構型態、原始檔名，以及 C 敘述所對映的機器碼。

範例程式 17.4 顯示了一個試圖存取超過陣列大小的程式。

---

[1]　您的系統可能被配置為不可使用自動建立此core檔案，通常是因為這些檔案的大小。有時，這與所建立檔案的大小有關，可以使用ulimit指令更改之。

範例程式 17.4　一個使用 gdb 的簡單程式

```c
#include <stdio.h>

int main (void)
{
    const int  data[5] = {1, 2, 3, 4, 5};
    int  i, sum;

    for (i = 0; i >= 0; ++i)
        sum += data[i];

    printf ("sum = %i\n", sum);

    return 0;
}
```

下面是當從終端器在 Mac OS X 系統執行程式時發生的情況（在其它系統上，執行程式時可能會顯示不同的訊息）：

```
$ a.out
```

使用 gdb 嘗試追蹤錯誤。這是一個經過設計的例子，只是用來說明而已。

首先，請確保使用 -g 選項編譯程式。接著，在可執行檔上啟動 gdb，預設的情況下它是 a.out。這可能會導致系統顯示一些開場白的訊息：

```
$ gcc -g p18.4.c          重新編譯使其含有除錯訊息給 gdb
$ gdb a.out               在可執行檔上啟動 gdb
GNU gdb 5.3-20030128 (Apple version gdb-309) (Thu Dec  4 15:41:30 GMT 2003)
Copyright 2003 Free Software Foundation, Inc.
GDB is free software, covered by the GNU General Public License, and you are
welcome to change it and/or distribute copies of it under certain conditions.
Type "show copying" to see the conditions.
There is absolutely no warranty for GDB. Type "show warranty" for details.
This GDB was configured as "powerpc-apple-darwin".
Reading symbols for shared libraries .. done
```

當 gdb 準備好接收指令時，它顯示一個（gdb）提示符號。在我們的簡單範例中，只需要輸入 run 指令來告訴它執行程式。這會使得 gdb 開始執行程式，直到執行完畢或發生異常事件：

```
(gdb) run
Starting program: /Users/stevekochan/MySrc/c/a.out
Reading symbols for shared libraries . done

Program received signal EXC_BAD_ACCESS, Could not access memory.
```

```
0x00001d7c in main () at p18-4.c:9
9                sum += data[i];
(gdb)
```

您的程式收到一個錯誤（跟之前一樣），但它仍然在 gdb 的控制之下。這是很好的部分，因為您可以看到，它在錯誤發生時是怎麼做的，以及在有錯誤時看到變數的值。

從上面的輸出可以看出，程式試圖在第 9 行執行無效的記憶體存取。在問題的實際的行，將從原始檔自動顯示。要獲得該行的一些上下文，可以使用 list 指令，它將顯示指定行的上、下｜行（前 5 行和後 4 行）於視窗：

```
(gdb) list 9
4        {
5                const int  data[5] = {1, 2, 3, 4, 5};
6                int  i, sum;
7
8                for (i = 0; i >= 0; ++i)
9                    sum += data[i];
10
11               printf ("sum = %i\n", sum);
12
13               return 0;
(gdb)
```

您可以使用 print 指令查看變數。看看 sum 的值是什麼，在程式停止時有一個錯誤：

```
(gdb) print sum
$1 = -1089203864
```

這個 sum 的值顯然是不必要的（您的系統可能顯示出與此不同的資料）。gdb 使用$n 表示法追蹤您先前顯示的值，以便稍後再次引用它們。

看看索引變數 i 是設定值是什麼：

```
(gdb) print i
$2 = 232
```

糟糕！這是不好的。因為在陣列中只有五個元素，而在發生錯誤時嘗試存取第 233 個元素。在您的系統上，錯誤可能發生在更早或更晚。但最終，您會得到一個錯誤。

在離開 gdb 之前，來看一下另一個變數。看看 gdb 如何處理像陣列和結構這樣的變數：

```
(gdb) print data          顯示data 陣列的內容
$3 = {1, 2, 3, 4, 5}
(gdb) print data[0]       顯示data 陣列第一個元素值
$4 = 1
```

稍後將看到一個結構的例子。要使用 gdb 來完成第一個例子，需要學習如何離開。此時可使用 quit 指令：

```
(gdb) quit
The program is running. Exit anyway? (y or n) y
$
```

即使程式有錯誤，它在 gdb 內仍是在運作的；該錯誤只是使程式的執行被暫停而已，並沒有終止。這是 gdb 要求您確認退出的原因。

## 使用變數

gdb 有兩個基本指令，允許使用程式中的變數。您已經看過 print。另一個允許您設定變數的值。這可使用 set var 指令來達成。實際上 set 指令採用了許多不同的選項，var 是您要指定值給變數：

```
(gdb) set var i=5
(gdb) print i
$1 = 5
(gdb) set var i=i*2          您可以撰寫任何有效的運算式
(gdb) print i
$2 = 10
(gdb) set var i=$1+20        您可以撰寫名為簡易變數
(gdb) print i
$3 = 25
```

變數必須經由目前函式來存取，並且其行程（process）必須是使用中的（active），亦即是在執行的。gdb 維護著目前的行（像編輯器一樣）、目前的檔案（程式的原始檔）和目前函式。當 gdb 在沒有核心檔案的時候啟動，目前函式是 main()，目前檔案是包含 main() 的檔案，目前的行是 main() 中的第一個可執行行；否則，目前行、檔案和函式將設置為程式終止的位置。

如果指定名稱的區域變數不存在，gdb 將查尋同名的外部變數。在前面的例子中，發生無效存取時執行的函式是 main()，而 i 是 main 的一個區域變數。

函式可以指定為變數名稱的一部分，形式為 function::variable，用以參考某一函式的區域變數，例如：

```
(gdb) print main::i          在 main 顯示 i 的值
$4 = 25
(gdb) set var main::i=0      在 main 設定 i 的值
```

請注意，嘗試在一個非進行的函式（亦即目前未在執行，或等待另一個函式回傳以繼續執行它自己的函式）中設置變數是錯誤，並且會得到以下訊息：

```
No symbol "var" in current context.
```

全域變數可以'file'::var 直接引用。這會強制 gdb 存取 file 檔案所定義的外部變數，並忽略目前函式中同名的任何區域變數。

可以使用標準 C 語法存取結構和聯合成員。如果 datePtr 是指向 date structure 的指標，則 print datePtr-> year 將印出由 datePtr 所指向的結構的 year 成員。

引用結構或聯合時，若沒有指定成員，則會顯示出整個結構或聯合的內容。

您可以使用下面的 print 指令，加上 / 與要指定格式的字母，如\x，強制 gdb 以十六進制的格式顯示變數。許多 gdb 指令可以縮寫為單一個字母。在以下列的範例中，使用 print 指令的縮寫，即 p：

```
(gdb) set var i=35      設定 i 為 3
(gdb) p /x i            以十六進制顯示 i
$1 = 0x23
```

## 顯示原始檔

gdb 提供了幾個指令，讓您存取原始檔。這使您能夠除錯程式，而無需引用原始列表或在其它視窗打開原始檔。

如前所述，gdb 維護著目前的行和檔案。您已經了解如何使用 list 指令，來顯示目前行上、下的區域，此指令可以縮寫為 l。每次輸入 list 指令（或更簡單地說，只需按 Enter 鍵或 Return 鍵），將顯示檔案中接下來的 10 行。10 是預設值，可以使用 listsize 指令設定為任何值。

如果要顯示行的範圍，可以指定起始和結束的行號，之間以逗號分隔，如下所示：

```
(gdb) list 10,15        顯示 10 到 15 行
```

通常將函式的名稱指定給 list 指令來列出函式的所有行：

```
(gdb) list foo          顯示函式 foo 所有行
```

如果函式在另一個原始檔中，gdb 會自動切換到該檔案。您可以輸入指令

```
info source.
```

找到與 gdb 一起顯示的目前原始檔的名稱。

在 list 指令之後，輸入一個 + 會顯示目前檔案中的下 10 行，這與在輸入 list 時發生的動作相同。輸入 - 將顯示前 10 行。+和-選項也可以後跟一個數字，以指定要從目前行增加或減去的相對偏移量。

## 控制程式執行

顯示檔案中的行不會修改程式的執行方式。您必須使用其他指令。您已經看過 gdb 中兩個控制執行的指令：run — 從頭開始執行程式，還有 quit — 終止目前程式的執行。

run 指令後可以跟隨命令列參數和/或重導向（<或>），gdb 會正確地處理它們。隨後使用不帶任何參數的 r 指令，會重複使用先前的參數和重導向。您可以使用 show args 指令顯示目前參數。

## 插入中斷點

break 指令可於在程式中設置中斷點(breakpoint)。中斷點就像它的名字所暗示的——程式中的一個點，當執行過程中到達某一位置時，會導致程式 "中斷" 或暫停。程式的執行被暫停，這允許您做一些事情，例如查看變數，並確定在這一點上發生了什麼問題。

利用簡單地在指令加上指定行號，便可在程式中的任何一行設置中斷點。如果指定了行號，但沒有函式或檔案名稱，便會在目前檔案中的該行上設置中斷點；如果指定一個函式，則會在該函式的第一個可執行行上設置中斷點。

```
(gdb) break 12                    在 12 行設定中斷點
Breakpoint 1 at 0x1da4: file mod1.c, line 12.
(gdb) break main                  在 main 開始處設定中斷點
Breakpoint 2 at 0x1d6c: file mod1.c, line 3.
(gdb) break mod2.c:foo            在 mod2.c 檔案的 foo 函式設定中斷點
Breakpoint 3 at 0x1dd8: file mod2.c, line 4.
```

當在程式執行期間到達中斷點時，gdb 暫停您的程式的執行，將控制權還給您，並識別中斷點和您的程式暫停的行。您可以在這一點上做任何您想要的：可以顯示或設置變數，設置或取消設置中斷點，…等等。要恢復程式的執行，可以簡單的使用 continue 指令，簡稱為 c。

## 單步執行

用於控制程式執行的另一個有用的指令是 step 命令，可縮寫為 s。此指令單步執行您的程式，這意味著您輸入的每個 step 指令都會執行程式中的一行 C 程式碼。如果您在 step 指令後面放置一個數字，將執行多行。注意，一行可能包含幾個 C 敘述；然而，gdb 是以行為導向的，並且執行一行上所有敘述。如果敘述跨多行，單步執行敘述的第一行，會使得敘述的所有行都被執行。您隨時可以在適當的 continue （在某訊號或中斷點之後）進行單步執行程式。

如果敘述包含一個函式呼叫，而您使用了 step，gdb 會帶您進入函式（假設它不是一個系統函式庫；這些函式通常不被引入）。如果使用 next 指令而不是 step，gdb 將呼叫函式，而不會引導您進入。

試著對範例程式 17.5 使用 gdb 的功能，否則沒有什麼用途。

**範例程式 17.5　使用 gdb**

```c
#include <stdio.h>
#include <stdlib.h>

struct date {
    int month;
    int day;
    int year;
};


struct date foo (struct date x)
{
    ++x.day;

    return x;
}

int main (void)
{
    struct date today = {10, 11, 2014};
    int         array[5] = {1, 2, 3, 4, 5};
    struct date *newdate, foo ();
    char        *string = "test string";
    int         i = 3;

    newdate = (struct date *) malloc (sizeof (struct date));
    newdate->month = 11;
    newdate->day = 15;
    newdate->year = 2014;

    today = foo (today);

    free (newdate);

    return 0;
}
```

在範例程式 17.5 的示範部份中，您的輸出可能會略有不同，具體取決於哪個版本的
gdb 以及執行它的系統。

範例程式 17.5　gdb Session

```
$ gcc -g p18-5.c
$ gdb a.out
GNU gdb 5.3-20030128 (Apple version gdb-309) (Thu Dec  4 15:41:30 GMT 2003)
Copyright 2003 Free Software Foundation, Inc.
GDB is free software, covered by the GNU General Public License, and you are
welcome to change it and/or distribute copies of it under certain conditions.
Type "show copying" to see the conditions.
There is absolutely no warranty for GDB. Type "show warranty" for details.
This GDB was configured as "powerpc-apple-darwin".
Reading symbols for shared libraries .. done
(gdb) list main
14
15          return x;
16      }
17
18      int main (void)
19      {
20          struct date today = {10, 11, 2014};
21          int        array[5] = {1, 2, 3, 4, 5};
22          struct date *newdate, foo ();
23          char       *string = "test string";
(gdb) break main               Set breakpoint in main
Breakpoint 1 at 0x1ce8: file p18-5.c, line 20.
(gdb) run                      Start program execution
Starting program: /Users/stevekochan/MySrc/c/a.out
Reading symbols for shared libraries . done

Breakpoint 1, main () at p18-5.c:20
20          struct date today = {10, 11, 2014};
(gdb) step                     Execute line 20
21          int        array[5] = {1, 2, 3, 4, 5};
(gdb) print today
$1 = {
  month = 10,
  day = 11,
  year = 2014
}
(gdb) print array              This array hasn't been initialized yet
$2 = {-1881069176, -1880816132, -1880815740, -1880816132, -1880846287}
(gdb) step             Run another line
23          char       *string = "test string";
(gdb) print array              Now try it
$3 = {1, 2, 3, 4, 5}           That's better
(gdb) list 23,28
23          char       *string = "test string";
```

```
24          int          i = 3;
25
26          newdate = (struct date *) malloc (sizeof (struct date));
27          newdate->month = 11;
28          newdate->day = 15;
(gdb) step 5                    Execute 5 lines
29          newdate->year = 2014;
(gdb) print string
$4 = 0x1fd4 "test string"
(gdb) print string[1]
$5 = 101 'e'
(gdb) print array[i]           The program set 1 to 3
$6 = 4
(gdb) print newdate            This is a pointer variable
$7 = (struct date *) 0x100140
(gdb) print newdate->month
$8 = 11
(gdb) print newdate->day + i  Arbitrary C expression
$9 = 18
(gdb) print $7                 Access previous value
$10 = (struct date *) 0x100140
(gdb) info locals             Show the value of all local variables
today = {
  month = 10,
  day = 11,
  year = 2014
}
array = {1, 2, 3, 4, 5}
newdate = (struct date *) 0x100140
string = 0x1fd4 "test string"
i = 3
(gdb) break foo               Put a breakpoint at the start of foo
Breakpoint 2 at 0x1c98: file p18-5.c, line 13.
(gdb) continue                Continue execution
Continuing.

Breakpoint 2, foo (x={month = 10, day = 11, year = 2014}) at p18-5.c:13
13          ++x.day; 0x8e in foo:25: {
 (gdb) print today             Display value of today
 No symbol "today" in current context
(gdb) print main::today        Display value of today from main
$11 = {
  month = 10,
  day = 11,
  year = 2014
}
 (gdb) step
```

```
15              return x;
(gdb) print x.day
$12 = 12
(gdb) continue
Continuing.
Program exited normally.
(gdb
```

注意 gdb 的一個特性：在到達中斷點或單步執行之後，它將列出當您恢復執行程式時，下一個將要執行的行，而不是最後執行的那一行。這就是為什麼 array 在第一次顯示時還沒有初始化。單步執行一行使其被初始化。還要注意，初始自動變數的宣告被認為是可執行行（它們實際上使得編譯器產生可執行程式碼）。

## 列出和刪除中斷點

一旦設置中斷點，它會一直保留在程式中，直到退出 gdb 或刪除它們。您可以使用 info break 指令查看您設置的所有中斷點，如下所示：

```
(gdb) info break
Num Type           Disp Enb Address    What
1   breakpoint     keep y   0x00001c9c in main at p18-5.c:20
2   breakpoint     keep y   0x00001c4c in foo at p18-5.c:13
```

您可以使用 clear 指令後跟行號以刪除特定行的中斷點。利用 clear 指令指定函式的名稱來刪除函式開始處的中斷點：

```
(gdb) clear 20      從 20 行移除中斷點
Deleted breakpoint 1
(gdb) info break
Num Type           Disp Enb Address    What
2   breakpoint     keep y   0x00001c4c in foo at p18-5.c:13
(gdb) clear foo     Remove breakpoint on entry into foo
Deleted breakpoint 2
(gdb) info break
No breakpoints or watchpoints.
(gdb)
```

## 獲取堆疊跟蹤

有時候，當程式中斷時，想知道函式呼叫的層次架構。當檢查核心檔案時，這是很有用訊息。您可以使用 backtrace 指令來查看呼叫堆疊（call stack）。backtrace 指令可以縮寫為 bt。以下是範例程式 17.5 的使用範例。

```
(gdb) break foo
Breakpoint 1 at 0x1c4c: file p18-5.c, line 13.
(gdb) run
Starting program: /Users/stevekochan/MySrc/c/a.out
Reading symbols for shared libraries . done

Breakpoint 1, foo (x={month = 10, day = 11, year = 2014}) at p18-5.c:13
13          ++x.day;
(gdb) bt                Print stack trace
#0  foo (x={month = 10, day = 11, year = 2014}) at p18-5.c:13
#1  0x00001d48 in main () at p18-5.c:31
(gdb)
```

當對 foo() 的資料作中斷時，輸入 backtrace 指令。輸出結果顯示呼叫堆疊上的兩個
函式：foo() 和 main()。如您所見，函式的參數也被列出。這裡沒有討論可在堆疊中
使用的一些指令（如 up、down、框 frame 和 info args），這些指令可讓您更容易地
檢查傳遞給特定函式的參數，或運作其區域變數。

## 呼叫函式和設定陣列與結構

您可以在 gdb 運算式使用函式呼叫，如下所示：

```
(gdb) print foo(*newdate)    Call foo with date structure pointed to by newdate
$13 = {
  month = 11,
  day = 16,
  year = 2014
}
(gdb)
```

這裡，函式 foo() 是在範例程式 17.5 中定義的。

您可以將值列在一組大括號中，當做陣列或結構的指定值，如下：

```
(gdb) print array
$14 = {1, 2, 3, 4, 5}
(gdb) set var array = {100, 200}
(gdb) print array
$15 = {100, 200, 0, 0}        Unspecified values set to zero
(gdb) print today
$16 = {
  month = 10,
  day = 11,
  year = 2014
}
(gdb) set var today={8, 8, 2014}
```

```
(gdb) print today
$17 = {
  month = 8,
  day = 8,
  year = 2014
}
(gdb)
```

# gdb 的 Help 指令

您可以使用內建的 help 指令，得到有關各種指令或指令型態（稱為 gdb 的類別）。

不帶任何參數的 help 指令將列出所有可用的類別：

```
(gdb) help
List of classes of commands:

aliases -- Aliases of other commands
breakpoints -- Making program stop at certain points
data -- Examining data
files -- Specifying and examining files
internals -- Maintenance commands
obscure -- Obscure features
running -- Running the program
stack -- Examining the stack
status -- Status inquiries
support -- Support facilities
tracepoints -- Tracing of program execution without stopping the program
user-defined -- User-defined commands

Type "help" followed by a class name for a list of commands in that class.
Type "help" followed by command name for full documentation.
Command name abbreviations are allowed if unambiguous.
```

此時，您可以在 help 指令，給予一個上述所列出的類別，如下所示：

```
(gdb) help breakpoints
Making program stop at certain points.

List of commands:

awatch -- Set a watchpoint for an expression
break -- Set breakpoint at specified line or function
catch -- Set catchpoints to catch events
clear -- Clear breakpoint at specified line or function
commands -- Set commands to be executed when a breakpoint is hit
condition -- Specify breakpoint number N to break only if COND is true
```

```
delete -- Delete some breakpoints or auto-display expressions
disable -- Disable some breakpoints
enable -- Enable some breakpoints
future-break -- Set breakpoint at expression
hbreak -- Set a hardware assisted breakpoint
ignore -- Set ignore-count of breakpoint number N to COUNT
rbreak -- Set a breakpoint for all functions matching REGEXP
rwatch -- Set a read watchpoint for an expression
save-breakpoints -- Save current breakpoint definitions as a script
set exception-catch-type-regexp IV
        Set a regexp to match against the exception type of a caughtobject
set exception-throw-type-regexp IV
        Set a regexp to match against the exception type of a thrownobject
show exception-catch-type-regexp IV
        Show a regexp to match against the exception type of a caughtobject
show exception-throw-type-regexp IV
        Show a regexp to match against the exception type of a thrownobject
tbreak -- Set a temporary breakpoint
tcatch -- Set temporary catchpoints to catch events
thbreak -- Set a temporary hardware assisted breakpoint
watch -- Set a watchpoint for an expression

Type "help" followed by command name for full documentation.
Command name abbreviations are allowed if unambiguous.
(gdb)
```

或者，您可以指定一個指令，例如上面列表的某一指令：

```
(gdb) help break
Set breakpoint at specified line or function.
Argument may be line number, function name, or "*" and an address.
If line number is specified, break at start of code for that line.
If function is specified, break at start of code for that function.
If an address is specified, break at that exact address.
With no arg, uses current execution address of selected stack frame.
This is useful for breaking on return to a stack frame.

Multiple breakpoints at one place are permitted, and useful if conditional.

break ... if <cond> sets condition <cond> on the breakpoint as it is created.

Do "help breakpoints" for info on other commands dealing with breakpoints.
(gdb)
```

所以，您可以看到很多 gdb 除錯器內建的 help 訊息。好好利用它吧！

# 其它

gdb 還提供了許多其它功能，由於篇幅有限所以無法在此介紹。其包括以下功能：

- 設定在到達時自動刪除的臨時中斷點。
- 啟用和停用中斷點，而不必清除它們。
- 以指定格式轉儲（dump）記憶體位置。
- 設置一個觀察點（watchpoint），允許在指定運算式的值更改時（例如，當變數更改其值時），停止程式的執行。
- 當程式停止時，指定要顯示一系列的值。
- 按名稱設置自己的 "便利變數"（convenience variables）。

此外，如果使用整合式開發環境（IDE），大多數都有自己的除錯工具，其中許多類似於本章所描述的 gdb 指令。在本章中不可能提及每一個 IDE，因此，探索可用選項的最佳方法是，在程式上使用除錯工具，甚至引入一些錯誤，您必須使用除錯器來捕獲它們。

表 17.1 列出了本章介紹的 gdb 指令。指令名稱的前置粗體字表示值令的縮寫。

表 17.1 常見的 gdb 指令

| 指令 | 意涵 |
|---|---|
| 原始檔 | |
| **L**ist [*n*]² | 顯示第 n 行前後行或若未指定 n，則顯示其後 10 行的行 |
| **l**ist *m, n* | 顯示從 n 到 m 之間的行 |
| **l**ist +[*n*] | 顯示第 n 行前面的行或若未定義 n，則顯示其前十行的行 |
| **l**ist - [*n*] | 顯示第 n 行後面的行或若未定義 n，則顯示其後十行的行 |
| **l**ist *func* | 顯示 func 函式中的行 |
| listsize *n* | 以 list 指令顯示指定行數 |
| **i**nfo source | 顯示目前原始檔名稱 |
| 變數和運算式 | |
| **p**rint /fmt expr | 根據 fmt 格式顯示 expr，該格式可能為 d（十進制）、u（無符）、o（八進制）、x（十六進制）、c（字元）、f（浮點數）、t（二進制）、或 a（位址） |

| 指令 | 意涵 |
|---|---|
| **i**nfo locals | 目前函式的區域變數的值 |
| set var *var=expr* | 將 expr 值指定給變數 var |
| 中斷點 | |
| **b**reak *n* | 在第 n 行設置中斷點 |
| **b**reak *func* | 在 func 函式的開頭設置中斷點 |
| **i**nfo break | 顯示所有中斷點 |
| clear [*n*] | 移除在第 n 行的中斷點,若未指定,則移除下一行的中斷點 |
| clear *func* | 移除 func 函式開頭的中斷點 |
| 程式的執行 | |
| **r**un [*args*] [*<file*] [*>file*] | 從頭開始執行程式 |
| **c**ontinue | 繼續程式的執行 |
| **s**tep [*n*] | 執行程式的下一行或接下來的 n 行 |
| **n**ext [*n*] | 執行程式的下一行或接下來的 n 行,而不需進入函式 |
| **q**uit | 退出 gdb 的執行 |
| 協助 | |
| **h**elp [*cmd*] | 顯示指令的類別或特定的協助 |
| **h**elp [*class*] | 指令 cmd 或 class |

2　請注意,帶有行號或函式名稱的指令前,都可以放置一個可有可無的檔案名稱再接一個冒號(例如 list main.c:1,10 或 break main.c:12)

# 18

# 物件導向程式設計

由於物件導向程式設計（objcct-oriented programming, OOP）很受歡迎，而且有許多廣泛使用的 OOP 語言（例如 C ++、C＃、Java 和 Objective-C）基於 C 語言，所以在此簡要介紹這個主題。本章從概述 OOP 概念開始，接著對四個上述 OOP 語言中的三個各介紹一支簡單的程式（在此選擇了包含字母 "C" 的三者！）。這裡的想法不是教您如何使用這些程式語言設計或詳細描述它們的特點，它只是給您一個快速的認知。本章包括：

- 了解 OOP 的基本概念，包括物件、類別和方法。
- 解釋結構化程式語言與物件導向程式語言之間處理問題的基本差異。
- 比較三種不同的物件導向程式語言（Objective-C、C++ 和 C＃）如何實作簡單的程式。

## 什麼是物件？

物件是一個事物（thing）。將物件導向程式設計視為您想要對該物件做的事情。這與程序化程式語言，如 C 程式語言，形成對比。在 C 中，通常會先想著要做什麼（可能會寫一些函式來完成這些任務），隨後才關心到物件，這幾乎與物件導向相反。

以日常生活中的一個範例，假設您擁有一輛汽車。那輛車顯然是一個物件，它是您擁有的。您之前還沒擁有任何汽車；之後有一輛特定的汽車，從原廠製造，其可能在底特律，也許在日本，又或者在別的地方生產。您的汽車具有唯一用來識別的車輛識別號（Vehicle Identification Number, VIN）。

在物件導向的說法中，您的汽車是汽車的一個實體（instance）。並繼續使用該術語，car 是建立此實體的類別（class）的名稱。所以，每製造一輛新車，就是 car 類別建立一個新的實體。car 的每個實體都稱為物件。

現在，您的車可能是銀色的，可能有一個黑色的內飾，可能是一輛敞篷車或硬頂車，等等。此外，您會對您的車做一些行為，或行動。例如，駕駛它、幫它加油、（希望）洗車、維修它，等等。表 18.1 描述這些行為。

表 18.1 在物件上的行為

| 物件 | 您要對它做的動作 |
|------|------------------|
| 您的車 | 駕駛它 |
| | 幫它加油 |
| | 洗車 |
| | 維修它 |

表 18.1 中所列出的行為，可以用在您的車，也可以用於其他車。例如，您姐姐可以開她的車、洗車、加油，等等。

# 實體和方法

類別的獨特的事件是實體(instance)。您執行的行為稱為方法（method）。在某些情況下，可以將方法應用於類別的實體或類別本身。例如，清洗您的汽車適用於一個實體（實際上，表 18.1 中所列出的方法都可視為實體方法）。而汽車工廠所製造的不同類型汽車應用於該類別，它是一個類別方法。

在 C++ 中，呼叫實體的方法使用以下符號：

```
Instance.method ();
```

使用相同的符號呼叫 C＃方法，如下：

```
Instance.method ();
```

Objective-C 呼叫方法遵循以下格式：

```
[Instance  method]
```

回到前面的列表，並使用這個新語法編寫其訊息運算式。假設 yourCar 是 Car 類別的一個物件。表 18.2 顯示了三種 OOP 語言中的訊息運算式長成什麼樣子。

表 18.2　OOP 語言中的訊息運算式

| C++ | C# | Objective-C | Action |
|------|------|------|------|
| yourCar.drive() | yourCar.drive() | [yourCar drive] | Drive your car |
| yourCar.getGas() | yourCar.getGas() | [yourCar getGas] | Put gas in your car |
| yourCar.wash() | yourCar.wash() | [yourCar wash] | Wash your car |
| yourCar.service() | yourCar.service() | [yourCar service] | Service your car |

假如您的姐姐有一輛汽車，名為 suesCar，那麼她可以在車上呼叫相同的方法，如下所示：

```
suesCar.drive()        suesCar.drive()        [suesCar drive]
```

這是物件導向程式設計背後的重要概念之一（即將相同的方法應用於不同的物件）。

另一個稱為多型的重要概念，允許您發送相同的訊息給不同類別的實體。例如，如果您有一個 Boat 類別，該類別的一個實體叫做 myBoat，那麼多型允許您在 C++ 中編寫以下訊息運算式：

```
myBoat.service()
myBoat.wash()
```

此處重點在於您可以為 Boat 類別編寫一個方法以維修一艘船，這可以是（可能是）完全不同於在 Car 類別中維修一輛汽車的方法。這是多型的特性。

對於 OOP 語言與 C 語言的重要區別，需要理解的是，在 OOP 語言使用物件，如汽車和船隻。在 C 語言的情況下，一般會使用函式（或程序）。在所謂的程序化語言（如 C）中，可以編寫一個名為 service 的函式，接著在該函式內編寫單獨的程式碼來處理不同的交通工具，如汽車、船隻或自行車。如果想添加一種新型的交通工具，則必須修改所有處理不同交通工具的功能。在 OOP 語言的情況下，只需為該交通工具定義一個新的類別，並向該類別添加新方法。也不必擔心其他交通工具的類別；它們獨立於您的類別，所以不必修改他們的程式碼（有可能是不會處理到的）。

運作於您的 OOP 程式中的類別可能不是汽車或船。更有可能他們是視窗、矩形、剪貼板等物件。您要發送的訊息（使用 C # 語言）將如下所示：

| myWindow.erase() | 清除視窗 |
|---|---|
| myRect.getArea() | 計算矩形面積 |
| userText.spellCheck() | 檢查文字的拼寫 |
| deskCalculator.setAccumulator(0.0) | 計算器歸 0 |
| favoritePlaylist.showSongs() | 於喜愛的播放列表顯示歌曲 |

# 以 C 程式處理分數

假設您需要編寫一個程式來處理分數（fraction）。也許需要作加、減、乘，等運算。可以定義一個結構來持有分數，接著撰寫一組函式來操作它們。

使用 C 來運算分數，類似於範例程式 18.1。範例程式 18.1 設定分子和分母，然後顯示分數的值。

**範例程式** 18.1　使用 C 編寫分數

```
// Simple program to work with fractions
#include <stdio.h>

typedef struct {
    int numerator;
    int denominator;
} Fraction;

int main (void)
{
    Fraction myFract;

    myFract.numerator = 1;
    myFract.denominator = 3;

    printf ("The fraction is %i/%i\n", myFract.numerator, myFract.denominator);

    return 0;
}
```

**範例程式** 18.1　輸出結果

```
The fraction is 1/3
```

接下來的三小節，分別說明如何使用 Objective-C、C++，以及 C# 來處理分數。有關 OOP 的討論於範例程式 18.2 加以詳述之，因此您應按這些章節的順序閱讀。

# 定義 Objective-C 類別處理分數

Objective-C 語言是由 Brad Cox 在 1980 年代初期發明的。該語言基於一種名為 SmallTalk-80 的語言，並於 1988 年由 NeXT Software 授權。當蘋果於 1988 年收購 NeXT 時，使用了 NEXTSTEP 做為 Mac OS X 作業系統的基礎。今日在 Mac OS X 上的大多數應用程式以及一些 iPad 和 iPhone 應用程式都是用 Objective-C 編寫的。

範例程式 18.2 顯示如何在 Objective-C 中定義和使用 Fraction 類別。

**範例程式 18.2　使用 Objective-C 編寫分數**

```
// Program to work with fractions — Objective-C version

#import <stdio.h>
#import <objc/Object.h>

//------- @interface section -------

@interface Fraction: Object
{
    int     numerator;
    int     denominator;
}
-(void) setNumerator: (int) n;
-(void) setDenominator: (int) d;
-(void) print;

@end

//------- @implementation section -------


@implementation Fraction;

// getters

-(int) numerator
{
    return numerator;
}

-(int) denominator
{
    return denominator;
}
// setters
```

```
-(void) setNumerator: (int) num
{
    numerator = num;
}

-(void) setDenominator: (int) denom
{
    denominator = denom;
}

// other

-(void) print
{
    printf ("The value of the fraction is %i/%i\n", numerator, denominator);
}

@end


//------- program section -------

int main (void)
{
    Fraction    *myFract;

    myFract = [Fraction new];

    [myFract setNumerator: 1];
    [myFract setDenominator: 3];

    printf ("The numerator is %i, and the denominator is %i\n",
        [myFract numerator], [myFract denominator]);
    [myFract print];    // use the method to display the fraction


    [myFract free];

    return 0;
}
```

範例程式 18.2 輸出結果

```
The numerator is 1, and the denominator is 3
The value of the fraction is 1/3
```

從範例程式 18.2 中的註解可以看出，程式在邏輯上分為三個部分：@interface 部分、@implementation 部分和 program 部分。這些部分通常放在單獨的檔案。@interface 部分通常放在一個標頭檔，該標頭檔可載入到任何要使用該類別的程式。它告訴編譯器在類別所包含的變數和方法。

@implementation 部分包含實作這些方法的程式碼。最後，program 部分包含程式預期目的程式碼。

新類別的名稱為 Fraction，其父類別為 Object。類別繼承父類別的方法和變數。

正如您可以在 @interface 部分看到的，下面宣告：

```
int   numerator;
int   denominator;
```

表示 Fraction 物件有兩個整數成員，為 numerator 和 denominator。

在此部份中宣告的成員皆被稱為實體變數。每次建立一個新物件時，都會建立一組新的且唯一的實體變數。因此，如果有兩個分數，一個稱為 fracA，另一個稱為 fracB，每個分數都有自己的一組實體變數。也就是說，fracA 和 fracB 都有自己獨立的分子和分母。

您必須定義處理分數的方法。能夠設定分數為一個特定值。因為您不能直接存取分數的內部資料（換句話說，直接存取其實體變數），所以必須撰寫設定分子和分母的方法，此稱為設定器（setter）。還需要取得實體變數值的方法，這種方法稱為取得器（getter）。[1]

隱藏物件的實體變數是稱為資料封裝的 OOP 的另一個特徵，此稱為資料封裝（data encapsulation）為。這確保任何人要擴展或修改一個類別，所有存取該類別資料（即實體變數）的程式碼都包含在方法中。資料封裝為程式設計師和類別開發者之間提供了一個很好的絕緣層。

下面是一個 setter 方法宣告的例子：

```
-(int) numerator;
```

前置減號（－）表示該方法是一個實體方法。另一個選項是加號（＋），表示類別方法。類別方法是對類別本身執行一些運作的方法，例如建立類別的新實體。這似於製造一輛新車，車是類別，想要建立一輛新的車，這應該是一個類別方法。

---

[1]　您可以直接存取實體變數，但它通常被認為是不好的程式設計習慣。

實體方法執行類別特定實體的一些運作，例如設定值、擷取值、顯示值等等。參考汽車的例子，在製造一部車後，可能需要加油。因為在特定汽車上執行加油的動作，所以它是實體方法。

當宣告一個新方法（就像宣告一個函式），得告訴 Objective-C 編譯器該方法是否回傳一個值，如果是，將回傳什麼型態的值。這可在前置減號或加號之後的括號中回傳型態來完成。所以，以下宣告：

指定名為 numerator 的實體方法回傳一個整數值。同樣：

```
-(int) numerator;
```

定義一個不回傳值的方法，它用於設定分數分子的值。

當方法要接收參數，在引用方法時，將方法名稱附加冒號。因此，辨認這兩個方法的正確方法是 setNumerator: 和 setDenominator: 都接收一個參數。此外，沒有尾部冒號的分子和分母方法表示不接收任何參數。

setNumerator: 方法接收名為 num 的整數參數，並將其存於實體變數 numerator。類似地，setDenominator: 方法將其參數 denom 的值存於實體變數 denominator。注意，方法可以直接存取它們的實體變數。

在您的 Objective-C 程式中定義的最後一個方法稱為 print。它的用途是顯示分數的值。如您所見，它不需要參數，也不會回傳任何結果。它只是使用 printf() 來顯示分數的分子和分母，以斜線分隔。

在 main() 中，您以下面的敘述定義一個名為 myFract 的變數：

```
Fraction *myFract;
```

這行說明 myFract 是一個 Fraction 型態的物件；也就是說，myFract 用於儲存新的 Fraction 類別的值。在 myFract 前面的星號（＊）表示 myFract 是一指向 Fraction 的指標。實際上，它指向包含 Fraction 類別的特定實體資料。

現在您有一個物件來儲存 Fraction，需要建立它，就像您要求工廠建立一輛新車。此任務以下面敘述來達成：

```
myFract = [Fraction new];
```

要為新分數分配記憶體儲存空間，如下列運算式：

```
[Fraction new]
```

對新建立的 Fraction 類別發送訊息。要求 Fraction 類別應用 new 方法，但是您從來沒有定義 new 方法，所以它是從哪裡來的呢？答案是該方法是從父類別繼承來的。

現在可以設定分數的值。下面兩行：

```
[myFract setNumerator: 1];
[myFract setDenominator: 3];
```

做到這一點。第一個敘述將 setNumerator: 訊息發送到 myFract。所提供的參數是值 1。接著控制權轉到 Fraction 類別定義的 setNumerator: 方法。Objective-C 執行系統知道它是從這個類別中使用的方法，因為它知道 myFract 是 Fraction 類別中的物件。

在 setNumerator: 方法中，其接收傳入的值做為參數，並將它儲存在實體變數 numerator 中，如此便有效地將 myFract 的分子設定為 1。

接下來，呼叫 myFract 的 setDenominator: 方法，以類似的方式運行。

設定分數後，範例程式 18.2 呼叫兩個 getter 方法 numerator 和 denominator，擷取 myFract 對應的實體變數值。然後將結果傳遞給 printf() 方法顯示之。

接下來呼叫 print 方法。此方法顯示分數的值。即使您看到如何使用 getter 方法擷取分子和分母，為了說明目的，將 print 方法也加到 Fraction 類別的定義中。

程式中的最後一個訊息

```
[myFract free];
```

釋放 Fraction 物件使用的記憶體。

## 定義 C++ 類別處理分數

範例程式 18.3 顯示如何使用 C++ 語言撰寫一個實作 Fraction 類別的程式。C++ 是 Bell 實驗室的 Bjarne Stroustroup 發明的，據我所知它是基於 C 的第一個物件導向程式語言。注意，若果您使用的是可以編譯 C 和 C++ 程式的整合性開發環境（IDE），編譯此程式時，可能會將程式儲存為 .c 檔。之後將出現一串錯誤訊息，您可以通過將儲存副檔名改為 .cpp 避免此問題。請確保 IDE 將該程式儲存為 C++ 程式。

範例程式 18.3 使用 C++ 編寫分數

```cpp
#include <iostream>

class Fraction
{
 private:
    int numerator;
    int denominator;

 public:
    void setNumerator (int num);
    void setDenominator (int denom);
    int  Numerator (void);
    int  Denominator (void);
    void print (Fraction f);
};

void Fraction::setNumerator (int num)
{
    numerator = num;
}

void Fraction::setDenominator (int denom)
{
    denominator = denom;
}

int Fraction::Numerator (void)
{
    return numerator;
}

int Fraction::Denominator (void)
{
    return denominator;
}

void Fraction::print (Fraction f)
{
    std::cout << "The value of the fraction is " << numerator << '/'
            << denominator << '\n';
}

int main (void)
{
    Fraction  myFract;
```

```
    myFract.setNumerator (1);
    myFract.setDenominator (3);

    myFract.print (myFract);

    return 0;
}
```

範例程式 18.3 輸出結果

```
The value of the fraction is 1/3
```

C++ 成員（實體變數）分子和分母被標記為 private 以強制封裝資料；用來防止它們被從類別之外直接存取。

setNumerator 方法宣告如下：

```
void Fraction::setNumerator (int num)
```

該方法前面加上 Fraction:: 以標示它屬於 Fraction 類別。

像 C 的變數那樣建立一個新的 Fraction 實體，如下面 main() 中的宣告：

```
Fraction  myFract;
```

之後，使用以下方法呼叫，將分數的分子和分母分別設為 1 和 3：

```
myFract.setNumerator (1);
myFract.setDenominator (3);
```

然後使用 print 方法顯示分數的值。

範例程式 18.3 中可能最奇怪的敘述出現在 print 方法，如下：

```
std::cout << "The value of the fraction is " << numerator << '/'
          << denominator << '\n';
```

cout 是標準輸出資料流的名稱，類似於 C 中的 stdout。<< 被稱為插入運算子，它提供一種取得輸出的簡單方法。您可能還記得，<< 也是 C 的位元左移運算子。這是 C++ 重要的特性：稱為運算子多載（overloading operator），它允許您定義與類別相關的運算子。此處左移運算子是多載的，使得當它在該上下文中，以串流做為其左運算元使用時，是將格式化的值寫入輸出流方法，而不是執行左移運算。

做為多載的另一個範例，您可能想要覆蓋（overwrite）加法運算子 +，以便如果試圖將兩個分數相加，如下：

```
myFract + myFract2
```

將從 Fraction 類別呼叫適當的方法來處理加法。

跟在 << 之後的每個運算式被求值並寫入標準輸出資料流。在這個情況下，首先寫入字串 "The value of the fraction is"，接著是分數的分子，後跟一個 /，接下來是分數的分母，然後換行字元。

C++ 語言具有相當豐富的功能。有關良好的編程建議，請參閱附錄 E "其它有用資源"。

請注意，在前面的 C++ 範例，Fraction 類別定義了 getter 方法 Numerator() 和 Denominator()，但未被使用。

# 定義 C # 類別處理分數

來到了本章的最後一個範例。範例程式 18.4 顯示使用 C # 編寫的分數範例，C# 是由 Microsoft 開發的程式語言。C # 是 Microsoft Visual Studio 套件的一部分，且是 .NET Framework 中一個重要的開發工具。如果您想嘗試 C #，請參閱 www.visualstudio.com/en-US/products/visual-studio-express-vs 下載完整產品的免費 express 版本。

範例程式 18.4　使用 C # 編寫分數

```
using System;

class Fraction
{
    private int numerator;
    private int denominator;

    public int Numerator
    {
        get
        {
            return numerator;
        }

        set
        {
            numerator = value;
        }
    }

    public int Denominator
```

```
    {
        get
        {
            return denominator;
        }

        set
        {
            denominator = value;
        }
    }

    public void print ()
    {
        Console.WriteLine("The value of the fraction is {0}/{1}",
            numerator, denominator);
    }
}

class example
{
    public static void Main()
    {
        Fraction myFract = new Fraction();

        myFract.Numerator = 1;
        myFract.Denominator = 3;

        myFract.print ();

    }
}
```

**範例程式 18.4 輸出結果**

```
The value of the fraction is 1/3
```

C # 程式看起來有點不同於其他兩個 OOP 程式，但您仍然可以確定做了什麼事情。
Fraction 類別的定義以將兩個實體變數 numerator 和 denominator 宣告為 private 開
始。Numerator 和 Denominator 方法的 getter 和 setter 方法定義都被視為屬性。仔細
看看 Numerator：

```
public int Numerator
{
    get
    {
        return numerator;
```

```
        }

        set
        {
            numerator = value;
        }
    }
```

當在運算式中需要分子的值時，執行 "get" 程式碼，例如：

```
 num = myFract.Numerator;
```

當指定值給方法時，將執行 "set" 程式碼，如下：

```
 myFract.Numerator = 1;
```

當方法被呼叫時，所指定的值將儲存於變數 value 中。注意，括號不遵循 setter 和 getter 方法。

當然，您可以定義可選擇地接收參數的方法，也可以定義接收多個參數的 setter 方法。例如，以下 C # 方法呼叫將分數的值設定為 2/5：

```
 myFract.setNumAndDen (2, 5)
```

回到範例程式 18.4，以下宣告：

```
 Fraction myFract = new Fraction();
```

用於從 Fraction 類別建立一個新實體，並將結果指定給 Fraction 變數 myFract。並使用 Fraction 的 setter 將 Fraction 設定為 1/3。

接下來在 myFract 上呼叫 print 方法以顯示分數的值。在 print 方法中，來自 Console 類別的 WriteLine 方法用於顯示輸出結果。與 printf 的 %s 表示法類似，在字串中的 {0} 對應要顯示的第一個值，{1} 要顯示第二個值，以此類推。與 printf 方法不同，您不需要擔心這裡要顯示值的資料型態。

與 C++ 範例一樣，C # 的 Fraction 類別的 getter 方法在此處並未被使用。它們的目的只是為了說明概念而已。

這裡總結了物件導向程式設計的簡要介紹。希望透過本章能夠好好地了解物件導向程式設計，以及 OOP 語言與 C 語言的不同。您已經看過如何在三種 OOP 語言之中，撰寫一個簡單的程式以運算表示分數的物件。如果認真地在程式中使用分數，可能會擴展您的類別的定義，以支援如加法、減法、乘法、除法、反轉和約分等運算。這也許是一個可讓您直接練習的題目。

想要進一步學習，取得一種特定 OOP 語言的好教材是很重要的，如附錄 E 中所列出的參考書目。

# A

# C 語言摘要

本節以快速參考的格式將 C 語言做一簡單的摘要。這不是為了使這一部分成為 C 語言的完整定義，而是對其特性進行更多非正式的描述。在結束本書後，應徹底閱讀本節的內容。這樣做不僅加強了您學到的知識，還為您提供對 C 更好的全面了解。

本章是基於 ANSI C11（ISO/IEC 9899:2011）標準所摘錄的。

## 1.0 雙字元組和識別字

## 1.1 雙字元組字元

表 A.1 列出了等同於單字元標點符號的特殊雙字元序列（雙字元組）。

表 A.1 雙字元組字元

| 雙字元組 | 意義 |
| --- | --- |
| <: | [ |
| :> | ] |
| <% | { |
| %> | } |
| %: | # |
| %:%: | ## |

## 1.2 識別字

C 中的識別字是由字母序列（大寫或小寫）、萬用字元名稱（第 1.2.1 節）、數字或底線字元組成。識別字的第一個字元必須是字母、底線或萬用字元名稱。識別字的前 31 個字元保證對外部名稱有效，前 63 個字元保證對內部識別字或巨集名稱有效。

### 1.2.1 萬用字元名稱

萬用字元名稱由字元 \u 後跟四個十六進制數字，或字元 \U 後跟八個十六進制數字組成。如果識別字的第一個字元是萬用字元，則其值不能為數字字元。在識別字名稱中使用萬用字元時，也不能指定值小於 $A0_{16}$（$24_{16}$、$40_{16}$ 或 $60_{16}$ 除外）的字元，或 $D800_{16}$ 至 $DFFF_{16}$ 範圍內的字元。

萬用字元名稱可用於識別字名稱、字元常數和字串。

### 1.2.2 關鍵詞

表 A.2 中所列出的識別字，是對 C 編譯器有特殊意義的關鍵字。

表 A.2 關鍵字

| _Bool | default | inline | struct |
|---|---|---|---|
| _Complex | do | int | switch |
| _Generic | double | long | typedef |
| _Imaginary | else | register | union |
| auto | enum | restrict | unsigned |
| break | extern | return | void |
| case | float | short | volatile |
| char | for | signed | while |
| const | goto | sizeof | |
| continue | if | static | |

# 2.0　註解

您可以通過兩種方式將註解加入於程式。註解可使用 // 符號作開頭。編譯器將忽略該行後面的任何字元。

註解也可以從 /* 符號作開頭，當遇到 */ 符號時結束。註解中可以包含任何字元，它可以擴展到很多行。註解可以在程式中任何允許空白的地方使用。然而，註解不能巢狀，這意味著只要遇到的第一個 */ 字元就會結束註解，無論您使用多少個 /* 符號。

# 3.0　常數

## 3.1　整數常數

整數常數是數字序列，前面可有可無地帶有加號或減號。如果第一個數字為 0，整數將被視為八進制常數，在這種情況下，所有後面的數字必須為 0 到 7。如果第一個數字為 0，並且緊跟著字母 x（或 X），則整數被視為十六進制常數，後面的數字可在從 0 到 9 或從 a 到 f（或從 A 到 F）的範圍內。

可以在十進制整數常數的末尾添加 l 或 L 後置字母，使其成為 long int 常數。如果該值不適合 long int，它將被視為 long long int 常數。如果在八進制或十六進制常數的末尾添加字母 l 或 L，如果可以適合，則將其視為 long int 常數；否則，它將被視為 long long int 常數。如果最後還是不適合 long long int，它將被視為 unsigned long long int 常數。

可以在十進制整數常數的末尾添加 ll 或 LL 後置字母，使其成為 long long int 常數。當將其添加到八進制或十六進制常數作字尾時，該常數將先被視為 long long int 常數，如果不適合，將被視為 unsigned long long int 常數。

可以在整數常數的末尾添加 u 或 U 後置字母，使其成為 unsigned 常數。如果常數太大以至於無法容納在 unsigned int 中，則將其視為 unsigned long int 常數。如果仍然不夠，則將其視為 unsigned long long int 常數。

可以在整數常數的末尾同時添加 unsigned 和 long 的後置字母，使其成為 unsigned long int 常數。如果常數太大以至於無法容納在 unsigned long int 中，它將被視為 unsigned long long int 常數。

可以在整數常數的末尾同時添加 unsigned 和 long long 的後置字母，使其成為 unsigned long long int 常數。

如果一個無後置的十進制整數常數太大，不適合 signed int，它將被視為 long int 常數。如果還是過大，不適合 long int，它將被視為 long long int 常數。

如果一個無後置的八進制或十六進制整數常數太大，不適合 signed int，它將被視為 unsigned int 常數。如果還是太大，不適合 unsigned int，它將被視為 long int，如果還是過大，不適合 long int，它將被視為 unsigned long int 常數。如果 unsigned long int 對它來說還是不夠，則它將被視為 long long int 常數。如果最後還是不夠，不適合 long long int，則該常數將被視為 unsigned long long int 常數。

## 3.2 浮點數常數

浮點數常數由十進制數字序列、小數點和另一個十進制數字序列組成。可以在值的前面加上負號，表示負值。可以省略小數點之前的數字序列，或小數點後面的數字序列，但不能同時省略。

如果浮點數常數緊跟著字母 e（或 E）和可有可無的有符號整數，則該常數將以科學記號表示。該整數（指數）代表乘以字母 e 前的值（尾數）的 10 的次方（例如，1.5e-2 代表 $1.5 \times 10^{-2}$ 或 .015）。

十六進制浮點數常數由前置 0x 或 0X、後跟一個或多個十進制或十六進制數字、再後跟一個 p 或 P，和一個可有可無的有符號二進制指數組成。例如，0x3p10 代表 $3 \times 2^{10}$。

浮點數常數被編譯器視為 double 精確度值。可以添加後置字母 f 或 F 來指定為 float 常數，而不是 double 常數。也可以添加後置字母 l 或 L，指定它為 long double 常數。

## 3.3 字元常數

用單引號括起來的字元是字元常數。單引號內包含多個字元，是由實作定義來處理的。可以在字元常數中使用萬用字元（第 1.2.1 節）來指定不包括在標準字元集中的字元。

### 3.3.1 轉義序列

特殊轉義序列被識別並由反斜線字元引入。這些轉義序列請參閱表 A.3 中。

表 A.3 特殊的轉義序列

| 字元 | 意義 |
|---|---|
| \a | 響鈴 |
| \b | 倒退 |
| \f | 換頁 |

| 字元 | 意義 |
|---|---|
| \n | 換行 |
| \r | 返回 |
| \t | 水平定位 |
| \v | 垂直定位 |
| \\ | 反斜線 |
| \" | 雙引號 |
| \' | 單引號 |
| \? | 問號 |
| \nnn | 八進制字元值 |
| \unnnn | 萬用字元名稱 |
| \Unnnnnnnn | 萬用字元名稱 |
| \xnn | 十六進制字元值 |

在八進制字元的情況下,可以指定從一到三個八進制數字。在最後三種情況下,是使用於十六進制數字。

### 3.3.2 寬字元常數

寬字元常數被寫為 L'x'。這種常數的型態是 wchar_t,如標頭檔 <stddef.h> 中定義的。寬字元常數提供了一種不能用正常 char 型態來表達字元的方法。

## 3.4 字串常數

用雙引號括起的零個或多個字元序列表示字串常數。任何有效的字元都可以被包含在字串中,包括先前列出的任何轉義字元。編譯器自動在字串的末尾插入一個空字元('\0')。

通常,編譯器會產生一個指向字串第一個字元的指標,其型態為 "指向 char 的指標"。然而,當字串常數與 sizeof 運算子(或&運算子)一起使用來初始化字元陣列時,該字串常數的型態為 "char 的陣列"。

字串常數不能被程式修改。

### 3.4.1 字串連接

前置處理器自動將相鄰的字串常數連接在一起。字串可以由零個或多個空白字元分隔。所以,以下三個字串:

```
 "a" " character "
     "string"
```

連接後等同於單一字串：

```
 "a character string"
```

### 3.4.2 多位元組字元

實作定義的字元序列可在字串不同狀態之間來回移動，使得多位元組字元可以被載入。

### 3.4.3 寬字串常數

擴展字元集的字串常數以 L "…" 格式表示。這種常數的型態是 "指向 wchar_t 的指標"，其中 wchar_t 被定義在 <stddef.h> 中。

## 3.5 列舉常數

已宣告為列舉型態值的識別字，將被視為該型態的常數，否則將被編譯器視為 int 型態。

# 4.0 資料型態和宣告

本節總結了基本資料型態、衍生資料型態、列舉資料型態和 typedef，以及宣告變數的格式。

## 4.1 宣告

當定義結構、聯合、列舉資料型態或 typedef 時，編譯器不會自動保留任何儲存。該定義僅告訴編譯器將某資料型態和名稱結合在一起。這樣的定義可以在函式內或外進行。在前一種情況下，只有函式知道它的存在；在後一種情況下，在檔案的其餘部分皆是有效的。

定義完成後，可以宣告該資料型態的變數。被宣告為任何資料型態的變數皆會為它保留記憶體空間，除非它是一個 extern 宣告，在這種情況下，它可能有或沒有配置的記憶體（請參閱第 6.0 節）。

C 語言還允許在定義結構、聯合或列舉資料型態的同時分配記憶體。這可以在定義的終止分號之前列出變數來完成。

## 4.2　基本資料型態

表 A.4 總結了基本 C 資料型態。你可以使用以下格式,將變數宣告為特定的基本資料型態:

```
type   name = initial_value;
```

為變數指定初始值是可有可無的,並遵循第 6.2 節中概述的規則。使用以下的一般格式可以一次宣告多個變數:

```
type   name = initial_value, name = initial_value, ... ;
```

在型態宣告之前,還可以指定可有可無的儲存類別,如 6.2 節所述。如果指定了儲存類別,且變數型態為 int,則可以省略 int。例如:

```
static   counter;
```

宣告 counter 為 static int 變數。

表 A.4　基本資料型態

| 型態 | 意義 |
|---|---|
| int | 整數值:不包含小數點的值;其保證至少 16 位元的精確度。 |
| short int | 減少精確度的整數值;在一些電腦上所佔用記憶體為 int 的一半;其保證至少 16 位元的精確度。 |
| long int | 擴增精確度整數值;其保證至少 32 位元的精確度。 |
| long long int | 額外擴增精確度整數值;其保證至少 32 位元的精確度。 |
| unsigned int | 正整數值;可以儲存二倍大的 int 正值;其保證至少 16 位元的精確度。 |
| float | 浮點數值:包含小數點的值;其保證至少 6 位數字的精確度。 |
| double | 擴增精確度浮點數值;其保證至少 10 位數字的精確度。 |
| long double | 額外擴增精確度浮點數值;其保證至少 10 位數字的精確度。 |

| 型態 | 意義 |
|------|------|
| char | 單一字元值;在一些系統上,當使用於運算式中時,符號擴展可能會發生。 |
| unsigned char | 與 char 相同,除了確保不會因為整數提升而發生符號擴展。 |
| signed char | 與 char 相同,除了確保會因為整數提升而發生符號擴展。 |
| _Bool | 布林型態;其大小僅足以儲存 0 或 1。 |
| float _Complex | 複數。 |
| double _Complex | 擴增精確度複數。 |
| long double _Complex | 額外擴增精確度複數。 |
| void | 無型態;用以確保函式不回傳值,並不被使用於運算式中,或明確地 "丟棄" 運算式的結果。也用於通用指標型態(void *)。 |

注意,signed 修飾符也可以放在 short int、int、long int 和 long long 型態的前面。由於這些型態是預設為 signed 的,所以此做法沒有任何效果。

_Complex 和 _Imaginary 資料型態允許宣告和處理複數和虛數,使用函式庫中的函式,支援這些型態的算術運算。通常,您應該在程式中載入檔案 <complex.h>,該檔案定義了巨集和宣告使用複數和虛數的函式。例如,double _Complex 變數 c1 可以被宣告,並初始為 5 + 10.5i,其敘述如下:

```
 double _Complex  c1 = 5 + 10.5 * I;
```

然後可以使用函式庫的函式(如 creal 和 cimag)來提取 c1 的實數部份和虛數部份。

在實作中不一定支援 _Complex 和 _Imaginary 型態,也可以可有可無地僅支援一個但不支援另一個。

在程式中載入標頭檔 <stdbool.h>,使得更容易地使用布林變數。在該檔案中,定義了巨集 bool、true 和 false,使您能夠編寫以下敘述:

```
 bool  endOfData = false;
```

## 4.3　衍生資料型態

衍生資料型態是從一個或多個基本資料型態構建的資料型態。衍生資料型態有陣列、結構、聯合和指標。回傳指定型態的值的函式也被視為衍生資料型態。除了函式之外，以下各節總結了這些衍生資料型態中的每一個。函式另外在 7.0 節中討論。

### 4.3.1　陣列

**一維陣列**

陣列可以被定義為包含任何基本資料型態，或任何衍生資料型態。函式陣列（儘管允許函式指標的陣列）是不允許的。

陣列的宣告基本格式如下：

```
type   name[n]    = { initExpression, initExpression, ... };
```

n 決定陣列 name 中元素的數量，如果指定了一串列初始值，則可以省略。在這種情況下，陣列的大小基於所列出的初始值的數量，或在使用指定初始化器（initializer）時所參考的最大索引元素。

如果定義了全域陣列，每個初始值都必須是常數運算式。初始列表中的值可以比陣列中的元素少，但不能超過。如果指定的值較少，則只會初始該陣列的那幾個元素。剩餘元素被設為 0。

陣列初始化的一種特殊情況在於字元陣列的情況下，它可以由一個常數字串初始化。例如：

```
char today[] = "Monday";
```

將 today 宣告為一個字元陣列。此陣列被初始化為字元 'M'、'o'、'n'、'd'、'a'、'y' 和 '\0'。

如果明確地指定字元陣列的大小，而沒有為空字元留出空間，編譯器不會在陣列末尾放置空字元：

```
char today[6] = "Monday";
```

這宣告 today 為六個字元的陣列，並將其元素設為字元 'M'、'o'、'n'、'd'、'a' 和 'y'。

使用一對大括號包含元素號，可以任何順序初始特定的陣列元素。例如：

```
int     x = 1233;
int     a[] =  { [9] = x + 1, [3] = 3, [2] = 2, [1] = 1 };
```

定義名為 a 的 10 元素（基於陣列中最高索引）的陣列，並將最後一個元素初始為 x + 1（1234），前三個元素分別初始為 1、2 和 3。

#### 4.3.1.1　可變長度陣列

在函式或區段中，可以使用包含變數的運算式來指定陣列的大小。在這種情況下，於執行時計算其大小。例如，函式：

```
int makeVals (int n)
{
    int valArray[n];
    ...
}
```

定義一個名為 valArray 的自動陣列，其大小為 n 個元素，其中 n 在執行時求值，在不同的函式呼叫皆不同。可變長度陣列在宣告時無法初始化。

#### 4.3.1.2　多維陣列

宣告多維陣列的一般格式如下：

```
type  name[d1][d2]...[dn] = initializationList;
```

陣列 name 被定義為包含指定型態的 d1 x d2 x ... x dn 個元素。例如：

```
int  three_d [5][2][20];
```

定義了一個三維陣列 three_d，包含 200 個整數。

可在每個維度的括號中指定索引，用以從多維陣列引用特定元素。例如，敘述：

```
three_d [4][0][15] = 100;
```

在陣列 three_d 的指示元素中儲存 100。

可使用與一維陣列相同的方式來初始多維陣列。巢狀的大括號可控制對陣列元素指定值。

以下將 matrix 宣告為包含四列和三行的二維陣列：

```
int matrix[4][3] =
        {   { 1, 2, 3 },
            { 4, 5, 6 },
            { 7, 8, 9 } };
```

矩陣第一列的元素分別被設置為 1、2 和 3；第二列的元素分別被設置為 4、5 和 6；以及在第三列中，元素分別被設置為 7、8 和 9。第四列的元素被設置為 0，因為該列指定任何值。宣告：

```
static int matrix[4][3] =
        { 1, 2, 3, 4, 5, 6, 7, 8, 9 };
```

將 matrix 初始為相同的值，因為多維陣列的元素以 "維度順序" 初始的；即從左到右。

以下宣告：

```
int matrix[4][3] =
        { { 1 },
          { 4 },
          { 7 } };
```

將 matrix 第一列的第一個元素設置為 1，將第二列的第一個元素設置為 4，並將第三列的第一個元素設置為 7。預設情況下，所有剩餘元素都被設置為 0。

最後，以下宣告：

```
int matrix[4][3] = {  [0][0] = 1, [1][1] = 5, [2][2] = 9 };
```

將 matrix 中的指定元素初始為指定的值。

## 4.3.2 結構（structure）

宣告結構的一般格式如下：

```
struct name
{
    memberDeclaration
    memberDeclaration
        ...
}  variableList;
```

定義了結構 name，其成員由每個 memberDeclaration 指定。每個這樣的宣告包括一個型態規格，後面是一個或多個成員名稱。

可以在結構定義時，在終止分號之前列出變數來宣告變數，或者它們可以隨後使用以下格式做宣告：

```
struct name  variableList;
```

如果在定義結構時省略 name，則不能使用此格式。在這種情況下，該結構型態的所有變數必須與定義一起宣告。

初始結構變數的格式與陣列類似。可以在一對大括號中包含初始值列表來初始其成員。如果初始全域結構，則列表中的每個值必須是常數運算式。

宣告

```
struct  point
{
    float x;
    float y;
}  start = {100.0, 200.0};
```

定義一個名為 point 的結構和一個名為 start 的 struct point 變數，以指定值當作其初始值。可以使用以下表示法，以任何順序對特定成員進行初始化：

```
.member = value
```

如下面的初始化列表：

```
struct point  end = { .y = 500, .x = 200 };
```

以下宣告：

```
struct  entry
{
   char  *word;
   char  *def;
} dictionary[1000] = {
   { "a",        "first letter of the alphabet" },
   { "aardvark",  "a burrowing African mammal" },
   { "aback",     "to startle"                  }
};
```

宣告 dictionary 包含 1,000 個 entry 結構，前三個元素被初始為指定的字串指標。使用指定初始器，您也可以這樣寫：

```
struct  entry
{
   char  *word;
   char  *def;
} dictionary[1000] = {
   [0].word = "a",         [0].def = "first letter of the alphabet",
   [1].word = "aardvark", [1].def = "a burrowing African mammal",
   [2].word = "aback",    [2].def = "to startle"
};
```

等同於：

```
struct  entry
{
   char  *word;
   char  *def;
} dictionary[1000] = {
   {.word = "a",         .def = "first letter of the alphabet" },
   {.word = "aardvark", .def = "a burrowing African mammal"} ,
   {.word = "aback",     .def = "to startle"}
};
```

自動結構變數可以初始為相同型態的另一個結構，如下所示：

```
struct date  tomorrow = today;
```

宣告了 date 結構變數 tomorrow，並將結構變數 today（之前已宣告）的內容指定給它。

memberDeclaration 具有以下的格式：

```
type  fieldName : n
```

在結構內定義 n 位元寬的欄位，其中 n 是整數值。在一些電腦上，欄位是從左到右加以包裝的，在有些電腦上是從右到左加以包裝的。如果省略 fieldName，則保留指定的位元，但不能引用。如果省略 fieldName，並且 n 為 0，則後面的欄位是對齊下一個儲存單位的邊界，其中該單元是實作的平台定義的。欄位的型態可以是 _Bool、int、signed int 或 unsigned int。將 int 欄位視為 signed 或 unsigned 是由實作平台定義的。位址運算子（&）不能應用於欄位，並且不能定義欄位陣列。

## 4.3.3 聯合（union）

宣告聯合的一般格式如下：

```
union  name
{
    memberDeclaration
    memberDeclaration
       ...
}  variableList;
```

這定義了一個名為 namc 的聯合，其成員由每個 memberDeclaration 指定。聯合的每個成員共享相同的儲存空間，編譯器負責確保保留足夠的空間，來包含聯合的最大成員。

可以在定義聯合時宣告變數，也可以隨後使用以下表示法宣告：

```
union  name  variableList;
```

前提是在定義聯合時有給予聯合名稱。

程式設計師有責任確保從聯合中檢索的值，與在聯合中最後儲存的值一致。可以利用包含初始值來初始聯合的第一個成員。在全域聯合變數的情況下，初始值必須是常數運算式，並置於大括號內：

```
union  shared
{
    long long  int  l;
    long int      w[2];
} swap = { 0xffffffff };
```

這宣告了 union 變數 swap，並將 l 成員設置為十六進制 ffffffff。可以指定成員名稱來初始不同的成員，如下：

```
union shared swap2 = {.w[0] = 0x0, .w[1] = 0xffffffff; }
```

自動聯合變數也可以初始為相同型態的聯合，如下：

```
union shared swap2 = swap;
```

## 4.3.4 指標

宣告指標變數的基本格式如下：

```
type  *name;
```

識別字 name 被宣告為 "指向 type 的指標" 型態，它可以是基本資料型態或衍生資料型態。例如：

```
int  *ip;
```

宣告 ip 為指向 int 的指標，而以下宣告：

```
struct  entry  *ep;
```

將 ep 宣告為指向 entry 結構的指標。

指向陣列中的元素的指標，是宣告為指向包含於陣列元素的型態。例如，先前的 ip 宣告也可以用於宣告一個指向整數陣列的指標。

還允許更高階的指標宣告。例如，以下宣告：

```
char *tp[100];
```

宣告 tp 為一個 100 個字元指標的陣列，而以下宣告：

```
struct entry (*fnPtr) (int);
```

宣告 fnPtr 為一個指向函式的指標，該函式回傳一個 entry 結構，並接收一個 int 參數。

將指標與值為 0 的常數運算式進行比較，來測試指標是否為空。該實作可以選擇在內部表示的空指標，而不是 0。然而，這種內部表示的空指標，必須證明它與常數 0 是相等的。

指標轉換為整數和整數轉換為指標的方式皆與電腦有關，指標所需的整數大小也是如此。

型態 "指向 void 的指標" 是通用指標型態。C 語言保證任何型態的指標都可以指定給 void 指標。

除了這種特殊情況，不允許指定不同的指標型態，如果嘗試這樣做，通常會導致編譯器發出警告訊息。

## 4.4　列舉資料型態

宣告列舉資料型態的一般格式如下：

```
enum  name { enum_1, enum_2, ... } variableList;
```

列舉型態 name 定義了列舉值 enum_1、enum_2……，每個列舉值都是識別字，或識別字後跟等號和常數運算式。variableList 是可有可無的變數列表（可有可無的初始值），它被宣告為 enum name 型態的。

編譯器給予列舉識別字，從 0 開始按順序指定整數值。如果識別字後面跟有 = 和常數運算式，則該運算式的值將指定給該識別字。後續的識別字則以該常數運算式加 1 開始指定。編譯器將列舉識別字視為常數整數值。

如果希望將變數宣告為先前定義（和命名）的列舉型態，可使用以下語法：

```
enum  name  variableList;
```

宣告為特定列舉型態的變數，只能指定相同資料型態的值，儘管編譯器可能不會將此標記為錯誤。

## 4.5　typedef 敘述

typedef 敘述用於為基本或衍生資料型態指定新名稱。typedef 不定義新型態，而只是一個現有型態的新名稱。因此，宣告為新命名型態的變數將被編譯器正確地處理。

在使用 typedef 定義時，就像正常的變數宣告一樣。之後，將新型態名稱放在一般變數名稱出現的位置。最後，在最前面放置關鍵字 typedef。

舉個例子：

```
typedef struct
     {
          float  x;
          float  y;
     }  Point;
```

將名稱 Point 與包含名為 x 和 y 的浮點數成員的結構關聯在一起。隨後可以宣告 Point 型態的變數，如：

```
Point  origin = { 0.0, 0.0 };
```

## 4.6 型態修飾字 const、volatile 和 restrict

可以在型態宣告之前放置關鍵字 const，告訴編譯器該值不能被修改。所以：

```
const int x5 = 100;
```

宣告 x5 為整數常數（亦即，在程式執行期間不會將其設定為其它值）。編譯器不會標記嘗試更改 const 變數值。

volatile 修飾字明確地告訴編譯器，值會的改變（通常是動態的）。當在運算式中使用 volatile 變數時，其出現的地方都會存取其值。

要將 port17 宣告為 "指向 char 的 volatile 指標" 的型態，應撰寫為：

```
volatile char *port17;
```

restrict 關鍵字可以與指標一起使用。這是提示編譯器要做最佳化（有如變數使用的 register 關鍵字一樣）。restrict 關鍵字告訴編譯器， 指標僅指向特定物件指標；也就是說，它不被同一範圍內的任何其它指標引用。以下行：

```
int  * restrict intPtrA;
int  * restrict intPtrB;
```

告訴編譯器，在範圍期間定義了 intPtrA 和 intPtrB，它們永遠不會存取同一個值。指向的變數的使用（例如在陣列中）是互斥的。

# 5.0 運算式

變數名稱、函式名稱、陣列名稱、常數、函式呼叫、陣列的引用，以及結構和聯合的引用都被視為運算式。將一元運算子（適當地）應用於這些運算式之一也是一個運算式，正如將這些運算式中的兩個或多個二元或三元運算子結合在一起一樣。最後，括號內的運算式也是一個運算式。

除了 void 之外的任何型態的運算式之資料物件，稱為左值(lvalue)。如果它可以指定值，則被稱為可修改的左值（modifiable lvalue）。

某些地方需要可修改的左值運算式。指定運算子左側的運算式，必須是可修改的左值。此外，遞增和遞減運算子只能用於可修改的左值，一元位址運算子 & 也是（除非它是一個函式）。

## 5.1　C 運算子總結

表 A.5 總結了 C 語言中的各種運算子。這些運算子按執行優先順序（precedence）從高到低排列。同組的運算子具有相同的執行優先順序。

表 A.5　C 運算子總結

| 運算子 | 描述 | 結合性（associativity） |
|---|---|---|
| () | 函式呼叫 | |
| [] | 陣列元素的引用 | |
| -> | 指向結構成員指標的引用 | 從左到右 |
| . | 陣列成員的引用 | |
| - | 一元運算子(負號) | |
| + | 一元運算子(正號) | |
| ++ | 遞增 | |
| -- | 遞減 | |
| ! | 邏輯否 | |
| ~ | 1 的補數 | 從右到左 |
| * | 指標的引用（間接） | |
| & | 記憶體位址 | |
| sizeof | 物件的大小 | |
| (typc) | 轉型 | |
| * | 乘法 | |
| / | 除法 | 從左到右 |
| % | 模數(兩數相除取其餘數) | |
| + | 加法 | 從左到右 |
| - | 減法 | |
| << | 左移 | 從左到右 |
| >> | 右移 | |
| < | 小於 | |
| <= | 小於等於 | 從左到右 |
| > | 大於 | |
| => | 大於等於 | |
| == | 相等 | 從左到右 |
| != | 不相等 | |

| 運算子 | 描述 | 結合性（associativity） |
|---|---|---|
| & | 位元且（位元 AND） | 從左到右 |
| ^ | 位元互斥（位元 XOR） | 從左到右 |
| \| | 位元或（位元 OR） | 從左到右 |
| && | 邏輯且 | 從左到右 |
| \|\| | 邏輯或 | 從左到右 |
| ?: | 條件 | 從右到左 |
| = | 指定運算子 | 從右到左 |
| *= /= %= | | |
| += -= &= | | |
| ^= \|= | | |
| <<= >>= | | |
| , | 逗號運算子 | 從右到左 |

作為使用表 A.5 的範例，請看以下運算式：

```
b | c & d * e
```

乘法運算子比位元 OR 運算子和位元 AND 運算子具有更高的執行優先順序，因為在表 A.5 中它出現這兩個之上。類似地，位元 AND 運算子的執行優先順序高於位元 OR 運算子，因為在表中前者出現後者之上。因此，該運算式被評估為：

```
b | ( c & ( d * e ) )
```

現在考慮下面的運算式：

```
b % c * d
```

由於在表 A.5 中模數和乘法運算子出現在相同的分組中，所以它們具有相同的執行優先順序。這些運算子結合性是從左到右，表示運算式被評估為：

```
( b % c ) * d
```

作為另一個例子，運算式：

```
++a->b
```

被評估為：

```
++(a->b)
```

因為 -> 運算子的執行優先順序高於 ++ 運算子。

最後，由於指定運算子的結合性是從右到左，所以以下敘述：

```
a = b = 0;
```

被評估為

```
a = (b = 0);
```

其將 a 和 b 的值設定為 0。在以下運算式的情況下：

```
x[i] + ++i
```

並沒有定義編譯器會先評估左側的加法運算子、或是右側加法運算子。在此，不同的評估方式會影響結果，因為 i 的值可能在 x[i] 求值之前先遞增。

以下運算式為評估順序未定義的另一種情況：

```
x[i] = ++i
```

在這種情況下，並沒有定義 i 的值加 1，在作用 x 的索引之前或之後。

函式參數的評估順序也是未定義的。因此，在以下函式呼叫中：

```
f (i, ++i);
```

i 可能先遞增，從而導致傳送兩個相同的參數值給函式。

C 語言保證 && 和 || 運算子是從左到右進行評估。此外，在 && 的情況下，如果第一個運算元為 0，則不評估第二運算元；在 || 的情況下，如果第一個非 0，則不評估第二個運算元。在組成運算式時應考慮這個事實，例如：

```
if ( dataFlag  ||  checkData (myData) )
   ...
```

在這情況下，只有當 dataFlag 的值為 0 時才呼叫 checkData。再舉一個範例，如果 a 被定義為包含 n 個元素的陣列，則以下敘述：

```
if (index >= 0  &&  index < n  &&  a[index] == 0))
   ...
```

僅當 index 是陣列有效的索引時，才引用陣列中包含的元素。

## 5.2　常數運算式

常數運算式中的每一項都是常數值。在以下情況，需要使用常數運算式：

1. 在 switch 敘述中 case 後的值

2. 用於初始或全域宣告陣列的大小

3. 為列舉識別字指定值

4. 用於在結構定義中指定位元欄位的大小

5. 為靜態變數指定初始值

6. 為全域變數指定初始值

7. 在 #if 前置處理器敘述中，作為 #if 後面的運算式

在前四種情況下，常數運算式必須由整數常數、字元常數、列舉常數和 sizeof 運算式組成。唯一可以使用的運算子是算術運算子、位元運算子、關係運算子、條件運算子，以及型態轉換運算子。sizeof 運算子不能用於具有可變長度陣列的運算式，由於在執行時求結果值，因此不是常數運算式。

在第五和第六種情況下，除了導循前面的規則之外，可以暗示或明確地使用記憶體位址運算子。但是，它只能應用於全域或靜態的變數或函式。例如，運算式：

```
&x + 10
```

是有效的常數運算式，前提是 x 是全域變數或靜態的變數。此外，運算式：

```
&a[10] - 5
```

是一個有效的常數運算式（如果 a 是全域或靜態的陣列）。最後，由於 &a[0] 等同於運算式 a，所以：

```
a + sizeof (char) * 100
```

也是一個有效的常數運算式。

對於需要常數運算式的最後一種情況（#if 之後），規則與前四種情況相同，除了 sizeof 運算子、列舉常數和型態轉換運算子不能使用外。但是，允許使用特殊的 defined 運算子（請參閱第 9.2.3 節）。

## 5.3 算術運算子

已知：

a, b    是除 void 之外的任何基本資料型態的運算式；

i, j    是任何整數資料型態的運算式；

以下運算式：

-a　　　取 a 的負值

+a　　　取 a 的值

a + b　 a 和 b 相加

a - b　 a 和 b 相減

a * b　 a 和 b 相乘

a / b　 a 和 b 相除

i % j　 取 i 除以 j 的餘數

在每一個運算式中，對運算元作一般的算術轉換（請參閱 5.17 節）。如果 a 是 unsigned，-a 的計算將先作整數提升，以提升後型態的最大值減去它，再對結果加 1。

如果整除兩個整數值，結果將會截掉小數點後的部份。如果任一運算元為負，則截掉方向未定義（亦即，-3 / 2 可能在一些電腦上產生 -1，而在其它電腦上產生 -2）；否則，截掉總是趨近於 0（3/2 總是產生 1）。有關使用指標的算術運算之概述，請參閱第 5.15 節。

## 5.4　邏輯運算子

已知：

a, b　　是除了 void 之外的任何基本資料型態的運算式，或者都是指標。

以下運算式：

a && b　如果 a 和 b 都為非零，其值為 1，否則為 0（只有 a 非零時，才評估 b）

a || b　如果 a 或 b 為非零，其值為 1，否則為 0（只有 a 為零時，才評估 b）

!a　　　如果 a 為 0，其值為 1，否則為 0

一般的算術轉換應用於 a 和 b（請參閱 5.17 節）。在所有情況下，結果的型態皆為 int。

## 5.5　關係運算子

已知：

a, b　　是除 void 之外的任何基本資料型態的運算式，或者都是指標

以下運算式：

a < b 　　如果 a 小於 b，其值為 1，否則為 0

a <= b 　如果 a 小於等於 b，其值為 1，否則為 0

a > b 　　如果 a 大於 b，其值為 1，否則為 0

a >= b 　如果 a 大於等於 b，其值為 1，否則為 0

a == b 　如果 a 和 b 相等，其值為 1，否則為 0

a != b 　如果 a 和 b 不相等，其值為 1，否則為 0

對 a 和 b 執行一般的算術轉換（請參閱 5.17 節）。前四個關係測試只對指標有意義，（如果它們都指向同一個陣列或同一個結構或聯合的成員）。在每種情況下的結果型態皆是 int。

## 5.6 位元運算子

已知：

i, j, n 　　是任何整數資料型態的運算式

以下運算式：

i & j 　　執行 i 和 j 的位元 AND 的運算

i | j 　　執行 i 和 j 的位元 OR 的運算

i ^ j 　　執行 i 和 j 的位元 XOR 的運算

~i 　　　去 i 的 1 補數

i << n 　將 i 左移 n 個位元

i >> n 　將 i 右移 n 個位元

對運算元執行一般的算術轉換，除非使用 << 和 >>，在這種情況下，只對每個運算元執行整數提升（請參閱 5.17 節）。如果位移數是負的，或者大於等於包含在被移位的對象中的位元，則移位的結果是未定義的。在一些電腦上，右移是算術運算（以符號填空），而在其它電腦上，它是邏輯運算（以 0 填空）。位移運算結果的型態是提升後的左運算元的型態。

## 5.7 遞增和遞減運算子

已知：

lv 　　　是可修改的左值運算式，其型態沒有 const 修飾字。

以下運算式：

++lv    先遞增 lv，然後使用其值作為運算式的值

lv++    先使用 lv 作為運算式的值，然後遞增 lv

--lv    先遞減 lv，然後使用其值作為運算式的值

lv--    先使用 lv 作為運算式的值，然後遞減 lv

5.15 節描述了這些對指標的運算。

## 5.8  指定運算子

已知：

lv      是可修改的左值運算式，其型態不可以有 const 修飾字

*op*     是可以用作指定運算子的任何運算子（請參閱表 A.5）

a      是運算式

以下運算式：

lv = a     將 a 的值儲存到 lv 中

lv *op* = a    將 op 應用於 lv 和 a，將結果儲存到 lv 中

在第一個運算式中，如果 a 是基本資料型態之一（除 void 之外），它將被轉換為與 lv 的型態匹配的型態。如果 lv 是一個指標，則 a 必須是與 lv 相同型態的指標、void 指標或空指標。

如果 lv 是一個 void 指標，則 a 可以是任何指標型態。第二個運算式被視為 lv = lv *op* (a)，除非 lv 只被計算一次（想想看 x[i++] += 10）。

## 5.9  條件運算子

已知：

a, b, c   是運算式

以下運算式：

a ? b : c   如果 a 為非零，其值為 b，否則為 c；此外，僅評估運算式 b 或 c

運算式 b 和 c 必須是相同的資料型態。如果它們不是，但都是算術資料型態，則應用一般的算術轉換，以使它們的型態相同。如果一個是指標，而另一個是零，則後者被認為是與前者相同型態的空指標。如果一個是指向 void 的指標，另一個是指向另一個型態的指標，則後者被轉換為 void 的指標，而且它是結果的型態。

## 5.10 轉型運算子

已知：

type 是基本資料型態、列舉資料型態（以關鍵字 enum 開頭）、typedef 定義型態、或衍生資料型態等型態的名稱

a 是運算式

以下運算式

（type）a 將 a 轉換為指定的型態

## 5.11 sizeof 運算子

已知：

type 如前所述

a 是運算式

以下運算式：

sizeof（type） 其值為指定型態值所需的位元組數

sizeof a 其值為儲存 a 所需的位元組

如果 type 是 char，則結果是定義為 1。如果 a 是以確定大小的陣列名稱（通過暗示或明確的初始化），並且不是形式參數、或為確定大小的 extern 陣列，sizeof a 將給予將元素儲存在 a 所需的位元組數。

如果 a 是類別名稱，那麼 sizeof (a) 給予儲存 a 實例所需資料結構的大小。

sizeof 運算子產生的整數,其型態是 size_t,它被定義於標頭檔 <stddef.h> 中。

如果 a 是可變長度陣列,則在執行時評估 sizeof 運算子;否則 a 將在編譯期間被評估,並將結果用於常數運算式(請參閱 5.2 節)。

## 5.12　逗號運算子

已知:

a, b　　是運算式

以下運算式:

a, b　　a 被評估,然後 b 被評估;運算式的型態和值是 b 的型態和值

## 5.13　陣列的基本運作

已知:

a　　　被宣告為 n 個元素的陣列

i　　　是任何整數資料型態的運算式

v　　　是運算式

以下運算式:

a[0]　　引用 a 的第一個元素

a[n-1]　引用 a 的最後一個元素

a[i]　　引用 a 的第 i 個元素

a[i] = v　將 v 的值儲存到 a[i]中

上述的每種情況,其結果的型態是 a 中元素的型態。有關使用指標和陣列的運作摘要,請參閱 5.15 節。

## 5.14 結構的基本運作[1]

已知:

x        是 struct s 型態的可修改左值運算式

y        是 struct s 型態的運算式

m        是 struct s 的成員之一的名稱

v        是運算式

以下運算式:

x           引用整個結構並且型態為 struct s

y.m         引用結構 y 的成員 m,並且為成員 m 的宣告型態

x.m = v     將 v 指定給 x 的成員 m,並且為成員 m 的宣告型態

x = y       給 x 指定 y,並且是 struct s 的型態

f (y)       呼叫函式 f,以結構 y 的內容作為參數傳遞;在 f 內,其形式參數必須宣告為 struct s 型態

return y    回傳結構 y;回傳型態必須宣告為 struct s

## 5.15 指標的基本運作

已知:

x        是 t 型態的左值運算式

pt       是 "指向 t 的指標" 型態的可修改左值運算式

v        是一運算式

以下運算式:

&x       產生指向 x 的指標,並具有型態 "指向 t 的指標"

pt = &x  設定 pt 指向 x,並具有型態 "指向 t 的指標"

pt = 0   指定空指標給 pt

pt == 0  測試 pt 是否為空

*pt      引用 pt 所指向的值,並具有型態 t

*pt = v  將 v 的值儲存到 pt 所指向的位址,而且型態為 t

---

[1] 也適用於聯合

**指向陣列的指標**

已知：

a　　　　是元素型態為 t 的陣列

pa1　　　是 "指向 t 的指標" 型態的可修改左值運算式，指向 a 中的元素

pa2　　　是 "指向 t 的指標" 型態的 lvalue 運算式，指向 a 中的元素，或指向超過 a 最後一個元素

v　　　　是一運算式

n　　　　是一整數運算式

以下運算式：

a, &a, &a[0]　　產生指向第一個元素的指標

&a[n]　　　　　產生指向第 n 個元素的指標，並具有型態 "指向 t 的指標"

*pa1　　　　　引用 pa1 指向的 a 的元素，並具有型態 t

*pa1 = v　　　　將 v 的值儲存到 pa1 指向的元素，並具有型態 t

++pa1　　　　　設置 pa1 指向 a 的下一個元素，無論 a 中包含何種型態的元素，並具有型態 "指向 t 的指標"

--pa1　　　　　設置 pa1 指向 a 的前一個元素，無論 a 中包含何種型態的元素，並具有型態 "指向 t 的指標"

*++pa1　　　　遞增 pa1，然後引用 pa1 中的值，並具有型態 t

*pa1++　　　　在遞增 pa1 之前，引用 pa1 指向的 a 中的值，並具有型態 t

pa1 + n　　　　產生指向 a 中 pa1 之後的 n 個元素的指標，並具有型態 "指向 t 的指標"

pa1 - n　　　　產生指向 a 中 pa1 之前的 n 個元素的指標，並具有型態 "指向 t 的指標"

*(pa1 + n) = v　　將 v 的值儲存到 pa1 + n 指向的元素中，並且具有型態 t

pa1 < pa2　　　測試 pa1 指向 a 中元素是否比 pa2 來得前面，並具有型態 int（任何關係運算子都可用來比較兩個指標）

pa2 - pa1　　　產生指標 pa2 和 pa1 之間的元素的數目（假定 pa2 指向的元素比 pa1 指向的元素來得後面），並具有整數型態

a + n　　　　　產生指向索引為 n 的元素之指標，具有型態 "指向 t 的指標"，其等同於運算式 &a[n]

*(a + n)　　　　引用 a 中索引為 n 的元素，具有型態 t，其等同於運算式 a[n]

兩個指標相減所產生的整數型態，實際上是由 ptrdiff_t 指定的，它定義於標頭檔 <stddef.h>中。

### 指向結構的指標[2]

已知：

x   是 struct s 型態的左值運算式

ps   是 "指向 struct s 的指標" 型態的可修改之左值運算式

m   是結構 s 的成員名稱，且型態是 t

v   是一運算式

以下運算式：

&x   產生指向 x 的指標，並且型態為 "指向 struct s 的指標"

ps = &x  設定 ps 指向 x，並且型態為 "指向 struct s 的指標"

ps->m  引用 ps 指向的結構之成員 m，並且型態為 t

(*ps).m  也引用此成員，其等同於運算式 ps->m

ps->m = v 將 v 的值儲存到 ps 指向的結構之成員 m，並且型態為 t

# 5.16 複合文字

複合文字是括在括號中的型態名稱，後跟一個初始化列表。它建立於指定型態的未命名值，其有效範圍限定於建立它的區段，若在所有區段外定義，則為全域範圍。在後一種情況下，初始化必須都是常數運算式。

舉個例子：

```
(struct  point) {.x = 0, .y = 0}
```

是一個產生具有指定初始值為 struct point 型態之結構的運算式。這可以指定給另一個 struct point 結構，如：

```
origin = (struct  point) {.x = 0, .y = 0};
```

或傳遞給期望 struct point 參數的函式，如：

```
moveToPoint ((struct  point) {.x = 0, .y = 0});
```

---

[2] 也適用於聯合

除了結構之外的其它型態也可以如此定義，例如，假設 intPtr 是 int *型態，以下敘述

```
intPtr = (int [100]) {[0] = 1, [50] = 50, [99] = 99 };
```

（可以出現在程式的任何地方）設定 intptr 指向一個 100 個整數的陣列，其三個元素被初始為指定的值。

如果未指定陣列大小，則由初始化列表來確定。

## 5.17　基本資料型態的轉換

C 語言以預先定義好的順序，用來轉換算術運算式中的運算元，此稱為一般的算術轉換（usual arithmetic conversions）。

**步驟 1**　如果任一運算元的型態為 long double，則將另一個運算元轉換為 long double，同時也是結果的型態。

**步驟 2**　如果任一運算元的型態為 double，則將另一個運算元轉換為 double，同時也是結果的型態。

**步驟 3**　如果任一運算元是 float 型態，則將另一個運算元轉換為 float，同時也是結果的型態。

**步驟 4**　如果任一運算元的型態為_Bool、char、short int、int 位元欄位或列舉資料型態，另一方面若 int 可以完全表示其值的範圍，則將其轉換為 int；否則，將轉換為 unsigned int。如果兩個運算元的型態相同，結果也是此型態。

**步驟 5**　如果兩個運算元都是有符號的或兩者都是無符號的，則較小的整數型態將轉換為較大的整數型態，同時也是結果的型態。

**步驟 6**　如果無符號運算元的大小大於或等於有符號運算元，則有符號運算元將轉換為無符號運算元的型態，同時也是結果的型態。

**步驟 7**　如果有符號運算元可以表示無符號運算元中的所有值，如果它可以完全表示其值的範圍，則後者將轉換為前者的型態，同時也是結果的型態。

**步驟 8**　如果到達此步驟，則兩個運算元都將轉換為與有符號型態對應的無符號型態。

步驟 4 更正式地稱為整數提升（integral promotion）。

運算元的轉換在大多數情況下皆能正常運作，然而有以下幾點應注意：

1.　將 char 轉換為 int 可能涉及一些電腦上的符號擴展，除非 char 被宣告為 unsigned。

2. 將有符號整數轉換為較大的整數會導致向左作符號擴展；將無符號整數轉換為較大的整數會導致向左填空零。

3. 如果值為零，則轉換為_Bool 時將得到 0，否則得 1。

4. 將較大的整數轉換為較小的整數將會截掉左側的整數。

5. 將浮點數轉換為整數將會截掉該值的小數部分。如果整數不足以包含所轉換的浮點數，或是將負浮點數轉換為無符號整數，其結果皆是未定義的。

6. 將較大的浮點數轉換為較小的浮點數，在截掉時可能會或不會四捨五入。

# 6.0 儲存類別和有效範圍

儲存類別（Storage class）指的是在變數的情況下，編譯器指定記憶體給變數的方式，與特定函式定義的有效範圍。儲存類別計有 auto、static、extern 和 register。可以在宣告中省略儲存類別，其預設的儲存類別將被指定之，如本章後面所述。

有效範圍（Scope）是指程式中特定識別字意義的延伸。在任何函式或敘述區段（此處稱為 BLOCK）之外定義的識別字，可於檔案中的任何地方被引用。在 BLOCK 中定義的識別字，只在該 BLOCK 中有效，並且可以在其外重新定義的該識別字。整個 BLOCK 中的標籤名稱以及形式參數名稱都是已知的。標籤、實體變數、結構和結構成員名稱、聯合和聯合成員名稱，以及列舉型態名稱，不必彼此不同或與變數或函式名稱不同。然而，列舉識別字必須不同於，同一有效範圍內的變數名稱和其它列舉識別字。

## 6.1 函式

如果在定義函式時指定儲存類別，則它必須是 static 或 extern。宣告為 static 的函式，只能被引用於包含該函式的檔案。指定為 extern（或沒有指定類別）的函式，可以被來自其它檔案的函式呼叫。

## 6.2 變數

表 A.6 總結了用於宣告變數與其有效範圍，以及初始化方法的各種儲存類別。

表 A.6　變數：儲存類別、範圍和初始化總結

| 如果儲存類別為 | 且變數被宣告為 | 則其將被引用於 | 且可被初始化為 | 說明 |
|---|---|---|---|---|
| static | 在任何 BLOCK 之外 | 檔案的任何地方 | 僅常數運算式 | 變數僅於程式執行的時候被初始化一次；值經由各個 BLOCK 後被保留下來；預設值為 0。 |
| | 在 BLOCK 內 | BLOCK 內 | | |
| extern | 在任何 BLOCK 之外 | 檔案的任何地方 | 僅常數運算式 | 變數必須至少在一個地方被宣告，而不用 extern 關鍵字，或者在一個地方使用關鍵字 extern 並指定其初始值。 |
| | 在 BLOCK 內 | BLOCK 內 | | |
| auto | 在 BLOCK 內 | BLOCK 內 | 任何有效運算式 | 每次進入該 BLOCK 時變數都會被初始化；沒有預設值。 |
| register | 在 BLOCK 內 | BLOCK 內 | 任何有效運算式 | register 的指定是不保證的；可以宣告變數型態不同的限定；不能擷取 register 變數的位址；每次進入 BLOCK 時初始變數值；無預設值。 |
| 省略 | 在任何 BLOCK 之外 | 檔案中的任何地方或包含適當宣告的其它檔案 | 僅常數運算式 | 此宣告只能出現在一個地方；變數在程式執行的開始初始化；預設值為 0；預設為 auto。 |
| | 在 BLOCK 內 | （請參閱 auto） | （請參閱 auto） | |

# 7.0 函式

本節總結函式的語法和運作。

## 7.1 函式定義

宣告函式定義的一般格式如下：

```
returnType   name ( type1 param1, type2 param2, ... )
{
    variableDeclarations

    programStatement
    programStatement
    ...
    return expression;
}
```

定義名為 name 的函式，該函式的回傳型態為 returnType，並有形式參數 param1、param2、……，其中 param1 被宣告為 type1 型態、param2 被宣告為 type2 型態，依此類推。

區域變數通常在函式的開始處宣告，但這不是必需的。它們可以在函式的任何地方宣告，在這種情況下，它們的存取機會被限制在函式宣告之後出現的敘述。

如果函式不回傳值，則將 returnType 指定為 void。

如果在括號內指定了 void，則表示函式不接收參數。如果將...用作列表中的最後一個（或唯一）參數，則函式採用可變數量的參數，如：

```
int   printf (char *format, ...)
{
   ...
}
```

一維陣列參數的宣告不必指定陣列的元素數量。對於多維陣列，必須指定除第一個之外的每個維度的大小。

有關 return 敘述的討論，請參閱 8.9 節。

關鍵字 inline 可以放在函式定義的前面，做為編譯器的提示。一些編譯器會將函式本身的實際程式碼替換函式呼叫，提供更快速的執行。例如：

```
inline int min (int a, int b)
{
    return ( a < b ? a : b);
}
```

## 7.2　函式呼叫

宣告函式呼叫的一般格式如下：

```
name ( arg1, arg2, ... )
```

呼叫名為 name 的函式，並將 arg1、arg2、…，作為參數傳遞給函式。如果函式不帶參數，只需指定左、右括號即可（如 initialize()）。

如果在呼叫之後定義的函式，或者另一個檔案中的函式，則應該為該函式載入一個原型宣告，其一般格式如下：

```
returnType  name  (type1  param1, type2  param2, ... );
```

這告訴編譯器函式的回傳型態，它需要的參數的數量和每個參數的型態。例如：

```
long double  power (double x, int n);
```

宣告 power 是一個函式，它回傳一個 long double，並接收兩個參數，第一個 double 和第二個 int。括號內的參數名稱實際上是虛擬名稱，可以省略，所以：

```
long double  power (double, int);
```

也會正常運作。

如果編譯器先遇到函式的定義，或函式的原型宣告，每個參數的型態將會自動轉換（如果可能），以便在呼叫函式時匹配函式期望的型態。

如果既沒有遇到函式的定義，也沒有遇到原型宣告，則編譯器預設函式回傳型態 int 的值，自動將所有 float 參數轉換為 double，並對任何整數參數則執行 5.17 節所描述的整數提升。其它函式參數的傳遞不必轉換。

採用可變數量參數的函式必須如此宣告。否則，編譯器可以自由地假設，函式根據呼叫中實際使用的數量，以獲取固定數量的參數。

回傳型態宣告為 void 的函式，會導致編譯器標記函式嘗試使用回傳值的任何呼叫。

函式的所有參數都利用值加以傳遞；因此，它們的值不能由函式改變。如果傳遞指標給函式，則該函式可以改變指標所引用的值，但它仍然不能改變指標變數本身的值。

## 7.3 函式指標

函式名稱，後面沒有括號，將產生指向該函式的指標。記憶體位址運算子也可以用於函式名稱，以產生指向它的指標。

假設 fp 是一個函式的指標，相應函式可以撰寫如下：

```
fp ()
```

或

```
(*fp) ()
```

如果函式接收參數，它們可以被列在括號內。

# 8.0 各種敘述

程式敘述是任何有效的運算式（通常是指定或函式呼叫），後面緊跟一個分號，或者是以下各小節中描述的特殊敘述之一。可以在任何敘述之前加上標籤(label)，做法是識別字緊接著冒號（請參閱 8.6 節）。

## 8.1 複合敘述

包含在一對大括號中的程式敘述，統稱為複合（compound）敘述或區段（block），並且可出現在允許單一敘述之程式中的任何位置。區段可以有自己的變數宣告，它覆寫在區段外定義的任何相同名稱的變數。這樣的區域變數的範圍是它們定義的區段。

## 8.2 break 敘述

宣告 break 敘述的一般格式如下：

```
break;
```

在 for、while、do 或 switch 敘述內執行 break 敘述，會立即終止該敘述的執行。並繼續執行該迴圈或 switch 之後的敘述。

## 8.3 continue 敘述

宣告 continue 敘述的一般格式如下：

```
continue;
```

在迴圈內執行 continue 敘述，會跳過 continue 之後的任何敘述。否則，繼續正常執行迴圈。

## 8.4 do 敘述

宣告 do 敘述的一般格式如下：

```
do
        programStatement
while ( expression );
```

只要 expression 的計算結果為非零，就執行 programStatement。注意，因為 expression 在每次執行 programStatement 之後都會被計算一次，所以這保證 programStatement 會至少執行一次。

## 8.5 for 敘述

宣告 for 敘述的一般格式如下：

```
for ( expression_1;  expression_2; expression_3 )
     programStatement
```

當迴圈的執行開始時，expression_1 被計算一次。接下來，評估 expression_2，如果其值為非零，則執行 programStatement，然後計算 expression_3。只要 expression_2 的值不為零，programStatement 的執行和 expression_3 的後續計算就會一直繼續。請注意，因為每次在執行 programStatement 之前都會評估 expression_2，所以如果在第一次進入迴圈時 expression_2 的值為 0，則可能永遠不會執行 programStatement。

可以在 expression_1 中宣告 for 迴圈的區域變數。這些區域變數的有效範圍僅限於 for 迴圈內。例如：

```
for ( int i = 0; i < 100; ++i)
    ...
```

宣告整數變數 i，並在迴圈開始時將其初始值設定為 0。該變數可以被迴圈內的任何敘述存取，但在迴圈結束後就不可存取。

## 8.6 goto 敘述

宣告 goto 敘述的一般格式如下：

```
goto identifier;
```

執行 goto 使控制權傳送到標記為 identifier 的敘述。標籤敘述必須與 goto 置於相同的函式中。

## 8.7 if 敘述

用於宣告 if 敘述的一般格式如下：

```
if ( expression )
    programStatement
```

如果 expression 的求值結果為非零，則執行 programStatement；否則它將被略過。

用於宣告 if 敘述的另一種一般格式如下：

```
if ( expression )
    programStatement_1
else
    programStatement_2
```

如果 expression 的值不為零，則執行 programStatement_1；否則，執行 programStatement_2。如果 programStatement_2 是另一個 if 敘述，則執行 if-else if 鏈：

```
if ( expression_1 )
    programStatement_1
else if ( expression_2 )
    programStatement_2
    ...
else
    programStatement_n
```

else 子句總是與不包含 else 的最後一個 if 敘述相關聯。如果需要，可使用大括號更改此關聯。

## 8.8 null 敘述

宣告 null 敘述的一般格式如下：

```
;
```

null 敘述的不執行任何事，主要是用於滿足 for、do 或 while 迴圈中程式敘述的要求。例如，在以下敘述中，將 from 指向的字串複製到 to 指向的字串：

```
while ( *to++ = *from++ )
    ;
```

null 敘述用於滿足，在 while 迴圈的運算式之後出現程式敘述的需求。

## 8.9 return 敘述

用於宣告 return 敘述的一種一般格式如下：

```
return;
```

執行 return 敘述，會使程式的執行立即回到呼叫函式。此格式只能用於不回傳值的函式。

如果執行進行到函式的結尾，並沒有遇到 return 敘述，其回傳將如同此格式的 return 敘述已經被執行一樣。因此，在這種情況下，不回傳任何值。

宣告 return 敘述的第二種一般格式如下：

```
return    expression;
```

expression 的值回傳到呼叫函式。如果運算式的型態與在函式宣告中宣告的回傳型態不一致，那麼在回傳之前，其值將會自動轉換為所宣告的型態。

## 8.10　switch 敘述

宣告 switch 敘述的一般格式如下：

```
switch ( expression )
{
    case constant_1:
        programStatement
        programStatement
          ...
        break;
    case constant_2:
        programStatement
        programStatement
          ...
        break;
    ...
    case constant_n:
        programStatement
        programStatement
          ...
        break;
    default:
        programStatement
        programStatement
          ...
        break;
}
```

計算 expression 並與常數運算式 constant_1、constant_2、...、constant_n 進行比較。如果 expression 的值與這些 case 值之一相匹配，則執行緊接著的程式敘述。如果沒有 case 值可匹配 expression 的值，則執行 default（如果有設）。如果沒有預設情況，則不執行 switch 中的敘述。

expression 的計算結果必須是整數型態，並且不能有兩種情況具有相同值的。若某一 case 省略 break 敘述，將導致繼續執行到下一個 case。

## 8.11  while 敘述

宣告 while 敘述的一般格式如下：

```
while ( expression )
     programStatement
```

只要 expression 的值不為零，就執行 programStatement。注意，因為每次執行 programStatement 之前都會計算 expression，所以可能永遠不會執行 programStatement。

# 9.0  前置處理器

前置處理器會在編譯器查看程式碼之前分析原始檔。前置處理器執行以下運作：

1.  用其等同的符號替換三字元序列（請參閱 9.1 節）

2.  連接任何以反斜線字元（\）結尾的行到單一行中

3.  將程式劃分成單詞流(stream of token)

4.  刪除註解，將其替換為空白

5.  處理前置處理器指令（請參閱 9.2 節）並擴展巨集

## 9.1  三字元序列

為了處理非 ASCII 字元集，表 A.7 中列出的三字元序列（稱為三連符），在程式中（以及字串中）發生的任何地方都會識別和處理它們：

表 A.7  三字元序列

| 三字元序列 | 描述 |
|---|---|
| ??= | # |
| ??( | [ |
| ??) | ] |
| ??< | { |
| ??> | } |

| 三字元序列 | 描述 |
|---|---|
| ??/ | \ |
| ??' | ^ |
| ??! | \| |
| ??- | ~ |

## 9.2 前置處理器指令

所有前置處理器指令都以字元 # 開頭，它必須是行上的第一個非空白字元。# 後面可以後跟一個或多個空白或 tab。

### 9.2.1 #define 指令

宣告 #define 指令的一般格式如下：

```
#define name    text
```

定義識別字 name 給前置處理器，並且與 name 之後的 text 建立關聯 (name 與 text 之間要有空白隔開)。隨後在程式中使用 name 時，將會在程式中使用到 name 的地方，以 text 直接替換之。

宣告#define 指令的另一種格式如下：

```
#define name(param_1, param_2, ..., param_n)   text
```

巨集 name 被定義為接收 param_1、param_2、...、param_n 作為參數，每個參數都是識別字。隨後在程式中使用帶有參數的 name 會使 text 直接替換到程式中，巨集呼叫的參數會替換 text 中所對應的參數。

如果巨集採用可變數量的參數，則在參數列表的末尾使用三個點。在列表中的其餘參數，利用特殊識別字 _ _VA_ARGS_ _ 加以引用。例如，以下定義了一個名為 myPrintf 的巨集，採用前置格式字串，後跟可變數量的參數：

```
#define myPrintf(...)   printf ("DEBUG: " __VA_ARGS__);
```

合法的巨集使用如下所示：

```
myPrintf ("Hello world!\n");
```

以及

```
myPrintf ("i = %i, j = %i\n", i, j);
```

如果定義需要多個行，則每一行的尾端必須加入反斜線字元，做為連續之用。定義某一名稱後，隨後可以在檔案中的任何地方使用它。

允許在 #define 指令中使用 # 運算子接收參數。它後面是巨集的參數的名稱。前置
處理器在呼叫巨集時，傳遞給巨集的實際值之周圍會加上雙引號。也就是說，將它
變成一個字串。例如，以下定義：

```
#define  printint(x)  printf (# x " = %d\n", x)
```

然後呼叫：

```
printint (count);
```

由前置處理器擴展成：

```
printf ("count" " = %i\n", count);
```

或者，等同地：

```
printf ("count = %i\n", count);
```

前置處理器在執行此字串運作時，將 \ 字元放在任何 " 或 \ 字元的前面。所以，以
下定義：

```
#define  str(x)  # x
```

將以下呼叫的字串：

```
str (The string "\t" contains a tab)
```

展開：

```
"The string \"\\t\" contains a tab"
```

在接收參數的 #define 指令中，也允許使用 ## 運算子。它被放置在巨集的參數名稱
前面（或後面）。前置處理器接收呼叫巨集時傳遞的值，並從參數建立一單詞給巨
集。例如，以下巨集定義：

```
#define printx(n)  printf ("%i\n", x ## n );
```

與呼叫：

```
printx (5)
```

在字串的替換和連接之後產生：

```
printf ("%i\n", x5);
```

定義：

```
#define printx(n) printf ("x" # n " = %i\n", x ## n );
```

與呼叫：

```
printx(10)
```

在字串的替換和連接之後產生：

```
 printf ("x10 = %i\n", x10);
```

# 和 ## 運算子的周圍不需要空白。

## 9.2.2　#error 指令

宣告 #error 指令的一般格式如下：

```
 #error text
    ...
```

前置處理器將指定的 text 視為錯誤訊息。

## 9.2.3　#if 指令

宣告 #if 指令的一種一般格式如下：

```
 #if constant_expression
    ...
    #endif
```

求出 constant_expression 的值。如果結果為非零，將處理所有指令，直到 #endif 指令；否則，它們會自動跳過，並且不會被前置處理器或編譯器處理。

另一種宣告 #if 指令的一般格式如下：

```
 #if constant_expression_1
    ...
 #elif constant_expression_2
    ...
 #elif constant_expression_n
    ...
 #else
    ...
 #endif
```

如果 constant_expression_1 非零，將處理所有程式行直到 #elif，剩餘行將被跳過，直到 #endif 的。否則，如果 constant_expression_2 非零，則所有程式行將被處理，直到下一個 #elif，剩餘行將被跳過，直到 #endif。如果沒有常數運算式求值為非零，則會處理 #else（若有）之後的行。

特殊運算子 defined 可用作常數運算式的一部分，所以：

```
#if defined (DEBUG)
   ...
#endif
```

如果識別字 DEBUG 已被定義，則處理 #if 和 #endif 之間的程式碼（請參閱 9.2.4 節）。在識別字周圍不需要括號，因此：

```
#if defined DEBUG
```

也正常運作。

### 9.2.4 #ifdef 指令

宣告 #ifdef 指令的一般格式如下：

```
#ifdef identifier
   ...
#endif
```

如果 identifier 的值已被定義（經由 #define 或編譯程式時使用 –D 的命令列），將處理所有程式行，直到 #endif 為止；否則，將跳過它們。與 #if 指令一樣，#elif 和 #else 指令也可以與 #ifdef 指令一起使用。

### 9.2.5 #ifndef 指令

宣告 #ifndef 指令的一般格式如下：

```
#ifndef identifier
   ...
#endif
```

如果 identifier 的值未被定義，將執行所有的程式行，直到 #endif 為止；否則，將跳過它們。與 #if 指令一樣，#elif 和 #else 指令可以與 #ifndef 指令一起使用。

### 9.2.6 #include 指令

宣告 #include 指令的一般格式如下：

```
#include "fileName"
```

前置處理器會先搜尋實作定義下目錄的 fileName 檔案。通常，先搜尋包含原始檔的同一根目錄。如果在那裡找不到檔案，則搜尋一系列實作定義的標準位置。找到後，檔案的內容將被載入到程式中，出現 #include 指令的位置。包含在載入檔案中的前置處理器指令會被分析，因此，被載入的檔案本身可以包含其它#include 指令。

宣告 #include 指令的另一種一般格式如下：

```
#include <fileName>
```

前置處理器僅在標準位置搜尋指定的檔案。在找到檔案之後，採取的動作與先前描述的相同。

在任一格式中，都可以提供先前定義的名稱並進行擴展。因此，以下序列可正常運作：

```
#define DATABASE_DEFS    </usr/data/database.h>
    ...
#include DATABASE_DEFS
```

## 9.2.7　#line 指令

宣告 #line 指令的一般格式如下：

```
#line   constant   "fileName"
```

該指令使編譯器處理在程式中處置附隨的行號。上述表示在檔名為 fileName 的檔案中，加入從 constant 開始的附隨行號。如果未指定 fileName，則使用最後一個 #line 指令所指定的檔名，或原始檔的名稱（如果之前未指定檔名）。

#line 指令主要用於控制，每當編譯器發出錯誤訊息時，顯示的檔名和行號。

## 9.2.8　#pragma 指令

宣告 #pragma 指令的一般格式如下：

```
#pragma text
```

這使得前置處理器執行一些實作定義的行為。例如：

```
#pragma loop_opt(on)
```

特定編譯器可能對迴圈執行優化（optimization）。如果編譯器遇到無法辨識 loop_opt 指令的編譯註解，則會被忽略。

在 #pragma 之後使用特殊關鍵字 STDC 有特殊含義。當前有支援可以跟隨#pragma STDC 後面的 轉換（switches），計有 FP_CONTRACT、FENV_ACCESS 和 CX_LIMITED_RANGE。

## 9.2.9　#undef 指令

宣告 #undef 指令的一般格式如下：

```
#undef   identifier
```

從前置處理器取消之前 identifier 的定義。之後 #ifdef 或 #ifndef 指令將 identifier 當作從未定義過。

## 9.2.10 # 指令

這是一個空指令,將被前置處理器忽略。

# 9.3 預先定義的識別字

表 A.8 中列出由前置處理器定義的識別字。

表 A.8 預先定義的前置處理器識別字

| 識別字 | 描述 |
|---|---|
| _ _LINE_ _ | 目前的行號正在編譯 |
| _ _FILE_ _ | 目前的原始檔的名稱正在編譯 |
| _ _DATE_ _ | 以 "mm dd yyyy" 格式表示的編譯檔案的日期 |
| _ _TIME_ _ | 以 "hh:mm:ss" 格式表示的編譯檔案的時間 |
| _ _STDC_ _ | 如果編譯器符合 ANSI 標準則定義為 1,否則為 0 |
| _ _STDC_HOSTED_ _ | 如果實作平台是主機,則定義為 1,否則為 0 |
| _ _STDC_VERSION_ _ | 定義為 199901L |

# B

# C 標準函式庫

C 標準函式庫包含很多可以從 C 程式呼叫的函式。本節列出大多數較常用的函式，但不列所有函式。有關所有可用函式的完整列表，請參閱編譯器隨附的文件，或者查閱附錄 E 的資源列表。

在本附錄未描述的函式中，有用於操作日期和時間的函式（例如 time、ctime 和 localtime）、執行非區域的跳躍（setjmp 和 longjmp）、產生診斷（assert）、處理可變數量的參數（va_list、va_start、va_arg 和 va_end）、處理訊號（signal 和 raise），處理本地化（如 <locale.h> 中定義）、以及處理寬字串。

## 標頭檔

本節介紹一些標頭檔的內容：<stddef.h>、<stdbool.h>、<limits.h>、<float.h> 和 <stdint.h>。

### <stddef.h>

此標頭檔包含一些標準的定義，如下所示：

| 定義 | 描述 |
|------|------|
| NULL | 空指標常數 |
| Offsetof (structure, member) | member 成員從 structure 結構的開始的位元組偏移量；結果的型態為 size_t |
| ptrdiff_t | 兩個指標相減產生的整數型態 |
| size_t | sizeof 運算子產生的整數型態 |
| wchar_t | 保存寬字元所需要的整數型態（請參閱附錄 A，"C 語言摘要"） |

## \<limits.h\>

此標頭檔包含針對字元和整數資料型態之各種限制，但這會因實作平台而異。不過以下是由 ANSI 標準所保證在各種型態下的極小值，它們被標註在每個描述結尾處的括號內。

| 定義 | 描述 |
|------|------|
| CHAR_BIT | char 中的位元數（8） |
| CHAR_MAX | char 型態之物件的最大值（如果對 char 有符號擴展，則為 127，否則為 255） |
| CHAR_MIN | char 型態之物件的最小值（如果對 char 有符號擴展，則為-128，否則為 0） |
| SCHAR_MAX | signed char 型態之物件的最大值（127） |
| SCHAR_MIN | signed char 型態之物件的最小值（-128） |
| UCHAR_MAX | unsigned char 型態之物件的最大值（255） |
| SHRT_MAX | short int 型態之物件的最大值（32767） |
| SHRT_MIN | short int 型態之物件的最小值（-32768） |
| USHRT_MAX | unsigned short int 型態之物件的最大值（65535） |
| INT_MAX | int 型態之物件的最大值（32767） |
| INT_MIN | int 型態之物件的最小值（-32768） |
| UINT_MAX | unsigned int 型態之物件的最大值（65535） |
| LONG_MAX | long int 型態之物件的最大值（2147483647） |
| LONG_MIN | long int 型態之物件的最小值（-2147483648） |
| ULONG_MAX | unsigned long int 型態之物件的最大值（4294967295） |
| LLONG_MAX | long long int 型態之物件的最大值（9223372036854775807） |
| LLONG_MIN | long long int 型態之物件的最小值（-9223372036854775808） |
| ULLONG_MAX | unsigned long long int 型態之物件的最大值（18446744073709551615） |

## \<stdbool.h\>

此標頭檔包含使用布林變數（_Bool 型態）的定義。

| 定義 | 描述 |
|------|------|
| bool | 基本 _Bool 資料型態之替代名稱 |
| true | 被定義為 1 |
| false | 被定義為 0 |

## <float.h>

這個標頭檔定義了與浮點數運算相關的各種限制。每個描述末尾的括號內標註最小的量度。注意在這裡沒有列出所有的定義。

| 定義 | 描述 |
|------|------|
| FLT_DIG | float 的精準度位數（6） |
| FLT_EPSILON | 加 1.0 時，不等於 1.0 的最小值（1e-5） |
| FLT_MAX | float 的最大量度（1e+37） |
| FLT_MAX_EXP | float 的最小量度（1e+37） |
| FLT_MIN | float 的最小量度（1e-37） |

double 和 long double 型態存在類似的定義。對於 double，用 DBL 替換前置 FLT，對於 long double，用 LDBL 替換之。例如，DBL_DIG 給出 double 的精準度位數，LDBL_DIG 給出 long double 的精準度位數。

您還應注意，標頭檔 <fenv.h> 用於獲取對浮點數環境的訊息和更多的控制。例如，有一個名為 fesetround 的函式，允許您對值指定四捨五入的方向，其被定義於 <fenv.h> 中 ： FE_TONEAREST、FE_UPWARD、FE_DOWNWARD 或 FE_TOWARDZERO。還可以分別使用 feclearexcept、feraiseexcept 和 fetextexcept 函式來清除、提升或測試浮點數的異常。

## <stdint.h>

在與實作平台無關的情形下，此標頭檔定義了運作於整數的各種型態定義和常數，可以使用以更獨立於機器的方式處理 。例如，typedef int32_t 可用於宣告一個正好 32 位元的有符號整數變數，而不必精確地知道編譯程式的系統，是否為 32 位元整數資料型態。類似地，int_least32_t 可用於宣告寬度至少為 32 位元的整數。其它 typedef 型態讓您選擇最快的整數表示法。有關更多訊息，您可以查看系統上的檔案或查閱文件。

此標頭檔還有一些其它有用的定義，如下所示：

| 定義 | 描述 |
|------|------|
| intptr_t | 持有任何指標值的整數 |
| uintptr_t | 持有任何指標值的無符號整數 |
| intmax_t | 最大的有符號整數型態 |
| uintmax_t | 最大的無符號整數型態 |

# 字串函式

以下函式是對字元陣列的操作。在這些函式的描述中，s、s1 和 s2 表示指向以空字元結尾的字元陣列之指標，c 是一個 int，n 代表一個 size_t 型態之整數（在 stddef.h 中定義）。對於 strnxxx 函式，s1 和 s2 可以指向不是以空字元結尾的字元陣列。

要使用這些函式，您應在程式中載入標頭檔 <string.h>：

```
#include <string.h>
```

    char *strcat (s1, s2)

將字串 s2 連接到 s1 的尾端，在最後一個字串的結尾處放置一個空字元。函式回傳 s1。

    char *strchr (s, c)

搜索字串 s 第一次出現的字元 c。如果找到，則回傳指向該字元的指標；否則回傳空指標。

    int strcmp (s1, s2)

比較字串 s1 和 s2，如果 s1 小於 s2，則回傳小於 0 的值，如果 s1 等於 s2 則回傳 0，如果 s1 大於 s2，則回傳大於 0 的值。

    char *strcoll (s1, s2)

類似 strcmp，除了 s1 和 s2 是指向目前區域中所代表的字串之指標。

    char *strcpy (s1, s2)

將字串 s2 複製到 s1，回傳 s1。

    char *strerror (n)

回傳與錯誤編號 n 相關聯的錯誤訊息。

    size_t strcspn (s1, s2)

計算 s1 初始字元中，過到 s2 的任何字元，並回傳其索引值。

    size_t strlen (s)

回傳 s 中的字元數量，不包括空字元。

    char *strncat (s1, s2, n)

將 s2 複製到 s1 的末尾，直到空字元或已複製 n 個字元為止，看哪一個先發生為基準。回傳 s1。

    int strncmp (s1, s2, n)

執行與 strcmp 相同的功能，但最多只比較字串中的 n 個字元。

char *strncpy (s1, s2, n)

將 s2 複製到 s1，直到到達空字元或已複製 n 個字元為止，看哪一個先發生為基準。回傳 s1。

char *strrchr (s, c)

搜索字串 s 最後出現字元 c。如果找到，則回傳指向 s 中該字元的指標；否則，回傳空指標。

char *strpbrk (s1, s2)

任何 s2 的字元第一次出現在 s1 的位置，並回傳一個指向它的指標；若沒找到，則回傳空指標。

size_t strspn (s1, s2)

計算 s1 字串中連續有幾個字元是屬於字串 s2，並回傳此結果。

char *strstr (s1, s2)

搜索字串 s2 第一次出現在字串 s1 的位置。如果找到，則回傳在 s1 中 s2 開始的指標；否則，如果 s2 不在 s1 內，則回傳空指標。

char *strtok (s1, s2)

基於 s2 中的分隔字元，將字串 s1 分隔為單詞(token)。對於第一次呼叫，s1 是要解析的字串，s2 包含進行分隔的字元列表。該函式在 s1 中放置一個空字元，以表示每個單詞的結尾，並回傳一個指向該單詞開始的指標。在後續呼叫中，s1 應為空指標。當再沒有單詞時，回傳一個空指標。

size_t strxfrm (s1, s2, n)

從字串 s2 轉換最多 n 個字元，將結果放在 s1 中。從目前區域轉換這兩個字串之後，以 strcmp 進行比較。

# 記憶體函式

以下函式處理字元陣列。它們的設計用於高效率的記憶體搜索，和將資料從記憶體的一個區塊複製到另一個區塊。它們需要載入標頭檔 <string.h>：

```
#include <string.h>
```

對這些函式的描述中，m1 和 m2 的型態為 void *，c 是由函式轉換為 unsigned char 的 int，而 n 是 size_t 型態之整數。

```
void  *memchr (m1, c, n)
```

搜索 m1 第一次出現的 c，如果找到，回傳一個指向它的指標，如果在檢查 n 個字元後沒有找到，則回傳 null 指標。

```
void  *memcmp (m1, m2, n)
```

比較 m1 和 m2 對應的前 n 個字元。如果兩個陣列的前 n 個字元相同，則回傳 0。如果不是，則回傳 m1 和 m2 相應字元之間第一個不匹配的差異。因此，如果 m1 的不匹配字元小於 m2 的相應字元，則回傳小於 0 的值；否則，回傳大於 0 的值。

```
void  *memcpy (m1, m2, n)
```

從 m2 複製 n 個字元到 m1，回傳 m1。

```
void  *memmove (m1, m2, n)
```

類似 memcpy，但即使 m1 和 m2 在記憶體中重疊，也能保證正常運作。

```
void  *memset (m1, c, n)
```

將 m1 的前 n 個字元設置為 c。memset 回傳 m1。

注意，這些函式對陣列中的空字元沒有特別的意義。它們可以與字元陣列之外的陣列一起使用，前提是將指標轉換為 void *。所以，如果 data1 和 data2 都是一個 100 個 int 元素的陣列，呼叫：

```
memcpy ((void *) data2, (void *) data1, sizeof (data1));
```

將 100 個整數全部從 data1 複製到 data2。

# 字元函式

以下函式處理單個字元。要使用它們，必須在程式中載入 <ctype.h> 檔案：

```
#include <ctype.h>
```

下面的每個函式都以 int（c）作為參數，如果測試被滿足則回傳 TRUE 值（非 0），否則回傳 FALSE 值（0）。

| 名稱 | 測試 |
|---|---|
| isalnum | c 是否為字母數字字元？ |
| isalpha | c 是否為字母字元？ |
| isblank | c 是否為空白字元（空白鍵或 tab 鍵）？ |

| 名稱 | 測試 |
|------|------|
| iscntrl | c 是否為控制字元？ |
| isdigit | c 是否為數字字元？ |
| isgraph | c 是否為圖形字元（除了空白以外的任何可印的字元）？ |
| islower | c 是否為小寫字母？ |
| isprint | c 是否為可印字元（包含空白）？ |
| ispunct | c 是否為標點符號字元（除了空白和字母數字以外的任何字元） |
| isspace | c 是否為空白字元（空白鍵、跳行鍵、返回鍵、水平或垂直製表鍵 (tab)或換頁鍵？ |
| isupper | c 是否為大寫字母？ |
| isxdigit | c 是否為十六進制字元？ |

提供以下兩個用於執行字元轉換的函式：

```
int tolower(c)
```

回傳 c 的小寫。如果 c 不是大寫字母，則回傳 c 本身。

```
int toupper(c)
```

回傳 c 的大寫。如果 c 不是小寫字母，則回傳 c 本身。

# I/O 函式

以下介紹一些 C 函式庫中較常用的 I/O 函式。在使用這些函式之前，請先載入標頭檔 <stdio.h>：

```
#include <stdio.h>
```

此檔案包括 I/O 函式的宣告和 EOF 、NULL、stdin、stdout、stderr（所有常數值）和 FILE 的定義。

在下面的描述中，fileName、fileName1、fileName2、accessMode 和 format 是指向空字串的指標，buffer 是指向字元陣列的指標，filePtr 是 "指向 FILE 的指標"，n 和 size 都是 size_t 型態之正整數，i 和 c 為 int 型態。

```
void clearerr (filePtr)
```

清除 filePtr 識別的檔案相關聯的資訊，如檔案結尾和錯誤指示。

```
int fclose (filePtr)
```

關閉 filePtr 識別的檔案，如果關閉成功，則回傳 0，若發生錯誤，則回傳 EOF。

```
int feof (filePtr)
```

若識別的檔案已到達檔案的結尾，則回傳非 0 值，否則回傳 0。

```
int ferror (filePtr)
```

檢查指定檔案的錯誤條件，如果存在錯誤，則回傳 0，否則，回傳非 0 值。

```
int fflush (filePtr)
```

將內部緩衝區的任何資料寫入到指定的檔案，成功時回傳 0，若發生錯誤，則回傳 EOF。

```
int fgetc (filePtr)
```

回傳由 filePtr 所識別檔案的下一個字元，若發生檔案結束時，則回傳 EOF。（記住此函式回傳一個 int。）

```
int fgetpos (filePtr, fpos)
```

獲取與 filePtr 關聯的檔案之目前檔案位置，將其儲存到 fpos 指向的 fpos_t 變數（在 <stdio.h> 中定義）。fgetpos 在成功時，回傳 0，若失敗，則回傳非 0 值。請參閱 fsetpos 函式。

```
char *fgets (buffer, i, filePtr)
```

從指示的檔案中讀取字元，直到讀取了 i - 1 個字元，或讀取到換行字元，看哪一個先到。讀取的字元儲存到 buffer 指向的字元陣列。如果讀取到換行字元元，它將被儲存到陣列中。若到達檔案結尾或發生錯誤，則回傳 NULL 值；否則，回傳 buffer。

```
FILE *fopen (fileName, accessMode)
```

以指定的存取模式打開指定的檔案。有效模式有 " r " 用於讀取、 " w " 用於寫入、" a " 用於附加到現有檔案的末尾、" r+ " 用於從現有檔案的開始處讀/寫， "w+ " 用於讀/寫（如果檔案已存在，則之前的內容將會被覆蓋），以及 "a+" 用於讀/寫到檔案的末尾。如果要打開的檔案不存在，且 accessMode 為 write（"w"， "w+"）或 append（"a"，"a+"），則建立該檔案。如果檔案以 append 模式（"a" 或 "a+"）打開，則不會覆蓋檔案中的已存在的資料。

在區分二進制檔和文字檔的系統上，必須附加字母 b 到存取模式（如 "rb"）用以打開二進制檔案。

如果 fopen 呼叫成功，則回傳用於在後續 I/O 操作中識別該檔案的 FILE 指標；否則，回傳空指標。

```
int fprintf (filePtr, format, arg1, arg2, ..., argn)
```

根據字串 format 指定的格式，將指定的參數寫入 filePtr 識別的檔案。格式字元與 printf 函式相同（請參閱第 15 章 "C 語言的輸入與輸出"）。回傳寫入的字元數量。負的回傳值代表輸出發生錯誤。

```
int fputc (c, filePtr)
```

將 c 的值（轉換為 unsigned char）寫入 filePtr 識別的檔案，若寫入成功，則回傳 c，否則，回傳 EOF。

```
int fputs (buffer, filePtr)
```

將 buffer 所指向陣列的字元，寫入指定的檔案，直到到達 buffer 中的終止空字元。此函式不會自動將換行字元寫入到檔案。失敗時，回傳 EOF。

```
size_t fread (buffer, size, n, filePtr)
```

從識別的檔案中讀取 n 項資料到 buffer。每個資料項都是 size 位元組長度。例如，呼叫：

```
numread = fread (text, sizeof (char), 80, in_file);
```

從 in_file 識別的檔案中讀取 80 個字元，並將它們儲存到由 text 指向的陣列中。該函式回傳成功讀取的資料數。

```
FILE *freopen (fileName, accessMode, filePtr)
```

關閉與 filePtr 關聯的檔案，並以指定的 accessMode 打開檔案 fileName（請參閱 fopen 函式）。打開的檔案與 filePtr 相關聯。如果 freopen 呼叫成功，則回傳 filePtr；否則回傳空指標。freopen 函式經常用於在程式中重新指定 stdin、stdout 或 stderr。例如，呼叫

```
    if ( freopen ("inputData", "r", stdin) == NULL ) {
        ...
    }
```

將 stdin 重新指定給在讀取模式下打開的 inputData 檔案。之後 stdin 執行的 I/O 操作將使用檔案 inputData，就好像在程式執行時，stdin 已被重定向到此檔案。

```
int fscanf (filePtr, format, arg1, arg2, ..., argn)
```

根據字串 format 指定的格式，從 filePtr 指定的檔案中讀取資料。讀取的值儲存在 format 後的參數中，每個參數都必須是指標。format 中允許的格式字元與 scanf 函式的格式字元相同（請參閱第 15 章）。fscanf 函式回傳成功讀取和指定的項目數（不包括任何%n 指定）或 EOF，如果在轉換第一項之前到達檔案結尾，則回傳 EOF。

```
int fseek (filePtr, offset, mode)
```

從檔案的開頭、從檔案的目前位置、或是從檔案的結尾偏移 offset（long int 型態）位元組的位置上，這取決於 mode 的值（整數型態）。如果 mode 為 SEEK_SET，則位置相對於檔案的開始。如果 mode 為 SEEK_CUR，則位置相對於檔案的目前位置。如果 mode 為 SEEK_END，則位置相對於檔案的結尾。SEEK_SET，SEEK_CUR 和 SEEK_END 被定義於 <stdio.h> 中。

在區分文字檔和二進制檔的系統上，二進制檔可能不支援 SEEK_END。對於文字檔，offset 必須為 0 或必須是從先前呼叫 ftell 回傳的值。在後一種情況下，mode 必須為 SEEK_SET。

如果 fseek 呼叫不成功，則回傳非零值。

```
int fsetpos (filePtr, fpos)
```

對 filePtr 關聯檔案的目前位置設定為 fpos 指向的值，型態為 fpos_t（其被定義於<stdio.h>中）。成功時回傳 0，失敗時回傳非零。另請參閱 fgetpos。

```
long ftell (filePtr)
```

回傳 filePtr 識別的檔案的當前位置之相對偏移量（以位元組為單位），錯誤時，回傳 -1L。

```
size_t fwrite (buffer, size, n, filePtr)
```

將 n 筆資料從 buffer 寫入指定的檔案。每項資料的長度為 size 位元組。回傳已成功寫入的項目數。

```
int getc (filePtr)
```

讀取並回傳指定檔案中的下一個字元。發生錯誤或到達檔案的結尾時，回傳 EOF。

```
int getchar (void)
```

讀取並回傳 stdin 的下一個字元。發生錯誤或到達檔案結束時，回傳 EOF 值。

```
char *gets (buffer)
```

從 stdin 讀取字元到 buffer 中，直到讀取換行字元為止。換行字元不儲存在 buffer 中，字串以空字元結束。如果在執行讀取時發生錯誤，或者如果沒有讀取到字元，則回傳空指標；否則，回傳 buffer。此函式已從 ANSI C11 規範中刪除，但您可能會在舊的程式碼中看到此函式。

void perror (message)

將最後一個錯誤的解釋寫入 stderr，前面是由 message 指向的字串。例如，程式碼：

```
#include <stdlib.h>
#include <stdio.h>

if ( (in = fopen ("data", "r")) == NULL ) {
    perror ("data file read");
    exit (EXIT_FAILURE);
}
```

如果 fopen 呼叫失敗，則會產生錯誤訊息，可能會向使用者提供更多關於失敗原因的詳細訊息。

int printf (format, arg1, arg2, ..., argn)

根據字串 format 指定的格式將指定的參數寫入 stdout（請參閱第 15 章）。回傳寫入的字元數量。

int putc (c, filePtr)

將 c 的值作為 unsigned char 寫入指定的檔案。成功時，回傳 c；否則，回傳 EOF。

int putchar(c)

將 c 的值作為 unsigned char 寫入 stdout，成功時，回傳 c；失敗時，回傳 EOF。

int puts (buffer)

將 buffer 中包含的字元寫入 stdout，直到遇到空字元。換行字元自動作為最後一個字元（與 fputs 函式不同）。出錯時，回傳 EOF。

int remove (fileName)

刪除指定的檔案。失敗時，回傳非零值。

int rename (fileName1, fileName2)

將檔案 fileName1 重命名為 fileName2，失敗時，回傳非零結果。

void rewind (filePtr)

將指示的檔案重新設置回到開頭處。

int scanf (format, arg1, arg2, ..., argn)

根據字串 format 指定的格式讀取 stdin 中的資料（請參閱第 15 章）。format 後面的參數必須都是指標。函式回傳成功讀取和指定的資料筆數（不包括%n

指定）。如果在轉換任何項目之前遇到檔案結尾，則回傳 EOF。

```
FILE *tmpfile (void)
```

以寫入更新模式（"r+b"）建立，並打開一個暫存的二進制檔；如果發生錯誤，則回傳 NULL。程式終止時，暫存檔案將自動刪除。（名為 tmpnam 的函式也可用於建立唯一的暫存檔名。）

```
int ungetc (c, filePtr)
```

有效地將字元 "放回" 指定的檔案。該字元實際上不是寫入檔案，而是放在與該檔案相關聯的緩衝區中。下一次呼叫 getc 會回傳這個字元。ungetc 函式呼叫只能一次將一個字元 "放回" 檔案；也就是說，必須對檔案執行讀取操作，然後才能呼叫 ungetc。如果成功 "放回" 字元，函式回傳 c；否則，回傳 EOF。

# 在記憶體格式轉換函式

提供函式 sprintf() 和 sscanf() 用於在記憶體中執行資料轉換。這些函式類似於 fprintf() 和 fscanf() 函式，除了以字串替換 FILE 指標作為第一個參數。在使用這些函式時，應在程式中載入標頭檔 <stdio.h>。

```
int sprintf (buffer, format, arg1, arg2, ..., argn)
```

指定的參數將根據字串 format 指定的格式進行轉換（請參閱第 15 章），並置入 buffer 指向的字元陣列中。自動放置空字元於 buffer 字串末尾。回傳置入 buffer 的字元數量，不包括終止 null。例如，以下程式碼：

```
int  version = 2;
char fname[125];
 ...
sprintf (fname, "/usr/data%i/2015", version);
```

將字串 "/usr/data2/2005" 儲存在 fname 中。

```
int sscanf (buffer, format, arg1, arg2, ..., argn)
```

從 buffer 讀取由字串 format 指定的值，並儲存在 format 後對應的指標參數中（請參閱第 15 章）。此函式回傳成功轉換的項目數。例如，以下程式碼：

```
char  buffer[] = "July 16, 2014", month[10];
int   day, year;
  ...
sscanf (buffer, "%s %d, %d", month, &day, &year);
```

將字串 "July" 儲存在 month 內，將整數 16 儲存在 day 內，將整數 2014 儲存在 year 內。以下程式碼：

```
#include <stdio.h>
#include <stdlib.h>

if ( sscanf (argv[1], "%f", &fval) != 1 ) {
    fprintf (stderr, "Bad number: %s\n", argv[1]);
    exit (EXIT_FAILURE);
}
```

將第一個命令列參數（由 argv[1] 所指向的）轉換為浮點數，並檢查 sscanf 回傳的值，查看是否從 argv[1] 成功讀取了一個數字。（有關將字串轉換為數字的其它方法，請參閱下一節中所描述的函式）。

# 字串轉換成數字

以下函式將字串轉換為數字。要使用此處描述的函式，請在程式中載入標頭檔 <stdlib.h>：

```
#include <stdlib.h>
```

在下面的描述中，s 是一個以 null 結束的字串的指標，end 是一個字元指標的指標，base 是一個 int。

所有函式跳過字串中的前置空白字元，並在遇到轉換的值之型態為無效的字元時，停止掃描。

double atof (s)

將 s 指向的字串轉換為浮點數，並回傳其結果。

int atoi (s)

將 s 指向的字串轉換為 int，並回傳其結果。

int atol (s)

將 s 指向的字串轉換為 long int，並回傳其結果。

int atoll (s)

將 s 指向的字串轉換為 long long int，並回傳其結果。

double strtod (s, end)

將 s 轉換為 double，並回傳其結果。指向終止掃描的字元的指標，儲存在 end 指向的字元指標內，此處的 end 不是空指標。

例如，以下程式碼：

```
#include <stdlib.h>
    ...
char    buffer[] = "  123.456xyz",  *end;
```

```
double   value;
   ...
value = strtod (buffer, &end);
```

將 123.456 儲存到 value 內。字元指標變數 end 被 strtod 設定為指向 buffer 中終止掃描的字元。在這種情況下,它被設定為指向字元"x"。

```
float strtof (s, end)
```

類似 strtod,除了將其參數轉換為 float 以外。

```
long int strtol (s, end, base)
```

將 s 轉換為 long int,並回傳其結果。base 是 2 和 36 之間的整數基數,包括 2 和 36。整數根據指定的基數作解釋。如果 base 為 0,整數可以十進制、八進制(前置 0)或十六進制(前置 0x 或 0X)表示。如果 base 為 16,則該值可以選擇性地在前面放置 0x 或 0X。

指向終止掃描的字元的指標,儲存在 end 指向的字元指標內,此處的 end 不是空指標。

```
long double strtold (s, end)
```

類似 strtod,除了將其參數轉換為 long double。

```
long long int strtoll (s, end, base)
```

類似 strtol,除了回傳 long long int 以外。

```
unsigned long int strtoul (s, end, base)
```

將 s 轉換為 unsigned long int,並回傳其結果。其餘的參數解譯類似 strtol。

```
unsigned long long int strtoull (s, end, base)
```

將 s 轉換為 unsigned long long int,並回傳其結果。其餘的參數解譯類似 strtol。

# 動態記憶體分配函式

以下函式可用於動態分配和釋放記憶體。對於這些函式中的每一個,n 和 size 表示型態為 size_t 的整數,pointer 表示 void 指標。要使用這些函式,請將下一行載入到程式中:

```
#include <stdlib.h>
```

```
void *calloc (n, size)
```

為 n 筆資料分配連續的空間,其中每項的長度為 size 位元組。所分配的空間全部被初始設定為 0。成功時,回傳指向所分配空間的指標;失敗時,回傳空指標。

```
void free (pointer)
```

回傳 pointer 所指向的記憶體區塊，這些區塊是先前由 calloc()、malloc()或 realloc()所分配的。

```
void *malloc (size)
```

分配 size 位元組的連續空間，如果成功，則回傳指向所分配區塊開頭處的指標；否則，回傳空指標。

```
void *realloc (pointer, size)
```

將先前分配的區塊大小更改為 size 位元組，回傳指向新區塊的指標（可能已移動），如果發生錯誤，則為空指標。

# 數學函式

以下列表識別一些數學函式。要使用這些函式，請在程式包含下一敘述：

```
#include <math.h>
```

標頭檔 <tgmath.h> 定義了泛型的巨集，它可用於從數學或複數函式庫呼叫一函式，而不必擔心參數的型態。例如，您可以根據參數型態和回傳型態，使用以下六個不同的平方根函式：

- double sqrt (double x)
- float sqrtf (float x)
- long double sqrtl (long double x)
- double complex csqrt (double complex x)
- float complex csqrtf (float complex f)
- long double complex csqrtl (long double complex)

與其擔心此六個函式，您可以載入 <tgmath.h> 而不是 <math.h> 和 <complex.h>，即可使用名稱 sqrt 下的 "泛型" 版本的函式。在 <tgmath.h> 中定義的對應巨集，可確保呼叫正確的函式。

回到 <math.h>，以下巨集可用於測試浮點數參數的屬性：

```
int fpclassify (x)
```

將 x 分類為 NaN（FP_NAN）、無窮（FP_INFINITE）、正常（FP_NORMAL），低於正常（FP_SUBNORMAL）、零（FP_ZERO）或某些其它平台定義的類別；每個 FP_...值都被定義在 math.h 中。

```
int isfin (x)
```

x 是有限值？

```
int isinf (x)
```

x 是無限值？

```
int isgreater (x, y)
```

x > y？

```
int isgreaterequal (x, y)
```

x ≥ y？

```
int islessequal (x, y)
```

x ≤ y？

```
int islessgreater (x, y)
```

x < y 或 x > y？

```
int isnan (x)
```

x 是 NaN（即不是數字）？

```
int isnormal (x)
```

x 是正常值？

```
int isunordered (x, y)
```

x 和 y 是無序的（例如，其中一個或兩個可能是 NaN）？

```
int signbit (x)
```

x 的符號是否為負？

在以下函式列表中，x、y 和 z 的型態為 double，r 是以弧度表示的角度，型態為 double，n 為 int。

有關這些函式報告錯誤的詳細訊息，請查看您的文件。

```
double acos (x)
```
[1]

回傳 x 的反餘弦值，以弧度表示，角度的範圍在 $[0, \pi]$。x 在範圍 $[-1, 1]$ 中。

---

[1] math 函式庫中包含的 float、double，以及 long double 版本的函式，它們接收並回傳 float、double、以及 long double 的值

```
double acosh (x)
```

回傳 x 的雙曲反正弦，x ≥ 1。

```
double asin (x)
```

回傳 x 的反正弦值，以弧度表示的角度，其範圍為[$-\pi/2$, $\pi/2$]。x 在範圍[-1, 1]中。

```
double asinh (x)
```

回傳 x 的雙曲正弦。

```
double atan (x)
```

回傳 x 的反正切, 以弧度表示的角度，其範圍為[$-\pi/2$, $\pi/2$]。

```
double atanh (x)
```

回傳 x 的雙曲正切，|x| ≤ 1。

```
double atan2 (y, x)
```

回傳 y/x 的反正切，以弧度表示的角度，其範圍為[$-\pi$, $\pi$]。

```
double ceil (x)
```

回傳大於等於 x 的最小整數值。注意該值以 double 回傳。

```
double copysign (x, y)
```

回傳大小為 x、符號為 y 的值。

```
double cos (r)
```

回傳 r 的餘弦。

```
double cosh (x)
```

回傳 x 的雙曲餘弦值。

```
double erf (x)
```

計算並回傳 x 的誤差函式。

```
double erfc (x)
```

計算並回傳 x 的互補誤差函式。

```
double exp (x)
```

回傳 $e^x$。

```
double expm1 (x)
```

回傳 $e^x - 1$。

```
double fabs (x)
```

回傳 x 的絕對值。

```
double fdim (x, y)
```

如果 x > y，回傳 x - y；否則，回傳 0。

```
double floor (x)
```

回傳小於等於 x 的最大整數值。請注意，該值以 double 回傳。

```
double fma (x, y, z)
```

回傳（x * y）+ z。

```
double fmax (x, y)
```

回傳 x 和 y 的最大值。

```
double fmin (x, y)
```

回傳 x 和 y 的最小值。

```
double fmod (x, y)
```

回傳 x 除以 y 的浮點餘數。結果的符號是 x 的符號。

```
double frexp (x, exp)
```

將 x 除以正規化分數（normalization function）和二次冪。回傳範圍[1/2, 1]中的分數，並將指數儲存在 exp 指向的整數中。如果 x 為 0，則回傳值和儲存的指數皆為 0。

```
int hypot (x, y)
```

回傳 $x^2 + y^2$ 的和的平方根。

```
int ilogb (x)
```

擷取 x 的指數作為有符號整數。

```
double ldexp (x, n)
```

回傳 $x * 2^n$。

```
double lgamma (x)
```

回傳 x 的伽瑪（gamma）的絕對值的自然對數。

```
double log (x)
```

回傳 x 的自然對數，x ≥ 0。

```
double logb (x)
```

回傳 x 的有符號指數。

```
double log1p (x)
```

回傳（x + 1）的自然對數，x ≥ -1。

```
double log2 (x)
```

回傳 $\log_2 x$，x ≥ 0。

```
double log10 (x)
```

回傳 $\log_{10} x$，x ≥ 0。

```
long int lrint (x)
```

回傳被四捨五入到最接近 x 的 long 整數。

```
long long int llrint (x)
```

回傳被四捨五入到最接近 x 的 long long 整數。

```
long long int llround (x)
```

回傳被四捨五入到最接近 x 的 long long int 的值。半值永遠從零舍入（因此 0.5 總是捨入為 1）。

```
long int lround (x)
```

回傳被四捨五入到最接近 x 的 long int 值。半值永遠會從 0 進 1（因此 0.5 總是捨入為 1）。

```
double modf (x, ipart)
```

擷取 x 的小數和整數部分。回傳小數部分，整數部分儲存在 ipart 指向的 double 中。

```
double nan (s)
```

如果可以，則根據 s 字串指定的內容回傳 NaN。

```
double nearbyint (x)
```

以浮點數格式回傳最接近 x 的整數。

```
double nextafter (x, y)
```

回傳 x 在 y 方向上的下一個可表示的值。

```
double nexttoward (x, ly)
```

回傳 x 在 y 方向上的下一個可表示的值。類似於 nextafter，除了第二個參數的型態為 long double 以外。

```
double pow (x, y)
```

回傳 $x^y$。如果 x 小於 0，y 必須是整數。如果 x 等於 0，則 y 必須大於 0。

```
double remainder (x, y)
```

回傳 x 除以 y 的餘數。

```
double remquo (x, y, quo)
```

回傳 x 除以 y 的餘數，將商儲存到 quo 指向的整數。

```
double rint (x)
```

以浮點數格式回傳最接近 x 的整數。如果結果的值不等於參數 x，則可能引發浮點數異常。

```
double round (x)
```

以浮點數格式回傳四捨五入到最接近 x 的整數。半值永遠從 0 捨位到 1（因此 0.5 總是捨入為 1）。

```
double scalbln (x, n)
```

回傳 x * FLT_RADIX$^n$，其中 n 是 long int 型態。

```
double scalbn (x, n)
```

回傳 x * FLT_RADIX$^n$。

```
double sin (r)
```

回傳 r 的正弦值。

```
double sinh (x)
```

回傳 x 的雙曲正弦值。

```
double sqrt (x)
```

回傳 x 的平方根，$x \geq 0$。

```
double tan (r)
```

回傳 r 的正切值。

```
double tanh (x)
```

回傳 x 的雙曲正切值。

```
double tgamma (x)
```

回傳 x 的伽瑪值。

```
double trunc (x)
```

將參數 x 截位為整數值，將結果以 double 型態回傳。

## 複數運算

標頭檔 <complex.h> 定義了用於處理複數的各種型態定義和函式。接下來，列出在此檔案中定義的幾個巨集，後面是執行複數運算的函式。

| 定義 | 描述 |
|------|------|
| complex | 型態 _Complex 的替換名稱 |
| _Complex_I | 用於指定複數虛部的巨集（例如，4 + 6.2 * _Complex_I 表示 4 + 6.2i） |
| imaginary | 型態 _Imaginary 的替換名稱；僅在實作有支援 imaginary 型態時才被定義 |
| _Imaginary_I | 用於指定虛數之虛部的巨集 |

在下面的函式列表中，y 和 z 的型態為 double complex，x 的型態為 double，以及 n 的型態為 int。

double complex cabs (z) [2]

回傳 z 的複數絕對值。

double complex cacos (z)

回傳 z 的複數反餘弦。

double complex cacosh (z)

回傳 z 的複數弧雙曲餘弦值。

double carg (z)

回傳 z 的相位角。

double complex casin (z)

回傳 z 的複數反正弦值。

double complex casinh (z)

回傳 z 的複數弧雙曲正弦值。

double complex catan (z)

回傳 z 的複數反正切。

---

[2]　複數數學函式庫包含 float complex、 double complex，以及long double complex 版本的函式，它們接收和回傳 float complex、double complex，以及 long double complex 值。

```
double complex catanh (z)
```

回傳 z 的複數弧雙曲正切。

```
double complex ccos (z)
```

回傳 z 的複數餘弦。

```
double complex ccosh (z)
```

回傳 z 的複數雙曲餘弦值。

```
double complex cexp (z)
```

回傳 z 的複數自然指數。

```
double cimag (z)
```

回傳 z 的虛部。

```
double complex clog (z)
```

回傳 z 的複數自然對數。

```
double complex conj (z)
```

回傳 z 的複數共軛（反轉其虛部的符號）。

```
double complex cpow (y, z)
```

回傳複數次冪函式 $y^z$。

```
double complex cproj (z)
```

回傳 z 到黎曼球面(Riemann sphere)上的投影。

```
double complex creal (z)
```

回傳 z 的實部。

```
double complex csin (z)
```

回傳 z 的複數正弦。

```
double complex csinh (z)
```

回傳 z 的複數雙曲正弦值。

```
double complex csqrt (z)
```

回傳 z 的複數平方根。

```
double complex ctan (z)
```

回傳 z 的複數正切。

```
double complex ctanh (z)
```

回傳 z 的複數雙曲正切值。

# 一般的公用函式

函式庫的一些函式不適合整合到前面任何的分類。要使用這些函式，請載入標頭檔 <stdlib.h>。

int abs (n)

回傳 int 參數 n 的絕對值。

void exit (n)

終止程式執行，關閉所有打開的檔案，並回傳由 int 參數 n 指定的退出狀態。在 <stdlib.h> 中定義的 EXIT_SUCCESS 和 EXIT_FAILURE，分別回傳成功和失敗退出狀態。

您可能還要引用函式庫中其它相關 abort 和 atexit 的函式。

char *getenv (s)

回傳指向 s 指向的環境變數值的指標，如果變數不存在，則回傳空指標。此函式的執行基於不同的系統。

例如，在 Unix 下的程式碼：

```
char   *homedir;
    ...
homedir = getenv ("HOME");
```

可以用於獲取使用者的 HOME 變數的值，將指向它的指標儲存到 homedir。

long int labs (l)

回傳 long int 參數 l 的絕對值。

long long int llabs (ll)

回傳 long long int 參數 ll 的絕對值。

void qsort (arr, n, size, comp_fn)

對 void 型態的指標 arr 所指向的資料陣列進行排序。該陣列中有 n 個元素，每個元素長度為 size 位元組。n 和 size 都是 size_t 型態。第四個參數的型態為 "指向回傳 int 並接收兩個 void 指標作為參數的函式指標"。qsort 在需要比較陣列中的兩個元素時，呼叫此函式，傳遞指向要比較的元素的指標來做比較。如果第一元素小於、等於或大於第二元素，則分別回傳小於、等於 0 或大於 0 的值。

下面是使用 qsort 對一個名為 data 的 1,000 個整數的陣列進行排序的例子：

```
#include <stdlib.h>
   ...
int main (void)
{
   int data[1000], comp_ints (void *, void *);
      ...
   qsort (data, 1000, sizeof(int), comp_ints);
      ...
}

int comp_ints (void *p1, void *p2)
{
   int  i1 = * (int *) p1;
   int  i2 = * (int *) p2;
   return  i1 - i2;
}
```

另一個名為 bsearch 的函式,使用類似 qsort 的參數,並對排序好的資料陣列執行二元搜尋,此處沒有對它加以描述。

```
int rand (void)
```

回傳範圍 [0, RAND_MAX] 中的隨機數字,其中 RAND_MAX 定義於 <stdlib.h>中,並且最小值為 32767。另請參閱 srand。

```
void srand (seed)
```

添加隨機數字產生器到型態為 unsigned int 的 seed。

```
int system (s)
```

將 s 指向的字元陣列所包含的指令提供給系統執行,回傳系統定義的值。如果 s 是空指標,且如果指令處理器可執行您的指令,則 system 將回傳非零值。

例如,在 Unix 下,呼叫:

```
system ("mkdir /usr/tmp/data");
```

使系統建立一個名為 /usr/tmp/data 的目錄(假設您有可以這樣做的權限)。

# C

# 使用 gcc 編譯程式

本附錄總結了一些較常用的 gcc 選項。有關所有命令列選項的訊息,請在 Unix 下鍵入指令 man gcc。您也可以拜訪 gcc 網站,http://gcc.gnu.org/onlinedocs,獲取完整的線上文件。

本附錄總結了 gcc 版本 4.9 中提供的命令列選項,但不包括其它供應商添加的擴增項項目。

## 一般命令格式

gcc 命令的一般格式為:

```
gcc [options] file  [file ...]
```

括號中的項目是選擇性的。

列表中的每個檔案經由 gcc 編譯器加以編譯的。通常,這涉及前置處理、編譯、組裝和連接。 命令列選項可用於更改此序列。

所輸入的每個檔案的副檔名,決定檔案的解譯方式。這可使用 -x 命令列選項覆寫(請參閱 gcc 文檔)。表 C.1 列出了常見的副檔名。

表 C.1 常見的原始檔副檔名

| 副檔名 | 意義 |
|---|---|
| .c | C 語言原始檔 |
| .cc, .cpp | C++ 語言原始檔 |
| .h | 標頭檔 |

| 副檔名 | 意義 |
|--------|------|
| .m | Objective-C 原始檔 |
| .pl | Perl 原始檔 |
| .o | 目的檔（預先編譯檔） |

# 命令列選項

表 C.2 列出了用於編譯 C 程式常用的選項。

表 C.2 常用的 gcc 選項

| 選項 | 意義 | 範例 |
|------|------|------|
| --help | 顯示常用命令列選項的摘要。 | gcc --help |
| -c | 不連結的檔案，為每個目的檔使用 .o 副檔名加以儲存。 | gcc -c enumerator.c |
| -dumpversion | 顯示 gcc 的目前版本。 | gcc -dumpversion |
| -g | 包括除錯訊息，通常用於 gdb（如果支援多個除錯器，請使用 -ggdb）。 | gcc -g testprog.c –o testprog |
| -D id<br>-D id=value | 在第一種情況下，前置處理器定義識別字 id 的值為 1。在第二種情況下，定義識別字 id，並將其值設定為 value。 | gcc -D DEBUG=3 test.c |
| -E | 前置處理檔案並將結果寫入標準輸出；對檢查前置處理的結果非常有用。 | gcc -E enumerator.c |
| -I dir | 將目錄 dir 加到要搜尋標頭檔的目錄列表；在搜尋其它標準目錄之前先搜尋此目錄。 | gcc -I /users/steve/include x.c |
| -llibrary | 針對 library 指定的檔案解析函式庫引用。當檔案需要函式庫中的函式時，應指定此選項。連結器（linker）搜尋名為 liblibrary.a 的檔案的標準位置（請參閱-L 選項）。 | gcc mathfuncs.c -lm |
| -L dir | 將目錄 dir 加到要搜尋函式庫檔案的目錄列表。在搜尋其它標準目錄之前先搜尋此目錄。 | gcc -L /users/steve/lib x.c |
| -o execfile | 將可執行檔案放在名為 execfile 的檔案。 | gcc dbtest.c -o dbtest |

| 選項 | 意義 | 範例 |
|---|---|---|
| -Olevel | 根據 level 指定的級別（可以是 1、2 或 3）優化程式碼的執行速度。如果沒有指定級別，如 -O，則預設為 1。越大的數字表示越高的優化級別，當使用除錯器，如 gdb 時，可能會導致較長的編譯時間和減少的除錯能力。 | gcc -O3 m1.c m2.c -o mathfuncs |
| -std=standard | 指定 C 檔案的標準。[1]沒有 GNU 的擴展，ANSI C11 則使用 c11。 | gcc -std=c99 mod1.c mod2.c |
| -warning | 啟用由 warning 指定的警告訊息。有用的選項有 all（可取得對大多數程式有幫助的選擇性警告）、error（將所有警告變成錯誤，從而迫使您修正它們）。 | gcc -Werror mod1.c mod2.c |

---

[1]  目前預設值為ANSI C90加上GNU擴展的gnu89。當所有C99函式都實作時，將更改為gnu99（對於 ANSI C99加上GNU擴展）。

# 常見的程式設計錯誤

下面的列表總結了在 C 中一些較常見的程式設計錯誤。以下沒有按任何特定的順序排列。知道這些錯誤將有助於您在自己的程式中避免這些情況發生。

1.  **放錯分號地方。**

    例如：

    ```
    if ( j == 100 );
        j = 0;
    ```

    在前面的敘述中，j 的值將永遠被設為 0，這是因為右括號之後的錯誤分號。記住，這個分號在語法上是有效的（它代表 null 敘述），因此，編譯器不會產生錯誤。這種類型的錯誤經常出現在 while 和 for 迴圈中。

2.  **混淆 = 運算子和 == 運算子。**

    這個錯誤通常發生在 if、while 或 do 敘述內。

    例如：

    ```
    if ( a = 2 )
       printf ("Your turn.\n");
    ```

    前面的敘述是完全有效的，將 2 指定給 a 之後執行 printf() 呼叫。printf() 函式必定被呼叫，因為 if 敘述中的運算式的值永遠為非零。（其值為 2。）

3.  **省略原型宣告。**

    例如：

    ```
    result = squareRoot (2);
    ```

如果 squareRoot 在程式較後面才被定義，或者被定義於另一個檔案中，而沒有明確地被宣告，編譯器將假定函式回傳一個 int。此外，編譯器將 float 參數轉換為 double，將 _Bool、char 和 short 參數轉換為 int。不進行參數的其它轉換。記住，為所有您呼叫（明確地在本身中或在程式中載入正確的標頭檔）的函式撰寫一個原型宣告永遠是最安全的，即使它們被定義於前面。

4. **混淆各種運算子的執行順序。**

例如：

```
while ( c = getchar () !=  EOF )
   ...
if ( x & 0xF  ==  y )
   ...
```

在第一個範例中，getchar 回傳的值會先與 EOF 進行比較。這是因為不相等測試的執行順序高於指定運算子。因此，指定給 c 的值是測試結果的 TRUE/FALSE：如果 getchar 回傳的值不等於 EOF，則為 1，否則為 0。在第二個範例中，整數常數 0xF 先與 y 進行比較，因為相等測試的執行順序高於任何一個位元運算子。然後將該測試的結果（0 或 1）與 x 的值進行 AND 運算。

5. **混淆字元常數和字串。**

在以下敘述中

```
text = 'a';
```

將單個字元指定給 text。而在以下敘述中：

```
text = "a";
```

將指向字串 "a" 的指標指定給 text。而在第一種情況下，text 通常被宣告為 char 變數，在第二種情況下，它應被宣告為 "指向 char 的指標" 型態。

6. **使用陣列的錯誤邊界。**

例如：

```
int   a[100], i, sum = 0;
   ...
for ( i = 1;  i <= 100;  ++i )
   sum += a[i];
```

陣列的有效下標範圍是從 0 到元素個數減 1。因此，前面的迴圈是不正確的，因為 a 的最後有效下標是 99，而不是 100。寫這敘述的人大概打算從陣列的第一個元素開始；因此，i 應被初始為 0。

7. **忘記在陣列中為字串的終止空字元保留額外的位置。**

   記住宣告字元陣列時，要使它們足夠大以包含終止空字元。例如，如果要在結尾儲存一個空字元，字串 "hello" 將需要一個六個位置的字元陣列。

8. **引用結構成員時混淆運算子 -> 與運算子 .。**

   記住，點運算子 . 用於結構變數，而運算子 -> 用於結構指標變數。因此，如果 x 是一個結構變數，則使用符號 x.m 來引用 x 的成員 m。另一方面，如果 x 是指向結構的指標，則符號 x->m 用於引用 x 所指向的結構的成員 m。

9. **在 scanf() 呼叫中忽略了非指標變數之前的 & 符號。**

   例如：
   ```
   int    number;
       ...
   scanf ("%i", number);
   ```
   記住，在 scanf() 呼叫中所有出現在格式字串之後的參數必須是指標。

10. **在被初始化之前使用指標變數。**

    例如：
    ```
    char   *char_pointer;
    *char_pointer = 'X';
    ```
    您只能在設定指標變數指向某處之後，才能以間接運算子用於此變數。在這個例子中，char_pointer 永遠不指向任何地方，所以指定值是沒有意義的。

11. **在 switch 敘述中忽略了 case 結尾處的 break 敘述。**

    記住，如果一個 case 的結尾沒有 break，其執行會延續到下一個 case。

12. **在前置處理器定義的末尾插入分號。**

    這通常發生，因為在敘述結束時使用分號已成為一個習慣。請記住，在 #define 敘述中出現在定義名稱右側的所有內容，都會被直接替換到程式中。所以以下定義：
    ```
    #define    END_OF_DATA   999;
    ```
    如果用於以下運算式中，將會導致語法錯誤：
    ```
    if ( value == END_OF_DATA )
       ...
    ```
    因為編譯器會在前置處理後看到這個敘述：
    ```
    if ( value == 999; )
       ...
    ```

13. **忽略了巨集定義中參數周圍的小括號。**

例如：
```
#define   reciprocal(x)    1 / x
          ...
w = reciprocal (a + b);
```

前面的指定敘述將被錯誤地評估為：
```
w = 1 / a + b;
```

14. **忽略了敘述中的右括號或雙引號。**

例如：
```
total_earning = (cash + (investments * inv_interest) + (savings *
sav_interest);
printf("Your total money to date is %.2f, total_earning);
```

在第一行，使用嵌入括號將方程的每個部分分開，使得程式碼更易讀，但總是有可能漏掉一個右括號（或在某些情況下，多加了一個）。第二行還缺少要傳遞到 printf()函式的字串的雙引號。這兩個都會產生編譯器錯誤，但有時會將錯誤標示為來自不同的行，這取決於編譯器是否在後續行上，使用括號或引號來完成運算式，而因此將缺少的字元移到程式後面的一個地方。

15. **沒有載入包含程式所使用 C 函式庫的函式定義之標頭檔。**

例如：
```
double answer = sqrt(value1);
```

如果這個程式不載入 <math.h> 檔案，將產生 sqrt() 未定義的錯誤。

16. **在 #define 敘述中巨集的名稱和其參數列表之間空出一個空白。**

例如：
```
#define MIN (a,b)  ( ( (a) < (b) ) ? (a) : (b) )
```

此定義不正確，因為前置處理器將定義的名稱後的第一個空白視為該名稱的定義的開始。在這種情況下，敘述：
```
minVal = MIN (val1, val2);
```

被前置處理器擴展為：
```
minVal = (a,b)  ( ( (a) < (b) ) ? (a) : (b) )(3,2);
```

這顯然不是我們所想要的。

17. 使用在巨集呼叫中具有副作用的運算式。

例如：

```
#define  SQUARE(x)  (x) * (x)
   ...
w = SQUARE (++v);
```

呼叫 SQUARE 巨集會使 v 增加兩次，因為此敘述被前置處理器擴展為：

```
w = (++v) * (++v);
```

# E

# 其它有用資源

本附錄包含一個精選的資源列表，它可幫助您查看更多的訊息。有一些訊息可能存在於網站上或書中。

## C 程式語言

C 語言已經存在 40 多年了，所以對這個主題肯定不會缺乏訊息。以下只是冰山的一角。

### 書籍

- Kernighan, Brian W., and Dennis M. Ritchie. The C Programming Language, 2nd Ed. Englewood-Cliffs, NJ: Prentice Hall, Inc., 1988.

  這一直是 C 語言相當好的參考書。由撰寫這個語言的 Dennis Ritchie 所著作的第一本關於 C 的書。儘管已經超過 28 年，第二版是最新的版本，它仍然被認為是不可缺乏的參考。

- Harbison, Samuel P. III, and Guy L. Steele Jr. C: A Reference Manual, 5th Ed. Englewood-Cliffs, NJ: Prentice Hall, Inc., 2002.

  是另一本優良的 C 程式設計師的參考書。

- Plauger, P. J. The Standard C Library. Englewood-Cliffs, NJ: Prentice Hall, Inc., 1992.

  本書涵蓋 C 標準函式庫，但從發佈日期可以看出，它不包括任何 ANSI C99 添加事項（例如複數算術函式庫）。

### 網站

- www.ansi.org

  這是 ANSI 網站。您可以在這裡購買官方 ANSI C 規範。在搜尋視窗中輸入 9899:2011，便能找到 ANSI C11 規範。

- www.opengroup.org/onlinepubs/007904975/idx/index.html
  這是一個很棒的函式庫的線上參考來源（這裡還有非 ANSI C 的函式）。

## 訊息群組

comp.lang.c

這是一個 C 程式語言的專屬訊息群組。當您有更多的經驗後，可以在這裡提問和幫助其它人。它也有助於觀察討論。造訪此訊息群組的好方法是經由 http://groups.google.com。

# C 編譯器和整合開發環境

以下是您可以下載和/或購買 C 編譯器和整合開發環境（Integrated development environment, IDE）的網站列表，還可以獲取線上文件。

## gcc

http://gcc.gnu.org/

免費軟體基金會（FSF）開發的 C 編譯器稱為 gcc。您可以從這網站免費下載 C 編譯器。

## MinGW

www.mingw.org

如果想在 Windows 環境中編寫 C 程式，可以從這個網站獲得一個 GNU gcc 編譯器。還要考慮下載 MSYS 作為一個易於使用的 shell 環境。

## CygWin

www.cygwin.com

CygWin 提供了一個類似 Linux 的環境，在 Windows 下執行。此開發環境是免費的。

## Visual Studio

http://msdn.microsoft.com/vstudio

Visual Studio 是 Microsoft IDE，它允許您使用各種不同的程式語言開發應用程式。

## CodeWarrior

www.freescale.com/webapp/sps/site/homepage.jsp?code=CW_HOME

CodeWarrior 最初由 Metrowerks 提供，但現在來自一家名為 Freescale 的公司，它提供專業的 IDE 工具，可在各種作業系統（包括 Linux、Mac OS X、Solaris 和 Windows）上執行。

## Code::Blocks

www.codeblocks.org

Code::Blocks 是一個免費的 IDE，您可以在各種平台上（包括 Windows、Linux 和 Mac）開發 C、C++和 FORTRAN 的應用程式。

# 其它雜項

以下部分包括用於更多有關物件導向程式設計和開發工具的資源。

## 物件導向程式設計

* Budd, Timothy. The Introduction to Object-Oriented Programming (3rd Edition). Boston: Addison-Wesley Publishing Company, 2001.
  這被認為是介紹物件導向程式設計的一本經典書籍。

## C++ 語言

* Prata, Stephen. C++ Primer Plus (6th Edition). Indianapolis: Addison-Wesley, 2011.
  Stephen 的教科書都受到好評。這一個涵蓋了 C++ 語言。

* Stroustrup, Bjarne. The C++ Programming Language (4th Edition). Boston: Addison-Wesley Professional, 2013.
  這是此程式語言作者的經典書籍，此為最新版本。

## C# 語言

* Petzold, Charles. Programming in the Key of C#. Redmond, WA: Microsoft Press, 2003.
  這本書被 C# 的初學者公認的一本好書。

- Liberty, Jesse. Programming C# 3.0,. Cambridge, MA: O'Reilly & Associates, 2008.

  推薦給較有經驗的程式設計師們。

- Albahari, Joseph and Ben Albahari. C# 5.0 in a Nutshell: The Definitive Reference. Sebastopol, CA: 2012.

  是一個很好的參考，尤其是在您有了程式語言的基礎之後。

## Objective-C 語言

- Kochan, Stephen. Programming in Objective-C (Sixth Edition). Indianapolis: Sams Publishing, 2013.

  它提供了 Objective-C 語言的介紹，而不需要假設以前是否有 C 或物件導向程式設計的經驗。本版本包括 OS X Mavericks 和 iOS 7。本書的新版本預計將於 2014 年底或 2015 年初推出，將涵蓋 Apple 最新的 Swift 程式語言。

- https://developer.apple.com/library/mac/documentation/Cocoa/Conceptual/ProgrammingWithObjectiveC/Introduction/Introduction.html

  即便不是一本書，它是 Apple 官方介紹 Objective-C 語言程式的線上使用文件。它展示語言的許多特性，並提供它們的使用範例。

## 開發工具

www.gnu.org/manual/manual.html

在這裡，您會發現很多有用的手冊，包括 cvs、gdb、make 和其它 Unix 命令列工具。

# 索引

## Numbers

## Symbols

# A

# B

## E

## G

## J-K

## L

## Q-R

# 精通 C 程式設計第四版

作　　者：Stephen G. Kochan
譯　　者：蔡明志
企劃編輯：蔡彤孟
文字編輯：江雅鈴
設計裝幀：張寶莉
發 行 人：廖文良

發 行 所：碁峰資訊股份有限公司
地　　址：台北市南港區三重路 66 號 7 樓之 6
電　　話：(02)2788-2408
傳　　真：(02)8192-4433
網　　站：www.gotop.com.tw
書　　號：ACL046600
版　　次：2017 年 11 月初版
建議售價：NT$580

國家圖書館出版品預行編目資料

精通 C 程式設計 / Stephen G. Kochan 原著；蔡明志譯. -- 初版.
-- 臺北市：碁峰資訊, 2017.11
　　面；　　公分
譯自：Programming in C, 4th Edition
ISBN 978-986-476-643-7(平裝)
1.C(電腦程式語言)
312.32C　　　　　　　　　　　　　　　106020527